普通高等教育“十一五”国家级规划教材配套参考书
普通高等教育精品教材

《电路基础(第四版)》学习指导书

王　辉　王松林　编著

西安电子科技大学出版社

内容简介

本书是与吴大正等原著，王辉、王松林等修订的普通高等教育“十一五”国家级规划教材《电路基础(第四版)》(简称主教材)配套的学习指导书。全书共8章，前7章针对主教材各章内容，每章均包含基本要求、知识点归纳、习题解答等三部分内容。基本要求部分阐明了对每章教学内容的基本要求，知识点归纳部分尽可能以表格的形式叙述每章的基本内容，习题解答部分为读者提供了主教材中全部习题的解题过程，以帮助读者深化对基本概念的理解，提高分析问题的能力。本书最后一章给出近年来电路课程各种类型的考试模拟题(包括阶段考试、期末考试、硕士研究生入学考试)，并给出了参考答案。

本书可作为高等学校电气信息类各专业教师讲授和学生学习电路课程的教学参考书和学习指导书，也可供准备参加硕士研究生入学考试的学生作为考前辅导书使用。

图书在版编目(CIP)数据

《电路基础(第四版)》学习指导书/王辉，王松林编著. --西安：西安电子科技大学出版社，2023.8(2024.4重印)
ISBN 978-7-5606-6947-2

Ⅰ. 电… Ⅱ. ①王… ②王… Ⅲ. 电路理论—高等学校—教学参考资料 Ⅳ. TM13

中国国家版本馆CIP数据核字(2023)第141556号

责任编辑 陈 婷
出版发行 西安电子科技大学出版社(西安市太白南路2号)
电　　话 (029)88202421 88201467 邮　　编 710071
网　　址 www.xduph.com 电子邮箱 xdupfxb001@163.com
经　　销 新华书店
印刷单位 陕西天意印务有限责任公司
版　　次 2023年7月第1版 2024年4月第2次印刷
开　　本 787毫米×1092毫米 1/16 印　张 16.5
字　　数 389千字
定　　价 45.00元
ISBN 978-7-5606-6947-2/TM
XDUP 7249001-2

前　言

为了配合和适应吴大正等原著，王松林、王辉等修订的普通高等教育“十一五”国家级规划教材《电路基础(第四版)》(简称主教材)实施教学，我们对于教材配套的第三版教学指导书做了相应的修订。电路分析基础课程体系已趋于稳定，故本版学习指导的整体布局未做大的修改。高等院校教学形式的发展和信息化技术的广泛应用，对教学手段、教学时数等有了新的要求。结合本书作者团队多年的教学及科研经验，同时参考教师和学生的反馈意见，我们对与第三版教材配套的教学指导书的部分内容进行了修改、调整和补充。主要工作有：

（1）查阅了国内外相关经典书目，对本书的一些术语、字符及描述等进行了全面的修订和统一，并使本书与第四版教材保持一致。

（2）为满足部分读者的要求，在主教材内容的基础上，对部分内容进行了适当的扩充和延展，在模拟试题部分适时增加不同学科部分模拟试题，并给出相应的参考答案。

（3）结合第四版教材的修订，对应调整、增加和删减相应习题解答和内容描述。

本书由王辉主持修订并统稿，王松林修订了第1、7章，王辉修订了第2、3、4、5、6、8章。

衷心感谢在本书修订过程中给予许多帮助的各位同事，感谢本书所选用模拟题的各位命题老师。本书的修订是“电路基础”一流课程建设的一部分，不足之处在所难免，恳请广大读者批评赐教。

编　者

2023年5月

于西安电子科技大学

目　录

第1章　电路的基本规律

1.1　基本要求

(1) 建立电路模型的概念，了解集中化假设条件。

(2) 掌握电压、电流、功率和能量的概念，深刻理解电压、电流参考方向的含义。

(3) 熟练掌握和灵活运用基尔霍夫定律和欧姆定律。

(4) 理解电压源、电流源及受控源的概念。

(5) 深刻理解电路等效的概念。熟练掌握串、并联电阻电路的计算，以及含源电阻电路的等效变换。了解Y形电路与△形电路的等效变换。

(6) 掌握含理想运算放大器电路的分析。

(7) 理解线性和非线性的概念，了解时变与非时变、有源与无源的概念。

1.2　知识点归纳

1.2.1　电路变量

电压和电流是电路中的两个基本变量，功率和能量是两个辅助变量。其定义和关系如表1-1所示。

表1-1　电路变量

	电压	电流	功率	能量
定义	$u=\frac{\mathrm{d}w}{\mathrm{d}q}$	$i=\frac{\mathrm{d}q}{\mathrm{d}t}$	$p=\frac{\mathrm{d}w}{\mathrm{d}t}$	$w=\int_{-\infty}^{t}p(\tau)\mathrm{d}\tau$
单位	V(伏)	A(安)	W(瓦)	J(焦)
实际方向	高电位为“+”极，低电位为“-”极	正电荷运动的方向		

续表

	电　压	电　流	功　率	能　量
参考方向	预先假定的电位降方向	预先假定的正电荷运动的方向		
关联参考方向	参考方向可任意假定。一般电压与电流取关联参考方向，如下图所示： i + u −		电压与电流参考方向关联时，元件吸收功率为 $p=ui$；取非关联参考方向时，元件吸收功率为 $p=-ui$	

1.2.2　基尔霍夫定律(KL)

基尔霍夫定律是分析一切集中参数电路的根本依据。一些重要的电路定理和电路分析方法都是由其推导归纳出来的。判断一个电路是否为集中参数电路可运用集中化假设条件：对实际电路，当其各向尺寸 l 远小于电路工作波长 λ 时，即可认为电路中的电磁现象集中到空间的一点，该电路可按集中参数电路处理。表 1－2 给出了基尔霍夫定律的内容和应用范围。

表 1－2　基尔霍夫定律

	基尔霍夫电流定律(KCL)	基尔霍夫电压定律(KVL)
内容	对于集中参数电路中的任一节点，在任一时刻，流出(或流入)该节点的所有支路电流的代数和等于零	对于集中参数电路中的任一回路，在任一时刻，沿回路指定的绕行方向，所有支路电压的代数和等于零
方程	KCL 方程：$\sum i_k = 0$	KVL 方程：$\sum u_k = 0$
物理基础	电荷守恒原理	能量守恒原理
应用范围	既可用于集中参数电路中的一个节点，也可用于一个闭合曲面(广义节点)	可用于集中参数电路中的任意闭合路径

1.2.3　电阻电路元件

电阻电路元件一般包括电阻元件、独立电源、受控电源、运算放大器等。表 1－3 列出了元件的定义和特性。

表1-3 电阻电路元件的定义和特性

	定　义	图形符号	伏安关系(VAR)	备　注
(线性非时变)电阻	伏安特性曲线是一条通过坐标原点的直线，且直线斜率为常量	i R + u −	欧姆定律 $u=Ri$ 或 $i=Gu$ R 的单位：Ω(欧) G 的单位：S(西)	消耗功率 $p=Ri^2=Gu^2$ 特例：短路 $R=0$；开路 $G=0$
电压源	能独立对外电路提供指定的电压，而与流过的电流无关	+ u_s − i	$u=u_s$ i=任意值	当 $u_s=0$ 时，电压源等效为短路
电流源	能独立对外电路提供指定的电流，而与其端电压无关	i_s + u −	$i=i_s$ u=任意值	当 $i_s=0$ 时，电流源等效为开路
受控电压源(电压控制电压源VCVS和电流控制电压源CCVS)	其电压受其它电压或电流控制的电压源	VCVS i_1 i_2 + u_1 − + μu_1 − + u_2 −	$i_1=0$ $u_2=\mu u_1$ i_2=任意值	(1) 受控源与独立源有着本质的区别，本身不能独立对外电路提供能量； (2) 受控电压源被控支路的电压不受该支路电流的影响，这点与电压源相同。受控电流源被控支路的电流不受该支路端电压的影响，这点与电流源相同； (3) 受控源通常用来描述电子器件中受控的物理现象
		CCVS i_1 i_2 + u_1 − + ri_1 − + u_2 −	$u_1=0$ $u_2=ri_1$ i_2=任意值	
受控电流源(电压控制电流源VCCS和电流控制电流源CCCS)	其电流受其它电压或电流控制的电流源	VCCS i_1 i_2 + u_1 − gu_1 + u_2 −	$i_1=0$ $i_2=gu_1$ u_2=任意值	
		CCCS i_1 i_2 + u_1 − βi_1 + u_2 −	$u_1=0$ $i_2=\beta i_1$ u_2=任意值	
理想运放	输入电阻为∞，输出电阻为0，开环增益为∞的运算放大器	▷ ∞ − u_d + − + + u_o	u_o U_{sat} 0 u_d $-U_{sat}$	工作在线性区的理想运放，其输出电压不能超出饱和电压 U_{sat}，即 $\lvert u_o \rvert \leqslant U_{sat}$。此时，理想运放具有两个重要特性：虚断和虚短。运用这种特性可大大简化含运放电路的分析

重点提示

(1) 掌握电流、电压变量，重点是参考方向。分析电路时用到的电流和电压，一定要在电路图上设出参考方向，否则将无法列出 KCL、KVL 方程。列写 KVL 方程时，注意回路绕行方向与电压参考方向之间的关系。

(2) 准确判断二端电路上电压、电流参考方向是否关联，对列写元件伏安关系及功率计算至关重要。

(3) 正确判断有源元件和无源元件。一个二端元件(或电路)，如果在任意时刻，元件(或电路)吸收的能量 $w(t)\geqslant 0$，则称该元件(或电路)是无源的，否则称其为有源的。电阻是无源元件，而电源(包括独立源和受控源)是有源元件。

1.2.4　电路等效

电路等效的概念在电路理论中极其重要。对结构、元件参数完全不同的两部分电路 B 和 C，如图 1 - 1 所示。

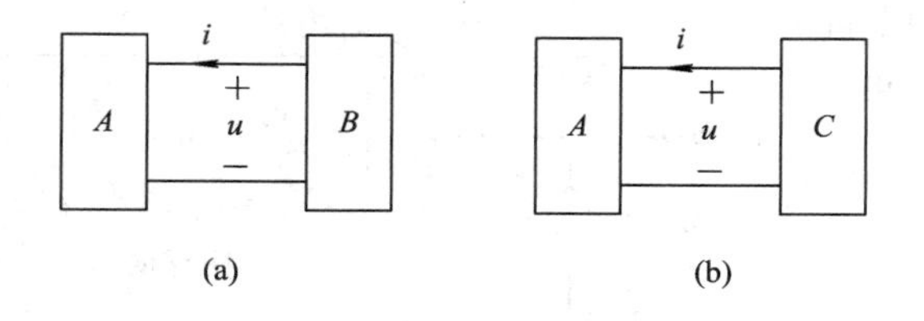

图 1 - 1　电路等效的概念

若 B 和 C 具有完全相同的端口电压电流关系(VCR)，则称 B 和 C 是端口等效的，或称 B 和 C 互为等效电路。

相等效的电路 B 和 C 在电路中可相互替换，替换前后，对任意外电路 A 中电压、电流、功率是等效的(保持不变)。等效的目的是简化电路的分析和计算。表 1 - 4 列出了电阻的一些常用等效变换关系，表 1 - 5 列出了电源的一些常用等效变换关系。受控源也可以用这些电源等效关系。

表 1 - 4　电阻的等效

	形　　式	特点与等效条件
等效电阻定义	对不含独立源的二端电路 N_0，如图所示，其等效电阻为 $R_{eq}=\frac{u}{i}$ (图: i, $+$, u, $-$, N_0)	(1) 当 N_0 中仅含电阻时，等效电阻 R_{eq} 可用电阻串联、并联或 Y -△变换等化简的方法求得； (2) 当 N_0 中含有受控源时，需采用外施电源法。此时，等效电阻 R_{eq} 可能为正值，也可能为负值，也可能为零

续表

	形　式	特点与等效条件
电阻串联	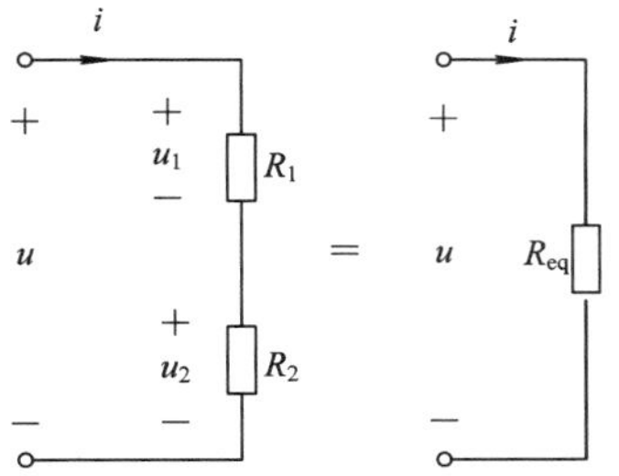	(1) 流经各电阻的电流相同； (2) 等效电阻：$R_{eq}=R_1+R_2$ (3) 分压公式： $u_1=\dfrac{R_1}{R_1+R_2}u$，$u_2=\dfrac{R_2}{R_1+R_2}u$ (4) 功率关系：$\dfrac{P_1}{P_2}=\dfrac{R_1}{R_2}$
电阻并联	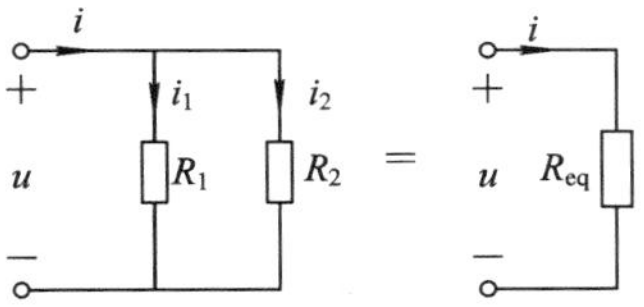	(1) 各电阻的端电压相同； (2) 等效电阻：$R_{eq}=R_1/\!/R_2=\dfrac{R_1R_2}{R_1+R_2}$ (3) 分流公式： $i_1=\dfrac{R_2}{R_1+R_2}i$，$i_2=\dfrac{R_1}{R_1+R_2}i$ (4) 功率关系：$\dfrac{P_1}{P_2}=\dfrac{R_2}{R_1}$
Y形与△形等效	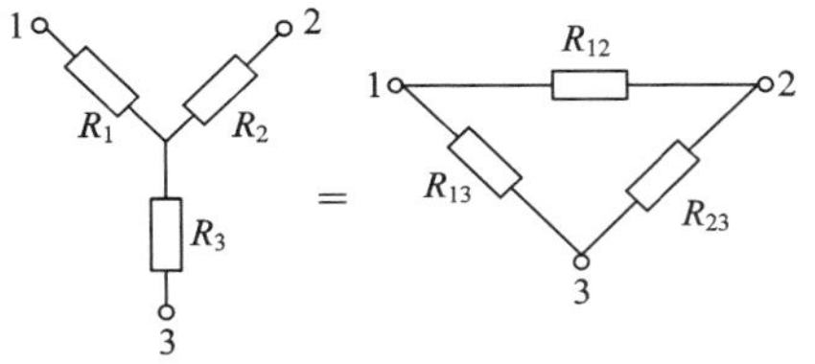	$R_i=\dfrac{\triangle\text{形中与节点 } i \text{ 相连两电阻之积}}{\triangle\text{形中三电阻之和}}$ $R_{ij}=\dfrac{\text{Y形中两两电阻乘积之和}}{\text{Y形中节点 } i、j \text{ 不连的电阻}}$ 当 $R_1=R_2=R_3=R_Y$ 时，$R_{12}=R_{13}=R_{23}=R_\triangle$，且 $R_\triangle=3R_Y$

表 1-5　电源的等效

	形　式	等效条件
电压源串联	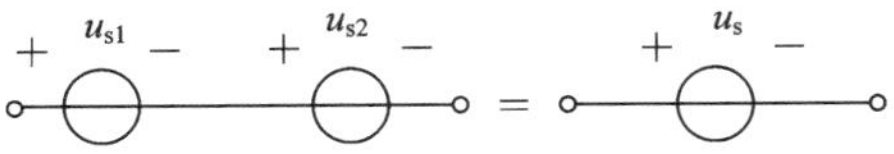	$u_s=u_{s1}+u_{s2}$
电流源并联	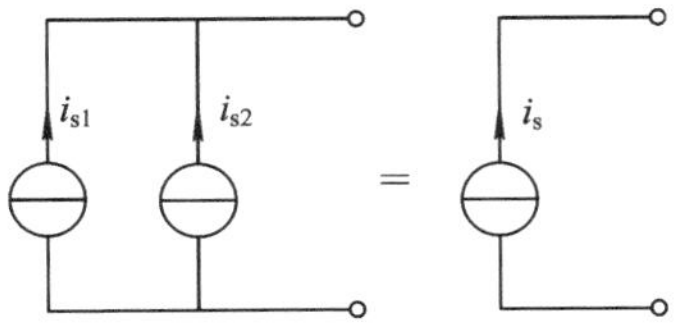	$i_s=i_{s1}+i_{s2}$
电压源并联任意元件	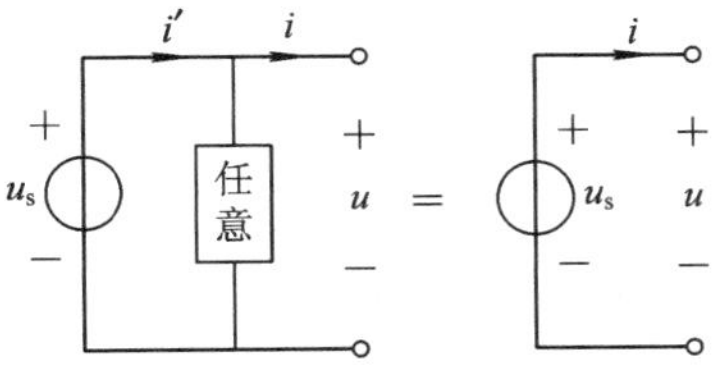	$u=u_s$ $i\neq i'$

续表

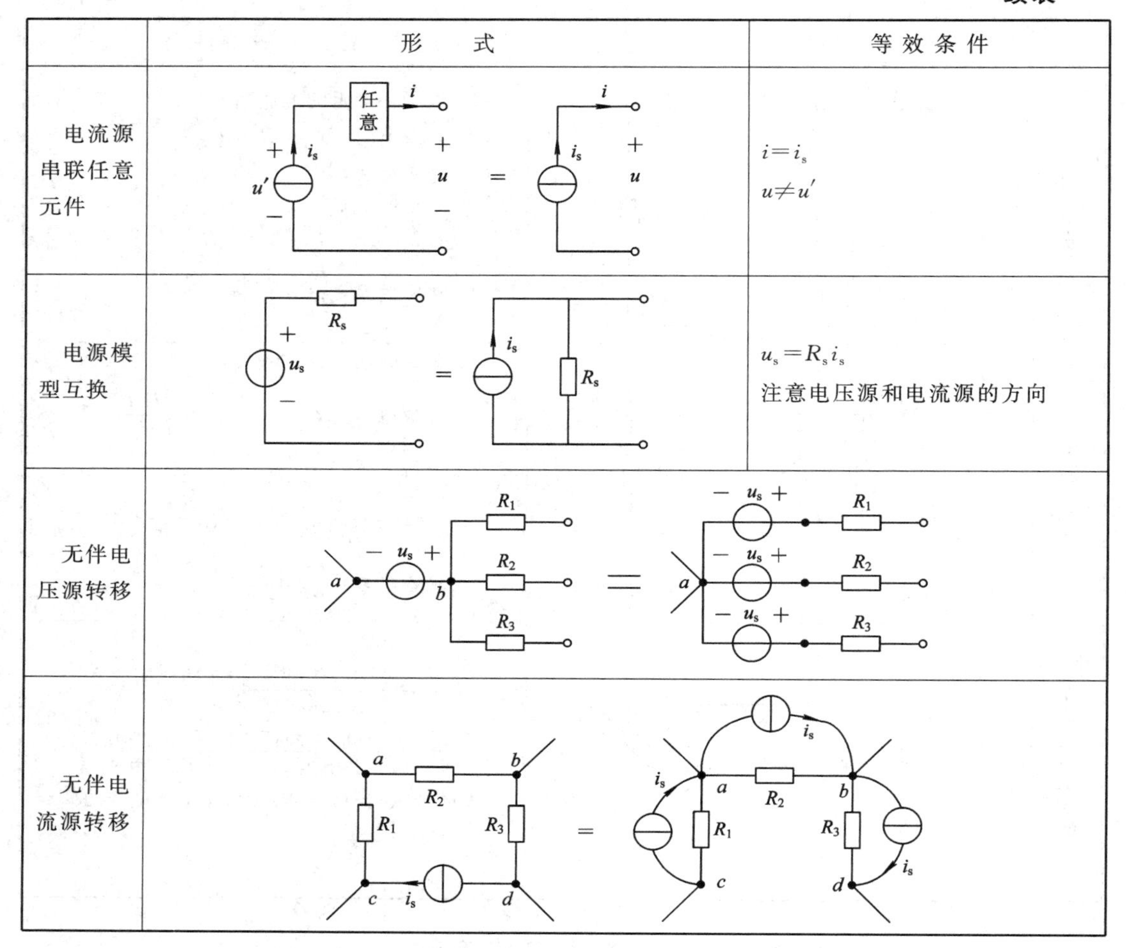

	形　　式	等效条件
电流源串联任意元件		$i=i_s$ $u\neq u'$
电源模型互换		$u_s=R_s i_s$ 注意电压源和电流源的方向
无伴电压源转移		
无伴电流源转移		

1.3　习题 1 解答

1-1　题 1-1 图是电路中的一条支路，其电流、电压参考方向如图所示。

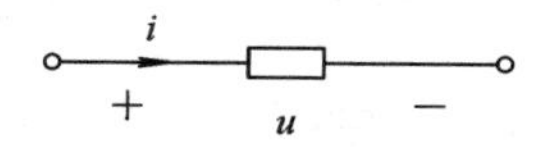

题 1-1 图

(1) 如 $i=2$ A，$u=4$ V，求元件吸收的功率；

(2) 如 $i=2$ mA，$u=-5$ mV，求元件吸收的功率；

(3) 如 $i=2.5$ mA，元件吸收的功率 $P=10$ mW，求电压 u；

(4) 如 $u=-200$ V，元件吸收的功率 $P=12$ kW，求电流 i。

解　由于 u 与 i 参考方向关联，故元件吸收的功率 $P=ui$。

(1) 元件吸收的功率

$$P=ui=8\ \text{W}$$

(2) 元件吸收的功率

$$P=ui=-10\ \mu\text{W}$$

(3)
$$u=\frac{P}{i}=4\ \text{V}$$

(4)
$$i=\frac{P}{u}=-60\ \text{A}$$

1-2　题1-2图是电路中的一条支路，其电流、电压参考方向如图所示。

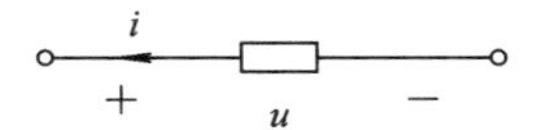

题1-2图

(1) 如 $i=2$ A，$u=3$ V，求元件发出的功率；

(2) 如 $i=2$ mA，$u=5$ V，求元件发出的功率；

(3) 如 $i=-4$ A，元件发出的功率为20 W，求电压 u；

(4) 如 $u=400$ V，元件发出的功率为-8 kW，求电流 i。

解　由于 u 与 i 参考方向关联，故元件发出的功率 $P_{发}=ui$。

(1) $P_{发}=ui=6$ W

(2) $P_{发}=ui=10$ mW

(3) $u=\dfrac{P_{发}}{i}=-5$ V

(4) $i=\dfrac{P_{发}}{u}=-20$ A

1-3　如某支路的电流、电压为关联参考方向，分别求下列情况的功率，并画出功率与时间关系的波形。

(1) 如 $u=3\cos\pi t$ V，$i=2\cos\pi t$ A；

(2) 如 $u=3\cos\pi t$ V，$i=2\sin\pi t$ A。

解　由于 u 与 i 参考方向关联，故元件吸收功率 $p=ui$。

(1) $p_1=ui=6(\cos\pi t)^2=3+3\cos 2\pi t$ W，波形如题1-3解图实线所示。

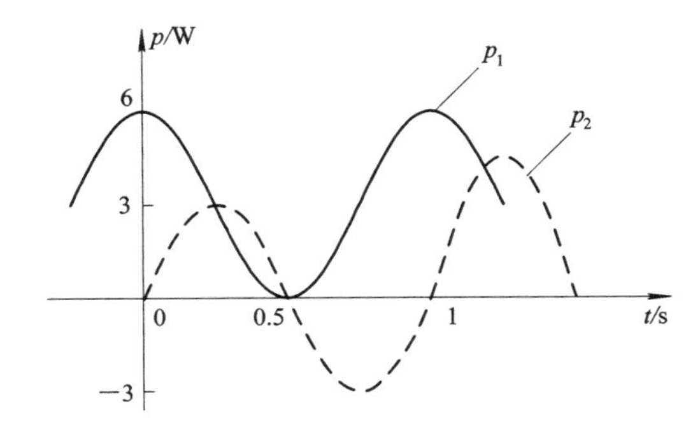

题1-3解图

(2) $p_2=ui=6\cos\pi t\sin\pi t=3\sin 2\pi t$ W，波形如题 1-3 解图虚线所示。

1-4　某支路电流、电压为关联参考方向，其波形如题 1-4 图(a)和(b)所示。分别画出其功率和能量的波形(设 $t=0$ 时，能量 $w(0)=0$)。

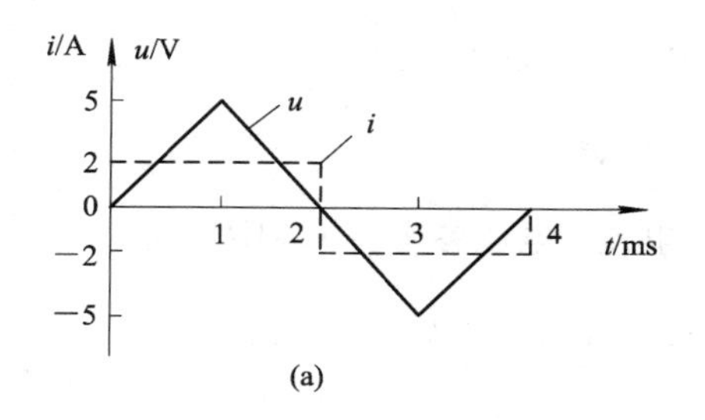

(a)

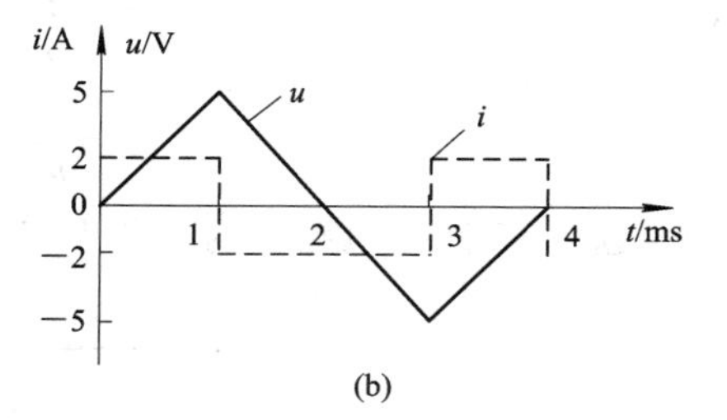

(b)

题 1-4 图

解　下面求解中，时间 t 的单位为 ms，未标示时间区间 u、i、p、w 的取值均为 0。

图(a)：由图(a)可写出 u 与 i 的表达式为

$$u=\begin{cases}5t\ \text{V} & 0<t\leqslant 1\\ -5t+10\ \text{V} & 1<t\leqslant 3\\ 5t-20\ \text{V} & 3<t\leqslant 4\end{cases}$$

$$i=\begin{cases}2\ \text{A} & 0<t<2\\ -2\ \text{A} & 2<t<4\end{cases}$$

故该支路的功率与能量为

$$p=\begin{cases}10t\ \text{W} & 0<t\leqslant 1\\ -10t+20\ \text{W} & 1<t\leqslant 2\\ 10t-20\ \text{W} & 2<t\leqslant 3\\ -10t+40\ \text{W} & 3<t\leqslant 4\end{cases}$$

$$w=\int_{-\infty}^{t}p(\tau)\mathrm{d}\tau=\begin{cases}5t^2\ \text{mJ} & 0<t\leqslant 1\\ -5t^2+20t-10\ \text{mJ} & 1<t\leqslant 2\\ 5t^2-20t+30\ \text{mJ} & 2<t\leqslant 3\\ -5t^2+40t-60\ \text{mJ} & 3<t\leqslant 4\\ 20\ \text{mJ} & t>4\end{cases}$$

功率和能量的波形如题 1-4 解图(a)所示。

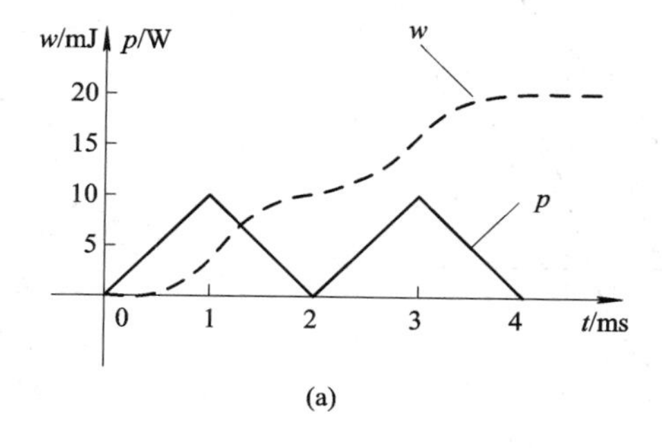

(a)

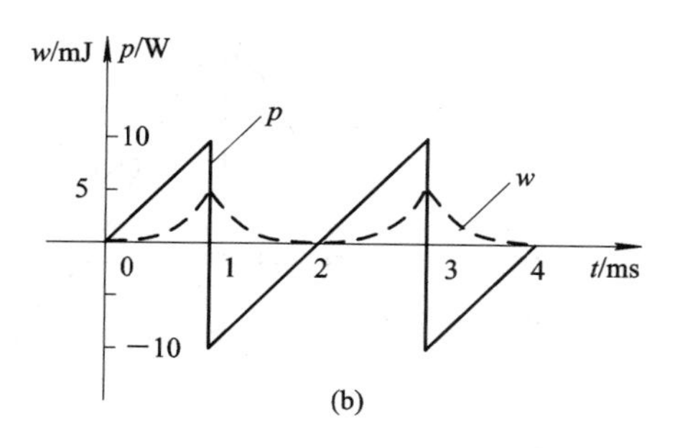

(b)

题 1-4 解图

图(b)：由图(b)可写出 u 与 i 的表达式为

$$u=\begin{cases}5t\ \text{V} & 0<t\leqslant 1\\ -5t+10\ \text{V} & 1<t\leqslant 3\\ 5t-20\ \text{V} & 3<t\leqslant 4\end{cases}$$

$$i=\begin{cases}2\ \text{A} & 0<t<1\\ -2\ \text{A} & 1<t<3\\ 2\ \text{A} & 3<t<4\end{cases}$$

故该支路的功率与能量为

$$p=\begin{cases}10t\ \text{W} & 0<t\leqslant 1\\ 10t-20\ \text{W} & 1<t\leqslant 3\\ 10t-40\ \text{W} & 3<t\leqslant 4\end{cases}$$

$$w=\int_{-\infty}^{t}p(\tau)\mathrm{d}\tau=\begin{cases}5t^2\ \text{mJ} & 0<t\leqslant 1\\ 5t^2-20t+20\ \text{mJ} & 1<t\leqslant 3\\ 5t^2-40t+80\ \text{mJ} & 3<t\leqslant 4\end{cases}$$

功率和能量的波形如题1-4解图(b)所示。

1-5　如题1-5图所示的电路，若已知元件C发出的功率为20 W，求元件A和B吸收的功率。

解　设电压 U_A 和电流 I 如题1-5解图所示，则有

$$P_{C发}=10I=20\ \text{W}$$

解得

$$I=2\ \text{A}$$

故

$$P_{B吸}=-6I=-12\ \text{W}$$

由于

$$U_A=6+10=16\ \text{V}$$

所以

$$P_{A吸}=U_A\ I=16\times 2=32\ \text{W}$$

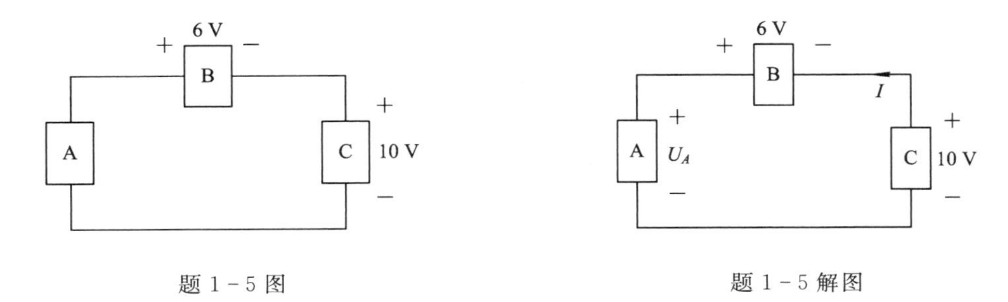

题1-5图　　题1-5解图

1-6　如题1-6图所示的电路，若已知元件A吸收功率为20 W，求元件B和C吸收的功率。

解　$P_{C吸}=-5\times(-3)=15\ \text{W}$

设电压 U_A 和 U_B 如题 1-6 解图所示，则有

$$P_{A吸}=2U_A=20\ \text{W}$$

解得

$$U_A=10\ \text{V}$$

由于

$$U_B=-5-U_A=-15\ \text{V}$$

故

$$P_{B吸}=2U_B=2\times(-15)=-30\ \text{W}$$

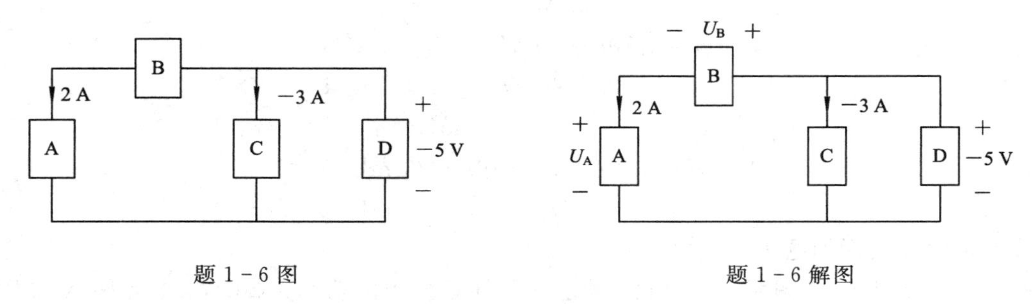

题 1-6 图　　　　题 1-6 解图

1-7　如题 1-7 图所示的电路，求电流 i_1 和 i_2。

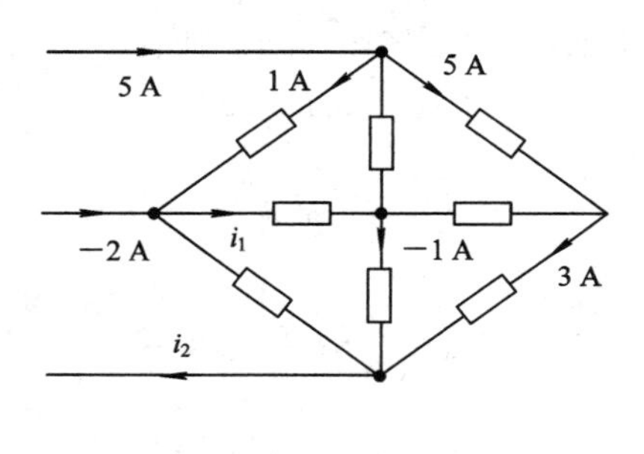

题 1-7 图

解　对题 1-7 图加虚线方框和圆形框，并设它们分别为广义节点Ⅱ和Ⅰ，如题 1-7 解图所示。

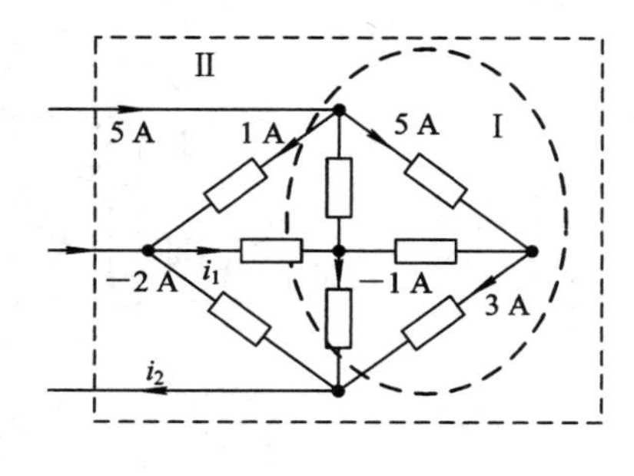

题 1-7 解图

对广义节点Ⅰ，利用 KCL 有

$$5+i_1=1+(-1)+3$$

解得

$$i_1 = -2\ \text{A}$$

对广义节点Ⅱ，利用 KCL 可得

$$i_2 = 5 + (-2) = 3\ \text{A}$$

1－8　如题 1－8 图所示的电路，求电压 u_1 和 u_{ab}。

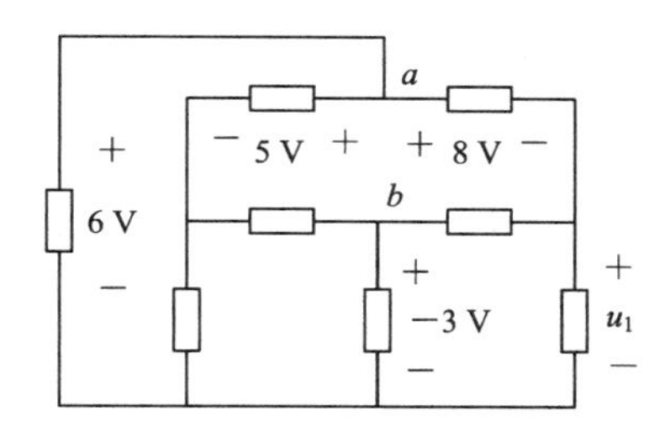

题 1－8 图

解　利用 KVL 求两点之间电压，得

$$u_1 = -8 + 6 = -2\ \text{V}$$

$$u_{ab} = 6 - (-3) = 9\ \text{V}$$

1－9　一电阻 $R = 5\ \text{k}\Omega$，其电流 i 如题 1－9 图所示。

(1) 写出电阻端电压表达式；

(2) 求电阻吸收的功率，并画出波形；

(3) 求该电阻吸收的总能量。

解　(1) 电阻端电压表达式为

$$i = \begin{cases} 3t\ \text{mA} & 0 < t < 2 \\ 0\ \text{mA} & t > 2 \end{cases}$$

(2)
$$p = Ri^2 = \begin{cases} 45t^2\ \text{mW} & 0<t<2 \\ 0\ \text{mW} & t>2 \end{cases}$$

波形如题 1－9 解图所示。

(3)
$$w = \int_{-\infty}^{\infty} p(t)\,\text{d}t = \int_0^2 45t^2\ \text{d}t = 120\ \text{mJ}$$

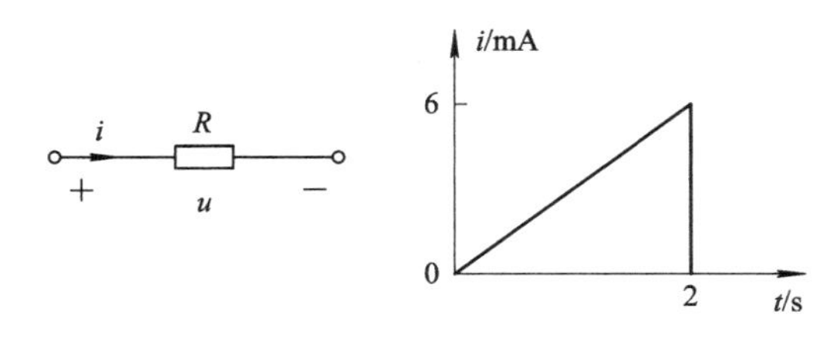

题 1－9 图

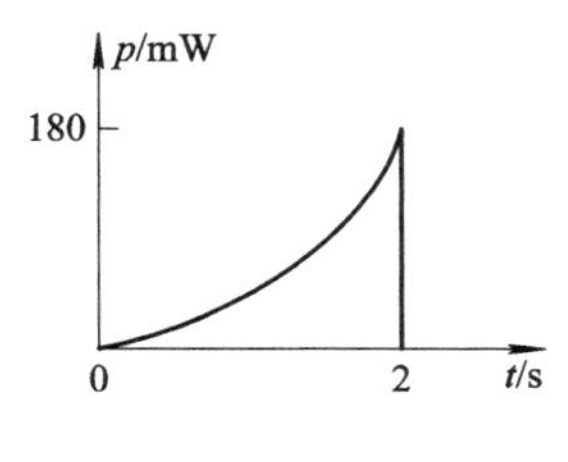

题 1－9 解图

1－10　电路如题 1－10 图所示，求电流 i。

解　在节点 a、b 利用 KCL 可标出两个 2 Ω 电阻的电流如题 1－10 解图所示，在回路Ⅰ中利用 KVL 可列出

$$2(i-2.5)+2(i+0.5)+4i=0$$

解得

$$i=0.5\ \text{A}$$

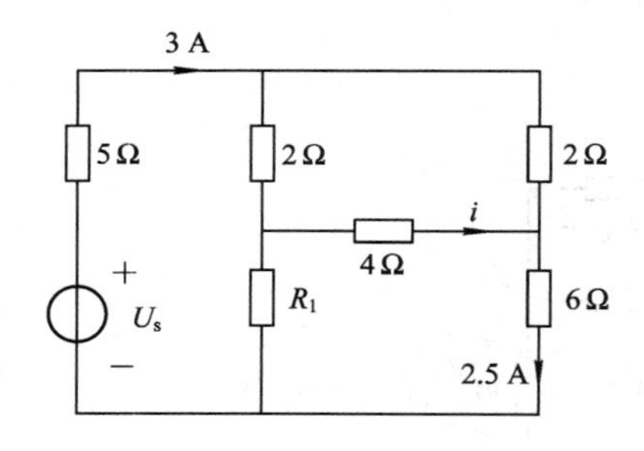

题 1-10 图

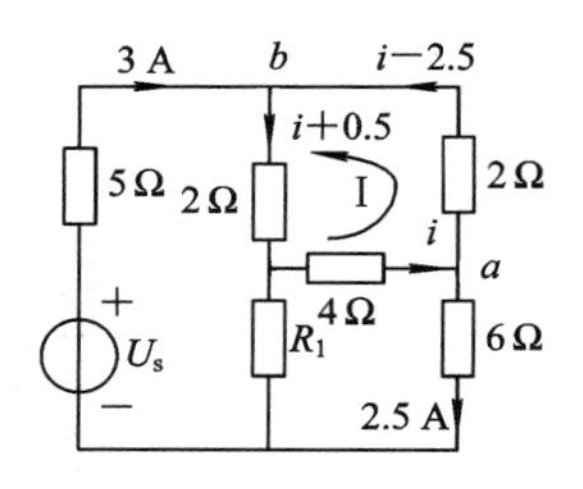

题 1-10 解图

1-11　电路如题 1-11 图所示。

(1) 求图(a)中的电流 i；

(2) 求图(b)中电流源的端电压 u；

(3) 求图(c)中的电流 i。

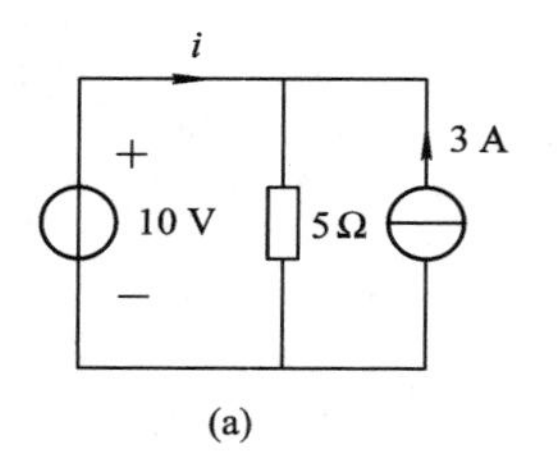

(a)

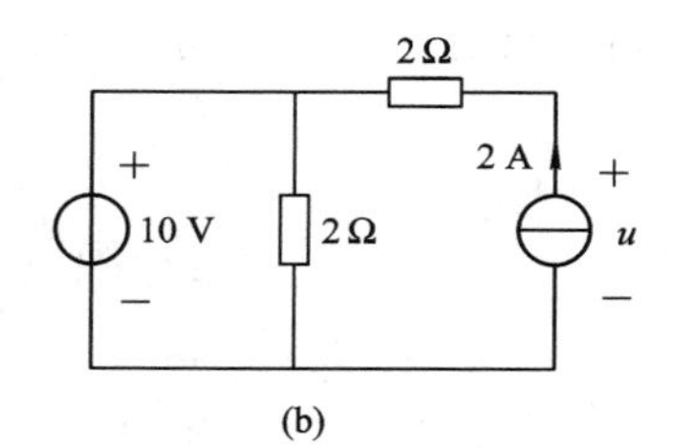

(b)

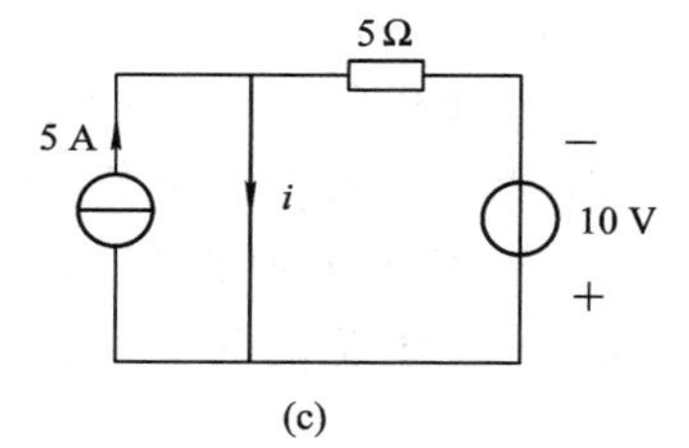

(c)

题 1-11 图

解　(1) 列出 KCL 方程：$i+3=\frac{10}{5}$，解得 $i=-1$ A；

(2) 利用 KVL 得：$u=2\times2+10=14$ V；

(3) 利用 KCL 得：$i=-\frac{10}{5}+5=3$ A。

1-12　求题 1-12 图示各电路中电流源 I_{s1} 产生的功率。

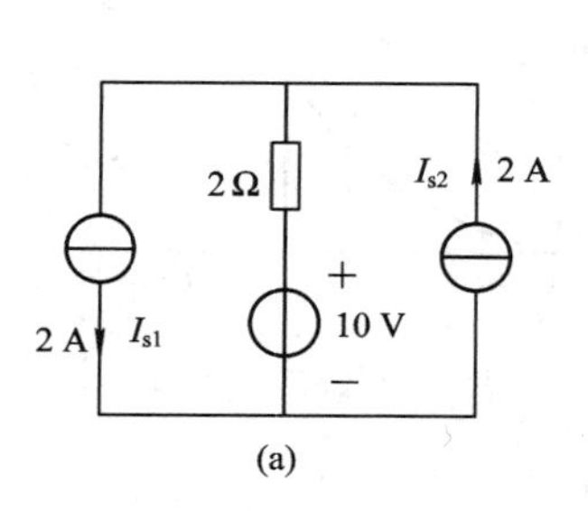

(a)

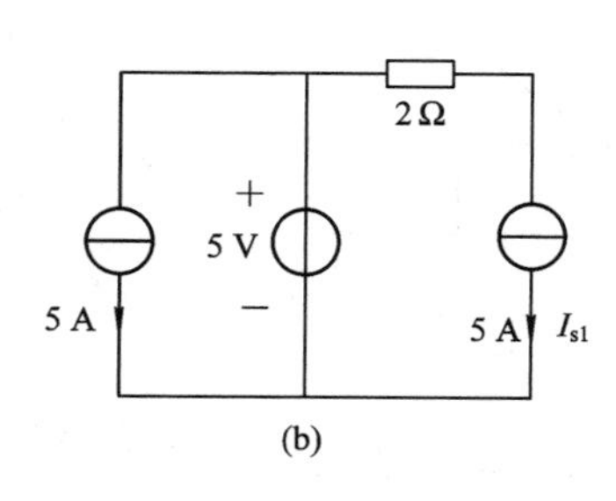

(b)

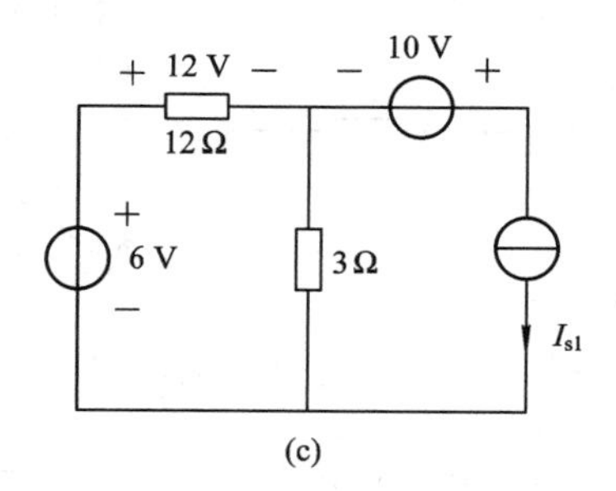

(c)

题 1-12 图

解　标出题1-12图(a)、(b)、(c)各电路中电流源 I_{s1} 两端的电压 U_{s1}，如题1-12解图(a)、(b)、(c)所示，则其产生的功率 $P_{s1}=-U_{s1}I_{s1}$。

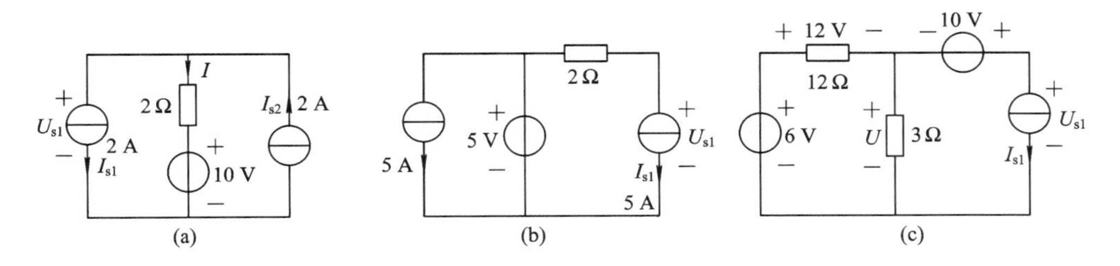

题1-12解图

(1) 题1-12解图(a)：由KCL可知，$I=0$，故

$$U_{s1}=2I+10=10\ \text{V}$$

$$P_{s1}=-U_{s1}I_{s1}=-10\times2=-20\ \text{W}$$

(2) 题1-12解图(b)：由KVL可知，$U_{s1}=-2\times5+5=-5$ V，故

$$P_{s1}=-U_{s1}I_{s1}=-(-5)\times5=25\ \text{W}$$

(3) 题1-12解图(c)：由KVL可知

$$U_{s1}=10-12+6=4\ \text{V}$$

$$U=-12+6=-6\ \text{V}$$

利用KCL得

$$I_{s1}=\frac{12}{12}-\frac{U}{3}=3\ \text{A}$$

所以

$$P_{s1}=-U_{s1}I_{s1}=-4\times3=-12\ \text{W}$$

1-13　如题1-13图所示含受控源的电路。

(1) 求图(a)中的电流 i；

(2) 求图(b)中的电流 i；

(3) 求图(c)中的电压 u。

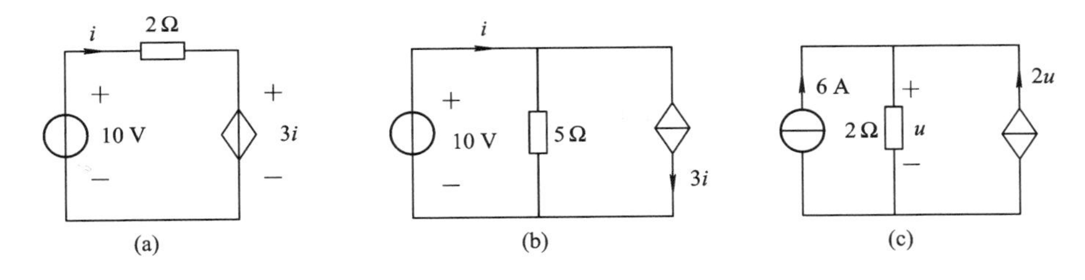

题1-13图

解　(1) 列出KVL方程：$2i+3i-10=0$，解得 $i=2$ A。

(2) 由欧姆定律和KCL有，$i=\dfrac{10}{5}+3i$，解得 $i=-1$ A。

(3) 列出KCL方程：$6+2u=\dfrac{u}{2}$，解得 $u=-4$ V。

1-14　如题 1-14 图所示的电路，分别求图(a)和图(b)中的未知电阻 R。

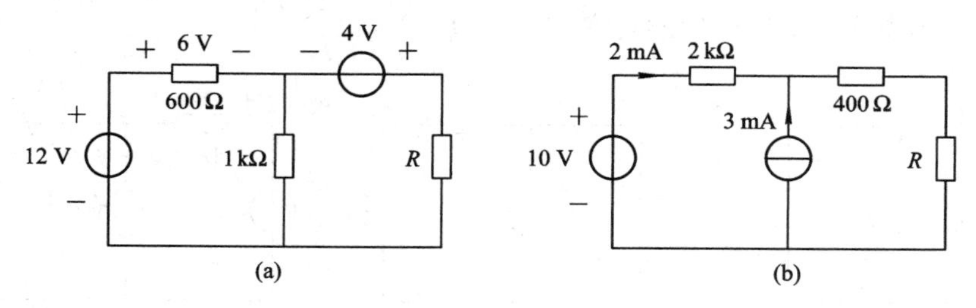

题 1-14 图

解　求未知电阻 R 值的一种基本方法是先求出电阻上电流和电压，然后用欧姆定律求 R。在题 1-14 图上标出电阻 R 上电压 U_R 和电流 I_R，如题 1-14 解图所示。

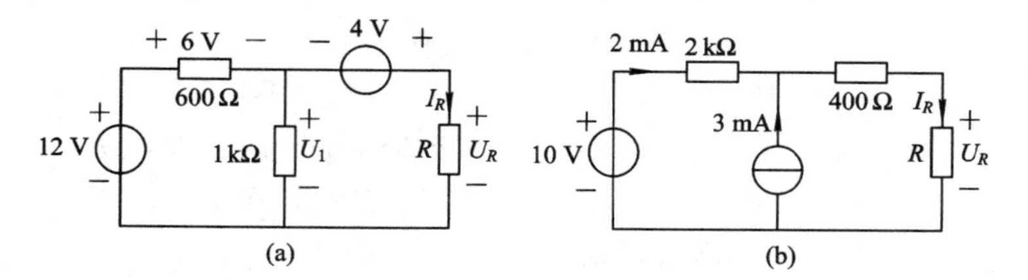

题 1-14 解图

(1) 题 1-14 解图(a)：由 KVL 得

$$U_R=4-6+12=10\ \text{V}$$

$$U_1=-6+12=6\ \text{V}$$

由 KCL 得

$$I_R=\frac{6}{600}-\frac{U_1}{1000}=4\ \text{mA}$$

故由欧姆定律得

$$R=\frac{U_R}{I_R}=2.5\ \text{k}\Omega$$

(2) 题 1-14 解图(b)：由 KCL 得

$$I_R=2+3=5\ \text{mA}$$

由 KVL 得

$$U_R=-400I_R-2\times2+10=4\ \text{V}$$

故

$$R=\frac{U_R}{I_R}=0.8\ \text{k}\Omega$$

1-15　如题 1-15 图所示的电路。

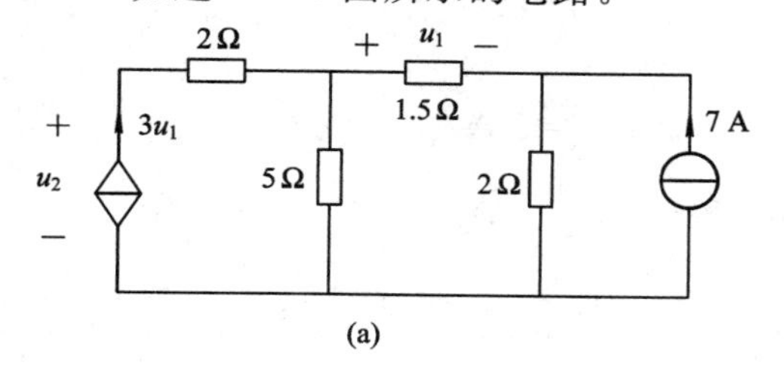

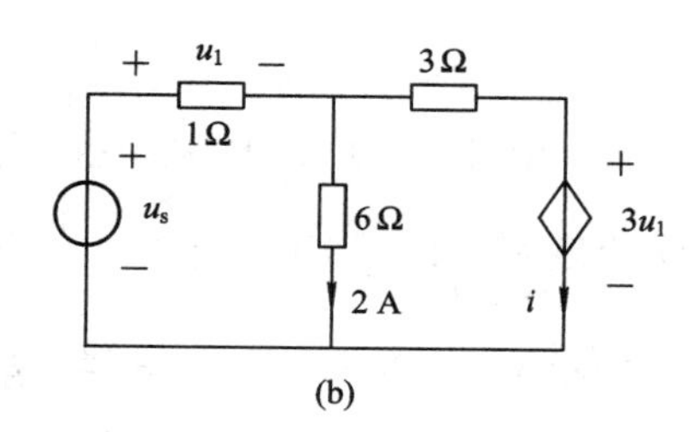

题 1-15 图

(1) 求图(a)中的电压 u_1 和 u_2；

(2) 求图(b)中的电压 u_s 和电流 i。

解 (1) 标出电流 i_1 和 i_2，如题1-15解图(a)所示，由KCL有

$$i_1 = 3u_1 - \frac{u_1}{1.5}$$

$$i_2 = 7 + \frac{u_1}{1.5}$$

对回路Ⅰ列出KVL方程，有

$$u_1 + 2i_2 - 5i_1 = 0$$

即有

$$u_1 + 2\left(7 + \frac{u_1}{1.5}\right) - 5\left(3u_1 - \frac{u_1}{1.5}\right) = 0$$

解得

$$u_1 = 1.5\ \text{V}$$

由KVL得

$$u_2 = 2 \times 3u_1 + 5\left(3u_1 - \frac{u_1}{1.5}\right) = 26.5\ \text{V}$$

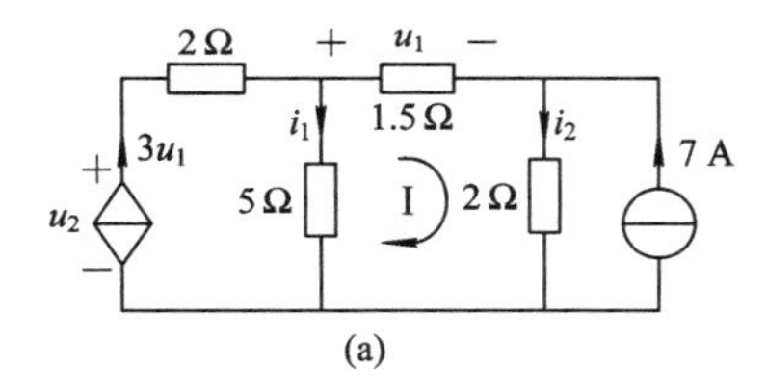

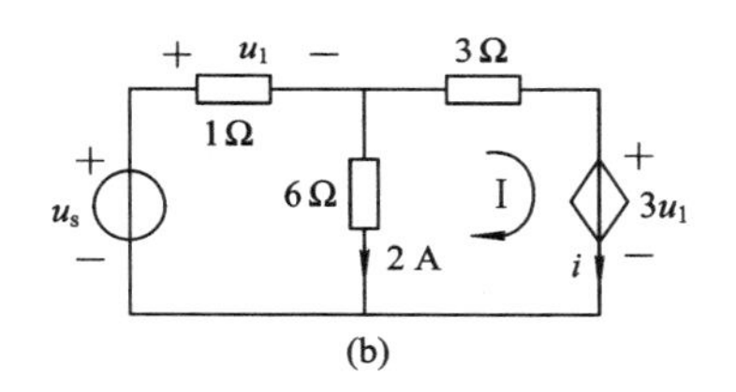

题1-15解图

(2) 由KCL得受控电压源支路电流 i 为

$$i = \frac{u_1}{1} - 2 = u_1 - 2$$

对回路Ⅰ列出KVL方程，有

$$3i + 3u_1 - 6 \times 2 = 0$$

即

$$3(u_1 - 2) + 3u_1 - 6 \times 2 = 0$$

解得

$$u_1 = 3\ \text{V}$$

由KVL得

$$u_s = u_1 + 6 \times 2 = 3 + 12 = 15\ \text{V}$$

$$i = \frac{u_1}{1} - 2 = u_1 - 2 = 1\ \text{A}$$

1-16 求题1-16图示电路中，各电路 ab 端的等效电阻。

解 图(a)：

$$R_{ab} = 18 + 6 /\!/ 3 = 20\ \Omega$$

图(b)：

$$R_{ab} = 6 /\!/ 4 /\!/ (5 + 3 + 6 /\!/ 12) = 2\ \Omega$$

图(c)：

$$R_{ab}=\frac{1}{2}+\frac{1}{\frac{1}{3}+\frac{1\times2}{1+2}}=1.5\ \Omega$$

图(d)：

$$R_{ab}=12+6/\!/\{12+4/\!/[12+6/\!/(12+4)]\}\approx16.3\ \Omega$$

图(e)：利用同电位点相连(图中虚线所示)，可得

$$R_{ab}=2\{R/\!/[\ R\ +R/\!/(0.5R)/\!/R]\}=\frac{10}{9}R=10\ \Omega$$

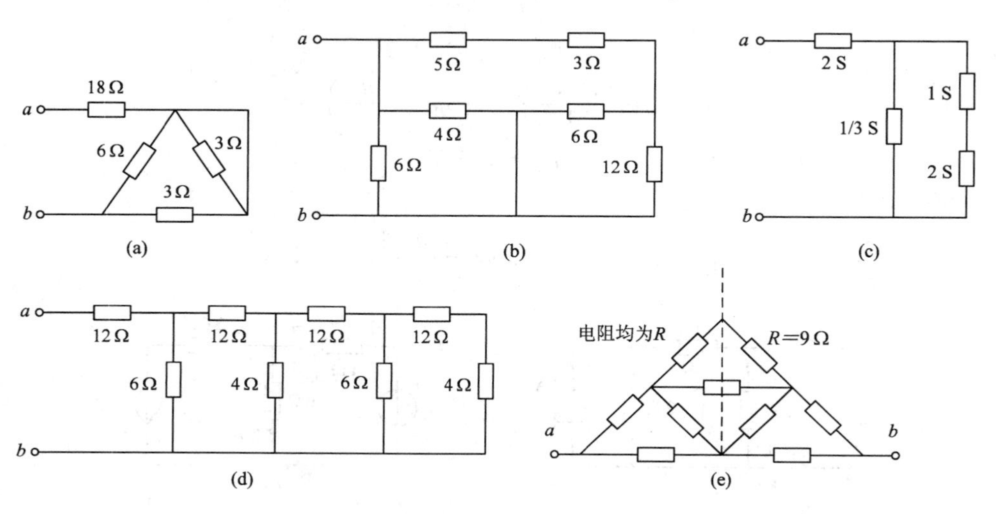

题 1-16 图

1-17　如题 1-17 图所示电路，求 ab 端的等效电阻。

解　标出端子上电流 i 和电压 u，如题 1-17 解图所示。若 ab 端的等效电阻记为 R_{ab}，则有 $u=R_{ab}i$。

$$u=4i+2i_1-2i_1=4i$$

则

$$R_{ab}=\frac{u}{i}=4\ \Omega$$

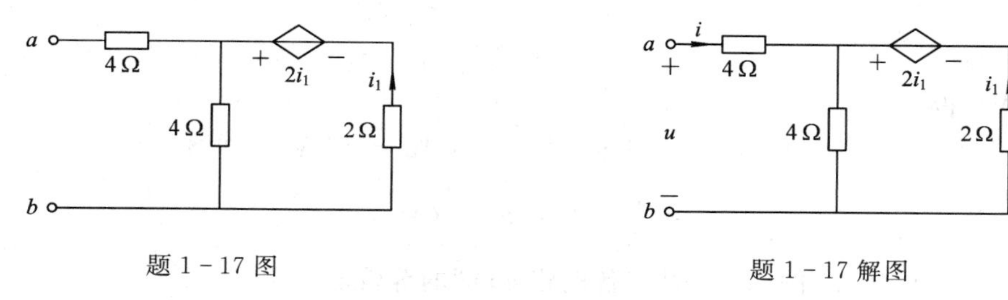

题 1-17 图　　题 1-17 解图

1-18　如题 1-18 图所示的双 T 形电路，分别求当开关 S 闭合及断开时 ab 端的等效电阻。

解　当开关 S 闭合时，根据电阻的串并联关系，有

$$R_{ab}=(3+3/\!/4.5)/\!/(6+6/\!/3)=3\ \Omega$$

当开关S断开时，利用Y→△变换后，可得题1-18解图所示等效电路，继而求得

$$R_{ab}=12/\!/12/\!/(24/\!/8+12/\!/12)=4\ \Omega$$

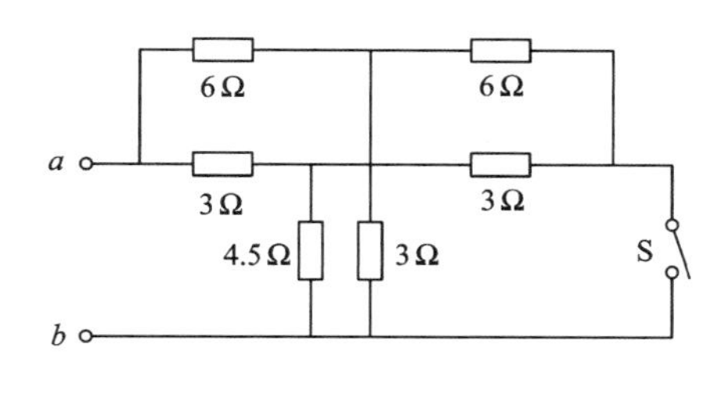

题1-18图

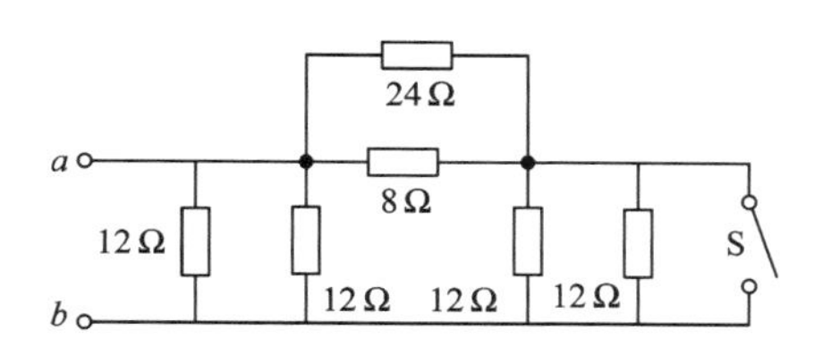

题1-18解图

1-19　如题1-19图所示电路。

(1) 求图(a)中的电阻 R；

(2) 求图(b)中的 A 点的电位 U_A。

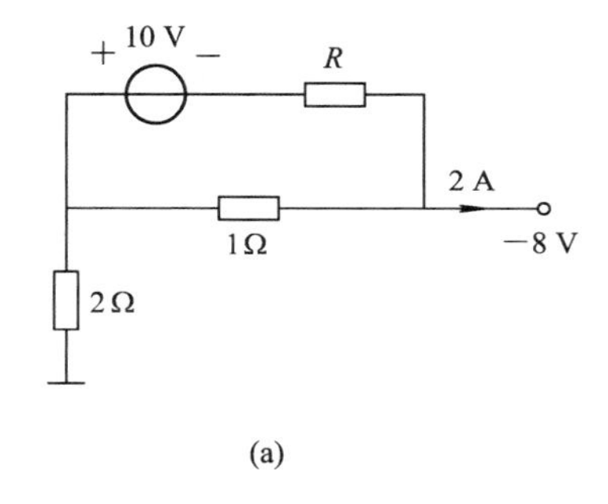

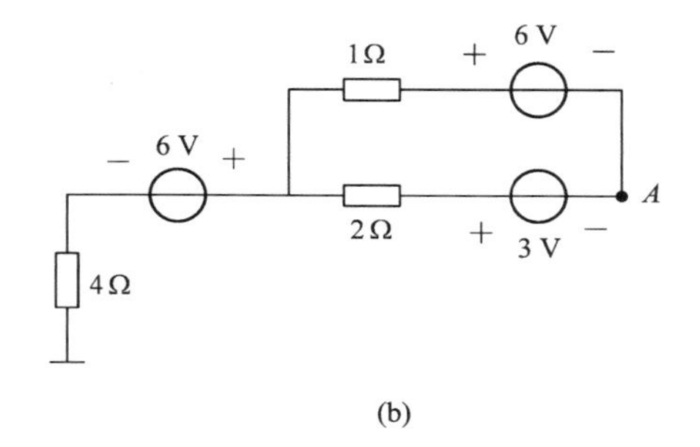

题1-19图

解　(1) 标出 R 和1 Ω电阻上的电流 I_R 和 I_1 以及节点 A、回路Ⅰ、回路Ⅱ，如题1-19解图(a)所示。

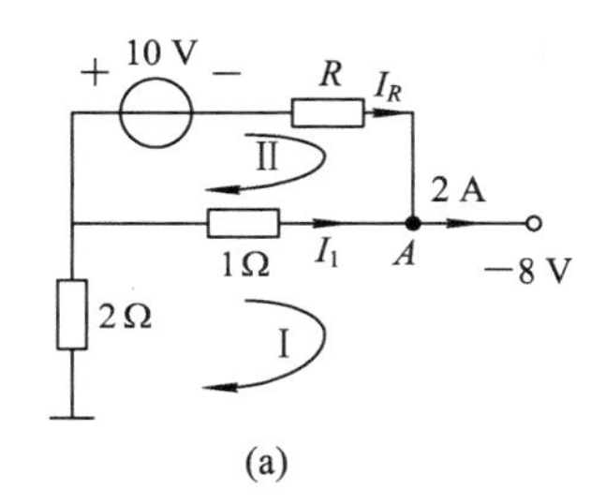

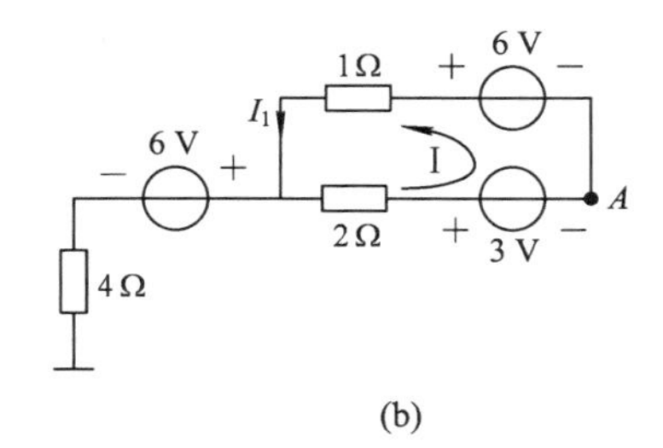

题1-19解图

对节点 A 列出KCL方程有

$$I_R=2-I_1$$

对回路Ⅰ列出KVL方程，有

$$1\times I_1-8+2\times 2=0$$

解得 $I_1=4$ A，因此得

$$I_R=2-I_1=-2\ \text{A}$$

对回路Ⅱ列出 KVL 方程，有

$$10+RI_R-1\times I_1=0$$

即
$$10+R\times(-2)-1\times 4=0$$

解得
$$R=3\ \Omega$$

(2) 标出 1 Ω 电阻上的电流 I_1 以及回路Ⅰ，如题 1-19 解图(b)所示。列出回路Ⅰ的 KVL 方程，有

$$-6+1\times I_1+2\times I_1+3=0$$

解得
$$I_1=1\ \text{A}$$

利用 KVL，得

$$U_A=-6+1\times I_1+6=1\ \text{V}$$

1-20　如题 1-20 图所示含受控源的电路，受控系数 β、γ、α 已知，求各图中 ab 端的等效电阻。

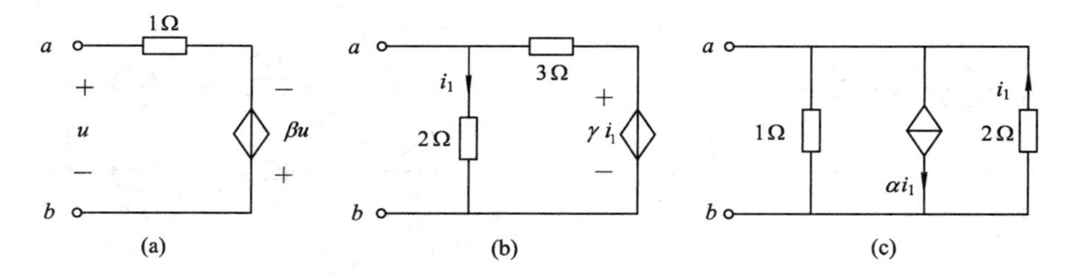

题 1-20 图

解　标出端子上的电流 i 和电压 u，如题 1-20 解图所示。若 ab 端的等效电阻记为 R_{ab}，则有 $u=R_{ab}i$。

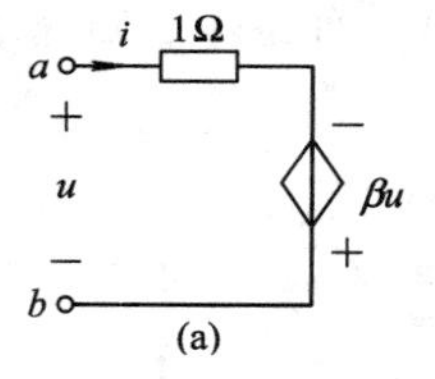

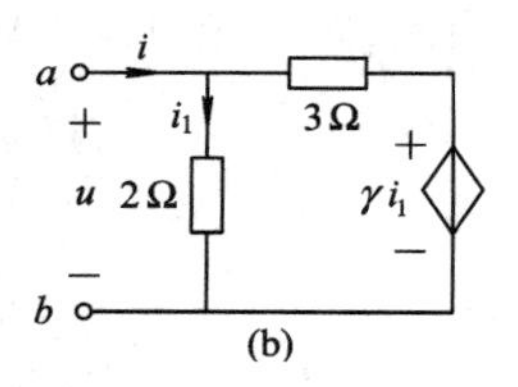

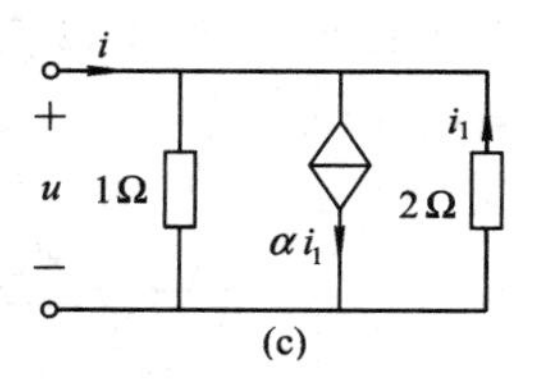

题 1-20 解图

题 1-20 解图(a)：由 KVL 得

$$u=1\times i-\beta u$$

则
$$R_{ab}=\frac{u}{i}=\frac{1}{1+\beta}\ \Omega$$

题 1-20 解图(b)：对 2 Ω 电阻，由欧姆定律，有

$$i_1=\frac{u}{2}$$

由 KCL，得

$$i=i_1+\frac{u-\gamma i_1}{3}$$

即

$$i=\frac{u}{2}+\frac{u-\frac{\gamma u}{2}}{3}=\frac{5-\gamma}{6}u$$

则

$$R_{ab}=\frac{u}{i}=\frac{6}{5-\gamma}\ \Omega$$

题1-20解图(c)：对2 Ω电阻，由欧姆定律，有

$$i_1=-\frac{u}{2}$$

由KCL得

$$i=\frac{u}{1}+\alpha i_1-i_1=u+(\alpha-1)\left(-\frac{u}{2}\right)=\frac{3-\alpha}{2}u$$

则

$$R_{ab}=\frac{u}{i}=\frac{2}{3-\alpha}\ \Omega$$

1-21　如测得题1-21图(a)电路 N 的伏安特性如题1-21图(b)所示，求出 N 的等效电路。

解　题1-21图(b)对应的方程为

$$u=-6+2i$$

由该方程可画出N的等效电路如题1-21解图所示。

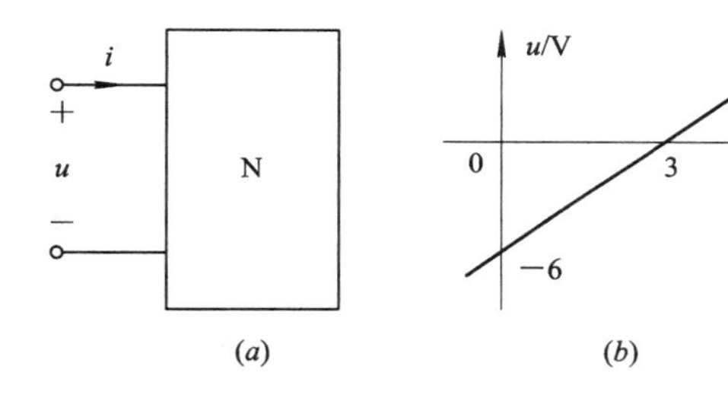

题1-21图

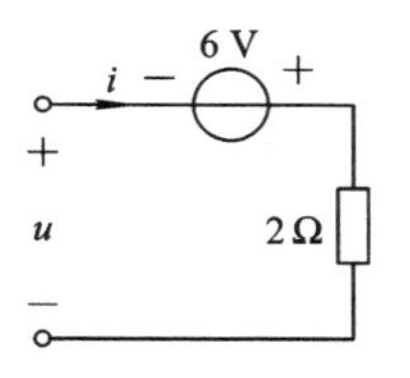

题1-21解图

1-22　写出题1-22图示电路的端口伏安关系。

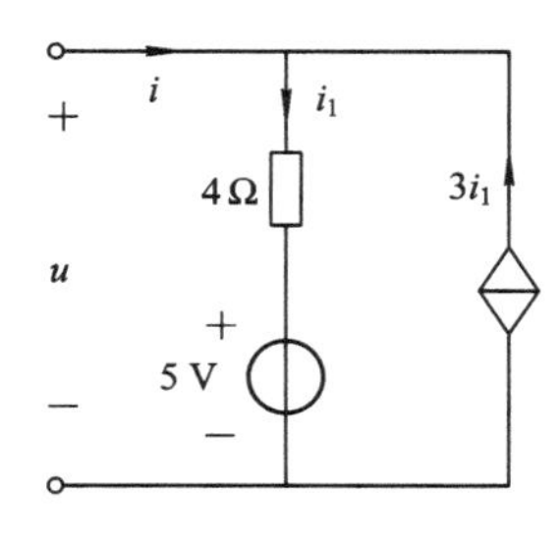

题1-22图

解　由KCL，有

$$i=i_1-3\ i_1$$

即

$$i_1=-0.5\ i$$

由 KVL，有

$$u=4i_1+5$$

将 $i_1=-0.5\,i$ 代入上式，可得电路的端口伏安关系为

$$u=-2i+5$$

1-23　如题 1-23 图所示的电路。

(1) 求 ab 端的电压 u_{ab}；

(2) 如 ab 间用理想导线短接，求短路电流 i_{ab}。

解　(1) cd 两点以右的等效电阻为

$$R_{cd}=(2+4)\,/\!/\,(2+1)=2\ \text{k}\Omega$$

利用分压公式，有

$$u_{cd}=\frac{R_{cd}}{1.2\times10^3+R_{cd}}\times12=7.5\ \text{V}$$

$$u_{ad}=\frac{4}{2+4}u_{cd}=\frac{4}{2+4}\times7.5=5\ \text{V}$$

$$u_{bd}=\frac{1}{2+1}u_{cd}=\frac{1}{2+1}\times7.5=2.5\ \text{V}$$

故由 KVL 可得

$$u_{ab}=u_{ad}-u_{bd}=5-2.5=2.5\ \text{V}$$

(2) ab 间用理想导线短接时，电路如题 1-23 解图所示。cd 两点以右的等效电阻为

$$R_{cd}=2\,/\!/\,2+4\,/\!/\,1=1.8\ \text{k}\Omega$$

$$i=\frac{12}{1.2\times10^3+R_{cd}}=4\ \text{mA}$$

利用分流公式，有

$$i_1=0.5i=2\ \text{mA}$$

$$i_2=\frac{1}{4+1}i=0.8\ \text{mA}$$

在节点 a 利用 KCL，得

$$i_{ab}=i_1-i_2=1.2\ \text{mA}$$

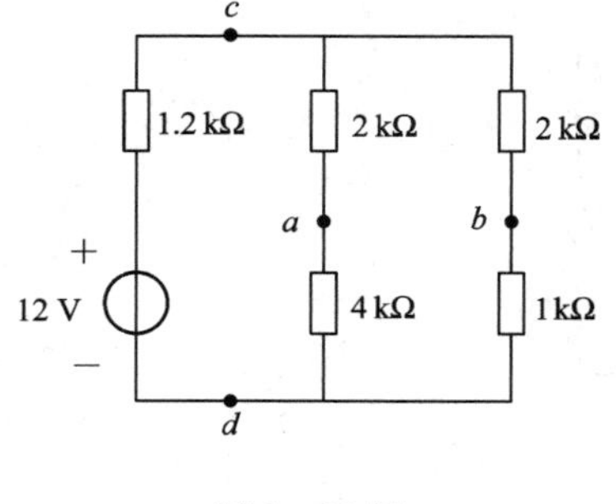

题 1-23 图

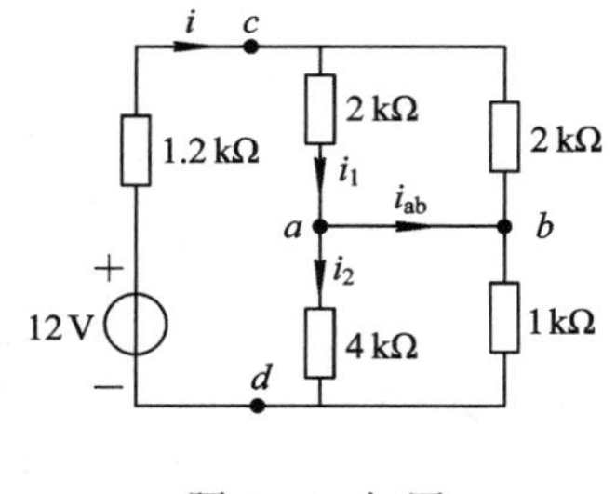

题 1-23 解图

1-24　求题 1-24 图示电路中的电压 u。

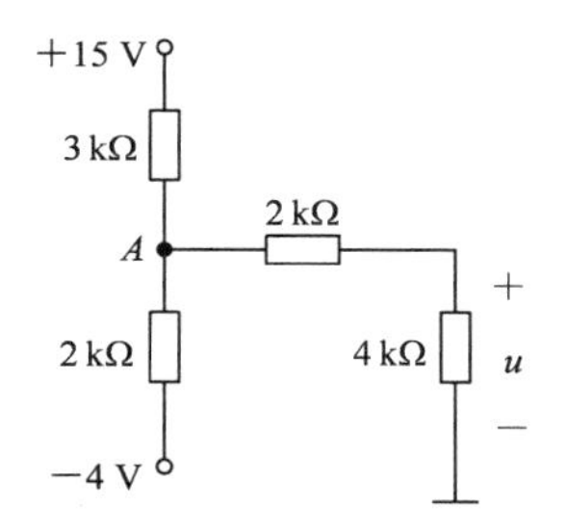

题 1-24 图

解 以节点 A 的节点电压 u_A 为变量，结合欧姆定律，列出节点 A 的 KCL 方程为

$$\frac{15-u_A}{3\times10^3}=\frac{u_A-(-4)}{2\times10^3}+\frac{u_A}{2\times10^3+4\times10^3}$$

解得 $u_A=3$ V，利用分压公式得

$$u=\frac{4}{4+2}u_A=2\ \text{V}$$

1-25 如题 1-25 图所示的电路，求图(a)中的电压 u 和图(b)中的电流 i。

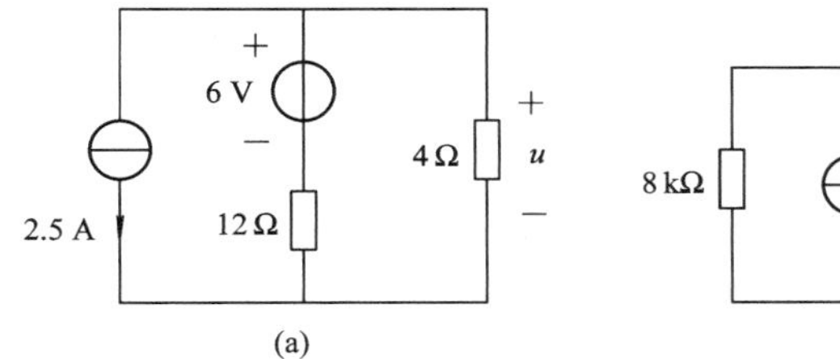

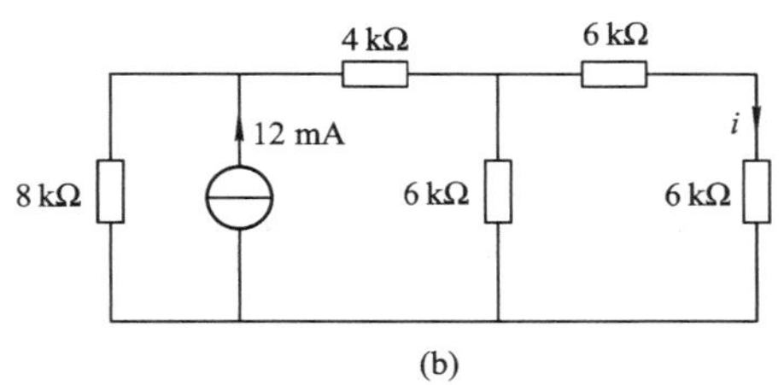

题 1-25 图

解 在题 1-25 图中标出电流 i_1、i 以及节点 A、a、b 及回路 I，如题 1-25 解图所示。

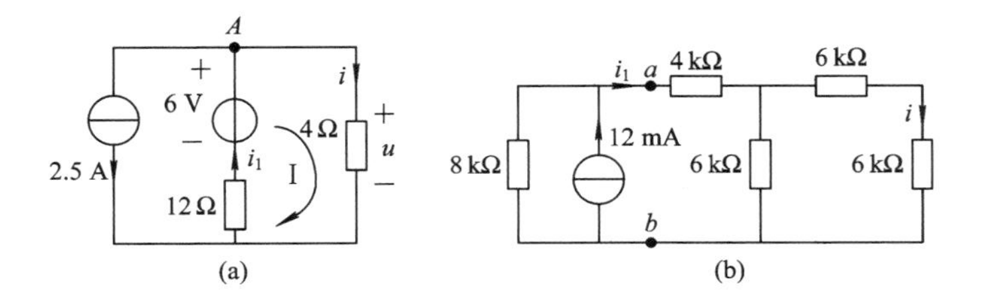

题 1-25 解图

图(a)：在节点 A，利用 KCL 有

$$i_1=2.5+i$$

在回路 I 中，由 KVL 可得

$$4i+12i_1-6=0$$

由上两式可解得 $i=-1.5$ A，故 $u=4\,i=-6$ V。

图(b)：ab 两点以右的等效电阻为

$$R_{ab}=4+6/\!/(6+6)=8\ \text{k}\Omega$$

利用分流公式，有

$$i_1 = \frac{8\times10^3}{8\times10^3+R_{ab}}\times12\times10^{-3} = 6\ \text{mA}$$

$$i = \frac{6\times10^3}{6\times10^3+6\times10^3+6\times10^3}i_1 = 2\ \text{mA}$$

1－26　如题 1－26 图所示电路，求电流源产生的功率及电流 i_2。

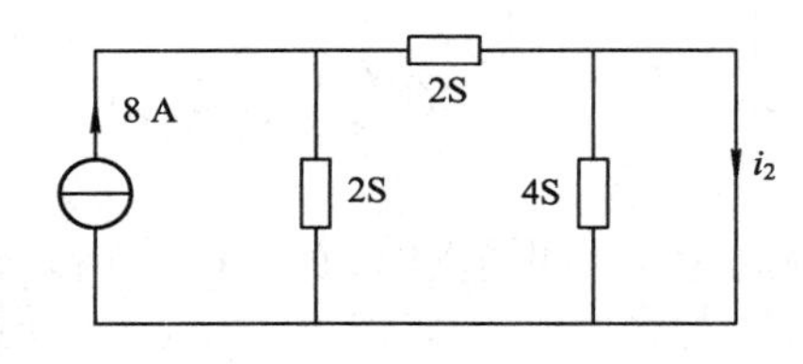

题 1－26 图

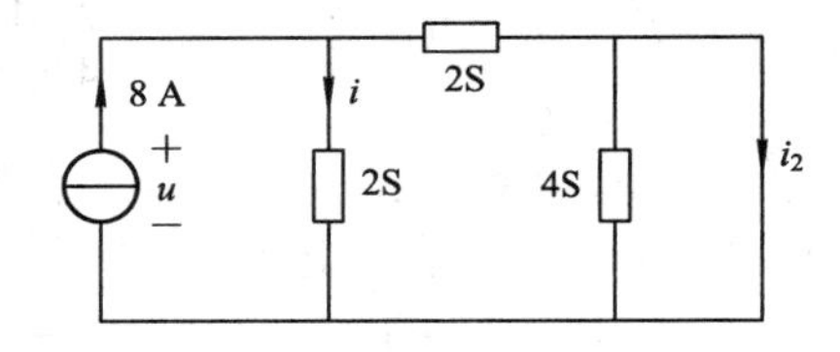

题 1－26 解图

解　在题 1－26 图中标出电流 i 和电压 u，如题 1－26 解图所示。i_2 是短路线上的电流，故连个 2S 电导是并联关系，利用分流公式得

$$i=i_2=\frac{2}{2+2}\times8=4\ \text{A}$$

由题 1－26 解图可知，电流源与电导 2S 并联，则由欧姆定律得

$$u=\frac{i}{2}=\frac{4}{2}=2\ \text{V}$$

由题 1－26 解图可知，8 A 电流源与电压 u 是关联参考方向，所以

$$P_s=8u=8\times2=16\ \text{W}$$

1－27　如题 1－27 图所示电路，求未知电阻 R。

解　利用电源模型等效互换和电阻并联等效，电路可化简为题 1－27 解图所示电路。利用分压公式，有

$$\frac{R}{R+6+2}\times36 = 12$$

解得 $R=4\ \Omega$。

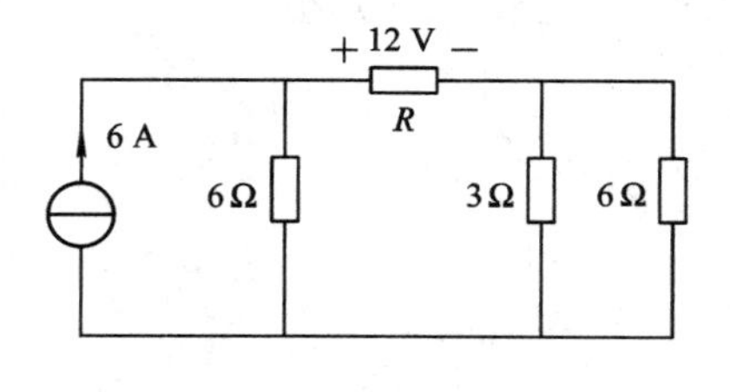

题 1－27 图

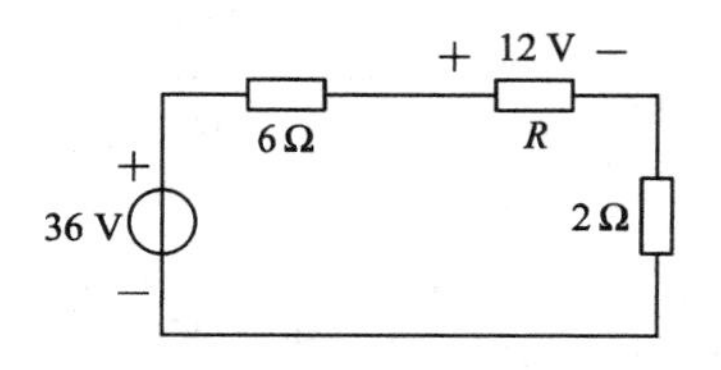

题 1－27 解图

1－28　求题 1－28 图所示电路中的电流 i。

解　利用电源模型等效互换、电流源并联等效、电阻并联等效，可将电路化简为题 1－28 解图所示电路。

列出 KVL，可解得

$$i = \frac{4-6}{2+1+2} =-0.4\ \text{A}$$

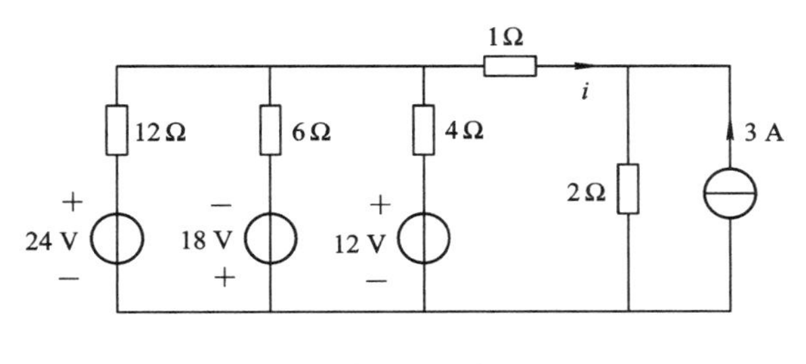

题1-28图

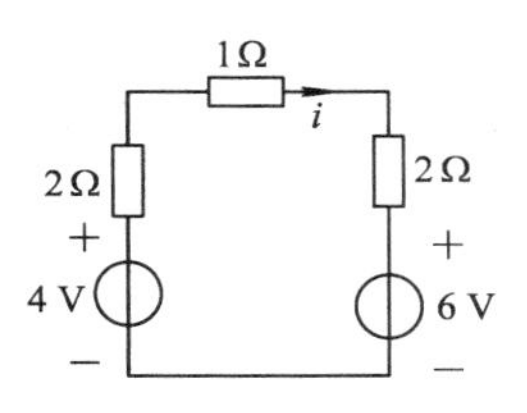

题1-28解图

1-29　求题1-29图所示电路中的电流 i_1 和电压 u。

解　将受控电流源利用电源模型等效转换为受控电压源，如题1-29解图所示。

在节点 A，由KCL有

$$i_3=i_1-i_2$$

在左右两个回路，列KVL方程，有

$$4i_1+10(i_1-i_2)-8=0$$

$$10i_2-5i_1+5i_2-10(i_1-i_2)=0$$

由上述两式可解得 $i_1=1$ A，$i_2=\frac{3}{5}$ A，故 $u=5i_2=3$ V。

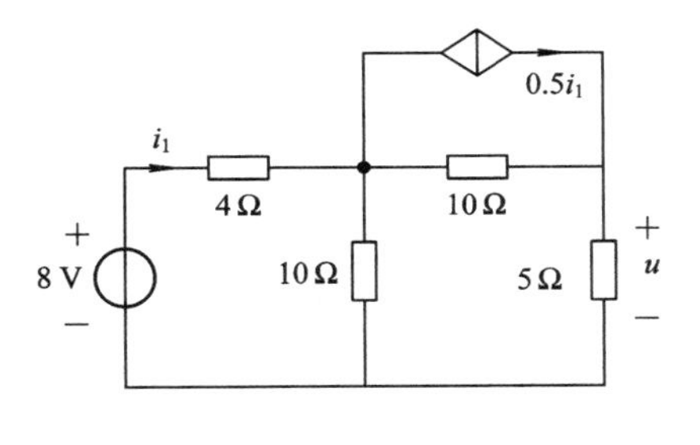

题1-29图

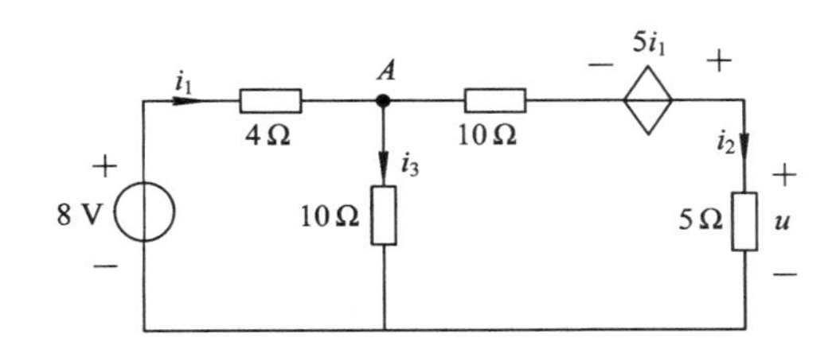

题1-29解图

1-30　如题1-30图所示的调压电路，端子 a 处为开路，若以地为参考点，当改变 R_2 $(R_2=2R_1)$ 的活动点时，求 u_a 的变化范围。

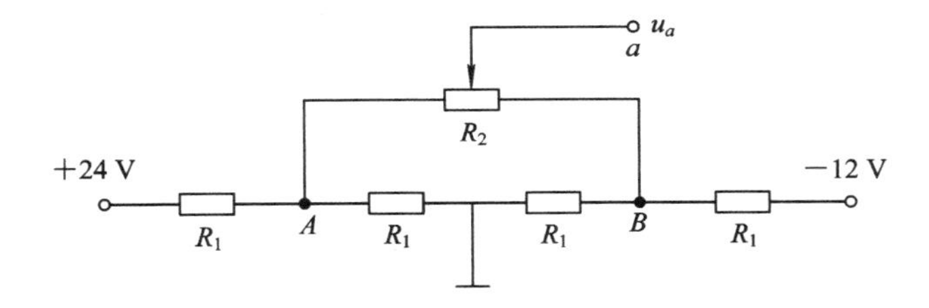

题1-30图

解　当调节端子 a 处于 R_1 的左右两端时，u_a 的变化范围即为 A、B 两点电位 U_A 和 U_B 之间，故只需求出 A、B 两点的电位即可。

利用△→Y等效变换，并考虑到 $R_2=2R_1$，可画出其等效电路，如题1-30解图所示。

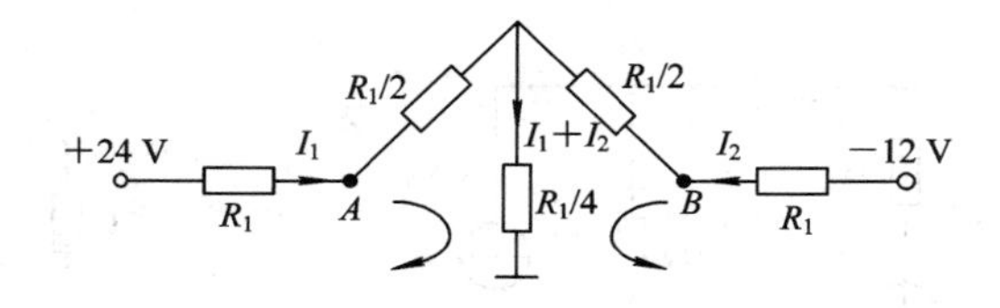

题 1－30 解图

在两个回路列出 KVL 方程为

$$R_1I_1+\left(\frac{R_1}{2}\right)I_1+\left(\frac{R_1}{4}\right)(I_1+I_2)-24=0$$

$$R_1I_2+\left(\frac{R_1}{2}\right)I_2+\left(\frac{R_1}{4}\right)(I_1+I_2)+12=0$$

解得 $R_1I_1=15$ V，$R_1I_2=-9$ V。

由 KVL 可得

$$\begin{aligned}U_A&=\left(\frac{R_1}{2}\right)I_1+\left(\frac{R_1}{4}\right)(I_1+I_2)=0.75R_1I_1+0.25R_1I_2\\&=0.75\times15+0.25\times(-9)=9\text{ V}\\U_B&=\left(\frac{R_1}{2}\right)I_2+\left(\frac{R_1}{4}\right)(I_1+I_2)=0.75R_1I_2+0.25R_1I_1\\&=0.75\times(-9)+0.25\times15=-3\text{ V}\end{aligned}$$

所以，u_a 的变化范围是

$$-3\text{ V}\leqslant u_a\leqslant 9\text{ V}$$

1－31　某 MF－30 型万用表测量直流电流的电路如题 1－31 图所示，已知表头内阻 $R_A=2$ kΩ，量程为 37.5 μA，它用波段开关改变电流的量程，图中给出了各波段的量程。现发现绕线电阻 R_1 和 R_2 损坏，问换上多大阻值的 R_1 和 R_2 才能使该万用表恢复正常工作。

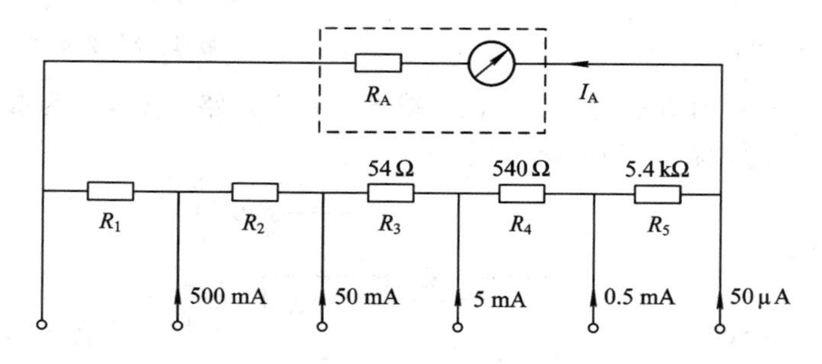

题 1－31 图

解　万用表工作在 50 mA 量程时的电路模型如题 1－31 解图(a)所示。其中 $R_b=R_A+R_3+R_4+R_5=2000\ \Omega+54\ \Omega+540\ \Omega+5400\ \Omega=7994\ \Omega$。当万用表指针满偏转的电流 $I_A=37.5\ \mu$A 时，万用表的电流 $I=50$ mA。由分流公式有

$$I_A=\frac{R_1+R_2}{R_1+R_2+R_b}I$$

故

$$R_1+R_2=\frac{R_bI_A}{I-I_A}=\frac{7994\times37.5\times10^{-6}}{50\times10^{-6}-37.5\times10^{-6}}=6\ \Omega$$

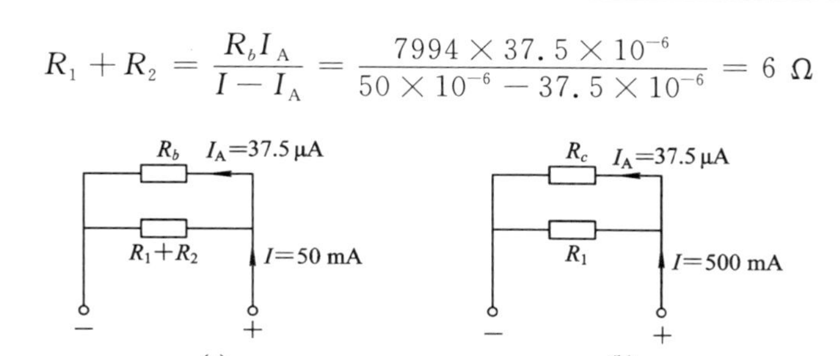

题 1 - 31 解图

万用表工作在 500 mA 量程时的电路模型如题 1 - 31 解图(b)所示。其中 $R_c=R_A+R_2+R_3+R_4+R_5$，$R_1+R_c=R_1+R_2+R_A+R_3+R_4+R_5=6\ \Omega+2000\ \Omega+54\ \Omega+540\ \Omega+5400\ \Omega=8000\ \Omega$。当万用表指针满偏转的电流 $I_A=37.5\ \mu A$ 时，万用表的电流 $I=500\ mA$。由分流公式有

$$I_A=\frac{R_1}{R_1+R_c}I$$

故

$$R_1=\frac{(R_1+R_c)I_A}{I}=\frac{8000\times37.5\times10^{-6}}{500\times10^{-6}}=0.6\ \Omega$$

故

$$R_2=6-R_1=6-0.6=5.4\ \Omega$$

1 - 32　题 1 - 32 图所示电路是用 MOSFET 构成的逻辑电路，已知 $R_L=20\ k\Omega$，$U_s=5\ V$，MOSFET 的导通电阻 $R_M=200\ \Omega$，U_A 和 U_B 只取 5 V(逻辑 1)或 0 V(逻辑 0)，求出 U_A 和 U_B 所有组合状态下电路的输出电压 U_o，并判断该电路的逻辑功能。

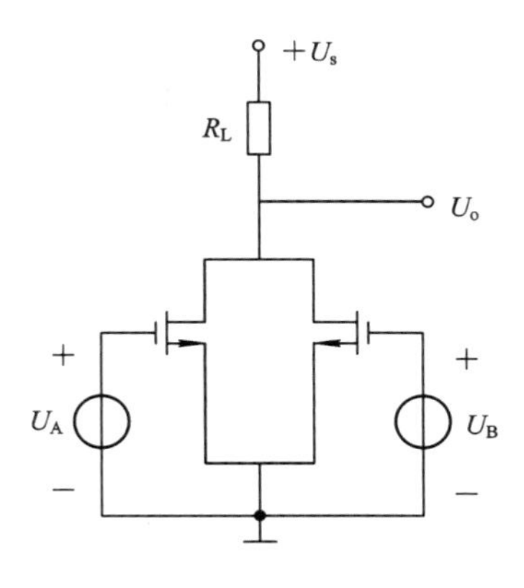

题 1 - 32 图

解　用 MOSFET 构成的逻辑电路，其 MOSFET 器件不外乎工作在导通或截止两种工作状态。如果栅极加高电平，则 MOSFET 器件导通，漏源两极间等效为一导通电阻；若栅极加低电平，则 MOSFET 器件截止，漏源两极间等效为开路，如题 1 - 32 解图所示。

下面列表给出 U_A 和 U_B 取四种不同组合值时的输出电压 U_o。(由等效电路利用分压公式不难计算出 U_o。)

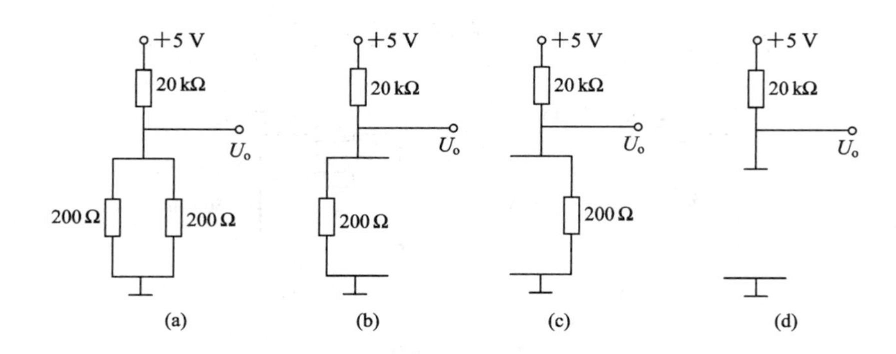

题 1-32 解图

U_A/逻辑	U_B/逻辑	等效电路	U_o/逻辑
5 V/1	5 V/1	题 1-32 解图(a)	0.025 V/0
5 V/1	0 V/0	题 1-32 解图(b)	0.05 V/0
0 V/0	5 V/1	题 1-32 解图(c)	0.05 V/0
0 V/0	0 V/0	题 1-32 解图(d)	5 V/1

由此可见，该电路实现或非门功能。

1-33　题 1-33 图所示电路，欲使 ab 端的等效电阻 $R_{ab}=R_L=50\ \Omega$，试确定电阻 R_1 和 R_2 的值。(从下列电阻值中选取电阻：10 Ω，20 Ω，30 Ω，100 Ω，110 Ω，120 Ω，130 Ω，150 Ω，160 Ω。)

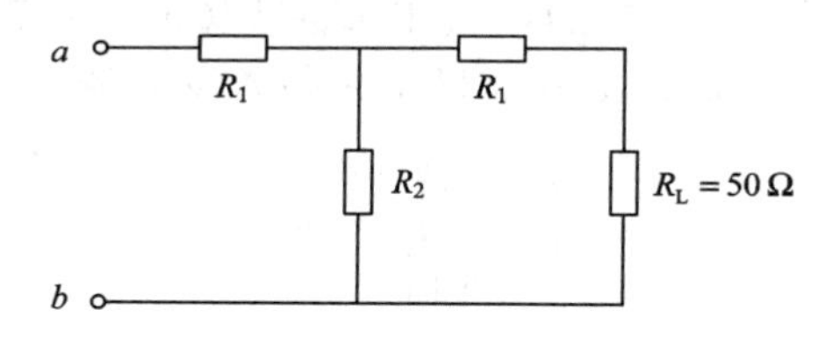

题 1-33 图

解　由电阻的串并等效关系，有

$$R_{ab}=R_1+\frac{R_2(R_1+R_L)}{R_2+R_1+R_L}$$

根据 $R_{ab}=R_L=50\ \Omega$，由上式得到 R_1 和 R_2 的关系：

$$R_2=\frac{R_L^2-R_1^2}{2R_1}=\frac{50^2-R_1^2}{2R_1}$$

由上式可知，R_1 必须小于 50 Ω，取 $R_1=10\ \Omega$ 代入上式，计算出 $R_2=120\ \Omega$，正好处于给定的电阻值中。

1-34　在题 1-34 图电路中，根据下列故障，计算 A 点测得的电压各为多少：

(1) R_1 开路；

(2) R_5 短路；

(3) R_3 和 R_4 开路；

(4) R_2 开路。

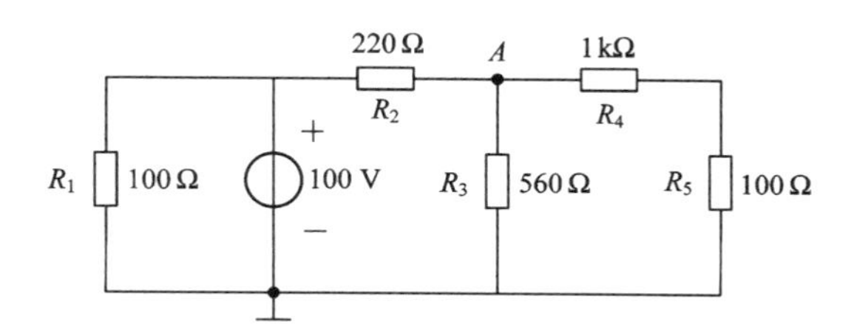

题 1-34 图

解　(1) R_1 开路时，利用分压公式得

$$U_A=\frac{R_3 \mathbin{/\!/} (R_4+R_5)}{R_2+R_3 \mathbin{/\!/} (R_4+R_5)}\times 100=\frac{560 \mathbin{/\!/} (1000+100)}{220+560 \mathbin{/\!/} (1000+100)}\times 100=62.8\ \text{V}$$

(2) R_5 短路时，利用分压公式得

$$U_A=\frac{R_3 \mathbin{/\!/} R_4}{R_2+R_3 \mathbin{/\!/} R_4}\times 100=\frac{560 \mathbin{/\!/} 1000}{220+560 \mathbin{/\!/} 1000}\times 100=62\ \text{V}$$

(3) R_3 和 R_4 开路时，显然 $U_A=100$ V。

(4) R_2 开路时，显然 $U_A=0$ V。

1-35　题 1-35 图电路中，如果理想电压表的读数为 5.24 V(近似小数点后两位)，判断哪个电阻发生了开路或短路故障?

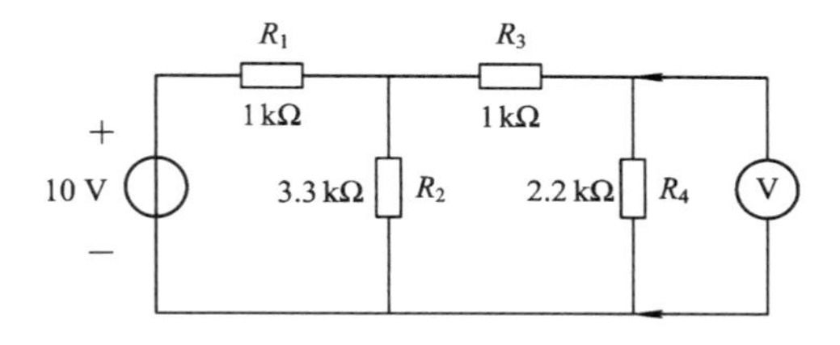

题 1-35 图

解　由于电压表的读数不为 0，故由电路结构可以直观判断不是下列四种情况的故障：R_1 开路，R_3 开路，R_2 短路，R_4 短路。这样就排除了四种情况。

R_1 短路时，电压表的读数为

$$\frac{R_4}{R_3+R_4}\times 100=\frac{2.2}{1+2.2}\times 100=6.88\ \text{V}$$

R_3 短路时，电压表的读数为

$$\frac{R_2 \mathbin{/\!/} R_4}{R_1+R_2 \mathbin{/\!/} R_4}\times 100=\frac{3.3 \mathbin{/\!/} 2.2}{1+3.3 \mathbin{/\!/} 2.2}\times 100=5.69\ \text{V}$$

R_4 开路时，电压表的读数为

$$\frac{R_2}{R_1+R_2}\times 100=\frac{3.3}{1+3.3}\times 100=7.67\ \text{V}$$

R_2 开路时，电压表的读数为

$$\frac{R_4}{R_1+R_3+R_4}\times 100=\frac{2.2}{1+1+2.2}\times 100=5.24\ \text{V}$$

可以看出，R_2 发生了开路故障。

第 2 章　电阻电路分析

2.1 基 本 要 求

(1) 了解电路图论的基础知识。

(2) 理解网孔(回路)分析法和节点分析法的原理，熟练掌握用观察法列写网孔方程、回路方程和节点方程的规律。了解支路分析法和 $2b$ 法。

(3) 熟练掌握和灵活运用齐次定理、叠加定理、替代定理、等效电源定理、最大功率传输定理、互易定理。了解特勒根定理。

(4) 了解电路的对偶性概念及对偶电路的求法。

2.2 知 识 点 归 纳

2.2.1 电路方程分析法

选取一组合适电路变量(电流或电压)，根据基尔霍夫定律和元件的伏安关系，建立独立方程组并求解电路的方法统称为方程分析法，也称为一般分析法。

具有 n 个节点和 b 条支路的电路，其独立的 KCL 方程数为 $n-1$，独立的 KVL 方程数为 $b-n+1$。任选 $n-1$ 个节点，所列出的 KCL 方程是独立的；对基本回路组或网孔列出的 KVL 方程是独立的。

表 2-1 比较了两种主要的方程分析法。

表 2-1　回路(网孔)法与节点法

	回路(网孔)法	节　点　法
定义	选独立回路电流为电路变量，根据 KVL 列写电路方程求解电路的方法称为回路法。对平面电路，如选网孔为独立回路，则称为网孔法	选独立节点电压为电路变量，根据 KCL 列写电路方程求解电路的方法称为节点法。电路中，一个节点选为参考点，其余 $n-1$ 个节点为独立节点

续表

	回路(网孔)法	节　点　法
方程的列写步骤	(1) 指定回路电流的参考方向； (2) 按照下面通式规则通过观察列写回路KVL方程(i_{lk}和i_{lj}分别为第k和第j个回路电流)： $$R_{kk}i_{lk}+\sum_j R_{kj}i_{lj}=\sum_i u_{ski}$$ 式中，R_{kk}为第k个回路的自电阻，R_{kj}为第k个回路与第j个回路间的互电阻。自电阻总为正，它等于第k个回路中所有电阻之和。互电阻的正负则视两回路电流流经共有支路的方向而定，方向一致时为正，相反时为负；其值等于第k个回路与第j个回路公共电阻之和。$\sum u_{ski}$为第k个回路电压源电压升的代数和，各电压源的方向与回路电流一致时取“－”，否则取“＋”	(1) 任选一个节点为参考点，标定其余$n-1$独立节点的节点电压； (2) 按照下面通式规则通过观察列写节点KCL方程(u_{nk}和u_{nj}分别为第k和第j个节点电压)： $$G_{kk}u_{nk}+\sum_j G_{kj}u_{nj}=\sum_i i_{ski}$$ 式中，G_{kk}为第k个节点的自电导，G_{kj}为第k个节点与第j个节点间的互电导。自电导总为正，它等于连接于节点k各支路电导之和；互电导总为负，它等于连接于节点k与节点j之间支路电导之和的负值。$\sum i_{ski}$为流入节点k的所有电流源电流的代数和，流入节点取“＋”号，流出节点取“－”号
特殊情况的处理	(1) 无伴电流源支路的处理： 有两种处理方法：① 选择独立回路，当无伴电流源仅处于一个回路时，让回路电流等于无伴电流源电流。② 将无伴电流源端电压设为未知量，同时，增加一个回路电流与电流源电流之间关系的附加方程； (2) 受控源的处理： 先将受控源当作独立源，列写方程后，再将控制量用回路电流表示	(1) 无伴电压源支路的处理： 有两种处理方法：① 选择无伴电压源的一端为参考点，则无伴电压源另一端的节点电压就等于该电压源电压。② 将无伴电压源上的电流设为未知量，同时，增加一个节点电压与电压源电压之间关系的附加方程。 (2) 受控源的处理： 先将受控源当作独立源，列写方程后，再将控制量用节点电压表示
方程个数	$b-n+1$个	$n-1$个

2.2.2　电路定理

电路定理描述了电路的基本特性。在电路分析中，当求多个支路上的电压或电流时，一般采用方程分析法。如果只需要计算某一条支路电压或电流时，采用电路定理通常更简单一些。

表2-2归纳了电路定律的基本内容以及使用中应注意的问题。独立电压源和电流源统称为激励源，电压或电流统称为响应。注意：受控源不是激励源，功率不是响应。

表 2-2 电路定律归纳

	基本内容	适用范围及注意问题
齐次定理	当线性电路中只有一个激励源作用时,任一支路的响应与激励成正比	单个激励源作用下求线性电路的响应
叠加定理	线性电路中任一支路的响应等于该电路中各激励源分别单独作用时在该支路产生响应的代数和	(1) 只适用于线性电路; (2) 各激励源单独作用时,不作用的独立电压源用短路替代,不作用的独立电流源用开路替代; (3) 叠加的方式是任意的,可以一次一个激励源单独作用,也可以一次几个激励源同时作用
替代定理	电路中,若某一支路 k 的电压 u_k 和电流 i_k 已知,则该支路可以用电压为 u_k 的电压源,或用电流为 i_k 的电流源,或用 $R=u_k/i_k$ 的电阻来替代,替代后电路中各处电压和电流均保持原有值	(1) 不仅适用于线性电路,也可用于非线性电路; (2) 支路 k 以外受控源的控制量不能位于支路 k 中; (3) 从等效的角度来看,替代定理属于特定电路的有条件等效,与电路等效的概念不同
等效电源定理(戴维南定理和诺顿定理)	一个线性有源二端电路 N,对其两个端子来说, (1) 可用一个电压源和电阻的串联组合来等效,这一串联组合称为戴维南等效电路,此电压源电压等于 N 两端的开路电压 u_{OC},电阻等于 N 中全部独立源置零后两端的等效电阻 R_0; (2) 也可用一个电流源和电阻的并联组合来等效,这一并联组合称为诺顿等效电路,此电流源电流等于 N 两端的短路电流 i_{SC},电阻等于 N 中全部独立源置零后两端的等效电阻 R_0	(1) N 必须为线性有源电路,N 以外的电路部分可以是线性电路,也可以是非线性电路; (2) N 与 N 的外电路不能有耦合; (3) 求解电路中某一支路电压、电流和功率问题利用该定理通常比较简单; (4) 应用该定理的难点在于求解等效电阻 R_0。求解 R_0 的方法主要有: ① 利用电阻的串并联等效关系; ② $R_0=u_{OC}/i_{SC}$; ③ 直接列写电路 N 端口的伏安关系: $u=u_{OC}+R_0 i$
最大功率传输定理	如果一有源线性二端电路 N 外接一可变电阻 R_L,当 $R_L=R_0$ 时,电阻 R_L 可以从 N 中获得最大功率,其值为 $P_{Lmax}=\frac{u_{oc}^2}{4R_0}$	(1) N 必须为有源线性电路; (2) 利用该定理的关键在于求出二端电路 N 的戴维南等效电路中的 u_{OC} 和 R_0

续表

	基本内容	适用范围及注意问题
特勒根定理	具有相同拓扑结构的两电路 N 和 N'，支路数为 b，支路 k 的电压和电流(取关联参考方向)分别为 u_k、i_k、u'_k、i'_k，则 $\sum_{k=1}^{b} u_k i'_k = \sum_{k=1}^{b} u'_k i_k = 0$	(1) N 和 N' 为集中参数电路； (2) N 和 N' 拓扑结构相同，支路编号一致
互易定理	对仅含线性电阻和一个激励源的电路，当激励源与响应互换位置时，其比值保持不变。根据激励与响应是电压还是电流，互易定理有三种形式：① 激励为电压源，响应为短路电流；② 激励为电流源，响应为开路电压；③ 激励为电流源，响应为短路电流，互易位置后激励为电压源，响应为开路电压	(1) 只适用于仅含线性电阻和一个激励源的电路。电路中含受控源时，互易定理一般不成立； (2) 互易前后，仅激励源与响应位置互换，其余不变； (3) 特别注意：对前两种形式，互易前后激励和响应端口处的电流、电压参考方向要保持一致，即要关联都关联，要非关联都非关联；但对第三种，互易前后端口处激励和响应的参考方向要保持不一致，即一个端口关联，另一端口必须非关联

2.3　习题 2 解答

2-1　如题 2-1 图的拓扑图，画出 4 种不同的树。其树支数是多少？连支数是多少？

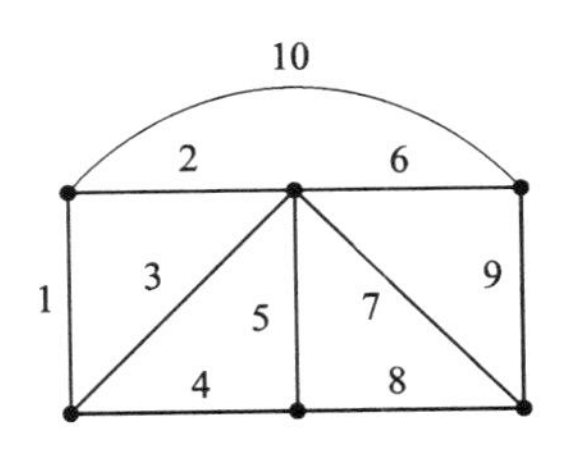

题 2-1 图

解　节点数 $n=6$，支路数 $b=10$，故树支数 $T=n-1$，连支数为 $b-T=5$，画出 4 种不同的树如题 2-1 解图所示。

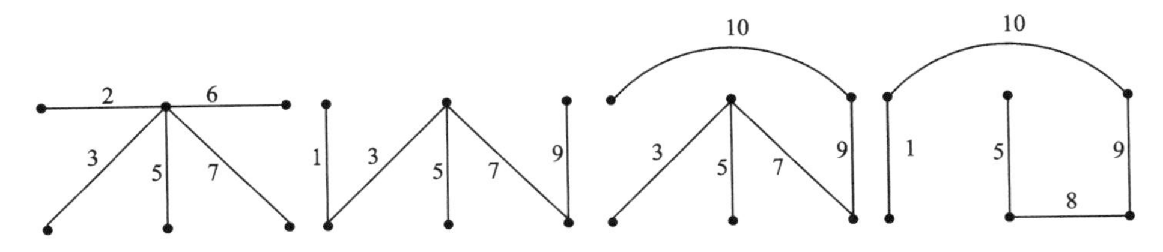

题 2-1 解图

2-2　如题2-2图的拓扑图，图中粗线表示树，试列出其全部基本回路和基本割集。该图的独立节点数、独立回路数和网孔数各为多少？

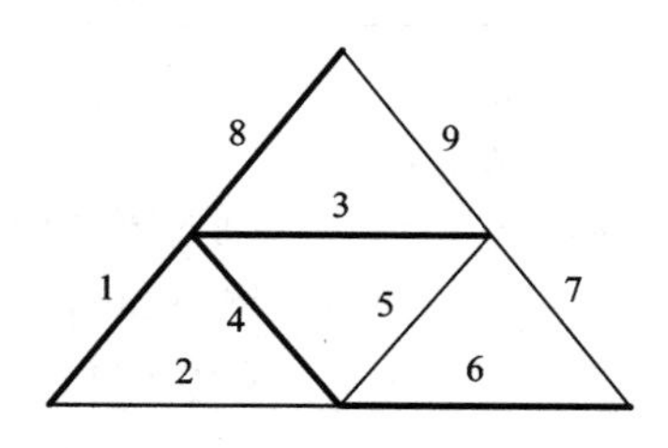

题2-2图

解　节点数 $n=6$，支路数 $b=9$，故独立节点数 $n-1=5$，独立回路数和网孔数为 $b-n+1=4$。

基本回路：(8，9，3)，(3，4，5)，(3，4，6，7)，(1，4，2)；

基本割集：(1，2)，(8，9)，(6，7)，(9，3，5，7)，(2，4，5，7)。

2-3　如题2-3图所示的电路，试用支路电流法求各支路电流。

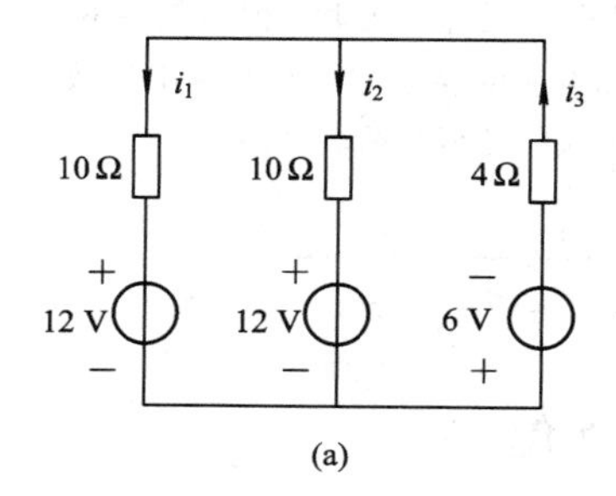

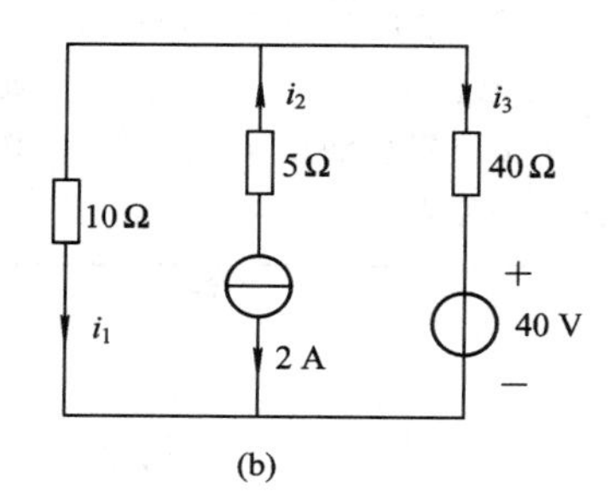

题2-3图

解　图(a)：列出独立的KCL和KVL方程为

$$i_3=i_1+i_2$$

$$10i_2+12-12-10i_1=0$$

$$-4i_3-6-12-10i_2=0$$

解得

$$i_1=i_2=-1\ \text{A},\quad i_3=-2\ \text{A}$$

图(b)：支路电流 $i_2=-2$ A。

利用KCL有，

$$i_2=i_1+i_3=-2$$

利用KVL有，

$$40i_3+40-10i_1=0$$

解得

$$i_1=-0.8\ \text{A}$$

$$i_3=-1.2\ \text{A}$$

2-4　如题 2-4 图的电路，试分别列出网孔方程。

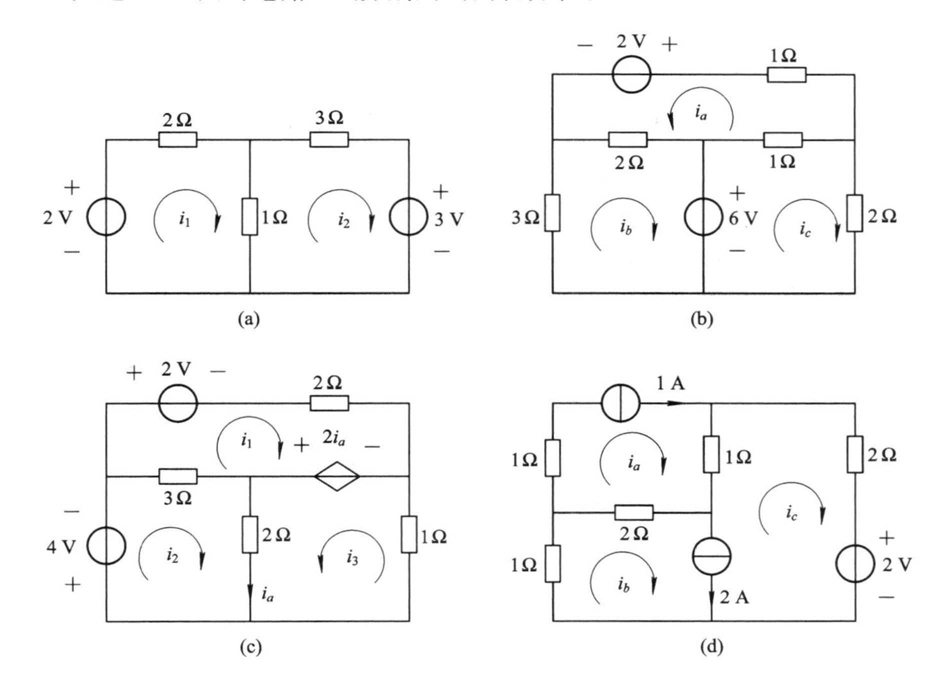

题 2-4 图

解　网孔电流如图所标，按照网孔方程的列写规律，可列出

图(a)：

$$\begin{cases}3i_1-i_2=2\\4i_2-i_1=-3\end{cases}$$

图(b)：

$$\begin{cases}4i_a+2i_b+i_c=-2\\2i_a+5i_b=-6\\3i_c+i_a=6\end{cases}$$

图(c)：

$$\begin{cases}5i_1-3i_2=-2+2i_a\\5i_2-3i_1+2i_3=-4\\3i_3+2i_2=2i_a\end{cases}$$

控制量用网孔电流表示，有 $i_a=i_2+i_3$。

图(d)：先将 2 A 电流源看作是电压为 u(其参考方向为上"+")的电压源，则有

$$\begin{cases}i_a=1\\3i_b-2i_a=-u\\3i_c-i_a=-2+u\end{cases}$$

2 A 电流源支路用网孔电流表示有，$i_b-i_c=2$。

2-5　如题2-5图所示的电路，参考点如图所示，试分别列出节点方程。

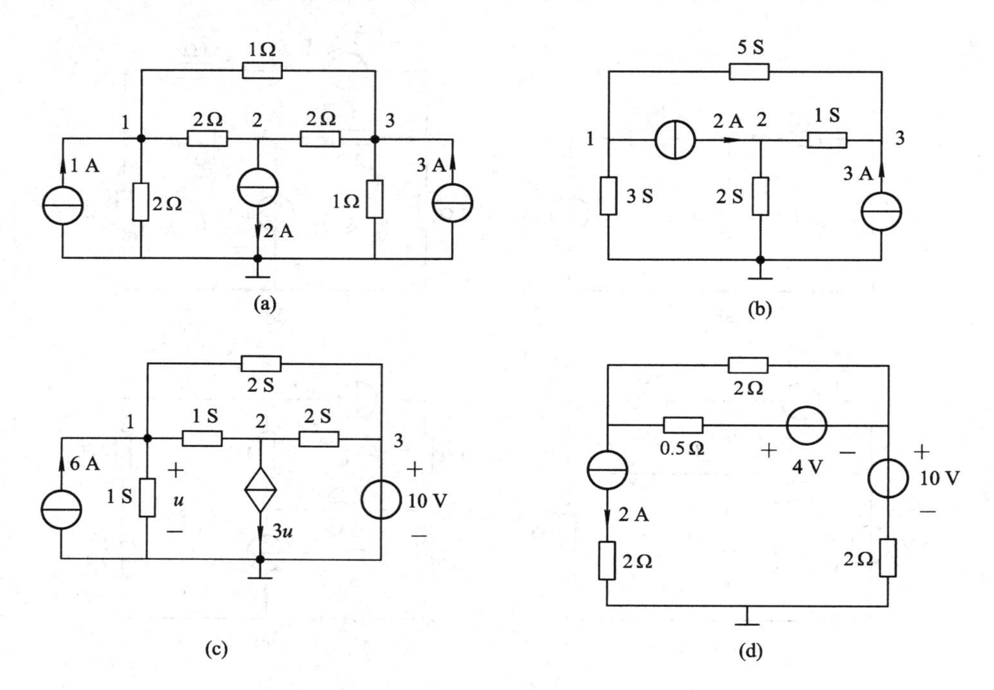

题2-5图

解　节点电压分别记为 u_1、u_2、u_3 等，可列出节点方程为

图(a)：

$$\begin{cases}(1+0.5+0.5)u_1-0.5u_2-u_3=1\\(0.5+0.5)u_2-0.5u_1-0.5u_3=-2\\(1+1+0.5)u_3-0.5u_2-u_1=3\end{cases}$$

图(b)：

$$\begin{cases}(3+5)u_1-5u_3=-2\\(1+2)u_2-u_3=2\\(1+5)u_3-5u_1-u_2=3\end{cases}$$

图(c)：

$$\begin{cases}(1+1+2)u_1-u_2-2u_3=6\\(1+2)u_2-u_1-2u_3=-3u\\u=u_1,\ u_3=10\end{cases}$$

图(d)：

$$\begin{cases}(0.5+2)u_1-(0.5+2)u_2=\dfrac{4}{0.5}-2\\(0.5+0.5+2)u_2-(0.5+2)u_1=-\dfrac{4}{0.5}+\dfrac{6}{2}\end{cases}$$

2-6　如题2-6图的电路，求电压 u、电流 i 和电压源产生的功率。

解　设中间网孔的电流为 i_A，如题2-6解图所示，而其它网孔的电流均已知，则网孔

电流方程为

$$(3+1+2)i_A-3\times2+1\times2+2\times3=-4$$

解得 $i_A=-1$ A。因此

$$i=2-i_A=3\ \text{A},$$

$$i_1=-i_A-3=-2\ \text{A},$$

$$u=-2i_1+4=8\ \text{V}$$

电压源产生的功率为

$$P_{4\ \text{V产生}}=4i_1=4\times(-2)=-8\ \text{W}$$

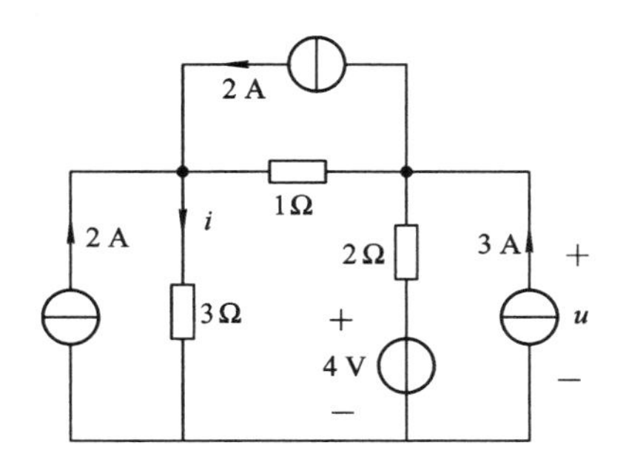

题 2-6 图

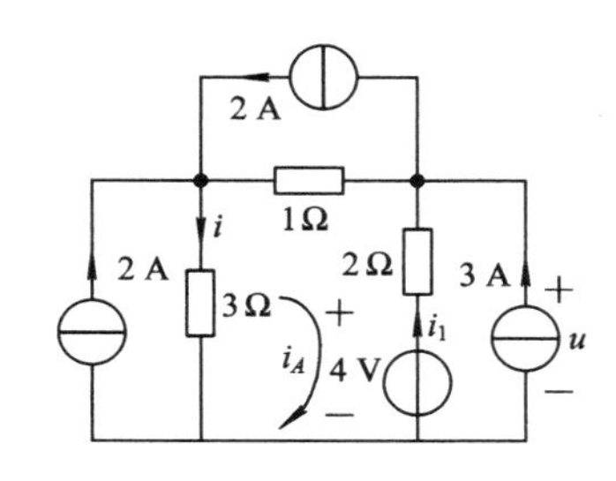

题 2-6 解图

2-7　如题 2-7 图所示的电路，求电压 u、电流 i 和电流源产生的功率。

解　如题 2-7 解图所示，选节点 3 为参考点，节点 1、2 的节点电压记为 u_1、u_2，显然，$u_2=15$ V，则节点 1 的节点方程为

$$\left(1+\frac{1}{2}+\frac{1}{3}\right)u_1-\frac{1}{3}u_2=\frac{4}{1}+\frac{8}{2}-2$$

解得 $u_1=6$ V，因此

$$u=4-u_1=-2\ \text{V}$$

$$i=\frac{u_2-u_1}{3}-2=1\ \text{A}$$

电流源产生的功率为

$$P_{2\ \text{A产生}}=2\times(u_2-u_1)=2\times9=18\ \text{W}$$

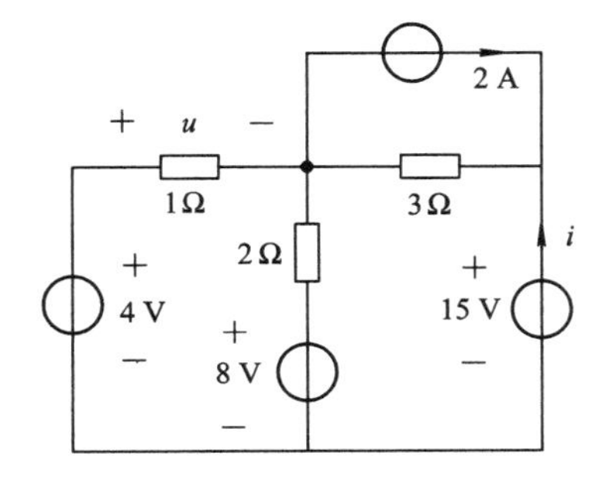

题 2-7 图

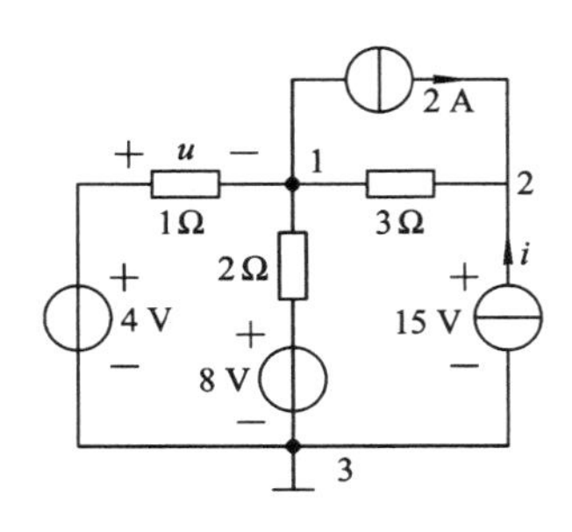

题 2-7 解图

2-8　如题 2-8 图所示的电路，求电压 u、电流 i 和独立电压源产生的功率。

解　设网孔电流 i_1，i_2，i_3，如题 2－8 解图所标，则网孔方程为

$$3i_1 - 2i_2 - i_3 = -2u$$

$$5i_2 - 2i_1 - 2i_3 = -5$$

$$4i_3 - i_1 - 2i_2 = 0$$

$$u = 2(i_3 - i_2)$$

解得：$i_1=-6$ A，$i_2=-5$ A，$i_3=-4$ A，$u=2$ V，因此

$$i = i_3 - i_1 = 2\ \text{A}$$

$$P_{5\ \text{V产生}} = -5i_2 = -5\times(-5) = 25\ \text{W}$$

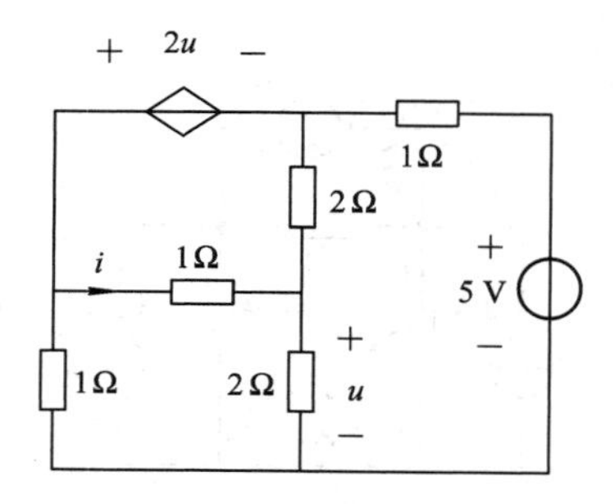

题 2－8 图

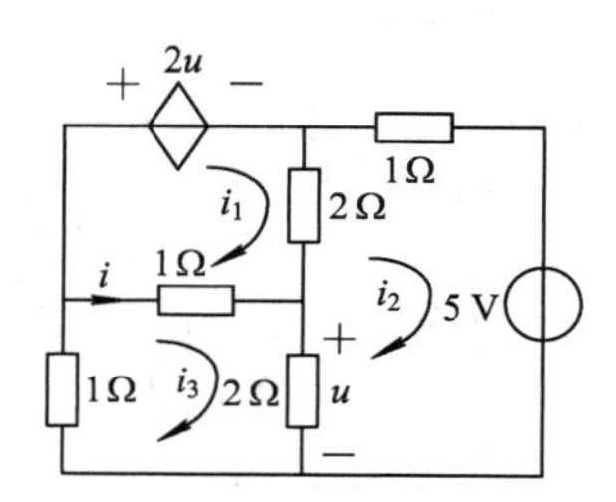

题 2－8 解图

2－9　如题 2－9 图所示的电路，求电压 u 和电流 i。

解　如题 2－9 解图所示，选节点 4 为参考点，节点 1、2、3 的节点电压记为 u_1、u_2、u_3，显然，$u_2=4$ V，则节点 1、2 的节点方程为

$$\left(\frac{1}{2}+\frac{1}{4}\right)u_1 - \frac{1}{2}u_2 - \frac{1}{4}u_3 = 2$$

$$\left(\frac{1}{2}+1+\frac{1}{4}\right)u_3 - \frac{1}{4}u_1 - u_2 = 3u$$

$$u = u_1$$

解得

$$u_1=16\ \text{V},\quad u_3=32\ \text{V},\quad u=16\ \text{V}$$

因此

$$i=\frac{u_1-u_3}{4}=-4\ \text{A}$$

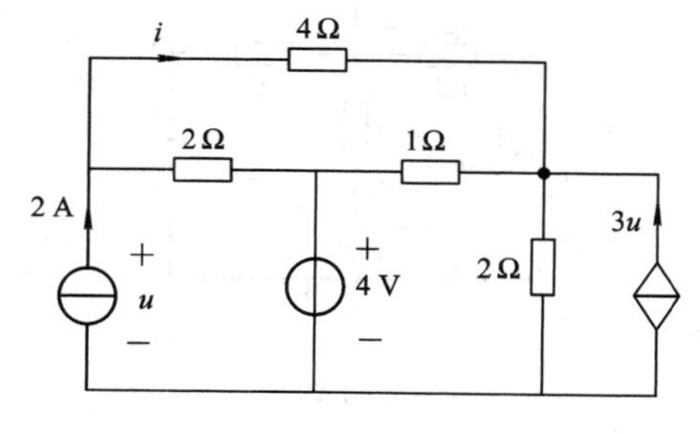

题 2－9 图

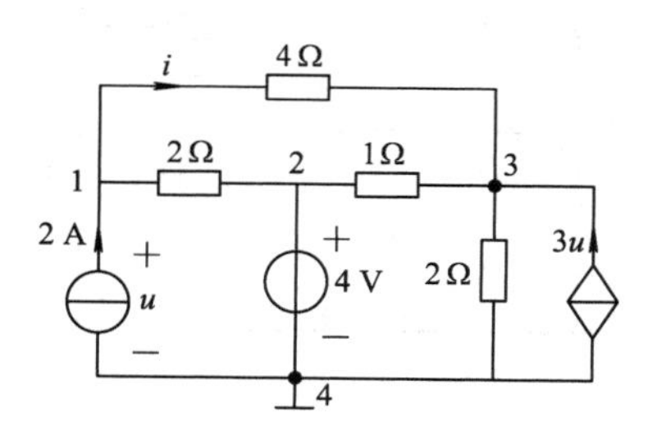

题 2－9 解图

2-10　如题 2-10 图所示电路，求网络 N 吸收的功率 P_N。

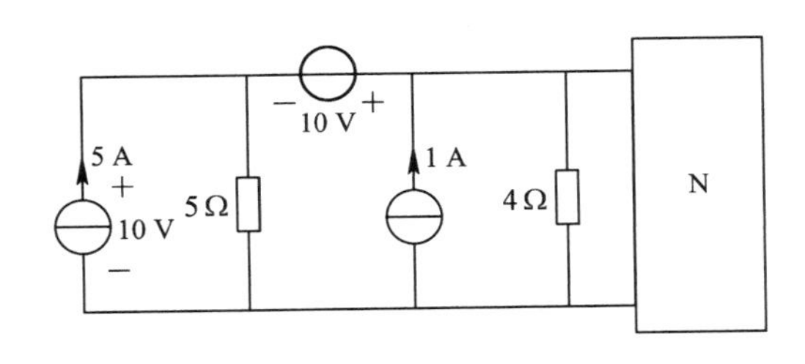

题 2-10 图

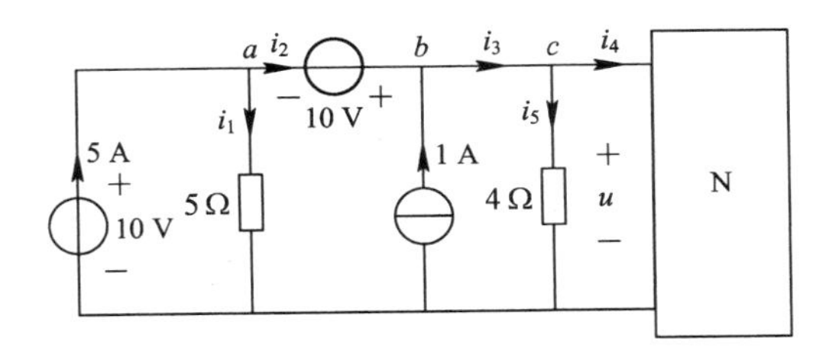

题 2-10 解图

解　如题 2-10 解图所示，由 OL 得

$$i_1=2\ \text{A}$$

由 KCL 得　　$i_2=5-i_1=5-2=3\ \text{A}$

由 KCL 得　　$i_3=i_2+1=3+1=4\ \text{A}$

由 KVL 和 OL 得　　$u=10+10=4i_5$

解得　　$i_5=5\ \text{A},\ u=20\ \text{V}$

由 KCL 得　　$i_4=i_3-i_5=4-5=-1\ \text{A}$

则　　$P_{\text{N吸收}}=ui=-1\times 20=-20\ \text{W}$

2-11　选择方程数较少的方法，求题 2-11 图示电路中的 u_{ab}。

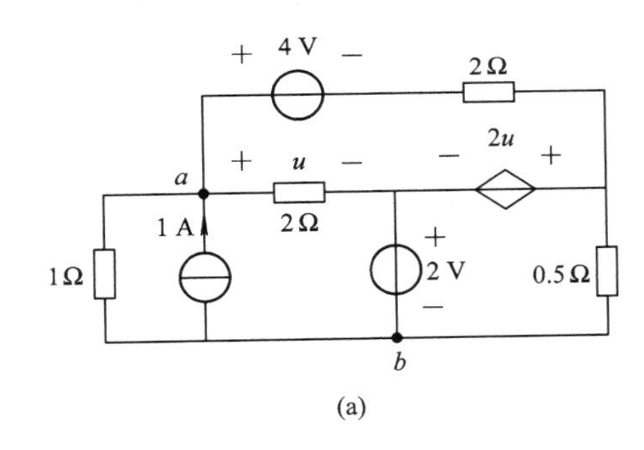

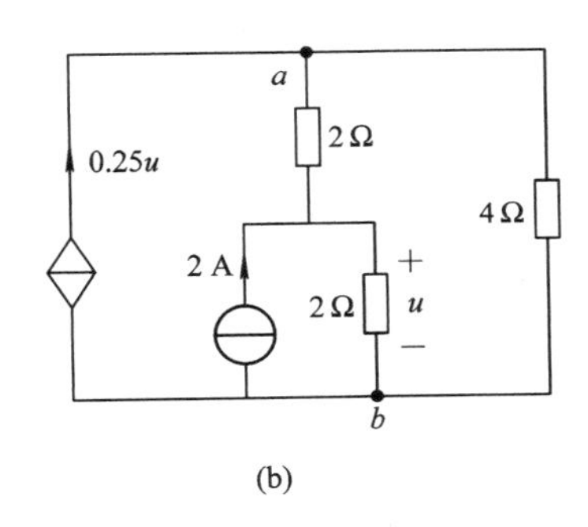

题 2-11 图

解　图(a)：选节点 b 为参考点，如题 2-11 解图(a)所示，则列出节点 a 的节点电压方程为

$$\left(1+\frac{1}{2}+\frac{1}{2}\right)u_a-\frac{1}{2}u_d-\frac{1}{2}u_c=1+\frac{4}{2}$$

由题 2-11 解图(a)容易得到，$u_c=2$ V，$u_a=u+2$，$u_d=2u+2$，代入上式可解得，$u=1$ V，故

$$u_{ab}=u+2=3\ \text{V}$$

图(b)：将题 2-11 图(b)中的受控电流源由左边移到右边，如题 2-11 解图(b)所示，列出中间网孔的网孔电流方程为

$$(2+2+4)i+2\times 2-4\times 0.25u=0$$

控制量 u 用网孔电流表示，有 $u=2\times(2+i)$，代入上式，可解得 $i=0$，$u=4$ V，故

$$u_{ab}=2i+u=4\ \text{V}$$

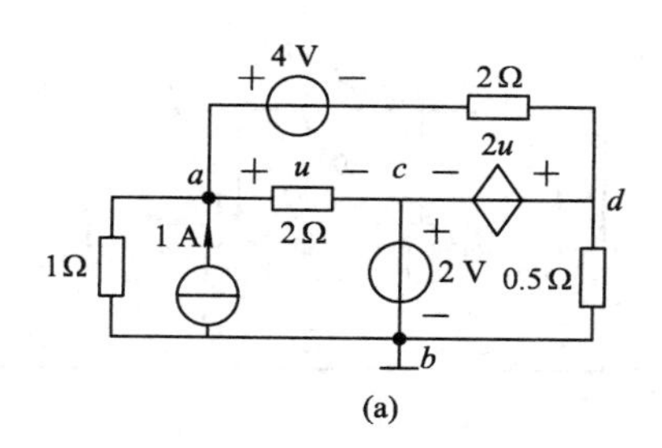

(a)

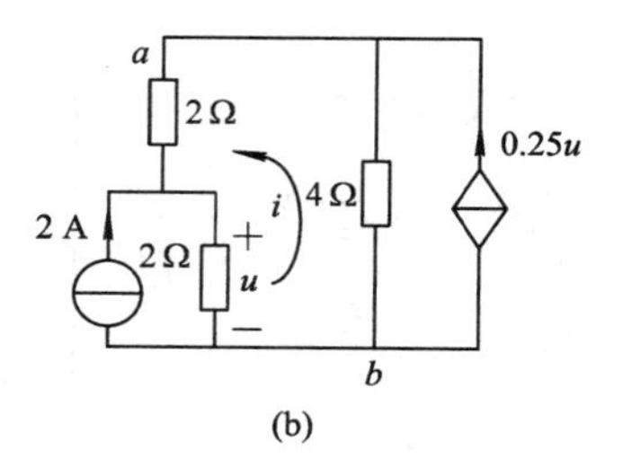

(b)

题 2-11 解图

2-12　仅用一个方程，求题 2-12 图示电路中的电流 i。

解　利用回路法。选 5 Ω、23 Ω、10 Ω 电阻支路为树支，形成一组基本回路，如题 2-12 解图所示。显然，回路Ⅰ、Ⅱ、Ⅲ的回路电流分别为 i、4 A、0.4i，对回路Ⅰ，列出回路电流方程为

$$(5+10+13)i-10\times4+5\times0.4i=0$$

解得

$$i=\frac{4}{3}\ \text{A}$$

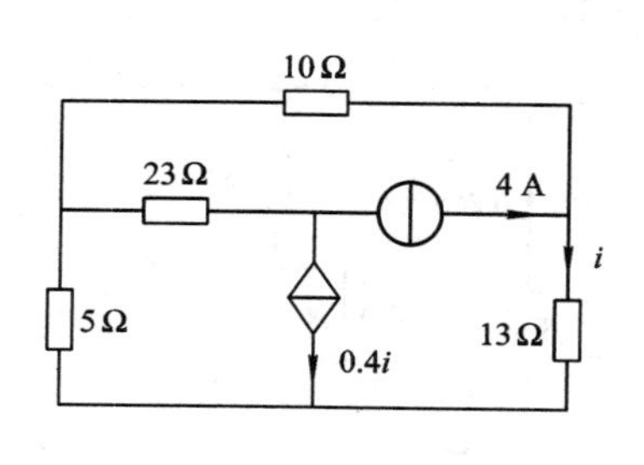

题 2-12 图

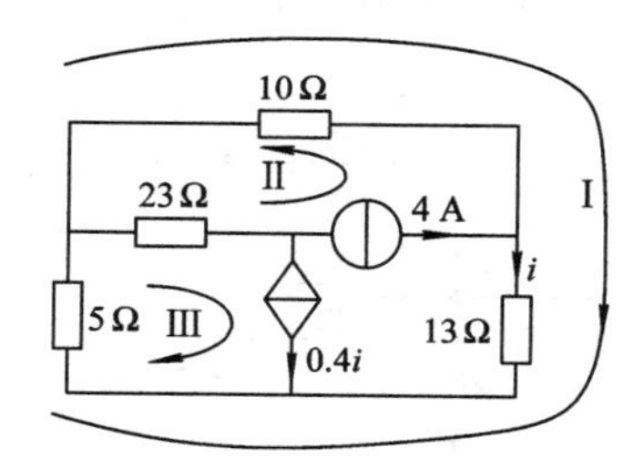

题 2-12 解图

2-13　仅用一个方程，求题 2-13 图示电路中的电压 u。

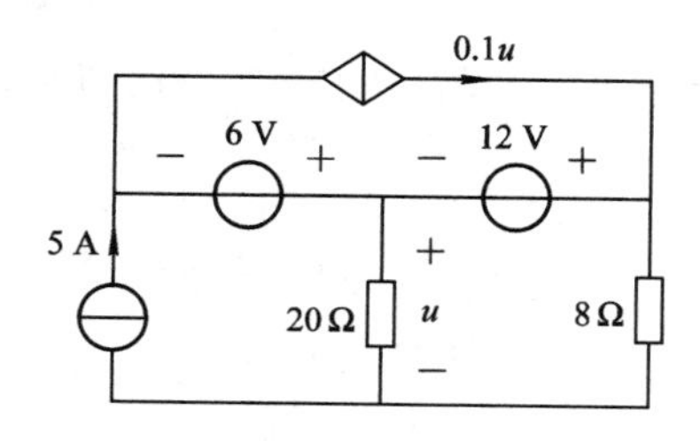

题 2-13 图

解　选节点 c 为参考点，如题 2-13 解图所示，则 $u_a=-6$ V，$u_b=12$ V，$u_d=-u$。故可列出节点 d 的节点电压方程为

$$\left(\frac{1}{20}+\frac{1}{8}\right)(-u)-\frac{1}{8}\times12=-5$$

解得

$$u=20\ \text{V}$$

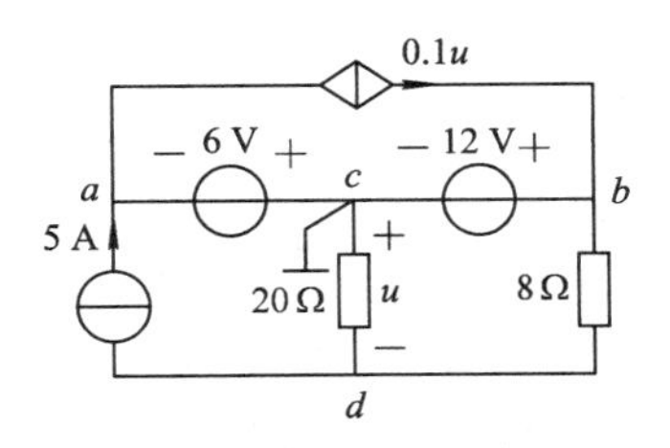

题 2 - 13 解图

2 - 14　求题 2 - 14 图示电路中的 i_x。

解　利用回路法。画出题 2 - 14 图示电路的拓扑图，如题 2 - 14 解图所示。选取电流源所在支路和所求电流 i_x 所在支路均为连支，其余为树支(如题 2 - 14 解图中粗线所示)。从而形成四个基本回路，其中的 3 个基本回路已在题 2 - 14 解图中标出，且其回路电流均已知。现对 i_x 所在支路与全部树支所构成的基本回路列出回路方程，有

$$(1+1+1+1+1)i_x+(1+1+1)\times 1-(1+1)\times 2-(1+1)\times 3=5+1+3$$

解得

$$i_x=3.2\ \text{A}$$

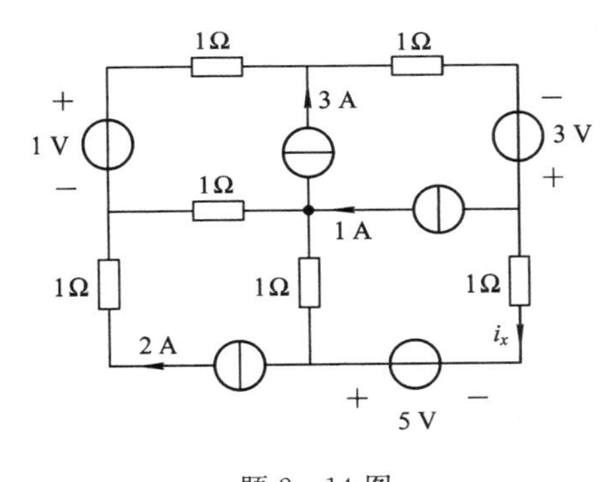

题 2 - 14 图

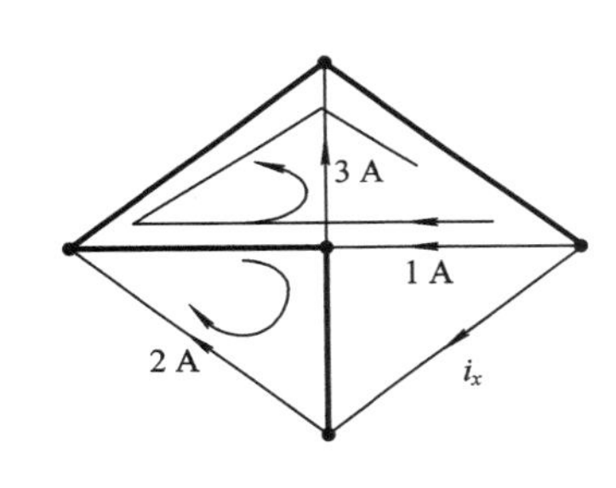

题 2 - 14 解图

2 - 15　求题 2 - 15 图示电路中的 i_x 和 u_x。

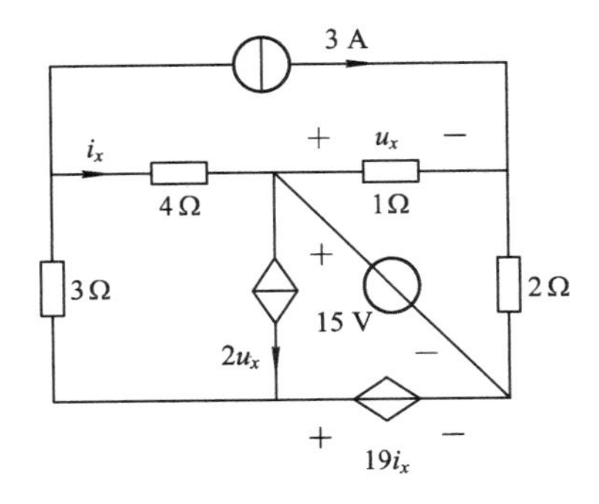

题 2 - 15 图

解　利用回路法。画出题 2 - 15 图示电路的拓扑图，如题 2 - 15 解图所示。

选取电流源所在支路和所求电流电压 i_x、u_x 所在支路均选为连支，其余为树支(如题 2 - 15 解图中粗线所示)。从而形成四个基本回路，其中回路Ⅰ、Ⅱ、Ⅲ、Ⅳ的依次为 3 A、

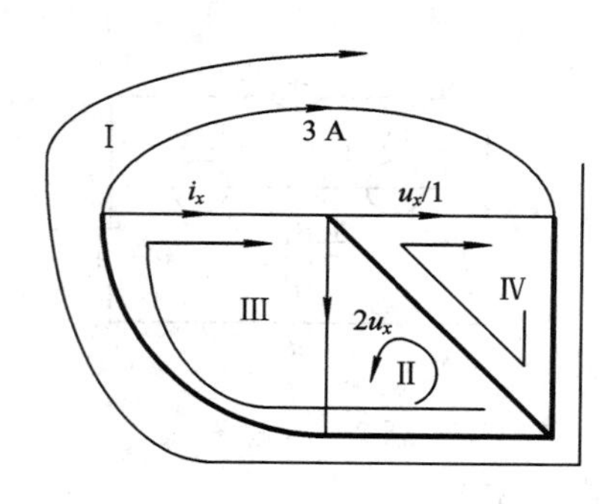

题 2 - 15 解图

$2u_x$、i_x、$u_x/1$，列出回路Ⅲ、Ⅳ的回路方程为

$$(3+4)i_x+3\times 3=-15+19i_x$$

$$(1+2)\left(\frac{u_x}{1}\right)+2\times 3=15$$

解得

$$i_x=2\ \text{A},\quad u_x=3\ \text{V}$$

2 - 16　用最少的方程求解题 2 - 16 图示电路的 u_x。

(1) N 为 12 V 的独立电压源，正极在 a 端；

(2) N 为 0.5 A 的独立电流源，箭头指向 b；

(3) N 为 $6u_x$ 受控电压源，正极在 a 端。

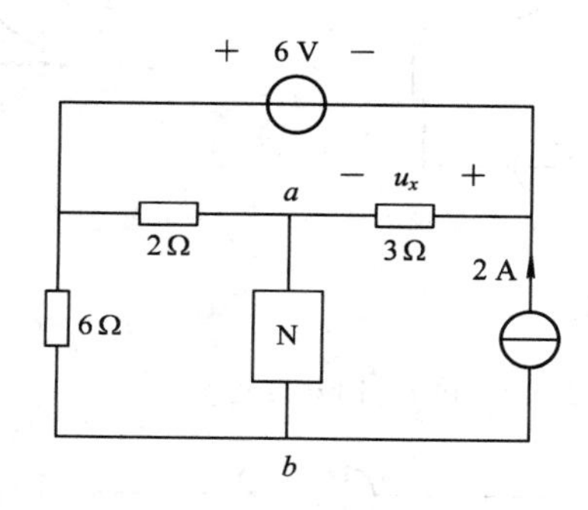

题 2 - 16 图

解　(1) 若 N 为 12 V 的独立电压源，其电路如题 2 - 16 解图(c)所示。选节点 d 为参考点，则节点电压 $u_a=-u_x$，$u_b=-12-u_x$，$u_c=6$ V，对图中虚线所示的闭合曲面，利用 KCL 和欧姆定律，有

$$\frac{u_c-u_a}{2}+\frac{u_x}{3}+\frac{u_c-u_b}{6}=2$$

即

$$\frac{6+u_x}{2}+\frac{u_x}{3}+\frac{6+12+u_x}{6}=2$$

解得

$$u_x=-4\ \text{V}$$

(2) 若 N 为 0.5 A 的独立电流源，其电路如题 2 - 16 解图(b)所示。用回路法，选基本回路Ⅰ、Ⅱ、Ⅲ，其中回路Ⅰ、Ⅱ的回路电流已知，分别为 0.5 A、2 A，而回路Ⅲ的回路电流可写为 $u_x/3$，列出回路Ⅲ的回路电流方程，有

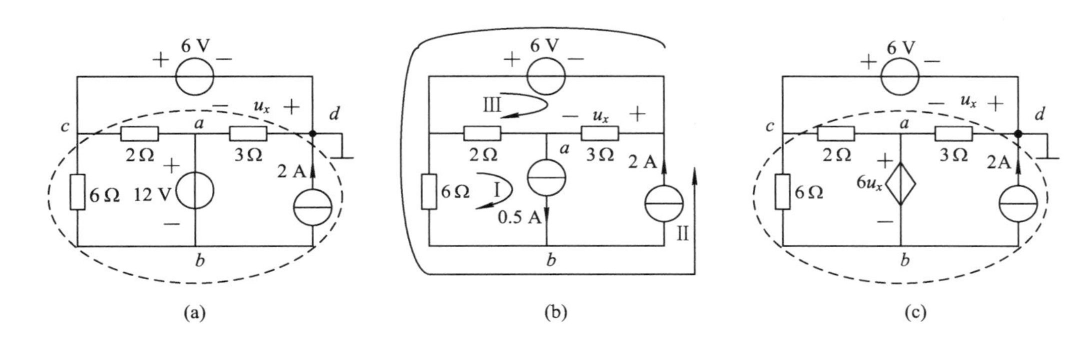

题 2-16 解图

$$(2+3)\left(\frac{u_x}{3}\right)-2\times 0.5=-6$$

解得 $$u_x=-3\ \text{V}$$

(3) 若 N 为 $6u_x$ 受控电压源，其电路如题 2-16 解图(c)所示。选节点 d 为参考点，则节点电压 $u_a=-u_x$，$u_b=-6u_x-u_x=-7u_x$，$u_c=6$ V，对图中虚线所示的闭合曲面，利用 KCL 和欧姆定律，有

$$\frac{u_c-u_a}{2}+\frac{u_x}{3}+\frac{u_c-u_b}{6}=2$$

即 $$\frac{6+u_x}{2}+\frac{u_x}{3}+\frac{6+7u_x}{6}=2$$

解得 $$u_x=-1\ \text{V}$$

2-17　如题 2-17 图所示的电路，求电流 i。

解　用节点法求解。如题 2-17 图所示，设节点 a，且其电压为 u_a，可列出其节点方程为

$$\left(\frac{1}{20\times 10^3}+\frac{1}{50\times 10^3}+\frac{1}{20\times 10^3}+\frac{1}{50\times 10^3}+\frac{1}{10\times 10^3}\right)u_a$$
$$=\frac{200}{20\times 10^3}+\frac{150}{50\times 10^3}-\frac{100}{50\times 10^3}-\frac{100}{20\times 10^3}$$

解得 $u_a=25$ V，故

$$i=\frac{u_a}{10\times 10^3}=2.5\ \text{mA}$$

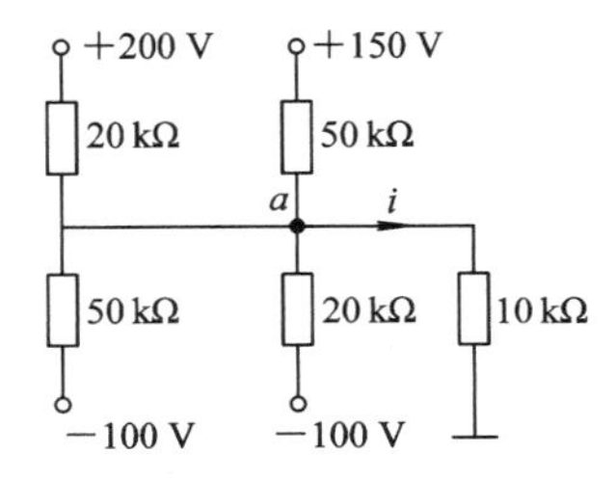

题 2-17 图

2-18　如题 2-18 图所示的电路，已知 $u_s=9$ V，$i_s=3$ A，用叠加定理求电流源端电

压 u 和电压源的电流 i。

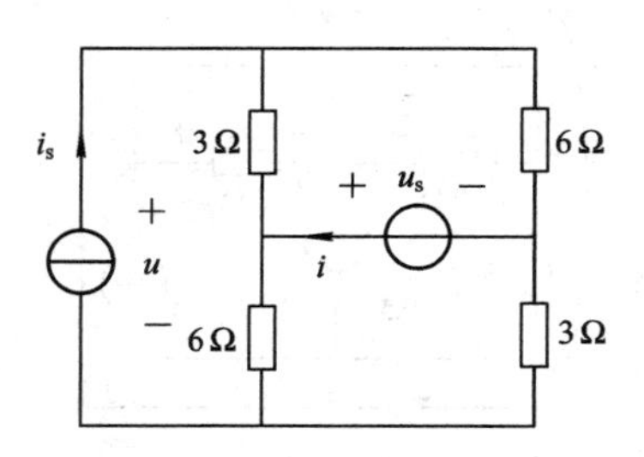

题 2-18 图

解　(1) 当电流源 i_s 单独作用时，电压源短路，原电路可化为如题 2-18 解图(a)所示电路。利用分流公式有

$$i_1' = \frac{6}{3+6}i_s = \frac{6}{3+6}\times 3 = 2\ \text{A}$$

$$i_2' = \frac{3}{3+6}i_s = \frac{3}{3+6}\times 3 = 1\ \text{A}$$

故由 KCL 得

$$i' = i_2' - i_1' = -1\ \text{A}$$

根据 KVL 和欧姆定律，得

$$u' = 3i_1' + 6i_2' = 3\times 2 + 6\times 1 = 12\ \text{V}$$

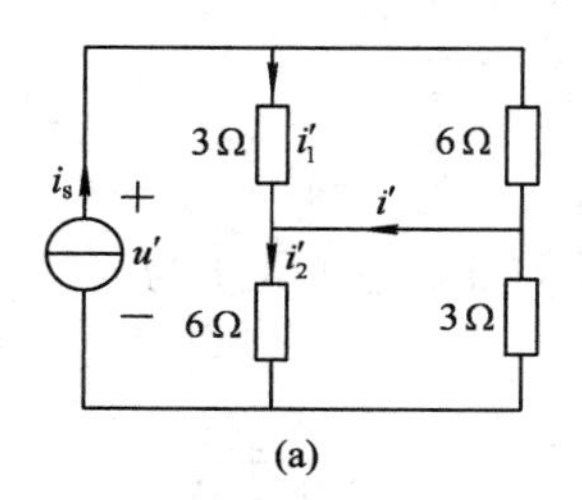

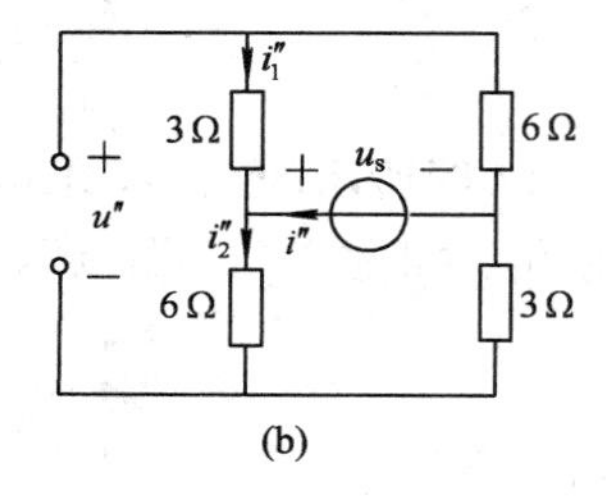

题 2-18 解图

(2) 当电压源 u_s 单独作用时，电流源断开，原电路可化为如题 2-18 解图(b)所示电路。

由欧姆定律，得

$$i_1'' = -\frac{u_s}{3+6} = -\frac{9}{3+6} = -1\ \text{A}$$

$$i_2'' = \frac{u_s}{3+6} = \frac{9}{3+6} = 1\ \text{A}$$

故由 KCL 得 $i'' = i_2'' - i_1'' = 2\ \text{A}$。

根据 KVL 和欧姆定律，得 $u'' = 3i_1'' + 6i_2'' = 3\ \text{V}$。

(3) 电压源 u_s 和电流源 i_s 共同作用时，利用叠加定理得

$$i = i' + i'' = -1 + 2 = 1\ \text{A}$$

$$u = u' + u'' = 12 + 3 = 15\ \text{V}$$

2-19　如题 2-19 图所示的电路，已知 $u_s(t) = 6e^{-t}\ \text{V}$，$i_s(t) = 3 - 6\cos 2t\ \text{A}$，求电

流 $i_x(t)$。

解　利用回路法。选基本回路，如题 2-19 解图所示。对回路Ⅲ，列出回路电流方程，有

$$(2+2+3)i_x(t)-2\times 0.5i_x(t)-(2+2)i_s(t)=u_s(t)$$

解得
$$i_x(t)=2-4\cos 2t+e^{-t}\ \text{A}$$

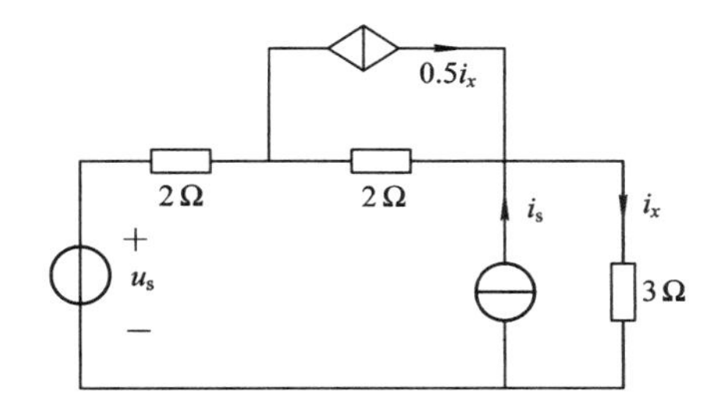

题 2-19 图

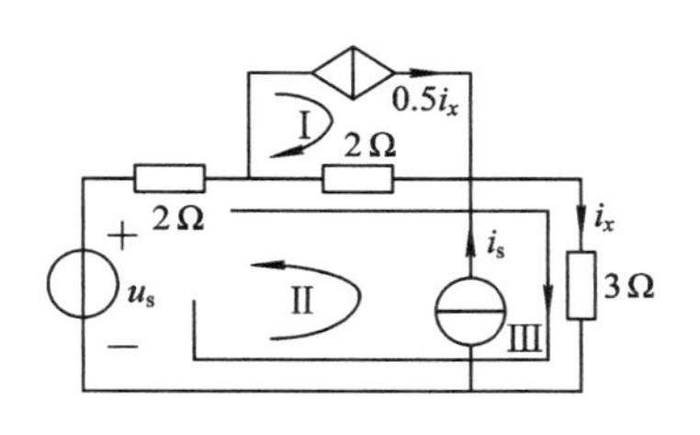

题 2-19 解图

2-20　如题 2-20 图所示的梯形电路。

(1) 如 $u_2=4$ V，求 u_1、i 和 u_s；

(2) 如 $u_s=10$ V，求 u_1、u_2 和 i；

(3) 如 $i=1.5$ A，求 u_1 和 u_2。

解　标出各支路电流、电压，如题 2-20 解图所示。

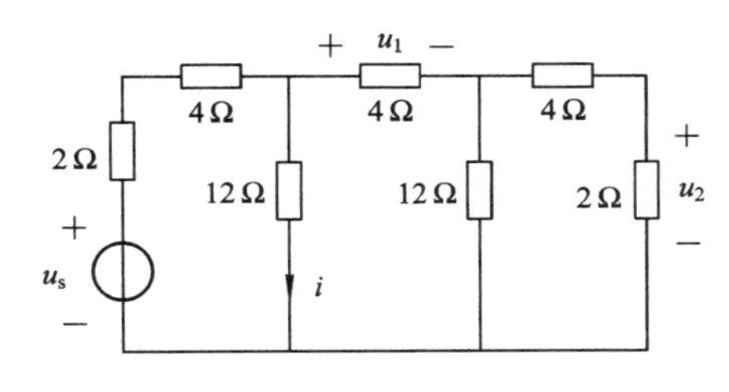

题 2-20 图

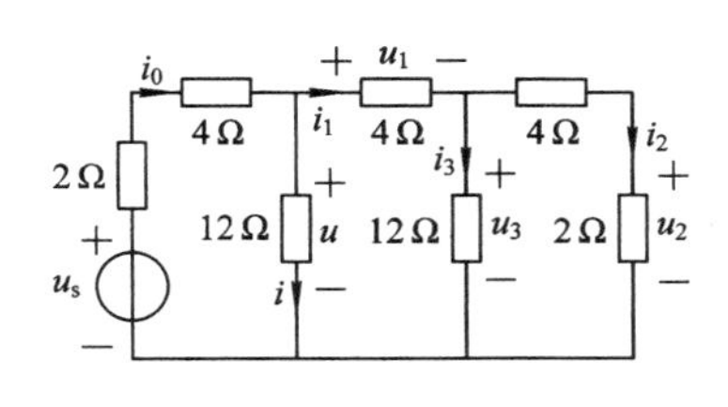

题 2-20 解图

(1) 当 $u_2=4$ V 时，

$$i_2=\frac{u_2}{2}=\frac{4}{2}=2\ \text{A}$$

$$u_3=(4+2)i_2=12\ \text{V}$$

$$i_3=\frac{u_3}{12}=1\ \text{A}$$

$$i_1=i_2+i_3=3\ \text{A}$$

故

$$u_1=4i_1=4\times 3=12\ \text{V}$$

利用 KVL，得

$$u=u_1+u_3=12+12=24\ \text{V}$$

因此
$$i=\frac{u}{12}=\frac{24}{12}=2\ \text{A}$$

利用 KCL，得 $i_0=i+i_1=2+3=5$ A，故根据 KVL 可得

$$u_s=(2+4)i_0+u=6\times5+24=54\ \text{V}$$

(2) 当 $u_s=10$ V 时，电压源的电压是第(1)问的$\frac{10}{54}$，根据齐次定理，各处的电流电压也降为原来值[第(1)问的值]的$\frac{10}{54}$，故

$$u_1=\frac{10}{54}\times12=2.22\ \text{V}$$

$$u_2=\frac{10}{54}\times4=0.74\ \text{V}$$

$$i=\frac{10}{54}\times2=0.37\ \text{A}$$

(3) 当 $i=1.5$ A 时，电流 i 的值是第(1)问的$\frac{1.5}{2}=\frac{3}{4}$，根据齐次定理，电压源 u_s 的电压值也是原来值的$\frac{3}{4}$，各处的电流电压也为原来值的$\frac{3}{4}$，故

$$u_1=\frac{3}{4}\times12=9\ \text{V}$$

$$u_2=\frac{3}{4}\times4=3\ \text{V}$$

2-21　如题 2-21 图所示电路，N 为含有独立源的线性电路。如已知：当 $u_s=0$ 时，电流 $i=4$ mA。当 $u_s=10$ V 时，电流 $i=-2$ mA。求当 $u_s=-15$ V 时的电流 i。

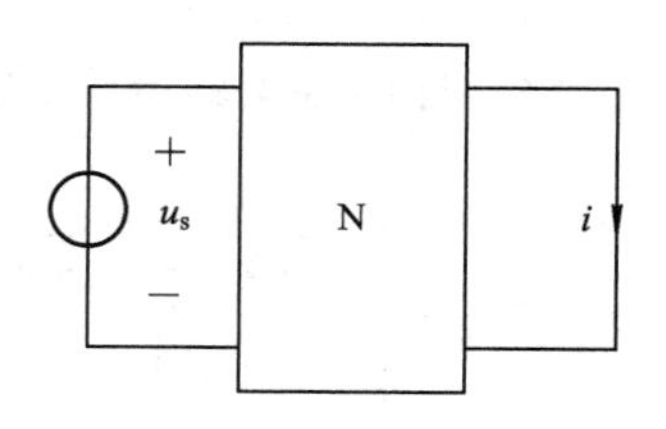

题 2-21 图

解　利用叠加定理和齐次定理，有

$$i=Ku_s+i_N$$

式中，K 为待定常数，i_N 为仅由 N 中的所有独立源所产生的响应。

将题中条件代入上式，有

$$i=i_N=4\ \text{mA}$$
$$i=K\times10+i_N=-2\ \text{mA}$$

解得

$$i_N=4\ \text{mA}$$
$$K=-0.6\times10^{-3}\ \text{S}$$

故有

$$i=-0.6\times10^{-3}u_s+4\times10^{-3}$$

因此，当 $u_s=-15$ V 时的电流 i 为

$$i=-0.6\times10^{-3}\times(-15)+4\times10^{-3}=13\ \text{mA}$$

2-22　如题 2-22 图所示电路，N 为不含独立源的线性电路。已知：当 $u_s=12$ V，$i_s=4$ A 时，$u=0$；当 $u_s=-12$ V，$i_s=-2$ A 时，$u=-1$ V。求当 $u_s=9$ V，$i_s=-1$ A 时的电压 u。

解　利用叠加定理和齐次定理，有

$$u=K_1u_s+K_2i_s$$

将题中条件代入上式，有

$$12K_1+4K_2=0$$
$$-12K_1-2K_2=-1$$

解得

$$K_1=\frac{1}{6},\quad K_2=0.5$$

故当 $u_s=9$ V，$i_s=-1$ A 时，

$$u=\frac{1}{6}\times 9+0.5\times(-1)=2\ \text{V}$$

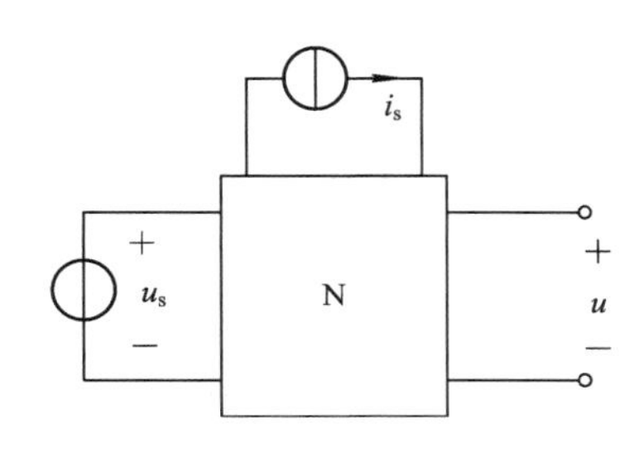

题 2－22 图

2－23　如题 2－23 图所示的电路，N 中不含独立源，独立源 u_s、i_{s1}、i_{s2} 的数值一定。当电压源 u_s 和电流源 i_{s1} 反向时（i_{s2} 不变），电流 i 是原来的 0.5 倍；当 u_s 和 i_{s2} 反向时（i_{s1} 不变），电流 i 是原来的 0.3 倍；如果仅 u_s 反向而 i_{s1}、i_{s2} 均不变，电流 i 是原来的多少倍？

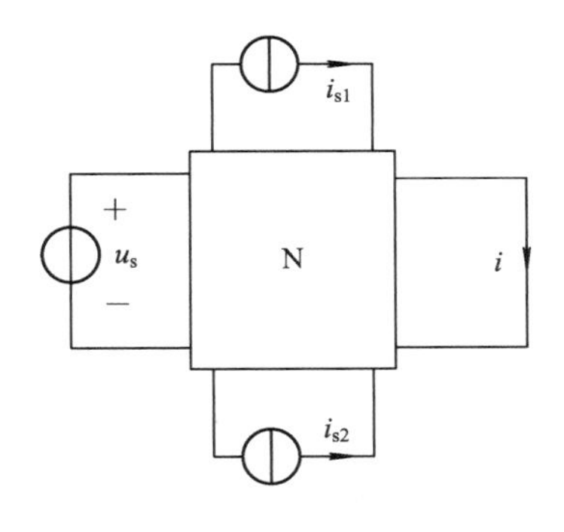

题 2－23 图

解　利用叠加定理和齐次定理，有

$$i=K_1u_s+K_2i_{s1}+K_3i_{s2}$$

将题中条件代入上式（设独立源 u_s、i_{s1}、i_{s2} 的数值一定时，其电流 $i=i_0$），有

$$K_1u_s+K_2i_{s1}+K_3i_{s2}=i_0$$
$$-K_1u_s-K_2i_{s1}+K_3i_{s2}=0.5i_0$$
$$-K_1u_s+K_2i_{s1}-K_3i_{s2}=0.3i_0$$

解得

$$K_1=-0.4\frac{i_0}{u_s},\quad K_2=0.65\frac{i_0}{i_{s1}},\quad K_3=0.75\frac{i_0}{i_{s2}}$$

故当仅 u_s 反向而 i_{s1}、i_{s2} 均不变时，有

$$i=-K_1u_s+K_2i_{s1}+K_3i_{s2}=0.4i_0+0.65i_0+0.75i_0=1.8i_0$$

故电流 i 是原来的 1.8 倍。

2－24　求题 2－24 图示各电路 ab 端的戴维南等效电路或诺顿等效电路。

解　设 ab 端开路电压为 U_{OC}，a 端为“＋”极；戴维南等效电阻为 R_0。下面仅求出 U_{OC} 和 R_0，戴维南等效电路或诺顿等效电路自行画出。

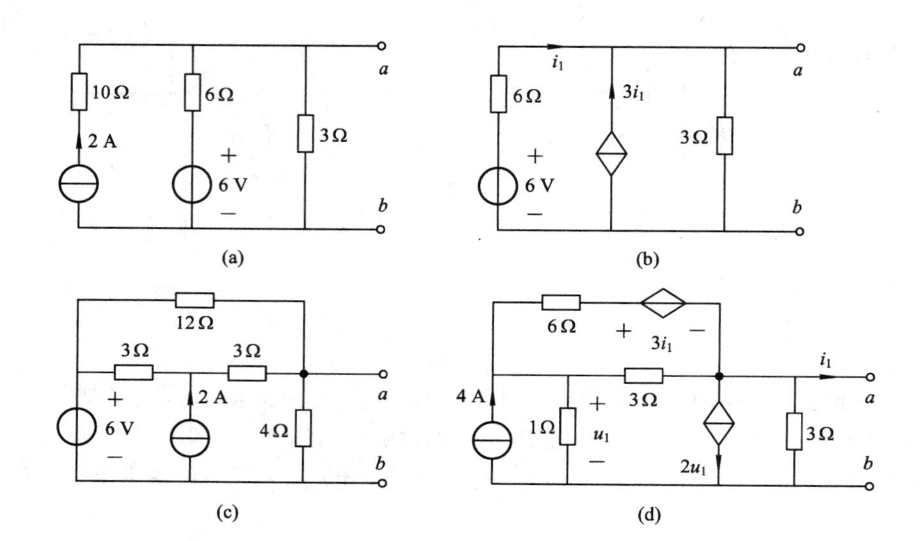

题 2-24 图

图(a)：以 U_{OC} 为变量列出 KCL 方程为

$$\frac{U_{OC}-6}{6}+\frac{U_{OC}}{3}=2$$

解得

$$U_{OC}=6\ \text{V}$$

将电路内部所有独立源置零(电压源短路，电流源断开)，利用电阻串并联关系容易求出

$$R_0=6\ /\!/\ 3=2\ \Omega$$

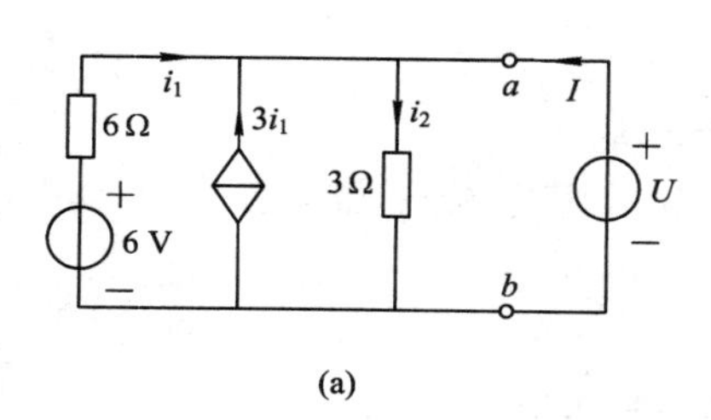

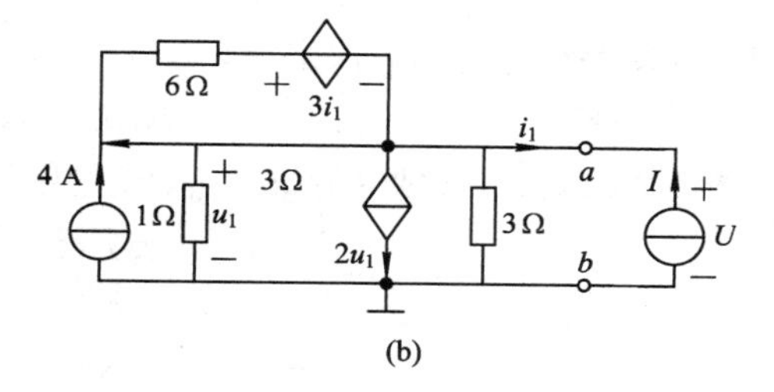

题 2-24 解图

图(b)：对题 2-24 图(b)所示电路，外加电压源 U，如题 2-24 解图(a)所示，则支路电流可用 U 表示为

$$i_1=\frac{6-U}{6},\quad i_2=\frac{U}{3}$$

由 KCL，有

$$i=i_2-i_1-3i_1$$

即

$$I=\frac{U}{3}-4\times\frac{6-U}{6}$$

整理得

$$U=4+I$$

由此得

$$U_{OC}=4\ \text{V},\ R_0=1\ \Omega$$

图(c)：将电路内部所有独立源置零，利用电阻串并联关系容易求出

$$R_0=(3+3)\ /\!/\ 12\ /\!/\ 4=2\ \Omega$$

利用叠加定理可求出 U_{OC} 为

$$U_{OC}=\frac{4}{4+12\ /\!/\ (3+3)}\times 6+\frac{3}{(3+4\ /\!/\ 12)+3}\times(4\ /\!/\ 12)\times 2=3+2=5\ \text{V}$$

图(d)：对题 2-24 图(d)所示电路，外加电流源 I，如题 2-24 解图(b)所示，列出节点电压方程为

$$\left(1+\frac{1}{3}+\frac{1}{6}\right)u_1-\left(\frac{1}{3}+\frac{1}{6}\right)U=4+\frac{3i_1}{6}$$

$$-\left(\frac{1}{3}+\frac{1}{6}\right)u_1+\left(\frac{1}{3}+\frac{1}{3}+\frac{1}{6}\right)U=I-\frac{3i_1}{6}-2u_1$$

考虑到 $i_1=-I$，由上两式消去变量 u_1，并整理可得

$$U=-3+1.5I$$

由此得

$$U_{OC}=-3\ \text{V},\ R_0=1.5\ \Omega$$

2-25　题 2-25 图示线性非时变电阻电路，已知，当 $i_s=2\cos10t$ A，$R_L=2\ \Omega$ 时，电流 $i_L=4\cos10t+2$ A；当 $i_s=4$ A，$R_L=4\ \Omega$ 时，电流 $i_L=8$ A；问：当 $i_s=5$ A，$R_L=10\ \Omega$ 时，电流 i_L 为多少？

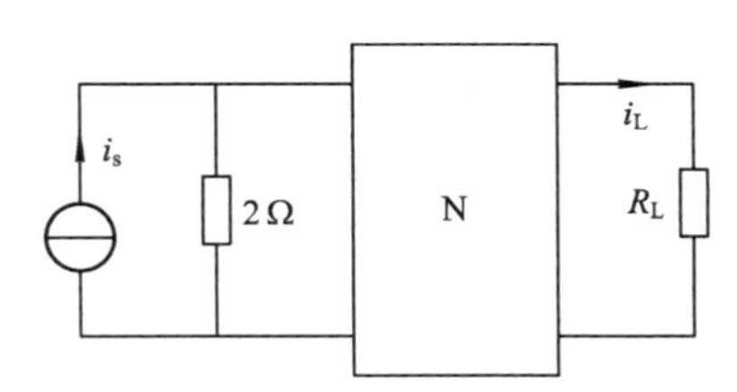

题 2-25 图

解　将电阻 R_L 之外的电路进行戴维南等效，等效电路如题 2-25 解图所示。根据叠加定理和齐次定理，有

$$U_{OC}=Ki_s+U_N$$

式中，K 为待定常数，U_N 为 i_N 仅由 N 中的所有独立源所产生的开路电压。

题 2-25 解图

由题 2-25 解图所示电路，有

$$i_L=\frac{U_{OC}}{R_0+R_L}=\frac{Ki_s+U_N}{R_0+R_L}$$

将题中已知条件代入上式，有

$$8=\frac{4K+U_N}{R_0+4}$$

$$4\cos10t+2=\frac{2K\cos10t+U_N}{R_0+2}=\frac{2K}{R_0+2}\cos10t+\frac{U_N}{R_0+2}$$

比较系数，有

$$4=\frac{2K}{R_0+2}$$

$$2=\frac{U_N}{R_0+2}$$

由上述关系式可解得 $R_L=6\ \Omega$，$K=16$，$U_N=16\ \text{V}$，故当 $i_s=5\ \text{A}$，$R_L=10\ \Omega$ 时，

$$i_L=\frac{16i_s+16}{6+R_L}=\frac{16\times5+16}{6+10}=6\ \text{A}$$

2-26　题 2-26 图示电路，已知 $u=8\ \text{V}$，求电阻 R。

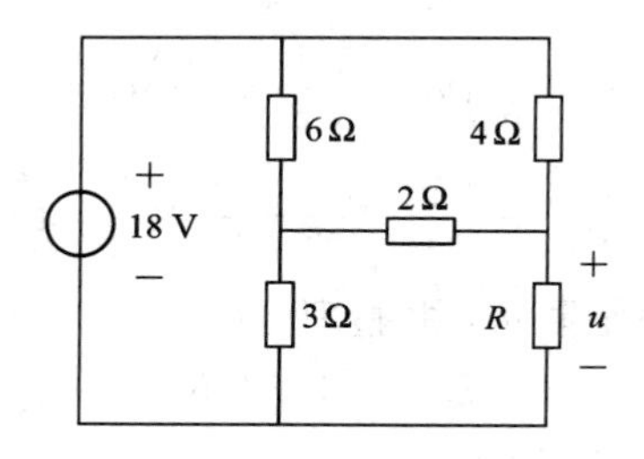

题 2-26 图

解法一：用戴维南定理求解。将电阻 R 之外的电路进行戴维南等效，其戴维南等效电阻为

$$R_0=(6/\!/3+2)/\!/4=2\ \Omega$$

参考题 2-26 解图(a)所示电路，

$$i_0=\frac{18}{(2+4)/\!/6+3}=3\ \text{A}$$

$$U_{OC}=3i_0+\frac{6}{4+2+6}i_0\times2=4i_0=12\ \text{V}$$

所以有

$$u=\frac{R}{R_0+R}U_{OC}=\frac{R}{2+R}\times12=8\ \text{V}$$

解得

$$R=4\ \Omega$$

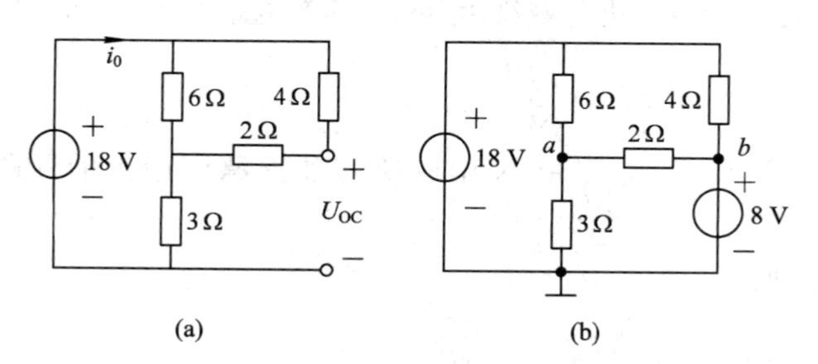

题 2-26 解图

解法二：用置换定理，将电阻 R 用电压为 8 V 的电压源替代，如题 2-26 解图(b)所示。列出节点 a 的节点电压方程，有

$$\left(\frac{1}{6}+\frac{1}{2}+\frac{1}{3}\right)u_a-\frac{1}{6}\times18-\frac{1}{2}\times8=0$$

解得

$$U_a = 7\ \text{V}$$

在节点 b，由 KCL 可得

$$i = \frac{u_a - 8}{2} + \frac{18-8}{4} = 2\ \text{A}$$

故

$$R = \frac{u}{i} = \frac{8}{2} = 4\ \Omega$$

2-27　题 2-27 图示各电路，负载 R_L 为何值时能获得最大功率，此最大功率是多少？

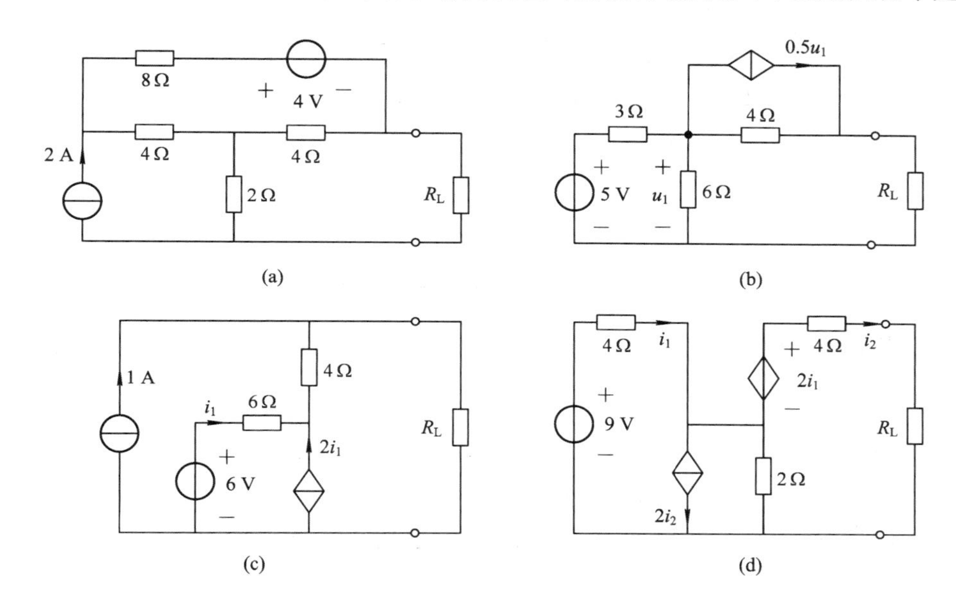

题 2-27 图

解　将电阻 R_L 之外的电路进行戴维南等效，开路电压记为 U_{OC}，等效内阻记为 R_0。

图(a)：由题 2-27 图(a)电路容易得到 R_0 为

$$R_0 = (4+8) /\!/ 4 + 2 = 5\ \Omega$$

开路电压 U_{OC} 的计算参见题 2-27 解图(a)电路，对网孔Ⅰ列出网孔电流方程为

$$(8+4+4)i_1 - 4\times 2 = -4$$

解得 $i_1 = \dfrac{1}{4}$ A。故由 KVL 得

$$U_{OC} = 4i_1 + 2\times 2 = 5\ \text{V}$$

因此，当 $R_L = R_0 = 5\ \Omega$ 时，R_L 上获得的最大功率为

$$P_{L\max} = \frac{U_{OC}^2}{4R_0} = \frac{5^2}{4\times 5} = 1.25\ \text{W}$$

图(b)：用外加电流源法求戴维南等效电路。在端口加电流源 I，如题 2-27 解图(b)所示。

列出网孔Ⅱ的网孔电流方程，有

$$(3+6)i_2 + 6I = 5$$

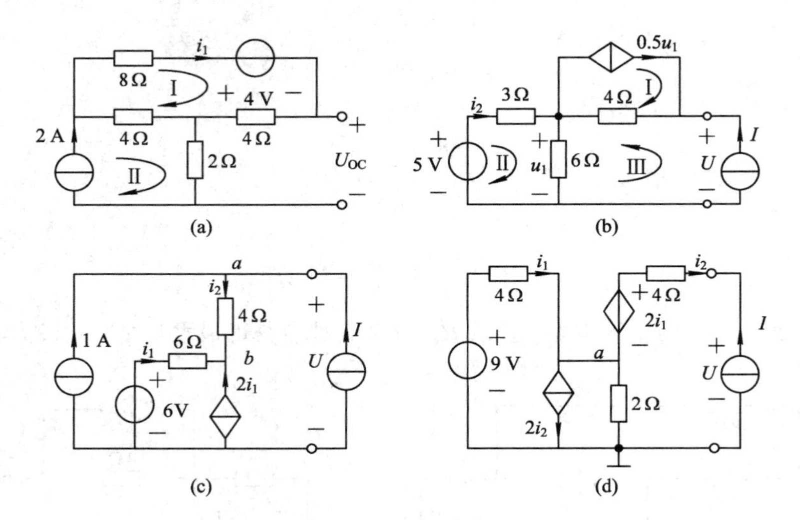

题 2-27 解图

即

$$i_2 = \frac{5}{9} - \frac{2}{3}I$$

利用 KCL 和欧姆定律，有

$$u_1 = 6(i_2 + I) = 6\left(\frac{5}{9} - \frac{2}{3}I + I\right) = \frac{10}{3} + 2I$$

利用 KVL，有

$$u = 4(0.5u_1 + I) + u_1 = 3u_1 + 4I = 10 + 10I$$

故 $U_{OC}=10\ \text{V}$，$R_0=10\ \Omega$，因此，当 $R_L=R_0=10\ \Omega$ 时，R_L 上获得的最大功率为

$$P_{L\max} = \frac{U_{OC}^2}{4R_0} = \frac{10^2}{4\times 10} = 2.5\ \text{W}$$

图(c)：用外加电流源法求戴维南等效电路。在端口加电流源 I，如题 2-27 解图(c)所示。

在节点 a 由 KCL 得

$$i_2 = I + 1$$

在节点 b 由 KCL 得

$$i_1 + 2i_1 + i_2 = 0$$

即

$$i_1 = -\frac{1}{3}i_2 = -\frac{1}{3}(I+1)$$

利用 KVL 和欧姆定律，得

$$U = 4i_2 - 6i_1 + 12 = 4(I+1) + 2(I+1) + 6 = 12 + 6I$$

故 $U_{OC}=12\ \text{V}$，$R_0=6\ \Omega$，因此，当 $R_L=R_0=6\ \Omega$ 时，R_L 上获得的最大功率为

$$P_{L\max} = \frac{U_{OC}^2}{4R_0} = \frac{12^2}{4\times 6} = 6\ \text{W}$$

图(d)：用外加电流源法求戴维南等效电路。在端口加电流源 I，如题 2-27 解图(d)所示。显然，$i_2=-I$，列出节点 a 的节点电压方程，有

$$\left(\frac{1}{2}+\frac{1}{4}\right)u_a=\frac{9}{4}-2i_2+I=\frac{9}{4}+2I+I$$

解得 $u_a=3+4I$，故

$$i_1=\frac{9-u_a}{4}=\frac{3}{2}-I$$

由 KVL，有

$$U=4I+2i_1+u_a=4I+3-2I+3+4I=6+6I$$

故 $U_{OC}=6$ V，$R_0=6$ Ω，因此，当 $R_L=R_0=6$ Ω 时，R_L 上获得的最大功率为

$$P_{Lmax}=\frac{U_{OC}^2}{4R_0}=\frac{6^2}{4\times 6}=1.5\ \text{W}$$

2-28　题 2-28 图示电路中 N_R 仅由线性电阻组成。已知当 $R_2=2$ Ω，$u_{s1}=6$ V 时，$i_1=2$ A，$u_2=2$ V；当 $R_2=4$ Ω，$u_{s1}=10$ V 时，$i_1=3$ A，求这时的 u_2。

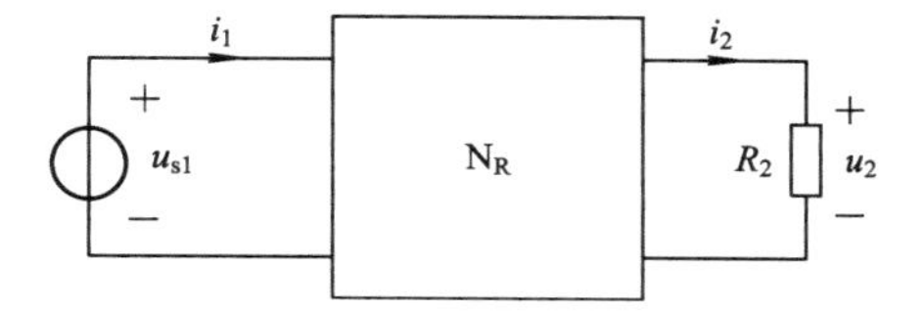

题 2-28 图

解　利用特勒根定理比较方便。当 $R_2=2$ Ω 时，各处电流电压加一撇，即

$$u'_{s1}=6\ \text{V},\quad i'_1=2\ \text{A},\quad u'_2=2\ \text{V}$$

由特勒根定理，有

$$-u'_{s1}i_1+u'_2i_2+\sum u'_{Rk}i_{Rk}=0$$

$$-u_{s1}i'_1+u_2i'_2+\sum u_{Rk}i'_{Rk}=0$$

上两式中 $i_2=\dfrac{u_2}{4}$，$i'_2=\dfrac{u'_2}{2}$，$\sum u'_{Rk}i_{Rk}=\sum u_{Rk}i'_{Rk}$，代入以上两式，并相减得

$$-u'_{s1}i_1+u_{s1}i'_1+u'_2\frac{u_2}{4}-u_2\frac{u'_2}{2}=0$$

将 $u'_{s1}=6$ V，$i'_1=2$ A，$u'_2=2$ V，$u_{s1}=10$ V，$i_1=3$ A 代入上式，可得 $u'_2=4$ V。

2-29　题 2-29 图示电路中 N_R 仅由线性电阻组成，当 i_{s1}、R_2、R_3 为不同数值时，分别测得的结果如下：

(1) 当 $i_{s1}=1.2$ A，$R_2=20$ Ω，$R_3=5$ Ω 时，$u_1=3$ V，$u_2=2$ V，$i_3=0.2$ A；

(2) 当 $i_{s1}=2$ A，$R_2=10$ Ω，$R_3=10$ Ω 时，$u_1=5$ V，$u_3=2$ V。

求第二种条件下的 i_2。

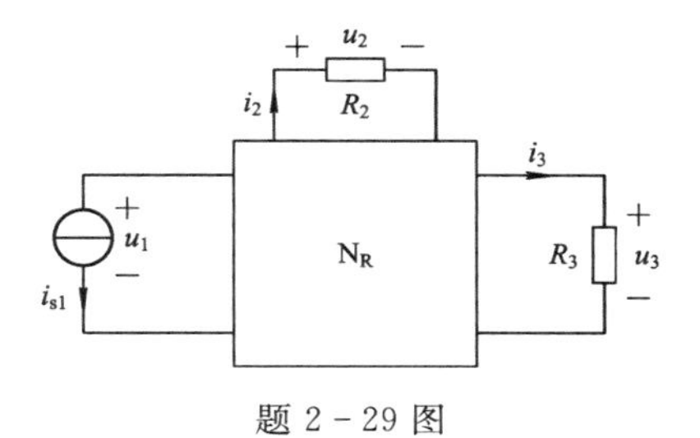

题 2-29 图

解 利用特勒根定理，有

$$u_1 i'_{s1} + u_2 i'_2 + u_3 i'_3 = u'_1 i_{s1} + u'_2 i_2 + u'_3 i_3$$

即

$$3 \times 2 + 2 \times i'_2 + 0.2 \times 5 \times \left(\frac{2}{10}\right) = 5 \times 1.2 + 10 i'_2 \left(\frac{2}{20}\right) + 2 \times 0.2$$

解得 $i'_2 = 0.2$ A，即为第二种条件下的 $i_2 = 0.2$ A。

2-30 题 2-30 图示电路中 N_R 仅由线性电阻组成，当 11′端接以 10 Ω 与 $u_{s1} = 10$ V 的串联组合时，测得 $u_2 = 2$ V（如图(a)所示）。求电路接成如图(b)时的电压 u_1。

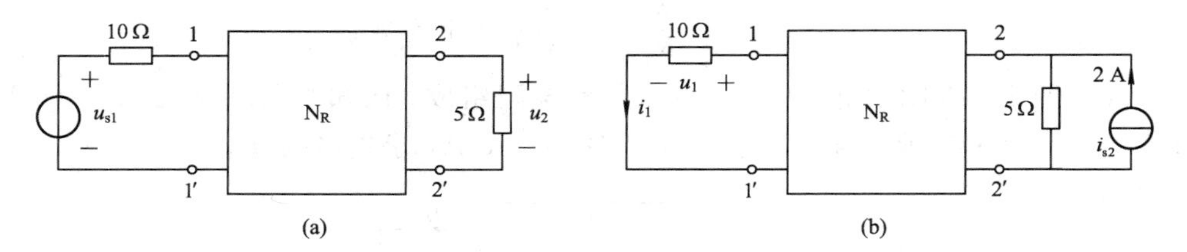

题 2-30

解 对题 2-30 图(a)、(b)，由互易定理形式三有

$$\frac{u_2}{u_{s1}} = \frac{i_1}{i_{s2}}$$

将 $u_{s1} = 10$ V，$u_2 = 2$ V，$i_{s2} = 2$ A 代入上式，可得 $i_1 = 0.4$ A。故由欧姆定理，得

$$u_1 = 10 i_1 = 10 \times 0.4 = 4 \text{ V}$$

2-31 题 2-31 图示电路中 N_R 仅由线性电阻组成，当 11′端接 $u_{s1} = 20$ V 时（如图(a)所示），测得 $i_1 = 5$ A，$i_2 = 2$ A。若 11′端接 2 Ω 电阻，22′端接电压源 $u_{s2} = 30$ V，如图(b)所示，求电流 i_R。

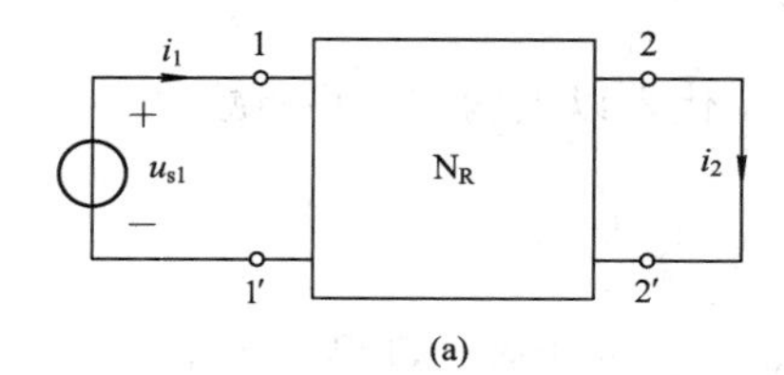

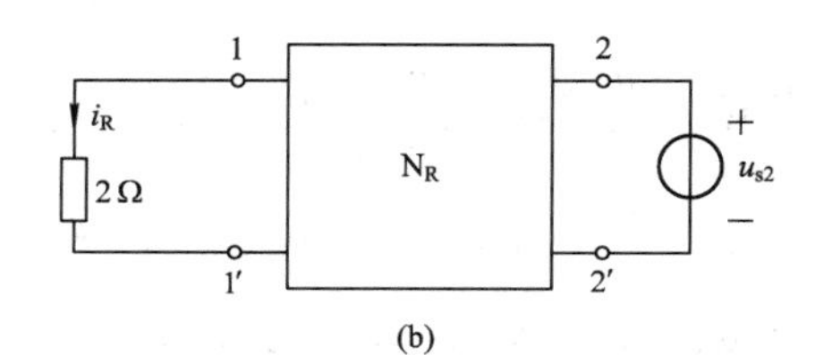

题 2-31 图

解 对题 2-31 图(b)，求 11′端以右电路的诺顿等效电路。首先将 11′端短路（设短路电流为 i_{SC}）并结合图(a)，利用互易定理，得短路电流

$$i_{SC} = \frac{u_{s2}}{u_{s1}} \times i_2 = \frac{30}{20} \times 2 = 3 \text{ A}$$

由图(a)易得其诺顿等效内阻为

$$R_0 = \frac{u_{s1}}{i_1} = \frac{20}{5} = 4 \ \Omega$$

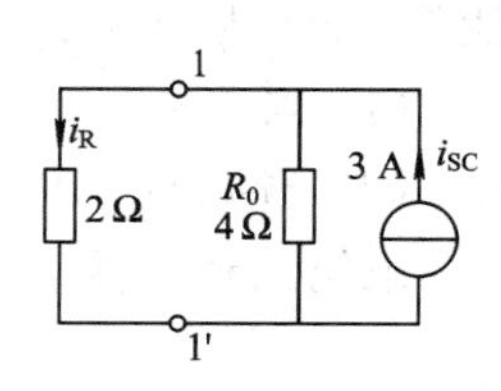

题 2-31 解图

故由诺顿定理可画出图(b)的等效电路，如题 2-31 解图所示。由此利用分流公式可解得

$$i_R = \frac{R_0}{2 + R_0} \times i_{SC} = \frac{4}{2 + 4} \times 3 = 2 \text{ A}$$

2-32　一些电子线路的等效电源参数(开路电压 u_{OC}，等效内阻 R_0)可用题 2-32 图示方法测量。设开关 S 置"1"时，电压表读数为 U_1；当开关置"2"时，电压表读数为 U_2(图中 R 的值为已知)。

(1) 如电压表内阻为无限大，试证

$$u_{OC} = U_1$$

$$R_0 = \left(\frac{U_1}{U_2} - 1\right)R$$

(2) 如电压表内阻为 r，试证

$$u_{OC} = \frac{U_1}{1 - \left(\frac{U_1}{U_2} - 1\right)\frac{R}{r}}$$

$$R_0 = \frac{\left(\frac{U_1}{U_2} - 1\right)R}{1 - \left(\frac{U_1}{U_2} - 1\right)\frac{R}{r}}$$

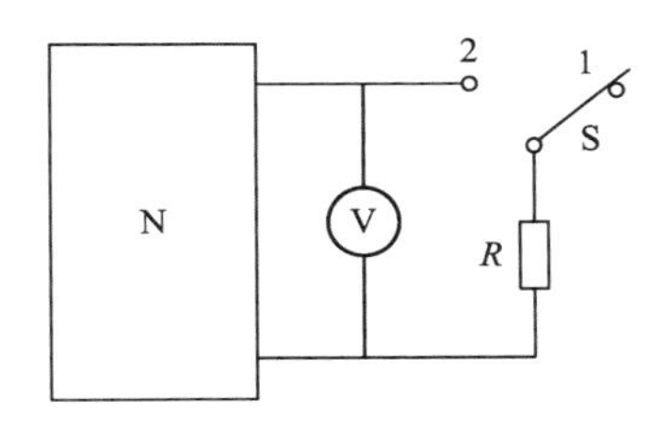

题 2-32 图

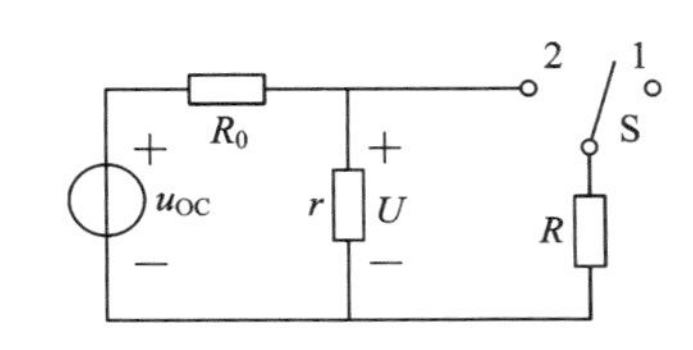

题 2-32 解图

证明：将电路 N 用戴维南等效电路替代，电压表用电阻 r 等效，得到题 2-32 图的等效电路，如题 2-32 解图所示，其中电压 U 就是电压表的读数。

当开关 S 置"1"时，电压表读数 U 为 U_1，由分压公式，有

$$\frac{r}{R_0 + r}u_{OC} = U_1 \qquad ①$$

当开关 S 置"2"时，电压表读数 U 为 U_2，由分压公式，有

$$\frac{R /\!/ r}{R_0 + R /\!/ r}u_{OC} = U_2 \qquad ②$$

故由式①和式②联立可解得

$$u_{OC} = \frac{U_1}{1 - \left(\frac{U_1}{U_2} - 1\right)\frac{R}{r}}$$

$$R_0 = \frac{\left(\frac{U_1}{U_2} - 1\right)R}{1 - \left(\frac{U_1}{U_2} - 1\right)\frac{R}{r}}$$

从而问(2)得证。令 $r \to \infty$，即可证得问(1)。

2-33　如题 2-33 图示某电路的支路 A 中接有电阻 R。当 $R = \infty$ 时，另一支路 B 的电

流 $i=i_{\infty}$；当 $R=0$ 时，支路 B 中的电流为 i_0。设对支路 A 来说，其等效内阻为 R_{eq}。试证，当 R 为任一值时，支路 B 中的电流

$$i=i_0+\frac{R}{R+R_{eq}}(i_{\infty}-i_0)$$

或

$$i=i_{\infty}+\frac{R_{eq}}{R+R_{eq}}(i_0-i_{\infty})$$

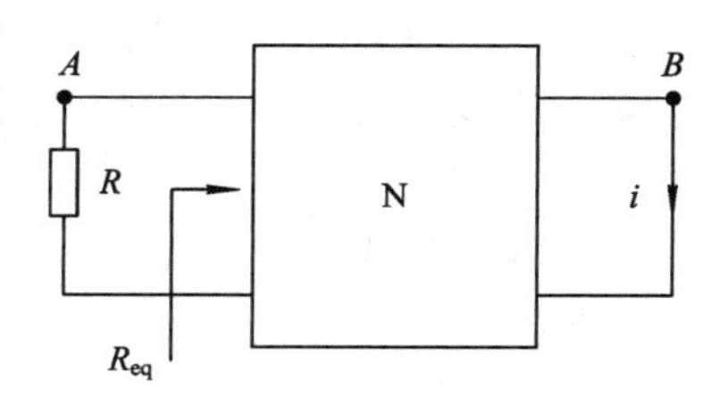

题 2-33 图

证明 利用诺顿定理，可将题 2-33 图等效为题 2-33 解图(a)所示电路。利用分流公式得电阻 R 上的电流

$$i_s=\frac{R_{eq}}{R_{eq}+R}i_{SC}$$

当 $R=\infty$时，$i_s=0$；当 $R=0$ 时，$i_s=i_{SC}$。

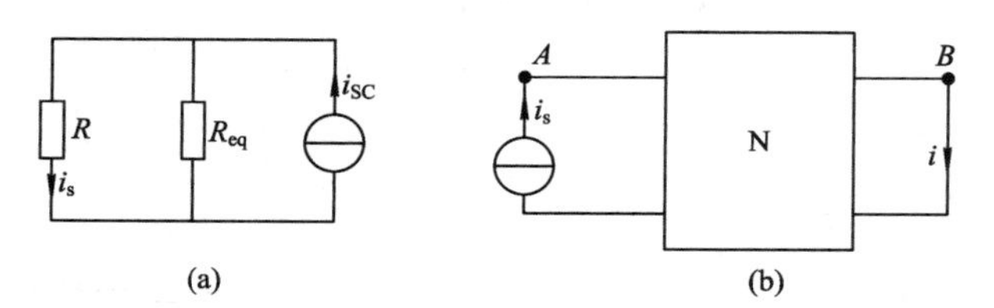

题 2-33 解图

对题 2-33 图利用替代定理，将电阻 R 用电流源 i_s 替代，得到题 2-33 解图(b)所示电路。对该电路利用叠加定理和齐次定理，有

$$i=ai_s+b$$

利用题中条件，当 $R=\infty$时($i_s=0$)，$i=i_{\infty}$；当 $R=0$ 时($i_s=i_{SC}$)，$i=i_0$。因此有

$$i_{\infty}=b,\ i_0=ai_{SC}+b$$

解得 $a=\frac{i_0-i_{\infty}}{i_{SC}}$，$b=i_{\infty}$。故当 R 为任一值时，支路 B 中的电流

$$\begin{aligned}i&=ai_s+b=\frac{i_0-i_{\infty}}{i_{SC}}\times\frac{R_{eq}}{R_{eq}+R}i_{SC}+i_{\infty}\\&=i_{\infty}+\frac{R_{eq}}{R+R_{eq}}(i_0-i_{\infty})=i_0+\frac{R}{R+R_{eq}}(i_{\infty}-i_0)\end{aligned}$$

2-34 如题 2-34 图之电桥电路，当电桥平衡时毫伏计 mV 指示为零。设 $u_s=10$ V，$R_1=R_2=R_3=R_4=100\ \Omega$，求当 R_4 增加 1 Ω 时，毫伏计的指示(设毫伏计内阻为无限大)。

解 设节点 a、b，如题 2-34 解图所示。根据题意，利用 KVL 和分压公式可得

$$\begin{aligned}u_{ab}&=\frac{R_3}{R_3+R_4+\Delta R_4}u_s-\frac{R_1}{R_1+R_2}u_s\\&=\left(\frac{100}{201}-\frac{100}{200}\right)\times 10\approx-25\ \text{mV}\end{aligned}$$

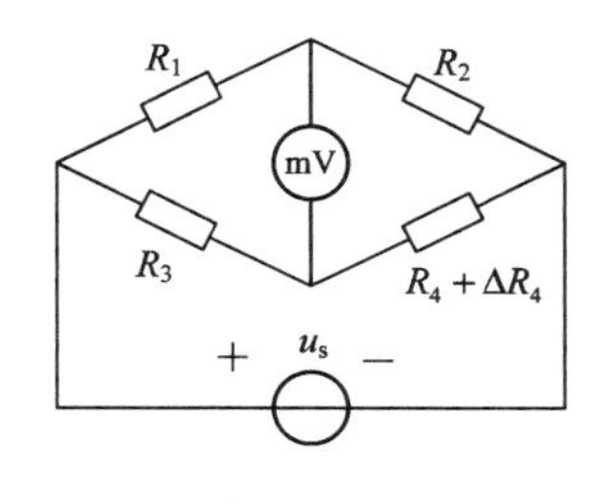

题 2-34 图

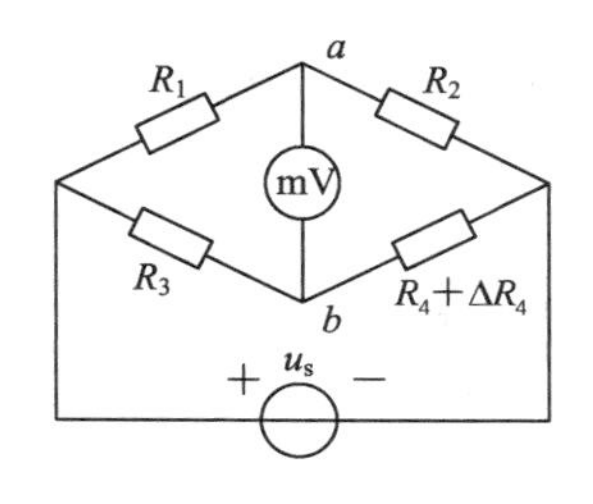

题 2-34 解图

2-35　如题 2-35 图是电阻应变仪中的电桥电路。R_1 是电阻丝，粘附在被测零件上。当零件发生变形时，R_1 的阻值将发生变化，于是毫伏计给出指示。在测量前将各电阻值调节到 $R_1=R_2=100\ \Omega$，$R_3=R_4=200\ \Omega$，电源电压 $u_s=2$ V，这时电桥平衡，毫伏计指示为零(设毫伏计内阻为无限大)。

在进行测量时，如毫伏计指示在 $-1\sim1$ mV 区间，求电阻 $R1$ 的变化量 ΔR_1(已知 $\Delta R_1 \ll R_1$)。

解　设节点 a、b，如题 2-35 解图所示。根据题意，利用 KVL 和分压公式可得

$$u_{ab}=\frac{R_3}{R_3+R_4}u_s-\frac{R_1+\Delta R_1}{R_1+\Delta R_1+R_2}u_s$$
$$=\left(\frac{200}{400}-\frac{100+\Delta R_1}{200+\Delta R_1}\right)\times 2=\frac{-\Delta R_1}{200+\Delta R_1}$$

已知 $\Delta R_1 \ll R_1$，上式近似为

$$u_{ab}=\frac{-\Delta R_1}{200+\Delta R_1}\approx\frac{-\Delta R_1}{200}$$

所以，当毫伏计指示在 $-1\sim1$ mV 区间，电阻 R_1 的变化量 ΔR_1 为

$$-0.2\ \Omega\leqslant\Delta R_1\leqslant0.2\ \Omega$$

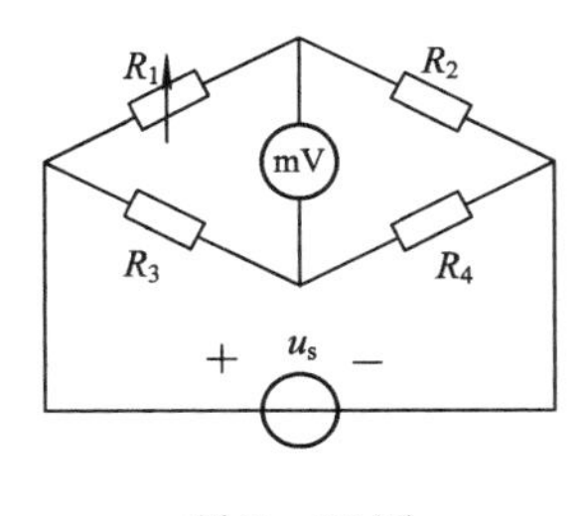

题 2-35 图

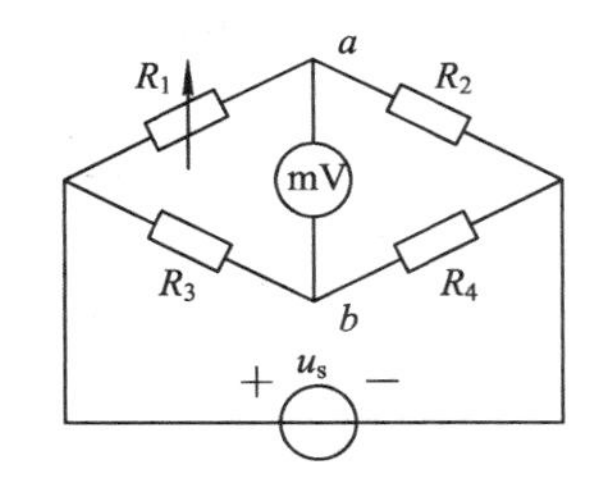

题 2-35 解图

2-36　用电压表测量直流电路中某条支路的电压。当电压表的内电阻为 20 kΩ 时，电压表的读数为 5 V；当电压表的内电阻为 50 kΩ 时，电压表的读数为 10 V；问该支路的实际电压为多少？

解　若电压表用电阻 R_M 等效，从电压表看进去的被测电路用戴维南等效电路替代，测量等效电路如题 2-36 解图所示，则开路电压 U_{OC} 就是实际电压。

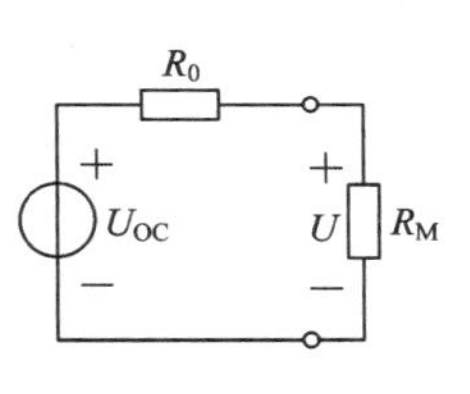

题 2-36 解图

根据题中条件，当 $R_M=20$ kΩ 时，电压表的读数 $U=5$ V；当 $R_M=50$ kΩ 时，电压表的读数 $U=10$ V，从而得到

$$\frac{20\times10^3}{20\times10^3+R_0}U_{OC}=5$$

$$\frac{50\times10^3}{50\times10^3+R_0}U_{OC}=10$$

由以上两式可解得 $U_{OC}=30$ V。

2-37　设有一个代数方程组

$$\begin{cases}5x_1 & -2x_2 & =2\\ -2x_1 & +4x_2 & =-1\end{cases}$$

(1) 试设计一电阻电路，使其节点方程与给定的方程相同；若给定方程中第二式 x_1 的系数改为+2，电路又是怎样？

(2) 试设计一电阻电路，使其网孔方程与给定的方程相同；若给定方程中第一式 x_2 的系数改为+2，电路又是怎样？

解　对于电路设计问题，答案通常并不唯一。下面仅给出其中一种解答。

(1) x_1、x_2 表示节点 1、2 的节点电压。当节点方程为

$$\begin{cases}5x_1 & -2x_2 & =2\\ -2x_1 & +4x_2 & =-1\end{cases}$$

时，所设计的电路如题 2-37 解图(a)所示。

若给定方程中第二式 x_1 的系数改为+2，即

$$\begin{cases}5x_1 & -2x_2 & =2\\ 2x_1 & +4x_2 & =-1\end{cases}$$

可改写为

$$\begin{cases}5x_1 & -2x_2 & =2\\ -2x_1 & +4x_2 & =-1-4x_1\end{cases}$$

所设计的电路如题 2-37 解图(b)所示。

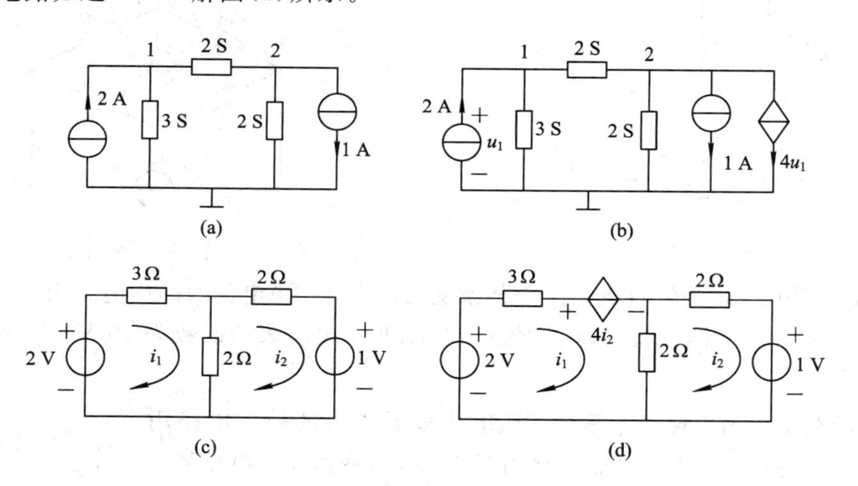

题 2-37 解图

(2) x_1、x_2 表示网孔电流。当网孔方程为

$$\begin{cases} 5x_1 - 2x_2 = 2 \\ -2x_1 + 4x_2 = -1 \end{cases}$$

时，所设计的电路如题 2-37 解图(c)所示。

若给定方程中第一式 x_2 的系数改为+2，即

$$\begin{cases} 5x_1 + 2x_2 = 2 \\ -2x_1 + 4x_2 = -1 \end{cases}$$

可改写为

$$\begin{cases} 5x_1 - 2x_2 = 2 - 4x_2 \\ -2x_1 + 4x_2 = -1 \end{cases}$$

所设计的电路如题 2-37 解图(d)所示。

2-38　用一个 3 A 的电流源和一个 2 A 的电流源(两个电流源不允许并联使用)以及若干个电阻构造一个电路，使得该电路的各独立节点电压分别为 4 V、3 V、2 V。

解　由题可知，所要构造的电路有三个独立节点，节点电压分别为 $U_1=4$ V，$U_2=4$ V，$U_3=2$ V。根据所学电路知识，选择一种如题 2-38 解图所示的较简单电路结构。

列出节点方程

$$\left(\frac{1}{R_1}+\frac{1}{R_2}\right)U_1-\frac{1}{R_2}U_2=3$$

$$-\frac{1}{R_2}U_1+\left(\frac{1}{R_2}+\frac{1}{R_3}\right)U_2-\frac{1}{R_3}U_3=2$$

$$-\frac{1}{R_3}U_2+\left(\frac{1}{R_3}+\frac{1}{R_4}\right)U_3=0$$

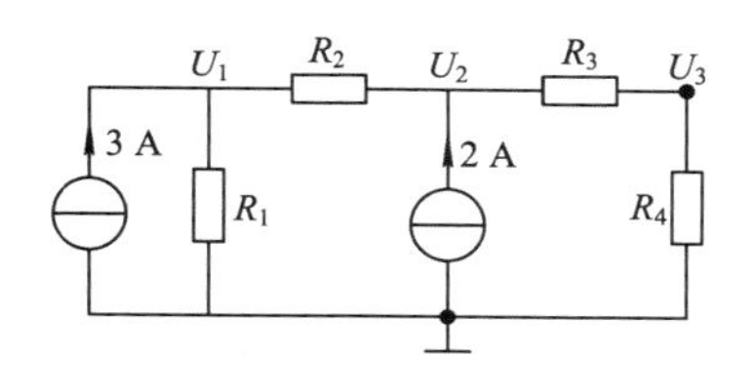

题 2-38 解图

将节点电压代入上式，有

$$\left(\frac{1}{R_1}+\frac{1}{R_2}\right)\times 4-\frac{1}{R_2}\times 3=3 \qquad ①$$

$$-\frac{1}{R_2}\times 4+\left(\frac{1}{R_2}+\frac{1}{R_3}\right)\times 3-\frac{1}{R_3}\times 2=2 \qquad ②$$

$$-\frac{1}{R_3}\times 3+\left(\frac{1}{R_3}+\frac{1}{R_4}\right)\times 2=0 \qquad ③$$

上述三个方程中有 4 个未知电阻，设电阻 R_4 一定，其它电阻用 R_4 表示，由式①、②、③可得

$$R_3=\frac{R_4}{2},\ R_2=\frac{0.5R_4}{1-R_4},\ R_1=\frac{2R_4}{2.5R_4-1}$$

由此可见，$0.4\ \Omega<R_4<1\ \Omega$，故现选 $R_4=0.5\ \Omega$，由上述关系可得

$$R_3=0.25\ \Omega,\quad R_2=0.5\ \Omega,\quad R_1=4\ \Omega$$

第3章　动 态 电 路

3.1 基本要求

(1) 熟练掌握电容元件、电感元件及其电压-电流关系和储能关系，掌握电容元件、电感元件串、并联的等效变换。

(2) 熟练掌握动态电路方程的建立方法和动态电路初始状态及初始值的计算方法。

(3) 掌握一阶电路零输入响应、零状态响应和全响应的含义和特点，理解暂态响应和稳态响应、自由响应和强迫响应的含义。理解时常数的概念。

(4) 熟练运用三要素公式计算一阶电路的响应。

(5) 了解阶跃函数和阶跃响应。

(6) 掌握二阶电路固有频率与电路零输入响应之间的关系，以及在过阻尼、临界阻尼、欠阻尼和无阻尼情况下二阶电路响应的特点。

3.2 知识点归纳

3.2.1 基本动态元件

电容、电感是电路中两个基本的动态元件。它们是储能元件，但不消耗能量，具有记忆性。表 3-1 给出了线性动态元件的定义和特点。

表 3-1　基本动态元件的定义和特点

元件	电路符号	定义	伏安关系	储能	两元件串联等效	并联等效
电容	i C q ；$+\ u\ -$	$q=Cu$	$i=C\dfrac{du}{dt}$	$w_C=\dfrac{1}{2}Cu^2$	$\dfrac{1}{C_{eq}}=\dfrac{1}{C_1}+\dfrac{1}{C_2}$	$C_{eq}=C_1+C_2$
电感	i L ψ ；$+\ u\ -$	$\psi=Li$	$u=L\dfrac{di}{dt}$	$w_L=\dfrac{1}{2}Li^2$	$L_{eq}=L_1+L_2$	$\dfrac{1}{L_{eq}}=\dfrac{1}{L_1}+\dfrac{1}{L_2}$

3.2.2　一阶动态电路分析

含有动态元件的电路称为动态电路。描述动态电路的方程为微分方程。凡是能够用一阶微分方程描述的动态电路称为一阶电路。求解微分方程需要知道初始值，即 $t=0_+$ 时刻(设电路在 $t=0$ 时刻发生换路)响应的值。

求解初始值的步骤：

(1) 根据换路前 $t=0_-$ 时的电路，求出 $u_C(0_-)$和 $i_L(0_-)$。

(2) 在电容电流、电感电压为有限值的条件下，根据换路定律得初始状态：

$$u_C(0_+)=u_C(0_-),\ i_L(0_+)=i_L(0_-)$$

如果电容电流、电感电压为有限值的条件不满足，则电容电压和电感电流在换路前后可能发生强迫跃变，此时应借助电荷守恒和磁链守恒来确定初始状态。

(3) 换路后的电路中，用电压为 $u_C(0_+)$的电压源替代电容元件，用电流为 $i_L(0_+)$的电流源替代电感元件，得到 0_+ 等效电阻电路。

(4) 利用电阻电路的分析方法，求得所需的 $t=0_+$ 时的初始值。

求解一阶电路常用三要素公式法。表 3-2 给出了三要素公式及其各元素的含义。

表 3-2　一阶电路的三要素公式

	公　式	说　明
直流激励 $t=0$ 换路	$y(t)=y(\infty)+[y(0_+)-y(\infty)]e^{-\frac{1}{\tau}t}$　$t\geqslant 0$	(1) $y(0_+)$，$y(t_{0+})$为初始值； (2) $y(\infty)$为换路后的直流稳态值，换路后，电容开路，电感短路，得∞等效电阻电路，求解可得 $y(\infty)$； (3) 时常数 τ：反映了响应暂态过程变化的快慢， 对 RC 一阶电路，$\tau=R_0C$； 对 RL 一阶电路，$\tau=L/R_0$。 其中 R_0 为换路后从动态元件两端看进去的戴维南等效电阻
直流激励 $t=t_0$ 换路	$y(t)=y(\infty)+[y(t_{0+})-y(\infty)]e^{-\frac{1}{\tau}(t-t_0)}$　$t\geqslant t_0$	
一般激励 $t=0$ 换路	$y(t)=y_p(t)+[y_p(0_+)-y(\infty)]e^{-\frac{1}{\tau}t}$　$t\geqslant 0$	$y_p(t)$为特解。当激励为正弦波时，$y_p(t)$为正弦稳态响应

3.2.3　全响应的分解

可从不同角度对全响应进行分解。

如果根据引起响应的起因，可将全响应分解为

$$全响应=零输入响应+零状态响应$$

所谓零输入响应，是指仅由电路的初始状态(即初始储能)引起的响应分量(此时电路的输入为零)。而初始状态为零时，仅由外加输入引起的响应分量称为零状态响应。

如果从响应的函数形式是否与外加输入有关考虑，可将全响应分解为

$$全响应=固有(自由)响应+强迫响应$$

固有响应的函数形式取决于电路本身，而与外加输入无关，它等于电路微分方程的齐次解(通解)。强迫响应的函数形式取决于外加输入的函数形式，它等于电路微分方程的特解。如果响应在 $t\to\infty$ 最终达到稳态，则强迫响应此时也称为稳态响应，固有响应也称为暂态响应。此时，全响应又可分解为

$$全响应=暂态响应+稳态响应$$

3.2.4 阶跃函数与阶跃响应

单位阶跃函数 $\varepsilon(t)$ 定义为

$$\varepsilon(t)=\begin{cases}0 & t<0\\ 1 & t>0\end{cases}$$

利用阶跃函数替代开关，以及表示函数的作用区间和阶梯形函数比较方便。

当外加输入为单位阶跃函数时，电路的零状态响应称为单位阶跃响应，简称为阶跃响应，用 $g(t)$ 表示。它仍可以利用三要素公式求解。

3.2.5 二阶电路的零输入响应

用二阶微分方程描述的电路称为二阶电路。二阶电路对应微分方程的特征根称为电路的固有频率。二阶电路零输入响应的函数形式取决于电路的固有频率。表 3-3 给出了固有频率与零输入响应函数形式之间的关系。

表 3-3 二阶电路零输入响应形式与固有频率的关系

固有频率(特征根)	响 应 类 型
两个不相等的负实根	非振荡衰减，也称为过阻尼
两个相等的负实根	临界非振荡衰减，也称为临界阻尼
实部为负的共轭复根	衰减振荡，也称为欠阻尼
共轭虚根	等幅振荡，也称为无阻尼或自由振荡
两个实部为正的根	发散型

对于二阶电路的零状态响应或全响应，可分解为固有响应和强迫响应之和。强迫响应形式取决于外加激励，固有响应形式仍由固有频率来判断。

3.3 习题 3 解答

3-1 一电容 $C=0.5$ F，其电流电压为关联参考方向。如其端电压 $u=4(1-\mathrm{e}^{-t})$ V，$t\geqslant0$，求 $t\geqslant0$ 时的电流 i，粗略画出其电压和电流的波形。电容的最大储能是多少？

解 根据电容的伏安关系，有

$$i=C\frac{\mathrm{d}u}{\mathrm{d}t}=0.5\times4\mathrm{e}^{-t}=2\mathrm{e}^{-t}\ \mathrm{A}$$

其波形如题 3-1 解图所示。

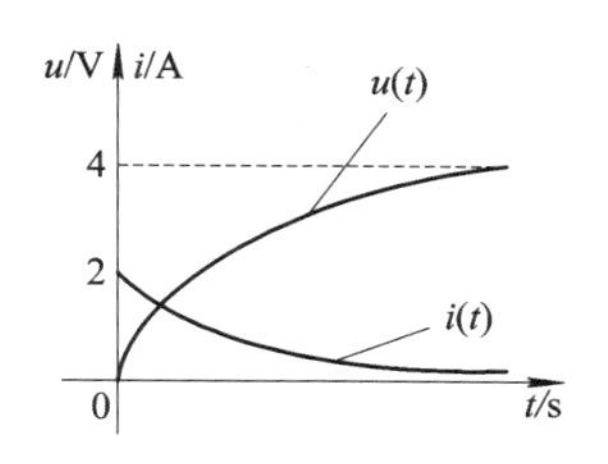

题 3-1 解图

当 $t\to\infty$ 时，电容电压为最大值，即 $u_{max}=u(\infty)=4$ V，故电容的最大储能

$$w_{max}=\frac{1}{2}Cu_{max}^2=4\text{ J}$$

3-2　一电容 $C=0.5$ F，其电流电压为关联参考方向。如其端电压 $u=4\cos2t$ V，$-\infty<t<\infty$，求其电流 i，粗略画出电压和电流的波形。电容的最大储能是多少？

解　根据电容的伏安关系，有

$$i=C\frac{\mathrm{d}u}{\mathrm{d}t}=-0.5\times8\sin2t=-4\sin2t\text{ A}$$

其波形如题 3-2 解图所示。

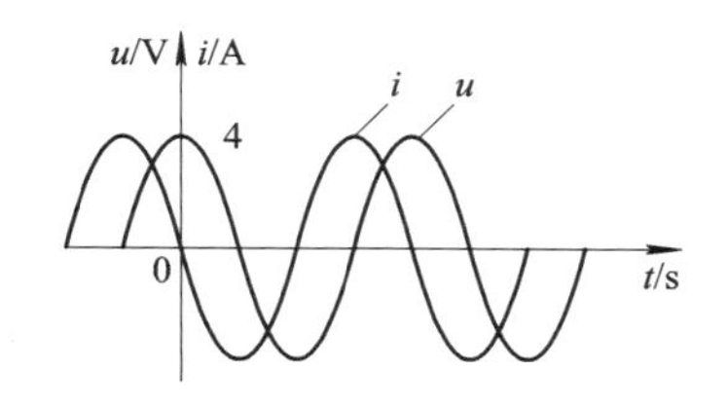

题 3-2 解图

电容的最大储能

$$w_{max}=\frac{1}{2}Cu_{max}^2=\frac{1}{2}\times0.5\times4^2=4\text{ J}$$

3-3　一电容 $C=0.2$ F，其电流如题 3-3 图所示，若已知在 $t=0$ 时，电容电压 $u(0)=0$，求其端电压，并画波形。

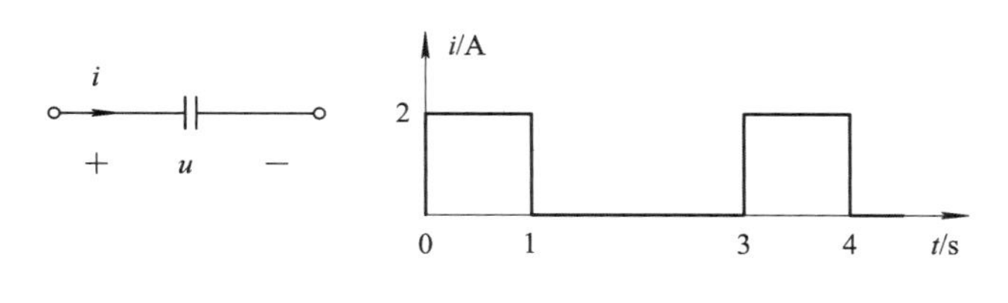

题 3-3 图

解　电流 i 的表达式可写为

$$i=\begin{cases}2\text{ A} & 0<t<1\text{ s 或 }3\text{ s}<t<4\text{ s}\\0\text{ A} & \text{其它}\end{cases}$$

根据电容的伏安关系，有

$$u=\frac{1}{C}\int_{-\infty}^{t}i(\tau)\mathrm{d}\tau=u(0)+5\int_{0}^{t}i(\tau)\mathrm{d}\tau=\begin{cases}10t\text{ V} & 0<t\leqslant1\text{ s}\\10\text{ V} & 1\text{ s}<t\leqslant3\text{ s}\\10t-20\text{ V} & 3\text{ s}<t\leqslant4\text{ s}\\20\text{ V} & t>4\text{ s}\end{cases}$$

其波形如题 3-3 解图所示。

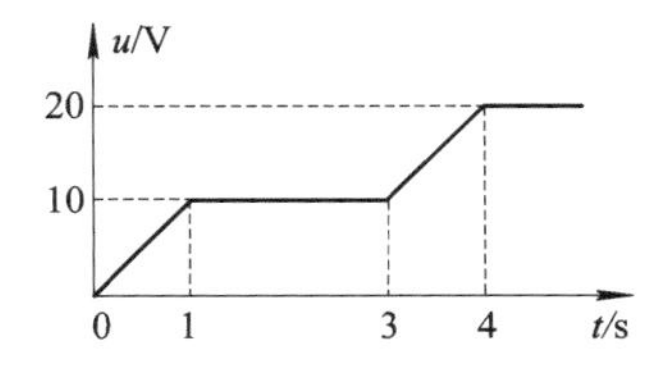

题 3-3 解图

3-4　一电感 $L=0.2$ H，其电流电压为关联参考方向。如通过它的电流 $i=5(1-e^{-2t})$ A，$t\geqslant 0$。求 $t\geqslant 0$ 时的端电压，并粗略画出其波形。电感的最大储能是多少？

解　根据电感的伏安关系，有

$$u = L\frac{di}{dt} = 0.2\times 10e^{-t} = 2e^{-t}\ \text{V}$$

其波形如题 3-4 解图所示。

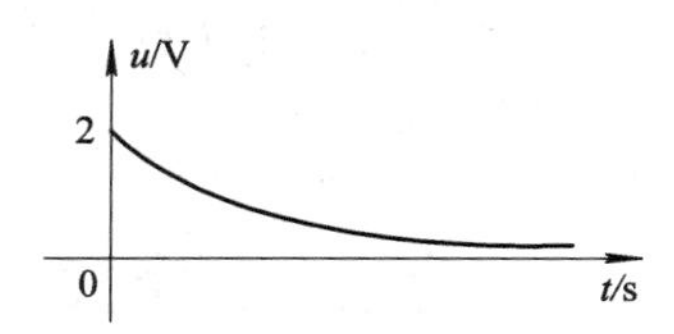

题 3-4 解图

当 $t\to\infty$ 时，电感电流为最大值，即 $i_{max}=i(\infty)=5$ A，故电感的最大储能

$$w_{max} = \frac{1}{2}Li_{max}^2 = 2.5\ \text{J}$$

3-5　一电感 $L=0.5$H，其电流电压为关联参考方向。如通过它的电流 $i=2\sin 5t$ A，$-\infty< t <\infty$，求端电压 u，并粗略画出其波形。

解　根据电感的伏安关系，有

$$u = L\frac{di}{dt} = 0.5\times 10\cos 5t = 5\cos 5t\ \text{V}$$

其波形如题 3-5 解图所示。

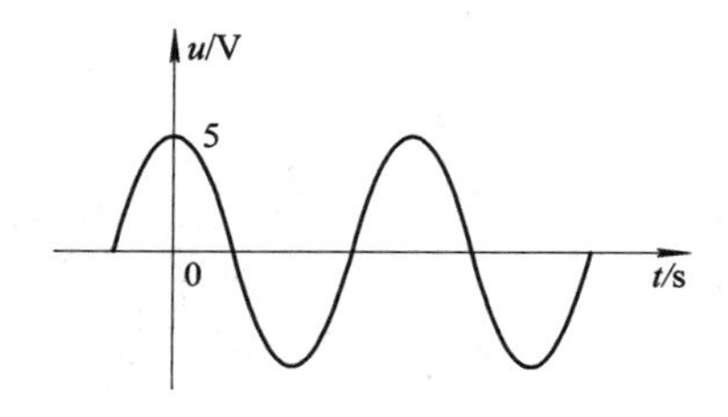

题 3-5 解图

3-6　一电感 $L=4$ H，其端电压的波形如题 3-6 图所示，已知 $i(0)=0$，求其电流，并画出其波形。

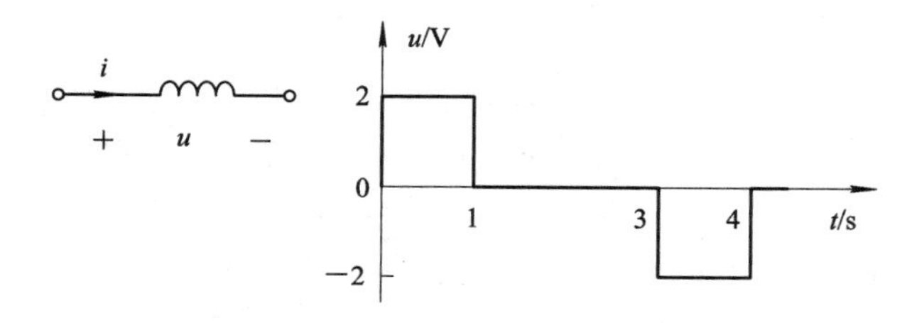

题 3-6 图

解　电压 u 的表达式可写为

$$i=\begin{cases}2\ \text{V} & 0<t<1\ \text{s}\\ -2\ \text{V} & 3\ \text{s}<t<4\ \text{s}\\ 0\ \text{V} & 其它\end{cases}$$

根据电感的伏安关系，有

$$i=\frac{1}{L}\int_{-\infty}^{t}u(\tau)\mathrm{d}\tau=i(0)+\frac{1}{4}\int_{0}^{t}i(\tau)\mathrm{d}\tau=\begin{cases}0.5t\ \text{A} & 0<t\leqslant 1\ \text{s}\\ 0.5\ \text{A} & 1\ \text{s}<t\leqslant 3\ \text{s}\\ 2-0.5t\ \text{A} & 3\ \text{s}<t\leqslant 4\ \text{s}\\ 0\ \text{A} & t>4\ \text{s}\end{cases}$$

其波形如题 3-6 解图所示。

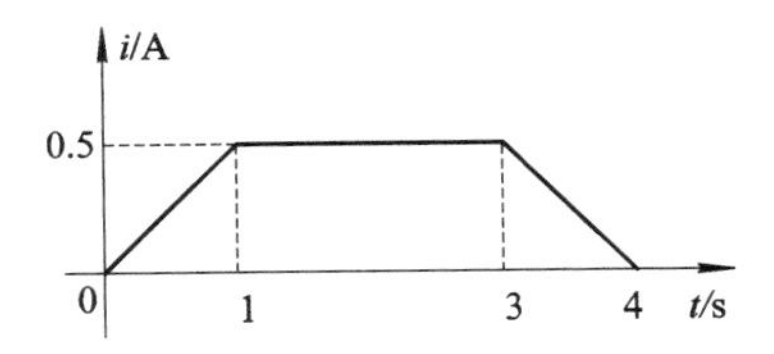

题 3-6 解图

3-7　如题 3-7 图所示电路，已知电阻端电压 $u_R=5(1-\mathrm{e}^{-10t})$ V，$t\geqslant 0$，求 $t\geqslant 0$ 时的电压 u。

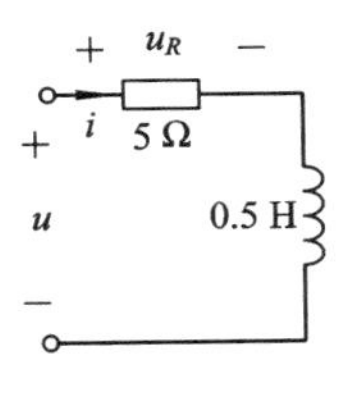

题 3-7 图

解　由欧姆定律可求得电流

$$i=\frac{u_R}{5}=1-\mathrm{e}^{-10t}\ \text{A}$$

故利用 KVL 和电感的伏安关系，得

$$u=u_R+L\frac{\mathrm{d}i}{\mathrm{d}t}=5(1-\mathrm{e}^{-10t})+5\mathrm{e}^{-10t}=5\ \text{V}$$

3-8　如题 3-8 图所示电路，已知电阻中的电流 i_R 的波形如图所示，求总电流 i。

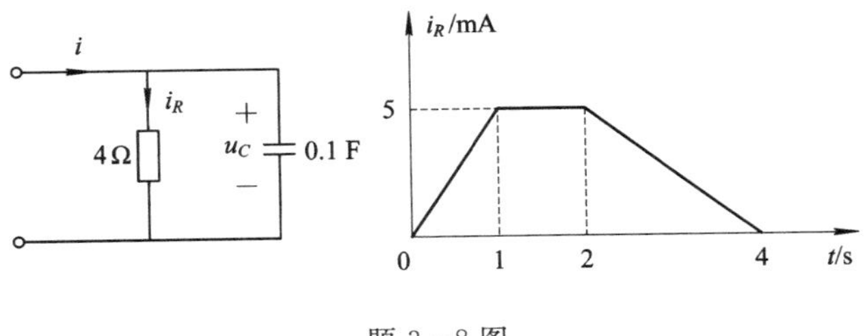

题 3-8 图

解　写出电阻电流 i_R 的表达式为

$$i_R=\begin{cases}5t\ \text{mA} & 0<t\leqslant 1\ \text{s}\\ 5\ \text{mA} & 1\ \text{s}<t\leqslant 2\ \text{s}\\ 10-2.5t\ \text{mA} & 2\ \text{s}<t\leqslant 4\ \text{s}\\ 0\ \text{mA} & t>4\ \text{s}\end{cases}$$

则根据 KCL 和电容的伏安关系，得

$$i=i_R+C\frac{\mathrm{d}u_C}{\mathrm{d}t}=i_R+CR\frac{\mathrm{d}i_R}{\mathrm{d}t}=\begin{cases}5t+2\ \text{mA} & 0<t\leqslant 1\ \text{s}\\ 5\ \text{mA} & 1\ \text{s}<t\leqslant 2\ \text{s}\\ 9-2.5t\ \text{mA} & 2\ \text{s}<t\leqslant 4\ \text{s}\\ 0\ \text{mA} & t>4\ \text{s}\end{cases}$$

3-9　电路如题 3-9 图所示，已知电容电压 $u_C=10\sin 2t$ V，$-\infty<t<\infty$，求电路的端口电压 u。

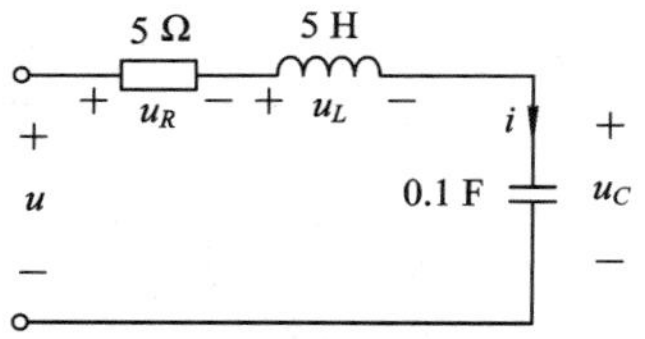

题 3-9 图

解　根据元件的伏安关系，有

$$i=C\frac{\mathrm{d}u_C}{\mathrm{d}t}=0.1\times 20\cos 2t=2\cos 2t\ \text{A}$$

$$u_R=5i=10\cos 2t\ \text{V}$$

$$u_L=L\frac{\mathrm{d}i}{\mathrm{d}t}=-5\times 4\sin 2t=-20\sin 2t\ \text{V}$$

故由 KVL 得

$$u_R=u_R+u_L+u_C=10(\cos 2t-\sin 2t)\ \text{V}$$

3-10　电路如题 3-10 图所示，已知 $u=5+2\mathrm{e}^{-2t}$ V，$t\geqslant 0$，$i=1+2\mathrm{e}^{-2t}$ A，$t\geqslant 0$，求电阻 R 和电容 C。

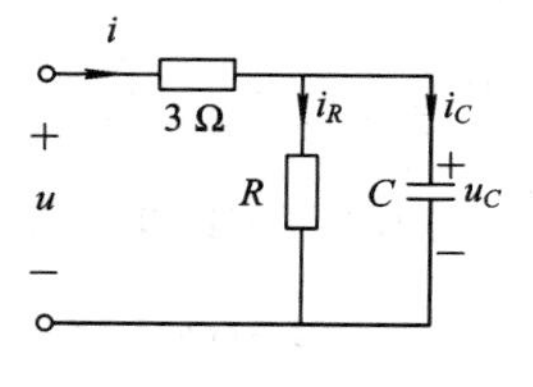

题 3-10 图

解　由 KVL 和欧姆定律可得电容电压

$$u_C=u-3i=5+2\mathrm{e}^{-2t}-3-6\mathrm{e}^{-2t}=2-4\mathrm{e}^{-2t}\ \text{V}$$

电容和电阻上的电流分别为

$$i_C=C\frac{\mathrm{d}u_C}{\mathrm{d}t}=8C\mathrm{e}^{-2t}\ \text{A}$$

$$i_R=\frac{u_C}{R}=\frac{1}{R}(2-4\mathrm{e}^{-2t})\ \text{A}$$

由 KCL，有 $i=i_R+i_C$，即有

$$1+2\mathrm{e}^{-2t}=\frac{2}{R}+\left(8C-\frac{4}{R}\right)\mathrm{e}^{-2t}$$

两边比较系数，有

$$\frac{2}{R}=1$$

$$8C-\frac{4}{R}=2$$

解得 $R=2\ \Omega$，$C=0.5\ \mathrm{F}$。

3-11　如题 3-11 图所示的电路，求：

(1) 图(a)中 ab 端的等效电感；

(2) 图(b)中各电容 $C=10\ \mu\mathrm{F}$，求 ab 端的等效电容；

(3) 图(c)中各电容 $C=200\ \mathrm{pF}$，求 ab 端的等效电容。

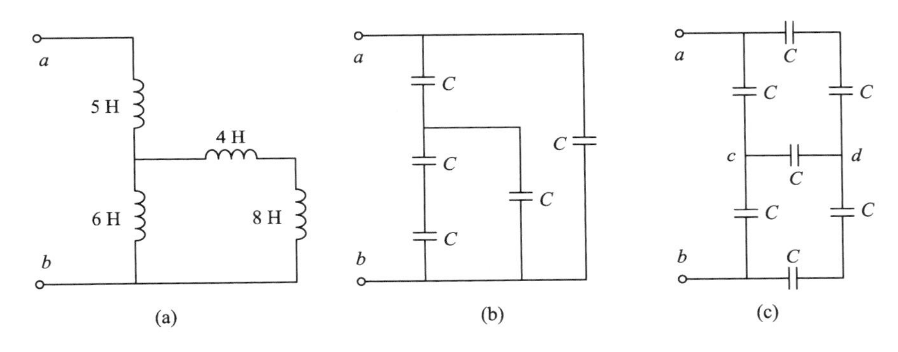

题 3-11 图

解　根据电感电容的串并联等效关系，有

(1)
$$L_{ab}=5+6/\!/(4+8)=5+\frac{6\times 12}{6+12}=9\ \mathrm{H}$$

(2)
$$C_{ab}=C+\frac{C\left(\dfrac{C\times C}{C+C}+C\right)}{C+\dfrac{C\times C}{C+C}+C}=\frac{8}{5}C=16\ \mu\mathrm{F}$$

(3) 该电路可看做电容电桥平衡电路，故 cd 间的电容可看成开路，因此

$$C_{ab}=\frac{1}{2}C+\frac{1}{4}C=\frac{3}{4}C=150\ \mathrm{pF}$$

3-12　列写题 3-12 图示电路 u_C 的微分方程和 i_L 的微分方程。

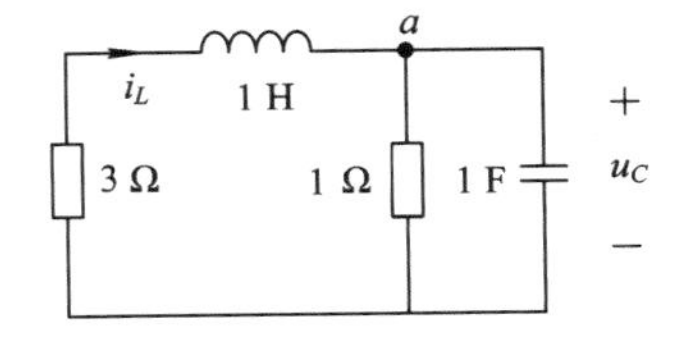

题 3-12 图

解　在节点 a，考虑元件伏安关系，列出 KCL，有

$$i_L = \frac{u_C}{1} + 1 \times \frac{\mathrm{d}u_C}{\mathrm{d}t} \quad ①$$

考虑元件伏安关系，列出 KVL，有

$$3i_L + 1 \times \frac{\mathrm{d}i_L}{\mathrm{d}t} + u_C = 0 \quad ②$$

将式①代入式②，并整理得 u_C 的微分方程

$$\frac{\mathrm{d}^2 u_C}{\mathrm{d}t^2} + 4\frac{\mathrm{d}u_C}{\mathrm{d}t} + 4u_C = 0$$

由式②得出 $u_C = -3i_L - \frac{\mathrm{d}i_L}{\mathrm{d}t}$，代入式①，并整理得 i_L 的微分方程

$$\frac{\mathrm{d}^2 i_L}{\mathrm{d}t^2} + 4\frac{\mathrm{d}i_L}{\mathrm{d}t} + 4i_L = 0$$

3-13　列写题 3-13 图示电路 u_C 的微分方程和 i_L 的微分方程。

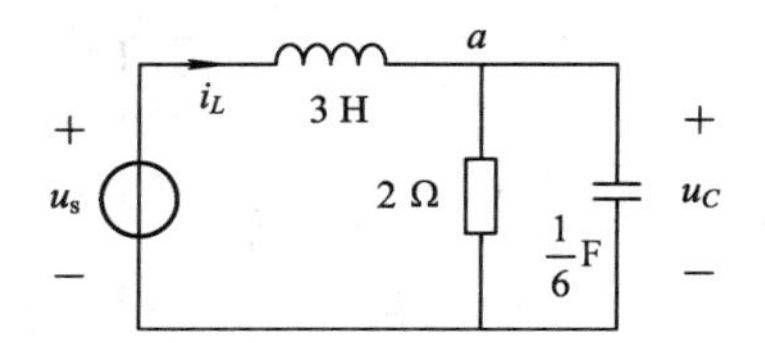

题 3-13 图

解　在节点 a，考虑元件伏安关系，列出 KCL，有

$$i_L = \frac{u_C}{2} + \frac{1}{6} \times \frac{\mathrm{d}u_C}{\mathrm{d}t} \quad ①$$

考虑元件伏安关系，列出 KVL，有

$$u_s + 3 \times \frac{\mathrm{d}i_L}{\mathrm{d}t} + u_C = 0 \quad ②$$

将式①代入式②，并整理得 u_C 的微分方程

$$\frac{\mathrm{d}^2 u_C}{\mathrm{d}t^2} + 3\frac{\mathrm{d}u_C}{\mathrm{d}t} + 2u_C = 2u_s$$

由式②得出 $u_C = -u_s - 3\frac{\mathrm{d}i_L}{\mathrm{d}t}$，代入式①，并整理得 i_L 的微分方程

$$\frac{\mathrm{d}^2 i_L}{\mathrm{d}t^2} + 3\frac{\mathrm{d}i_L}{\mathrm{d}t} + 2i_L = \frac{1}{3}\frac{\mathrm{d}u_s}{\mathrm{d}t} + u_s$$

3-14　如题 3-14 图所示电路，在 $t<0$ 时开关 S 位于“1”，已处于稳态，当 $t=0$ 时开关 S 由“1”闭合到“2”，求初始值 $i_L(0_+)$ 和 $u_L(0_+)$。

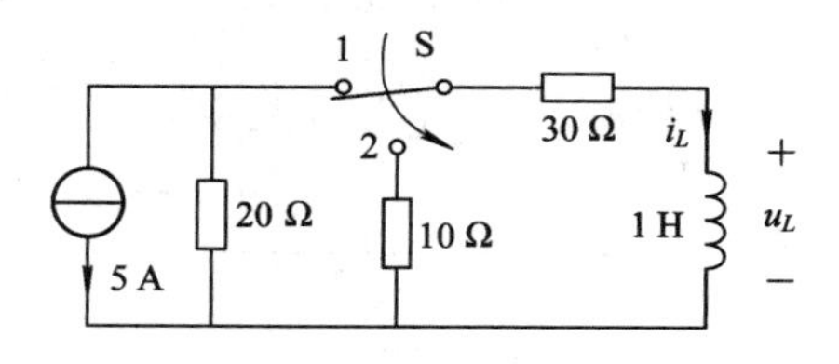

题 3-14 图

解　换路前，电路处于直流稳态，电感短路，则

$$i_L(0_-)=-\frac{20}{20+30}\times 5=-2\ \text{A}$$

故由换路定律知，$i_L(0_+)=i_L(0_-)=-2$ A，画出 $t=0_+$ 时的等效电路，如题 3-14 解图所示。由此可求得

$$u_L(0_+)=-(10+30)i_L(0_+)=80\ \text{V}$$

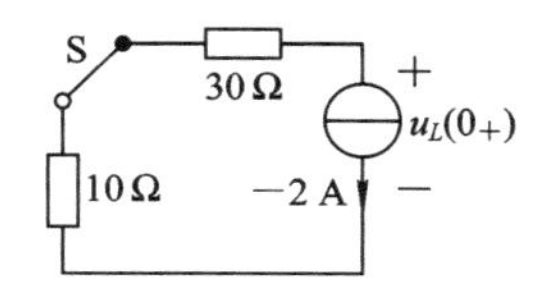

题 3-14 解图

3-15　如题 3-15 图所示电路，开关 S 原是断开的，电路已处于稳态，$t=0$ 时开关闭合。求初始值 $u_C(0_+)$、$i_L(0_+)$、$i_C(0_+)$和 $i_R(0_+)$。

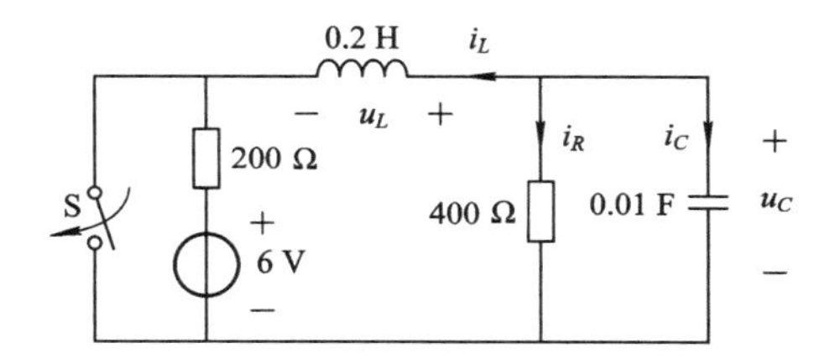

题 3-15 图

解　换路前，电路处于直流稳态，电感短路，电容开路，则

$$i_L(0_-)=-\frac{6}{200+400}=-10\ \text{mA}$$

$$u_C(0_-)=\frac{400}{200+400}\times 6=4\ \text{V}$$

故由换路定律知，$i_L(0_+)=i_L(0_-)=-10$ mA，$u_C(0_+)=u_C(0_-)=4$ V。画出 $t=0_+$ 时的等效电路，如题 3-15 解图所示。

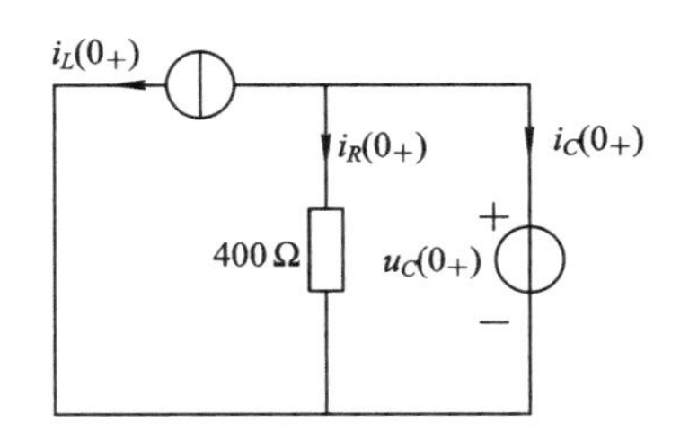

题 3-15 解图

由此可求得

$$i_R(0_+)=\frac{u_C(0_+)}{400}=10\ \text{mA}$$

$$i_C(0_+)=-[i_L(0_+)+i_R(0_+)]=0$$

3-16　如题 3-16 图所示电路，开关 S 原是闭合的，电路已处于稳态，$t=0$ 时开关断开，求初始值 $u_L(0_+)$、$i(0_+)$和 $i_C(0_+)$。

解　换路前，电路处于直流稳态，电感短路，电容开路，则

$$i_L(0_-) = \frac{4}{2+2} = 1\ \text{A}$$

$$u_C(0_-) = 2i_L(0_-) = 2\ \text{V}$$

故由换路定律知，$i_L(0_+)=i_L(0_-)=1$ A，$u_C(0_+)=u_C(0_-)=2$ V。画出 $t=0_+$ 时的等效电路，如题 3-16 解图所示。由此可求得

$$u_L(0_+) = u_C(0_+) - 2i_L(0_+) = 2-2 = 0$$

$$i(0_+) = \frac{4-u_C(0_+)}{2+2} = 0.5\ \text{A}$$

$$i_C(0_+) = i(0_+) - i_L(0_+) = 0.5-1 = -0.5\ \text{A}$$

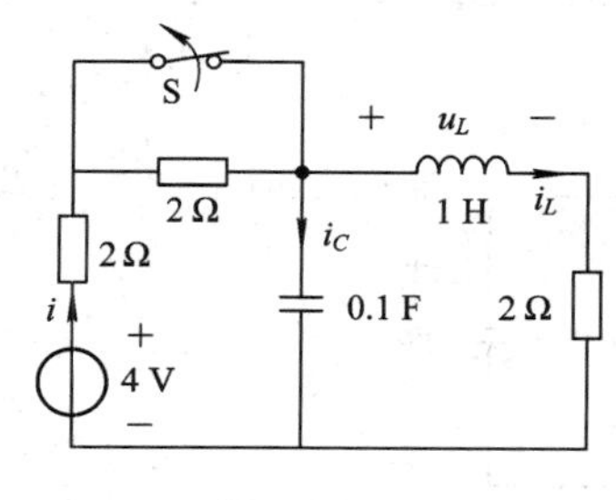

题 3-16 图

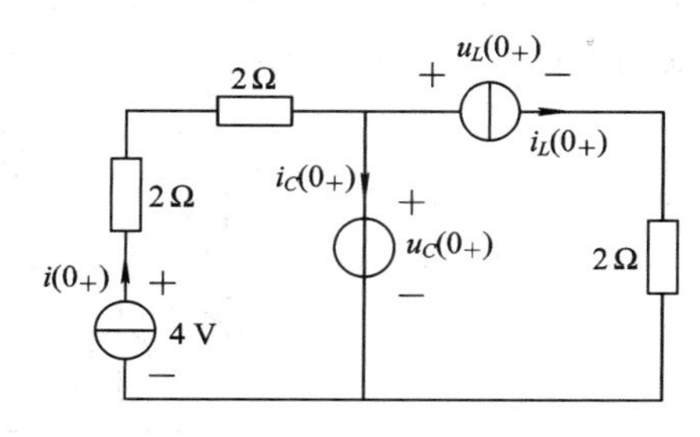

题 3-16 解图

3-17　如题 3-17 图所示电路，在 $t<0$ 时开关 S 断开，电路已处于稳态，当 $t=0$ 时开关闭合，求初始值 $u_R(0_+)$、$i_C(0_+)$和 $u_L(0_+)$。

解　换路前，电路处于直流稳态，电感短路，电容开路，则

$$i_L(0_-) = 1\ \text{A}$$

$$u_C(0_-) = 4i_L(0_-) = 4\ \text{V}$$

故由换路定律知，$i_L(0_+)=i_L(0_-)=1$ A，$u_C(0_+)=u_C(0_-)=4$ V。画出 $t=0_+$ 时的等效电路，如题 3-17 解图所示。由此可求得

$$u_R(0_+) = 4i_L(0_+) = 4\ \text{V}$$

$$i_C(0_+) = 1 - \frac{u_C(0_+)}{2} - i_L(0_+) = 1 - \frac{4}{2} - 1 = -2\ \text{A}$$

$$u_L(0_+) = -u_R(0_+) + u_C(0_+) = -4+4 = 0$$

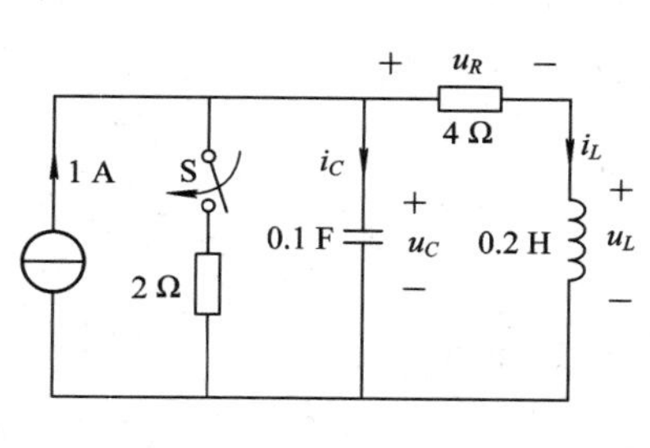

题 3-17 图

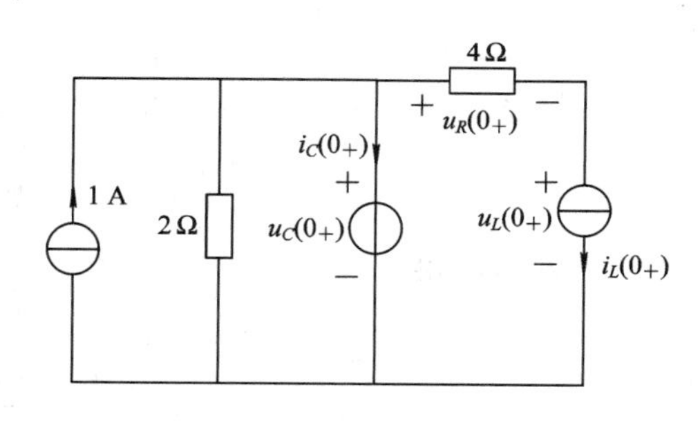

题 3-17 解图

3-18　题3-18图示电路，$t=0$时开关闭合，闭合前电路处于稳态，求$t\geqslant 0$时的$u_C(t)$，并画出其波形。

解　根据换路定律和换路前的情况，可得

$$u_C(0_+)=u_C(0_-)=\frac{3\times 10^3}{3\times 10^3+6\times 10^3}\times 18\times 10^{-3}\times 3\times 10^3=18\ \mathrm{V}$$

换路后，电路时常数为

$$\tau=RC=[(3\times 10^3)\ /\!/\ (3\times 10^3)]\times 10^{-6}=1.5\times 10^{-3}\ \mathrm{s}$$

利用零输入响应的通式，得

$$u_C(t)=u_C(0_+)\mathrm{e}^{-\frac{1}{\tau}t}=18\mathrm{e}^{-\frac{2}{3}\times 10^3 t}\ \mathrm{V}\qquad t\geqslant 0$$

其波形如题3-18解图所示。

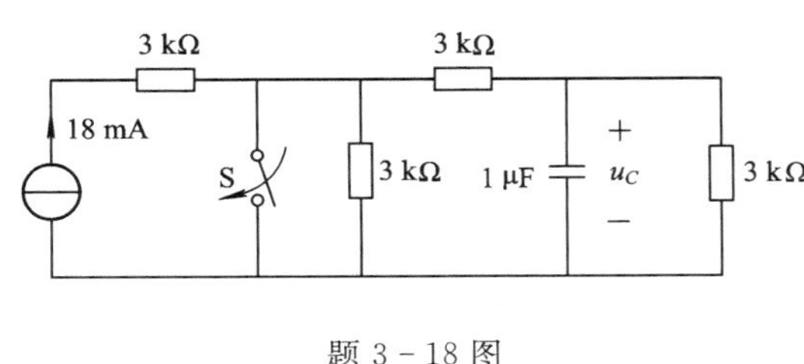

题3-18图

u_C/V
18
0
t/s

题3-18解图

3-19　电路如题3-19图所示，在$t<0$时开关S是断开的，电路已处于稳态。$t=0$时开关闭合，求$t\geqslant 0$时的电压u_C、电流i的零输入响应和零状态响应，并画出其波形。

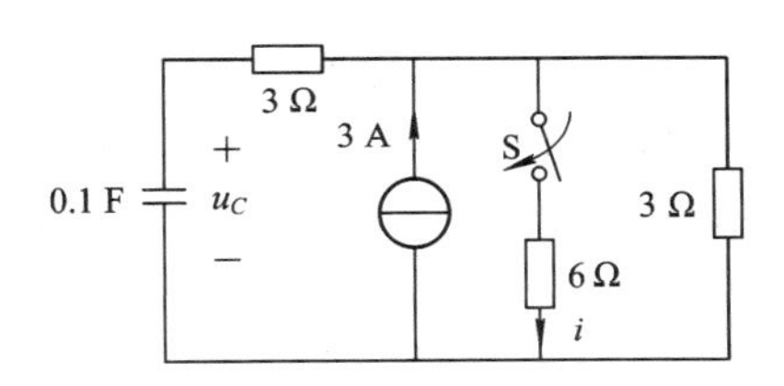

题3-19图

解　根据换路定律和换路前的情况，可得初始状态

$$u_C(0_+)=u_C(0_-)=3\times 3=9\ \mathrm{V}$$

换路后，电路时常数为

$$\tau=RC=(3+6\ /\!/\ 3)\times 0.1=0.5\ \mathrm{s}$$

稳态值

$$u_C(\infty)=(6\ /\!/\ 3)\times 3=6\ \mathrm{V}$$

代入三要素公式，有

$$u_C(t)=u_C(0_+)\mathrm{e}^{-t/\tau}+u_C(\infty)(1-\mathrm{e}^{-t/\tau})$$

由于$u_C(0_+)$为初始状态，故

$$u_{C\mathrm{zs}}(t)=u_C(\infty)(1-\mathrm{e}^{-t/\tau})=6(1-\mathrm{e}^{-2t})\ \mathrm{V}\qquad t\geqslant 0$$

$$u_{C\mathrm{zi}}(t)=u_C(0_+)\mathrm{e}^{-t/\tau}=9\mathrm{e}^{-2t}\ \mathrm{V}\qquad t\geqslant 0$$

$t\geqslant 0$时电容用电压为$u_{C\mathrm{zs}}(t)+u_{C\mathrm{zi}}(t)$的电压源替代，等效电路如题3-19解图(a)所示。列出节点方程，有

$$\left(\frac{1}{3}+\frac{1}{3}+\frac{1}{6}\right)u(t)=\frac{u_{Czs}(t)+u_{Czi}(t)}{3}+3$$

故

$$u(t)=\frac{2}{5}[u_{Czs}(t)+u_{Czi}(t)]+\frac{18}{5}$$

$$i(t)=\frac{u(t)}{6}=\frac{1}{15}[u_{Czs}(t)+u_{Czi}(t)]+\frac{3}{5}$$

因此

$$i_{zs}(t)=\frac{1}{15}u_{Czs}(t)+\frac{3}{5}=1-\frac{2}{5}e^{-2t}\ \text{A}\qquad t\geqslant 0$$

$$i_{zi}(t)=\frac{1}{15}u_{Czi}(t)=\frac{3}{5}e^{-2t}\ \text{A}\qquad t\geqslant 0$$

其波形如题 3-19 解图(b)所示。

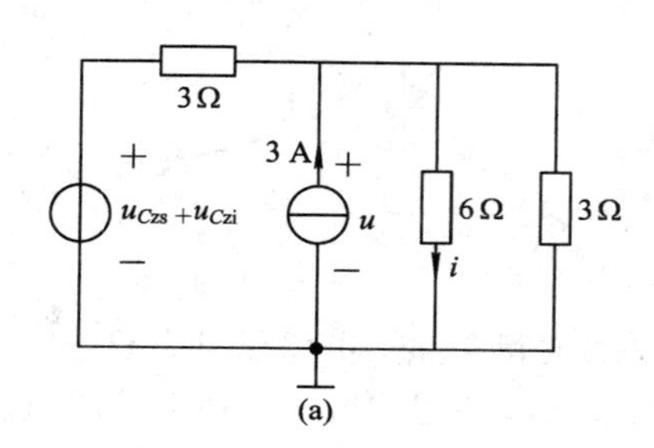

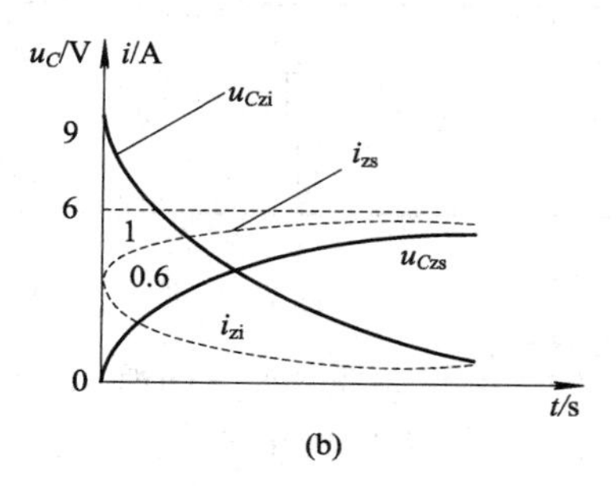

题 3-19 解图

3-20　如题 3-20 图所示电路，在 $t<0$ 时开关 S 位于“1”，电路已处于稳态。$t=0$ 时开关闭合到“2”，求 u_C、i 的零输入响应和零状态响应，并画出其波形。

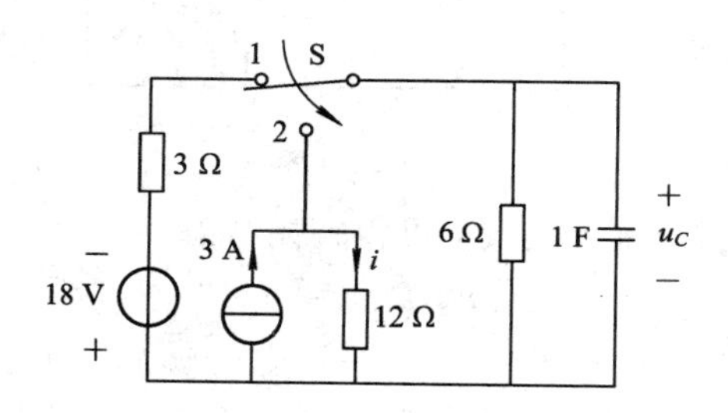

题 3-20 图

解　根据换路定律和换路前的情况，可求得初始状态

$$u_C(0_+)=u_C(0_-)=-\frac{6}{3+6}\times 18=-12\ \text{V}$$

换路后，电路时常数为

$$\tau=RC=(12\ /\!/\ 6)\times 1=4\ \text{s}$$

稳态值

$$u_C(\infty)=(12\ /\!/\ 6)\times 3=12\ \text{V}$$

代入三要素公式，有

$$u_C(t)=u_C(0_+)e^{-t/\tau}+u_C(\infty)(1-e^{-t/\tau})$$

由于 $u_C(0_+)$为初始状态，故

$$u_{Czs}(t)=u_C(\infty)(1-e^{-t/\tau})=12(1-e^{-t/4})\ V\qquad t\geqslant 0$$

$$u_{Czi}(t)=u_C(0_+)e^{-t/\tau}=-12e^{-t/4}\ V\qquad t\geqslant 0$$

换路后，显然有

$$i=\frac{u_C}{12}=\frac{u_{Czs}}{12}+\frac{u_{Czi}}{12}$$

因此

$$i_{zs}=\frac{u_{Czs}}{12}=1-e^{-t/4}\ A\qquad t\geqslant 0$$

$$i_{zi}=\frac{u_{Czi}}{12}=-e^{-t/4}\ A\qquad t\geqslant 0$$

其波形如题 3-20 解图所示。

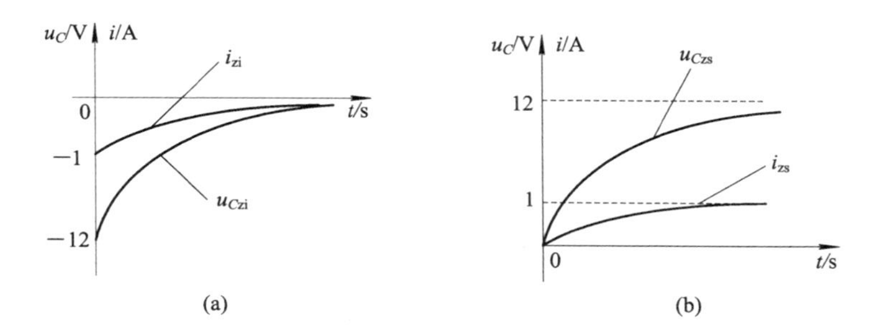

题 3-20 解图

3-21　电路如题 3-21 图所示，在 $t=0$ 时开关 S 位于"1"，电路已处于稳态。$t=0$ 时开关闭合到"2"，求 i_L、u 的零输入响应和零状态响应，并画出其波形。

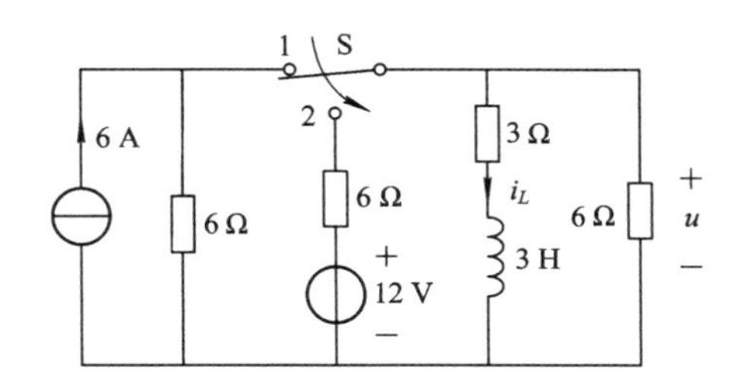

题 3-21 图

解　根据换路定律和换路前的情况，可求得初始状态

$$i_L(0_+)=i_L(0_-)=\frac{6\mathbin{/\!/}6}{3+6\mathbin{/\!/}6}\times 6=3\ A$$

换路后，电路时常数为

$$\tau=\frac{L}{R}=\frac{3}{3+6\mathbin{/\!/}6}=0.5\ s$$

稳态值

$$i_L(\infty)=\frac{12}{6+3\mathbin{/\!/}6}\times\frac{6}{6+3}=1\ A$$

代入三要素公式，有

$$i_L(t) = i_L(0_+)e^{-t/\tau} + i_L(\infty)(1 - e^{-t/\tau})$$

由于 $i_L(0_+)$ 为初始状态，故

$$i_{Lzs}(t) = i_L(\infty)(1 - e^{-t/\tau}) = 1 - e^{-2t}\ \text{A} \qquad t \geqslant 0$$

$$i_{Lzi}(t) = i_L(0_+)e^{-t/\tau} = 3e^{-2t}\ \text{A} \qquad t \geqslant 0$$

由电路可看出

$$u = 3i_L + 3\frac{di_L}{dt} = 3\left(i_{Lzs} + \frac{di_{Lzs}}{dt}\right) + 3\left(i_{Lzi} + \frac{di_{Lzi}}{dt}\right)$$

故

$$u_{zs} = 3\left(i_{Lzs} + \frac{di_{Lzs}}{dt}\right) = 3(1 - e^{-2t} + 2e^{-2t}) = 3(1 + e^{-2t})\ \text{V} \qquad t \geqslant 0$$

$$u_{zi} = 3\left(i_{Lzi} + \frac{di_{Lzi}}{dt}\right) = 3(3e^{-2t} - 6e^{-2t}) = -9e^{-2t}\ \text{V} \qquad t \geqslant 0$$

其波形如题 3-21 解图所示。

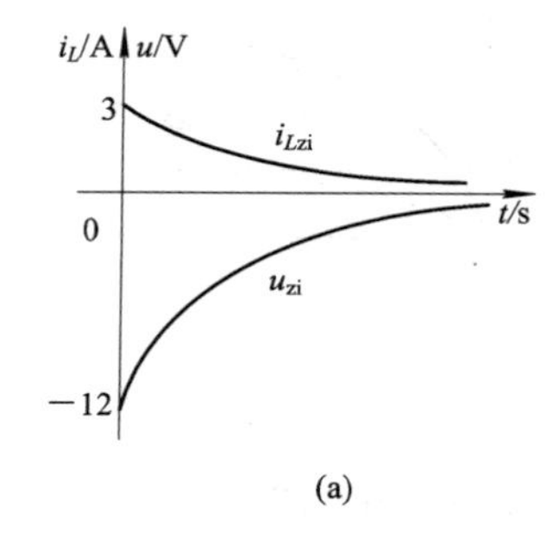

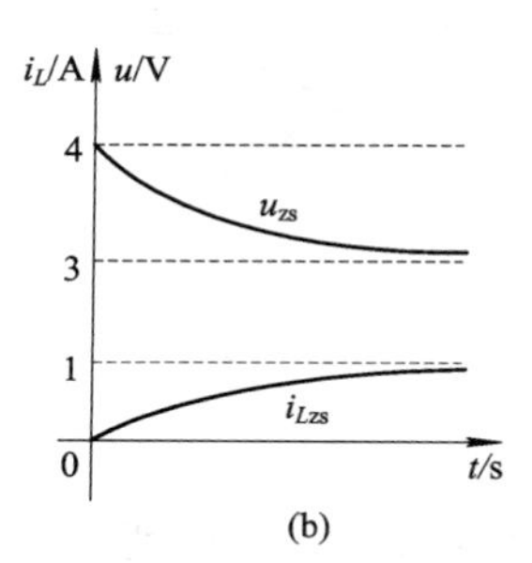

题 3-21 解图

3-22 如题 3-22 图所示电路，电容初始储能为零，$t=0$ 时开关 S 闭合，求 $t \geqslant 0$ 时的 u_C。

解 为了简化计算，首先将 ab 端以左电路进行戴维南等效，如题 3-22 解图所示。列出 ab 端以左电路的伏安关系

$$u = 5i + 3i_1 + 2i_1 = 5i + 5(2 + i) = 10 + 10i$$

故 $u_{OC} = 10$ V，$R_0 = 10\ \Omega$。

由题 3-22 解图电路容易得到，$u_C(\infty) = u_{OC} = 10$ V，$\tau = R_0 C = 1$ s，而依据题意，有 $u_C(0_+) = 0$，因此利用三要素公式有

$$u_C(t) = u_C(0_+)e^{-t/\tau} + u_C(\infty)(1 - e^{-t/\tau}) = 10(1 - e^{-t})\ \text{V} \qquad t \geqslant 0$$

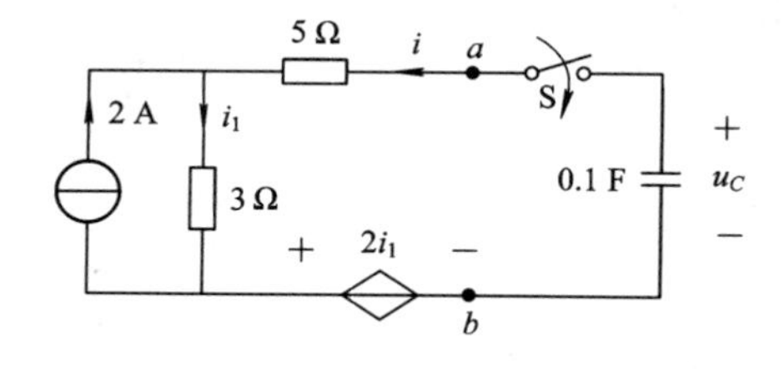

题 3-22 图

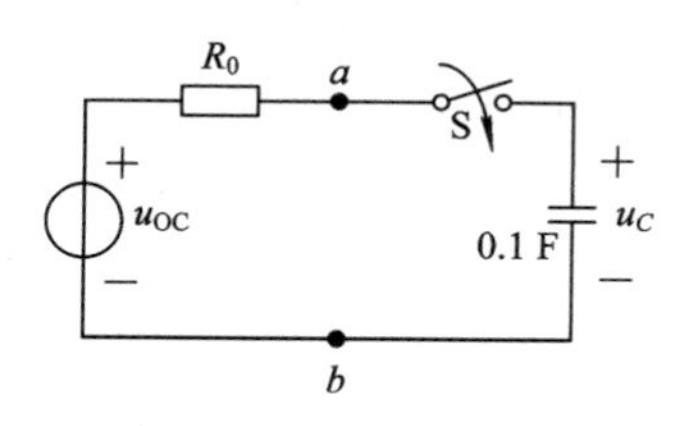

题 3-22 解图

3-23　电路如题3-23图所示，电感初始储能为零，$t=0$ 时开关S闭合，求 $t\geqslant 0$ 时的 i_L。

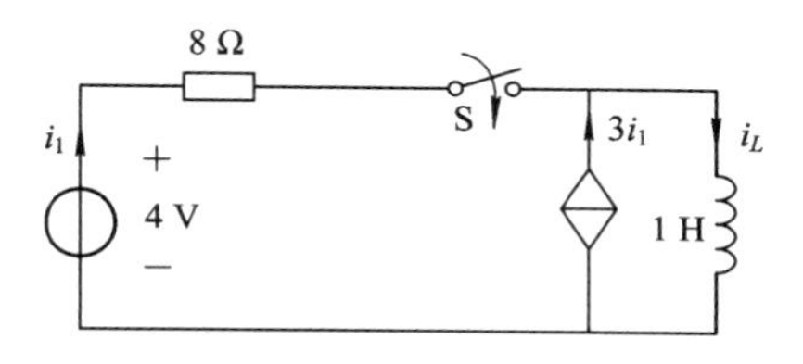

题3-23图

解　为了简化计算，换路后，首先将除电感以外的电路进行戴维南等效，如题3-23解图(b)所示。列出题3-23解图(a)所示电路的伏安关系：

$$u=-8i_1+4$$

而 $i_1+3i_1+i=0$，$i_1=-i/4$，代入上式，有

$$u=2i+4$$

故 $u_{OC}=4\ \text{V}$，$R_0=2\ \Omega$。

由题3-23解图(b)所示电路容易得到

$$i_L(\infty)=\frac{u_{OC}}{R_0}=2\ \text{A}$$

$$\tau=\frac{L}{R_0}=\frac{1}{2}=0.5\ \text{s}$$

而依据题意，有 $i_L(0_+)=0$，因此利用三要素公式有

$$i_L(t)=i_L(0_+)\text{e}^{-t/\tau}+i_L(\infty)(1-\text{e}^{-t/\tau})=2(1-\text{e}^{-2t})\ \text{A}\qquad t\geqslant 0$$

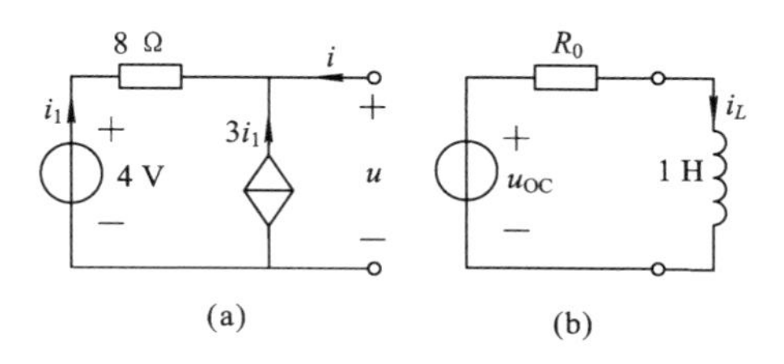

题3-23解图

3-24　如题3-24图所示电路，电容初始储能为零，$t=0$ 时开关S闭合，求 $t\geqslant 0$ 时的 i_1。

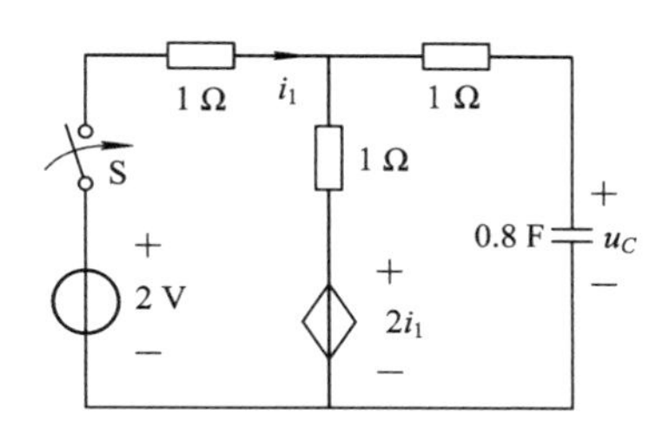

题3-24图

解　先求 u_C，然后求 i_1。

为了简化计算，换路后，首先将除电容以外的电路进行戴维南等效，如题 3-24 解图所示。列出除电容以外电路端口的伏安关系

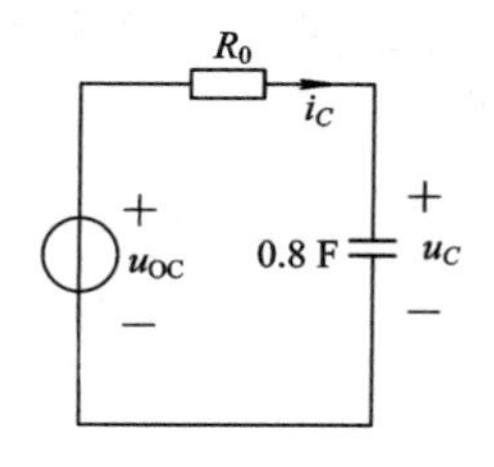

题 3-24 解图

$$u_C = -1 \times i_C - 1 \times i_1 + 2$$

$$u_C = -1 \times i_C + 1 \times (i_1 - i_C) + 2i_1$$

由上两式消去 i_1，得

$$u_C = -\frac{5}{4} i_C + 1.5$$

故

$$u_{OC} = 1.5\ \text{V}, \quad R_0 = 1.25\ \Omega$$

由题 3-24 解图所示电路容易得到，$u_C(\infty) = u_{OC} = 1.5$ V，$\tau = R_0 C = 1$ s，而依据题意，有 $u_C(0_+) = 0$，因此利用三要素公式有

$$u_C(t) = u_C(0_+)\text{e}^{-t/\tau} + u_C(\infty)(1 - \text{e}^{-t/\tau}) = 1.5(1 - \text{e}^{-t})\ \text{V} \qquad t \geqslant 0$$

$$i_C = C\frac{\text{d}u_C}{\text{d}t} = 0.8 \times 1.5\text{e}^{-t} = 1.2\text{e}^{-t}\ \text{A} \qquad t \geqslant 0$$

由题 3-24 图所示电路，列出 2 V 电压源支路和电容支路构成回路的 KVL 方程，有

$$-2 + 1 \times i_1 + 1 \times i_C + u_C = 0$$

即

$$i_1 = 2 - i_C - u_C = 1 - 1.2\text{e}^{-t} - 1.5(1 - \text{e}^{-t}) = 0.5 + 0.3\text{e}^{-t}\ \text{A} \qquad t \geqslant 0$$

3-25　电路如题 3-25 图所示，在 $t<0$ 时开关是闭合的，电路已处于稳态，当 $t=0$ 时开关断开，求 $t \geqslant 0$ 时的 i_L、u_L。

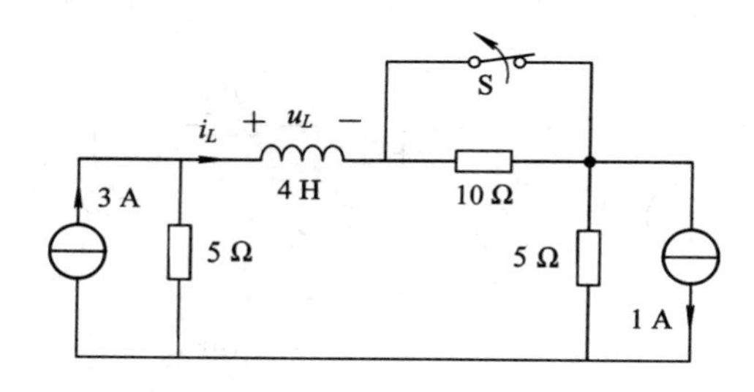

题 3-25 图

解　先利用电源模型互换，原电路可等效为题 3-25 解图所示电路。容易得到

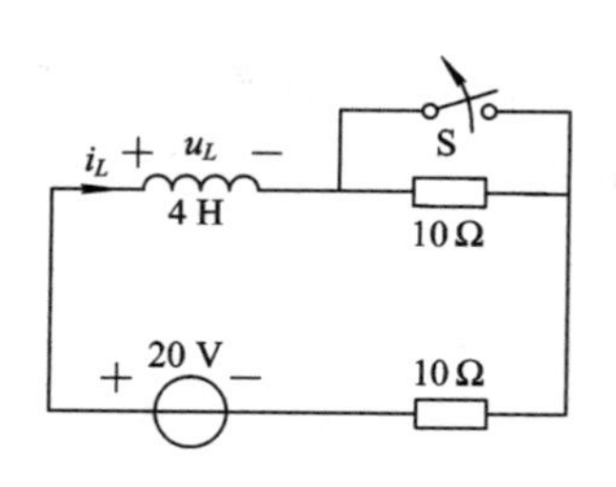

题 3-25 解图

$$i_L(0_+) = i_L(0_-) = \frac{20}{10} = 2\ \text{A}$$

$$i_L(\infty) = \frac{20}{20} = 1\ \text{A}$$

$$\tau = \frac{4}{10 + 10} = \frac{1}{5}\ \text{s}$$

故

$$i_L(t) = [i_L(0_+) - i_L(\infty)]\text{e}^{-t/\tau} + i_L(\infty) = \text{e}^{-5t} + 1\ \text{A} \qquad t \geqslant 0$$

利用电感的伏安关系，得

$$u_L = 4\frac{di_L}{dt} = 4\times(-5)e^{-5t} = -20e^{-5t}\ \text{V} \qquad t\geqslant 0$$

3-26　电路如题3-26图所示，$t<0$ 时开关S位于"1"，电路已处于稳态。$t=0$ 时开关由"1"闭合到"2"，求 $t\geqslant 0$ 时的 i_L 和 u。

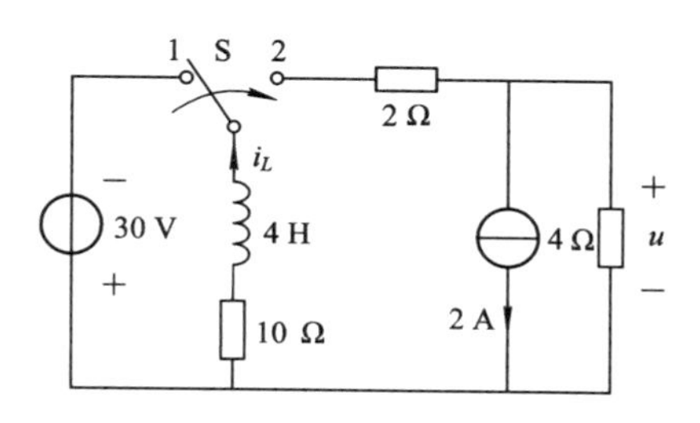

题3-26图

解　利用三要素法先求 i_L，然后求 u。

$$i_L(0_+) = i_L(0_-) = \frac{30}{10} = 3\ \text{A}$$

$$i_L(\infty) = \frac{4}{4+12}\times 2 = 0.5\ \text{A}$$

$$\tau = \frac{4}{2+4+10} = \frac{1}{4}\ \text{s}$$

代入三要素法公式，得

$$i_L(t) = i_L(\infty) + [i_L(0_+) - i_L(\infty)]e^{-t/\tau} = 0.5 + 2.5e^{-4t}\ \text{A} \qquad t\geqslant 0$$

由KCL和欧姆定律得

$$u = (i_L - 2)\times 4 = -6 + 10e^{-4t}\ \text{V} \qquad t\geqslant 0$$

3-27　电路如题3-27图所示，$t<0$ 时电路已处于稳态，$t=0$ 时开关闭合，闭合后经过10 s开关又断开，求 $t\geqslant 0$ 时的 u_C，并画出波形。

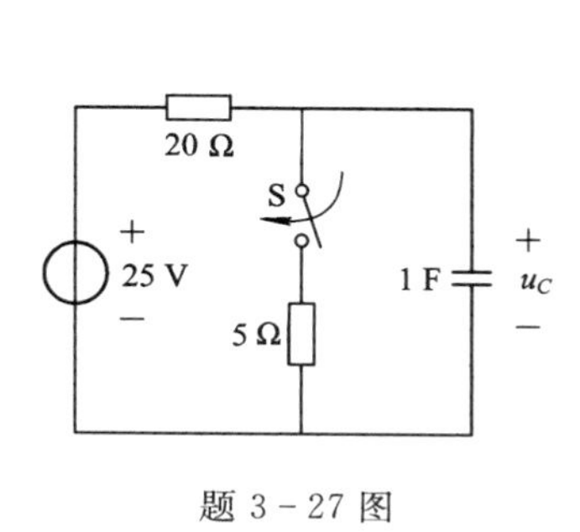

题3-27图

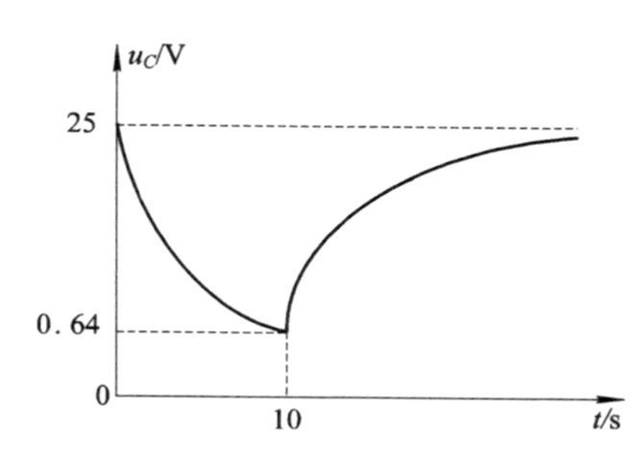

题3-27解图

解　当 $0\leqslant t\leqslant 10$ s时，有

$$u_C(0_+) = u_C(0_-) = 25\ \text{V}$$

$$u_C(\infty) = \frac{5}{20+5}\times 25 = 5\ \text{V}$$

$$\tau = RC = (20\,/\!/\,5)\times 1 = 4\ \text{s}$$

代入三要素法公式得

$$u_C(t) = 5 + 20e^{-t/4}\ \text{V}$$

当 $t \geqslant 10$ s 时，有

$$u_C(10_+) = u_C(10_-) = 5 + 20e^{-2.5} = 6.64\ \text{V}$$

$$u_C(\infty) = 25\ \text{V}$$

$$\tau = 20 \times 1 = 20\ \text{s}$$

故

$$u_C(t) = 25 - 18.36e^{-\frac{t-10}{20}}\ \text{V}$$

其波形如题 3－27 解图所示。

3－28　电路如题 3－28 图所示，$t<0$ 时开关 S 位于“1”，电路已处于稳态。$t=0$ 时开关由“1”闭合到“2”，经过 2 s 后，开关又由“2”闭合到“3”。

(1) 求 $t \geqslant 0$ 时的电压 u_C，并画出波形。

(2) 求电压 u_C 恰好等于 3 V 的时刻 t 的值。

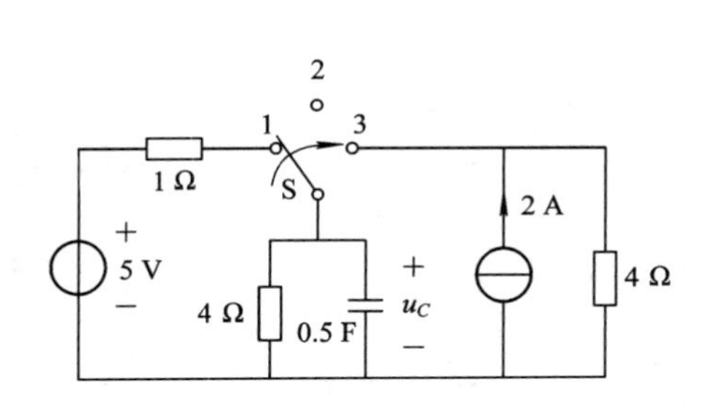

题 3－28 图

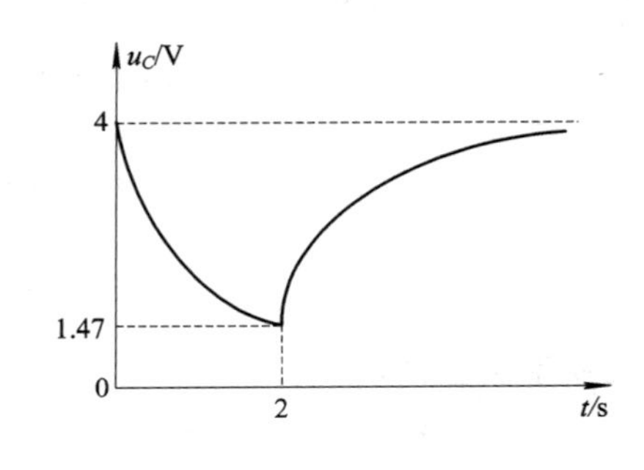

题 3－28 解图

解　(1) 当 $0 \leqslant t \leqslant 2$ s 时，有

$$u_C(0_+) = u_C(0_-) = \frac{4}{4+1} \times 5 = 4\ \text{V}$$

$$u_C(\infty) = 0\ \text{V}$$

$$\tau_1 = R_1 C = 4 \times 0.5 = 2\ \text{s}$$

代入三要素法公式得

$$u_C(t) = 4e^{-0.5t}\ \text{V}$$

当 $t \geqslant 2$ s 时，有

$$u_C(2_+) = u_C(2_-) = 4e^{-1} = 1.47\ \text{V}$$

$$u_C(\infty) = (4\ /\!/\ 4) \times 2 = 4\ \text{V}$$

$$\tau_2 = R_2 C = (4\ /\!/\ 4) \times 0.5 = 1\ \text{s}$$

代入三要素法公式得

$$u_C(t) = u_C(\infty) + [u_C(2_+) - u_C(\infty)]e^{-(t-2)/\tau_2} = 4 - 2.53e^{-(t-2)}\ \text{V}$$

其波形如题 3－28 解图所示。

(2) $u_C = 3$ V 时，应在 u_C 表达式中分时段求取 u_C 恰好等于 3 V 的时刻 t 的值。

当 $0 \leqslant t \leqslant 2$ s 时，有

$$u_C(t) = 4e^{-0.5t} = 3$$

解得

$$t=-2\ln\frac{3}{4}=0.575\ \text{s}$$

当 $t\geqslant 2$ s时，有

$$u_C(t)=4-2.53\text{e}^{-(t-2)}=3$$

解得

$$t=2-2\ln\frac{1}{2.53}=2.928\ \text{s}$$

3-29　电路如题3-29图所示，在 $t<0$ 时开关S是断开的，电路已处于稳态，$t=0$ 时开关闭合，求 $t\geqslant 0$ 时的电流 i。

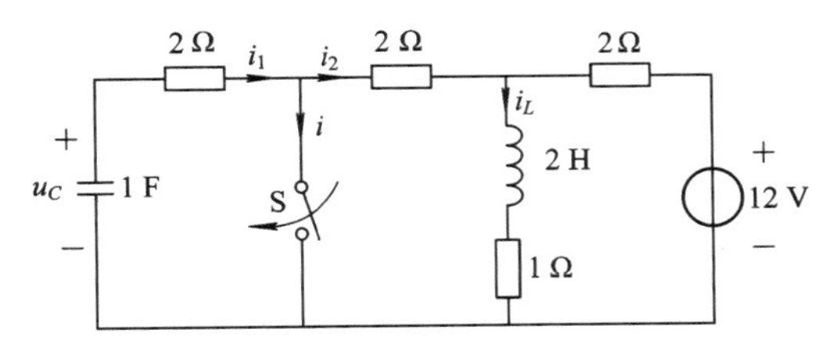

题3-29图

解　该题有两个动态元件。如果直接求 i，则是一个二阶电路问题。如果先求出 i_1 和 i_2，再利用KCL求 $i=i_1+i_2$，而求 i_1 和 i_2 则是求解两个一阶电路问题。这样仍可以利用三要素公式。

根据换路定律和换路前的情况，可求得初始状态

$$u_C(0_+)=u_C(0_-)=\frac{1}{2+1}\times 12=4\ \text{V}$$

$$i_L(0_+)=i_L(0_-)=\frac{12}{2+1}=4\ \text{A}$$

画出 0_+ 等效电路，如题3-29解图所示。

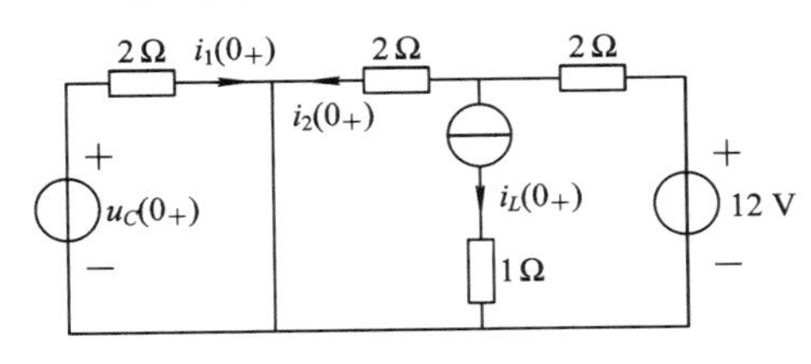

题3-29解图

由此可解得

$$i_1(0_+)=\frac{u_C(0_+)}{2}=2\ \text{A}$$

利用KCL和KVL有

$$-2i_2(0_+)-2[i_2(0_+)+i_L(0_+)]+12=0$$

解得

$$i_2(0_+)=1\ \text{A}$$

容易求得换路后的稳态值为

$$i_1(\infty)=0,\ i_2(\infty)=\frac{12}{2+1\ /\!/\ 2}\times\frac{1}{2+1}=1.5\ \text{A}$$

时常数

$$\tau_C = 2\times 1 = 2\ \text{s},\quad \tau_L = \frac{2}{1+2\ /\!/\ 2} = 1\ \text{s}$$

代入三要素公式，得

$$i_1(t) = 2\mathrm{e}^{-0.5t}\ \text{A},\ i_2(t) = 1.5 - 0.5\mathrm{e}^{-t}\ \text{A}\qquad t\geqslant 0$$

故

$$i = i_1(t) + i_2(t) = 2\mathrm{e}^{-0.5t} + 1.5 - 0.5\mathrm{e}^{-t}\ \text{A}\qquad t\geqslant 0$$

3-30　电路如题 3-30 图所示，已知 $u_C(0_-)=0$，$i_L(0_-)=0$，当 $t=0$ 时开关闭合，求 $t\geqslant0$ 时的电流 i 和电压 u。

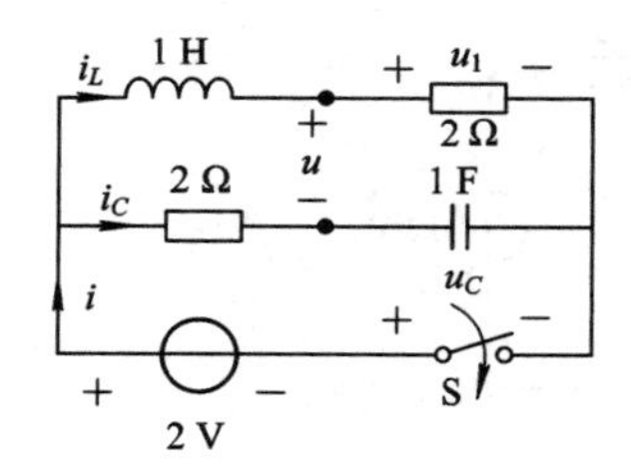

题 3-30 图

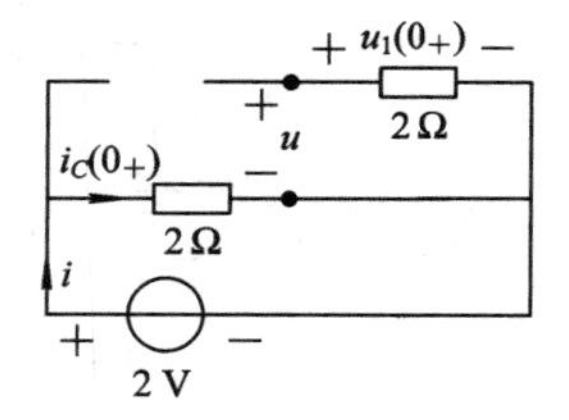

题 3-30 解图

解　由换路定律有

$$u_C(0_+) = u_C(0_-) = 0$$

$$i_L(0_+) = i_L(0_-) = 0$$

画出 0_+ 等效电路如题3-30 解图所示。

容易求得

$$u_1(0_+) = 0$$

$$i_C(0_+) = \frac{2}{2} = 1\ \text{A}$$

换路后的稳态值为

$$u_C(\infty) = 2\ \text{V}$$

$$u_1(\infty) = 2\ \text{V}$$

$$i_L(\infty) = \frac{2}{2} = 1\ \text{A}$$

$$i_C(\infty) = 0$$

时常数

$$\tau_C = 2\times 1 = 2\ \text{s}$$

$$\tau_L = \frac{1}{2}\ \text{s}$$

换路后求 u_C、u_1、i_L 和 i_C 时仍然是一阶电路，利用三要素公式可得($t\geqslant0$)

$$u_C(t) = 2(1-\mathrm{e}^{-0.5t})\ \text{V}$$

$$u_1(t) = 2(1-\mathrm{e}^{-2t})\ \text{V}$$

$$i_L(t) = 1-\mathrm{e}^{-2t}\ \text{A}$$

$$i_C(t) = \mathrm{e}^{-0.5t}\ \text{A}$$

利用 KVL 和 KCL 可得($t\geqslant0$)

$$u(t) = u_1(t) - u_C(t) = 2(\mathrm{e}^{-0.5t} - \mathrm{e}^{-2t})\ \mathrm{V}$$

$$i(t) = i_L(t) + i_C(t) = 1 - \mathrm{e}^{-2t} + \mathrm{e}^{-0.5t}\ \mathrm{A}$$

3-31　电路如题 3-31 图所示，电容的初始电压 $u_C(0_+)$一定，激励源均在 $t=0$ 时接入，已知当 $u_s=2$ V，$i_s=0$ 时，全响应 $u_C=1+\mathrm{e}^{-2t}$ V，$t\geqslant 0$；当 $u_s=0$，$i_s=2$ A 时，全响应 $u_C=4-2\mathrm{e}^{-2t}$ V，$t\geqslant 0$。

(1) 求 R_1、R_2 和 C 的值。

(2) 求当 $u_s=2$ V，$i_s=2$ A 时，电路的全响应。

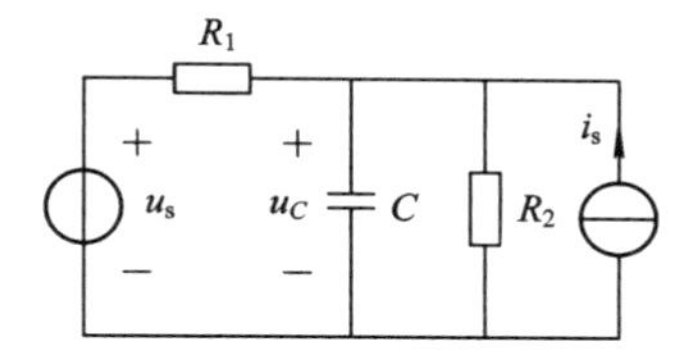

题 3-31 图

解　(1) 当 $u_s=2$ V，$i_s=0$ 时，全响应 $u_C=1+\mathrm{e}^{-2t}$ V，故有 $u_C(\infty)=1$ V，而由电路可知

$$u_C(\infty) = \frac{R_2}{R_1+R_2}u_s$$

因此，有

$$u_C(\infty) = \frac{R_2}{R_1+R_2}\times 2 = 1 \qquad ①$$

当 $u_s=0$，$i_s=2$ A 时，全响应 $u_c=4-2\mathrm{e}^{-2t}$ V，故有 $u_C(\infty)=4$ V，而由电路可知

$$u_C(\infty) = \frac{R_1R_2}{R_1+R_2}i_s$$

因此，有

$$u_C(\infty) = \frac{R_1R_2}{R_1+R_2}\times 2 = 4 \qquad ②$$

联立解式①和式②，得

$$R_1 = R_2 = 4\ \Omega$$

又

$$\tau = \frac{1}{2} = (R_1 /\!/ R_2)C$$

故

$$C = \frac{1}{4}\mathrm{F}$$

(2) 由已知条件得

$$u_C(0_+) = 1 + 1 = 2\ \mathrm{V}$$

所以电路的零输入响应为

$$u_{C\mathrm{zi}} = 2\mathrm{e}^{-2t}\ \mathrm{V}$$

则叠加定理，得

$$u_C(t) = (1+\mathrm{e}^{-2t}) + (4-2\mathrm{e}^{-2t}) - u_{C\mathrm{zi}} = 5 - 3\mathrm{e}^{-2t}\ \mathrm{V} \qquad t\geqslant 0$$

3-32 如题3-32图所示电路，N中不含储能元件，当$t=0$时开关闭合，输出电压的零状态响应为$u_0(t)=1+e^{-t/4}$ V，$t\geqslant 0$；如果将2 F的电容换为2 H的电感，求输出电压的零状态响应$u_0(t)$。

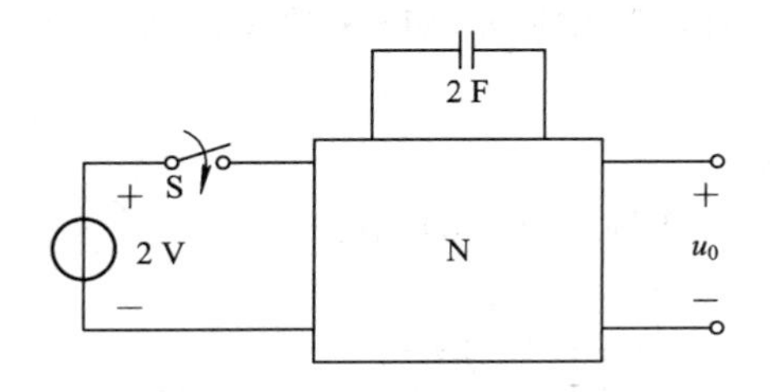

题3-32图

解 用三要素公式求解。其三个要素可分别计算对应于接电感时的三个要素。为了区分方便，接电感时输出的零状态响应记为$u_{0L}(t)$。

$$u_0(0_+)=1+1=2=u_{0L}(\infty)$$

即接电容时的初始值等于接电感时的稳态值。

$$u_0(\infty)=1=u_{0L}(0_+)$$

即接电容时的稳态值等于接电感时的初始值。

$$\tau_C=R_0C=2R_0=4$$

故$R_0=2\ \Omega$。所以

$$\tau_L=\frac{L}{R_0}=\frac{2}{2}=1\ \text{s}$$

代入三要素公式，得

$$u_{0L}(t)=2+(1-2)e^{-t}=2-e^{-t}\ \text{V}\qquad t\geqslant 0$$

3-33 如题3-33图所示电路，在$t<0$时开关S是断开的，电路已处于稳态，$t=0$时开关闭合，求$t\geqslant 0$时的$i(t)$和$u(t)$。

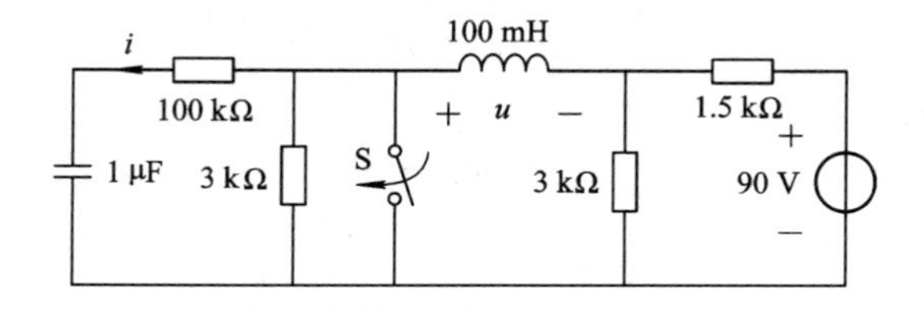

题3-33图

解 换路后电路虽然有两个动态元件，但所求量处于两个一阶电路之中，故可用三要素公式求解。

根据换路定律和换路前的情况，可求得初始状态：

$$u_C(0_+)=u_C(0_-)=\frac{(3\times 10^3)\ /\!/\ (3\times 10^3)}{1.5\times 10^3+(3\times 10^3)\ /\!/\ (3\times 10^3)}\times 90=45\ \text{V}$$

$$i_L(0_+)=i_L(0_-)=\frac{-90}{1.5\times 10^3+(3\times 10^3)\ /\!/\ (3\times 10^3)}\times\frac{3\times 10^3}{3\times 10^3+3\times 10^3}=-15\ \text{mA}$$

容易求出换路后的稳态值

$$u_C(\infty)=0$$

$$i_L(\infty) = -\frac{90}{1.5\times10^3} = -60\ \text{mA}$$

换路后的时常数分别为

$$\tau_C = R_C C = 100\times10^3\times10^{-6} = 0.1\ \text{s}$$

$$\tau_L = \frac{L}{R_L} = \frac{100\times10^{-3}}{(1.5\times10^3)\,/\!/\,(3\times10^3)} = 10^{-4}\ \text{s}$$

代入三要素公式，得

$$u_C(t) = 45\text{e}^{-10t}\ \text{V}$$

$$i_L(t) = 45\text{e}^{-10^4 t} - 60\ \text{mA}$$

利用电容、电感的伏安关系，有

$$i(t) = C\frac{\text{d}u_C}{\text{d}t} = -0.45\text{e}^{-10t}\ \text{mA}\qquad t\geqslant0$$

$$u(t) = L\frac{\text{d}i_L}{\text{d}t} = -45\text{e}^{-10^4 t}\ \text{V}\qquad t\geqslant0$$

3-34　如题3-34图所示电路，已知 $I_s=100$ mA，$R=1$ kΩ，$t=0$ 时开关闭合。

（1）求使固有响应为零的电容电压初始值。

（2）若 $C=1\ \mu\text{F}$，$u_C(0_+)=50$ V，求 $t=10^{-4}$ s时的 u_C 和 i_C 的值。

（3）若 $u_C(0_+)=-50$ V，为使 $t=10^{-3}$ s时的 u_C 等于零，求所需的电容 C 的值。

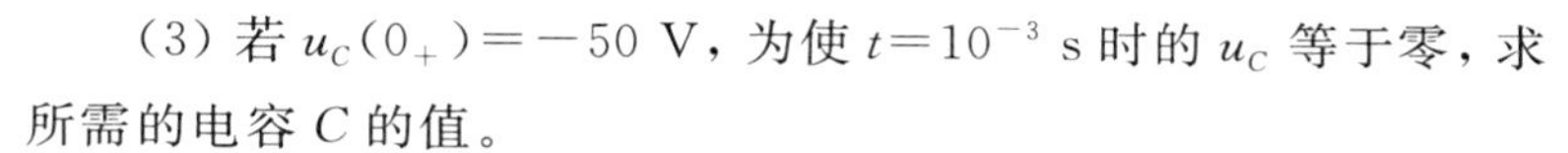

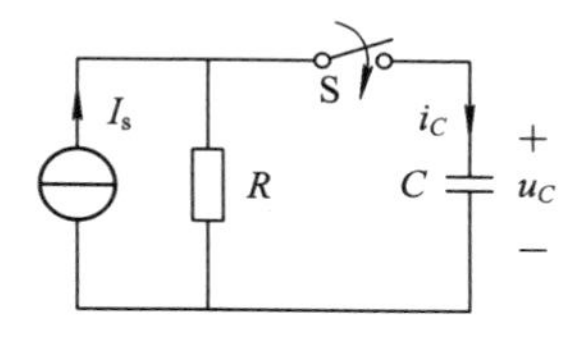

题3-34图

解　（1）由三要素公式可知，为使固有响应为零，即要求

$$u_C(0_+) - u_C(\infty) = 0$$

故由电路，有

$$u_C(0_+) = u_C(\infty) = RI_s = 100\ \text{V}$$

（2）$\tau=RC=10^3\times10^{-6}=10^{-3}$ s，利用三要素公式，有

$$u_C(t) = u_C(\infty) + [u_C(0_+) - u_C(\infty)]\text{e}^{-t/\tau} = 100 - 50\text{e}^{-10^3 t}\ \text{V}$$

$$i_C(t) = C\frac{\text{d}u_C}{\text{d}t} = 50\text{e}^{-10t}\ \text{mA}$$

当 $t=10^{-4}$ s时，

$$u_C(10^{-4}) = 100 - 50\text{e}^{-10^3\times10^{-4}} = 54.8\ \text{V}$$

$$i_C(10^{-4}) = 50\text{e}^{-10^{-3}\times10^{-4}} = 45.2\ \text{mA}$$

（3）利用三要素公式

$$u_C(t) = u_C(\infty) + [u_C(0_+) - u_C(\infty)]\text{e}^{-t/\tau} = 100 - 150\text{e}^{-\frac{1}{10^3 C}t}\ \text{V}$$

当 $t=10^{-3}$ s时，

$$u_C(10^{-3}) = 100 - 150\text{e}^{-\frac{1}{10^3 C}\times10^{-3}} = 0$$

$$C = \frac{10^{-6}}{\ln\left(\frac{150}{100}\right)} = 2.48\ \mu\text{F}$$

3-35　如题3-35图所示电路，在 $t<0$ 时开关位于“1”，电路已处于稳态，$t=0$ 时开关闭合到“2”，

(1) 若 $C=0.1$ F，求 $u_C=\pm3$ V 时的时间 t；

(2) 为使 $t=1$ s 时的 u_C 为零，求所需的 C 值。

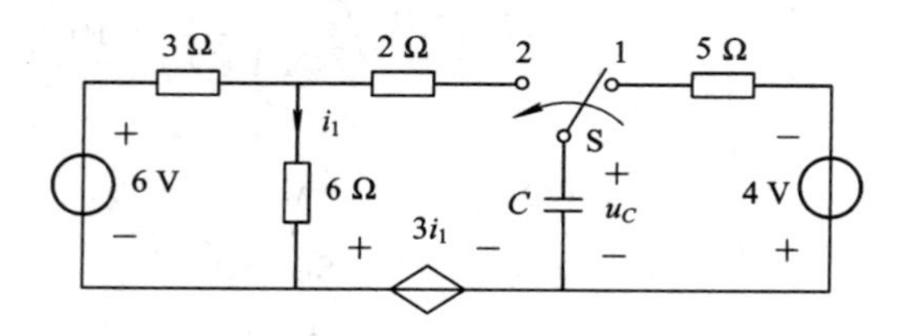

题3-35图

解　为了计算简便，先将电容以左的电路进行戴维南等效。标出端口上的电流 i(由节点2流向2 Ω电阻)和电压 u(电容 C 两端，上正下负)，列出方程

$$u=2i+6i_1+3i_1=2i+9i_1$$

$$-6+3(i_1-i)+6i_1=0$$

由以上两式消去 i_1，得其端口的伏安关系

$$u=6+5i$$

故 $u_{OC}=6$ V，$R_0=5$ Ω。原电路的等效电路如题3-35解图所示。

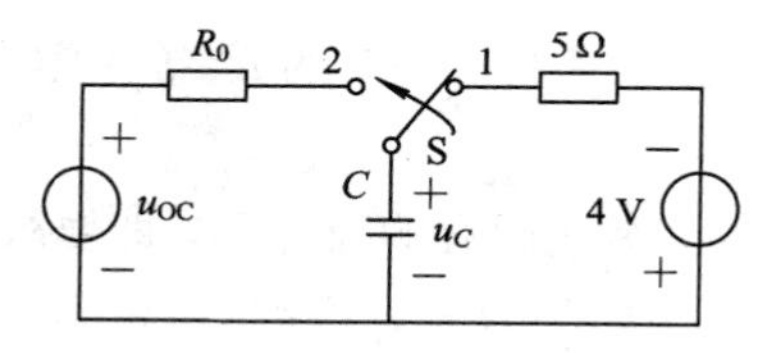

题3-35解图

用三要素公式求解。

$$u_C(0_+)=u_C(0_-)=-4\ \text{V}$$

$$u_C(\infty)=u_{OC}=6\ \text{V}$$

$$\tau=R_0C=5\,C$$

故利用三要素公式，有

$$u_C(t)=6-10\mathrm{e}^{-\frac{1}{5C}t}\qquad t\geqslant0$$

(1) 若 $C=0.1$ F，则

$$u_C(t)=6-10\mathrm{e}^{-2t}\ \text{V}$$

当 $u_C=-3$ V 时，

$$\mathrm{e}^{-2t}=0.9,\ t=0.0527\ \text{s}$$

当 $u_C=3$ V 时，

$$\mathrm{e}^{-2t}=0.3,\ t=0.602\ \text{s}$$

(2) 如果 $t=1$ s 时，$u_C=0$，即

$$u_C(1)=6-10\mathrm{e}^{-\frac{1}{5C}}=0$$

解得　　$$C = 0.392\ \text{F}$$

3-36　如题3-36图所示电路原处于稳态，在 $t=0$ 时，受控源的控制系数 r 突然由 $10\ \Omega$ 变为 $5\ \Omega$，求 $t>0$ 时的电压 $u_C(t)$。

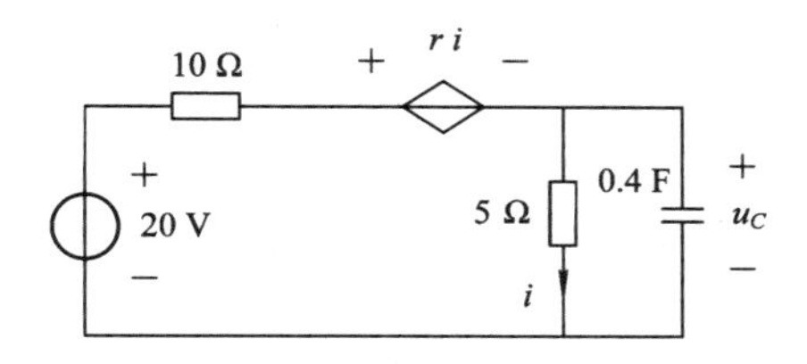

题3-36图

解　当 $t=0_-$ 时，电容开路，$r=10\ \Omega$，则有KVL方程

$$(10+5)i + ri - 20 = 0$$

解得

$$i = \frac{20}{15+r} = \frac{20}{25} = 0.8\ \text{A}$$

故

$$u_C(0_-) = 5i = 4\ \text{V}$$

当 $t\to\infty$ 时，$r=5\ \Omega$，电容开路，则有KVL方程

$$(10+5)i + ri - 20 = 0$$

解得

$$i = \frac{20}{15+r} = \frac{20}{20} = 1\ \text{A}$$

$$u_C(\infty) = 5i = 5\ \text{V}$$

为求换路后电容两端看进去的戴维南等效电阻 R_0，令电容短路(此时 $i=0$)，则其短路电流 i_{SC}(从上到下)为

$$i_{SC} = \frac{20}{10} = 2\ \text{A}$$

故

$$R_0 = \frac{u_C(\infty)}{i_{SC}} = 2.5\ \Omega$$

$$\tau = R_0 C = 2.5 \times 0.4 = 1\ \text{s}$$

代入三要素公式得

$$u_C(t) = 5 - \text{e}^{-t}\ \text{V} \qquad t \geqslant 0$$

3-37　电路如题3-37图所示，在 $t=0_-$ 时，$u_1(0_-)=60\ \text{V}$，$u_2(0_-)=0$，$t=0$ 时开关S闭合。

(1) 求 $t\geqslant 0$ 的 u_1 和 u_2，画出其波形。

(2) 计算在 $t>0$ 时电阻吸收的能量。

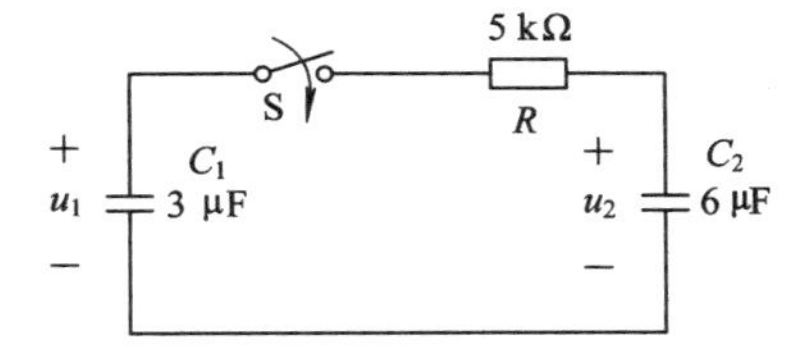

题3-37图

解 (1) 换路后两个电容可等效为一个独立电容，故该电路仍为一阶电路，三要素公式仍适用。由于电路中未出现全电容回路，故根据换路定律，有

$$u_1(0_+) = u_1(0_-) = 60\ \text{V}$$

$$u_2(0_+) = u_2(0_-) = 0$$

稳态时，电路中电流为零。故由 KVL 可知

$$u_1(\infty) = u_2(\infty) \qquad ①$$

由电荷守恒定律，电路的放电过程是电容 C_1 的初始电荷在两电容上重新分配的过程，故总电荷量不变，即有

$$C_1 u_1(\infty) + C_2 u_2(\infty) = C_1 u_1(0_+) \qquad ②$$

联立求解式①和式②，可得

$$u_1(\infty) = u_2(\infty) = 20\ \text{V}$$

电路的时常数为

$$\tau = R\frac{C_1 C_2}{C_1 + C_2} = 10^{-2}\ \text{s}$$

利用三要素公式，得

$$u_1(t) = 20 + 40\text{e}^{-100t}\ \text{V} \qquad t \geqslant 0$$

$$u_2(t) = 20(1 - 40\text{e}^{-100t})\text{V} \qquad t \geqslant 0$$

波形如题 3 - 37 解图所示。

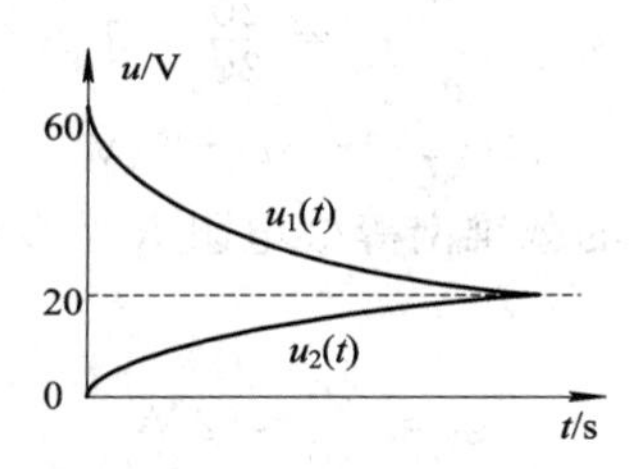

题 3 - 37 解图

(2) $t>0$ 时电阻吸收的能量为

$$w_R = \Delta w_C = \frac{1}{2}C_1 u_1^2(0_+) - \frac{1}{2}C_1 u_1^2(\infty) - \frac{1}{2}C_2 u_2^2(\infty) = 3.6\ \text{mJ}$$

3 - 38 如题 3 - 38 图所示电路，如以 i_L 为输出，

(1) 求阶跃响应。

(2) 如输入信号 i_s 的波形如图(b)所示，求 i_L 的零状态响应。

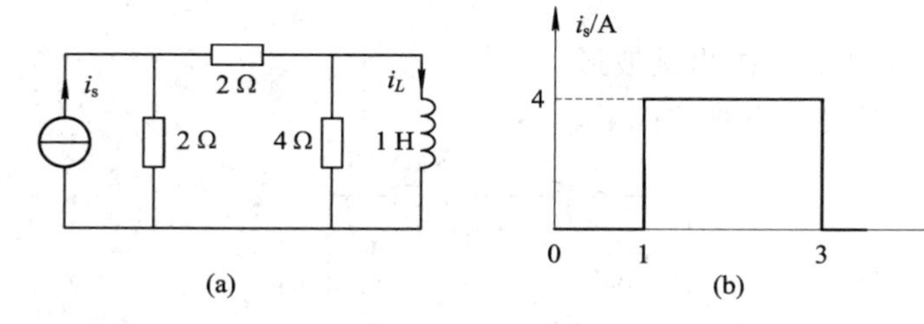

题 3 - 38 图

解　(1) 当 $i_s=\varepsilon(t)$ A 时，利用三要素法求解。

$$i_L(0_+)=0$$

$$i_L(\infty)=\frac{2}{2+2}\times 1=0.5\ \text{A}$$

$$\tau=\frac{1}{(2+2)\ /\!/\ 4}=0.5\ \text{s}$$

故得电路的阶跃响应

$$g_{i_L}(t)=0.5(1-\mathrm{e}^{-2t})\varepsilon(t)\ \text{A}$$

(2) 当 i_s 的波形如图(b)所示时，即 $i_s(t)=4[\varepsilon(t)-\varepsilon(t-3)]$ A，根据线性非时变性，其引起的零状态响应为

$$i_L(t)=4[g_{i_L}(t)-g_{i_L}(t-3)]=2(1-\mathrm{e}^{-2t})\varepsilon(t)-2[1-\mathrm{e}^{-2(t-2)}]\varepsilon(t-2)\ \text{A}$$

3-39　如题 3-39 图所示电路，若输入电压 u_s 如图(b)所示，求 u_C 的零状态响应。

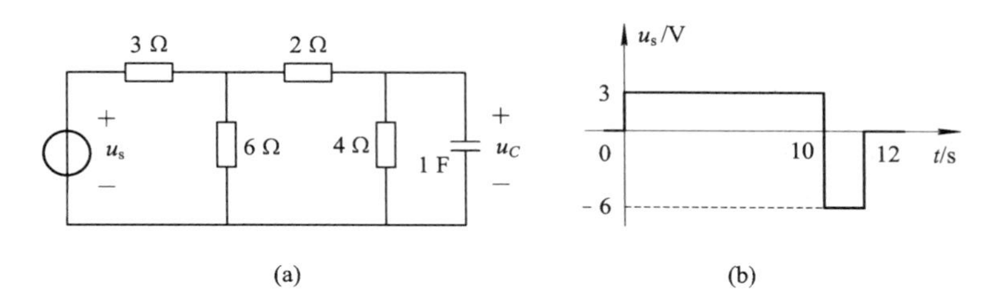

题 3-39 图

解　先利用三要素法求解阶跃响应。

当 $u_s=\varepsilon(t)$ V 时，

$$u_C(0_+)=0$$

$$u_C(\infty)=\frac{4}{4+2}\times\frac{6\ /\!/\ (4+2)}{3+6\ /\!/\ (4+2)}=\frac{1}{3}\ \text{V}$$

$$\tau=R_0C=[4\ /\!/\ (2+6\ /\!/\ 3)]\times 1=2\ \text{s}$$

利用三要素公式得阶跃响应

$$g_{u_C}(t)=\frac{1}{3}(1-\mathrm{e}^{-0.5t})\varepsilon(t)\ \text{V}$$

当 u_s 如图(b)所示时，即 $u_s=3\varepsilon(t)-9\varepsilon(t-10)+6\varepsilon(t-12)$ V，利用线性非时变性得 u_C 的零状态响应为

$$u_C(t)=3g_{u_C}(t)-9g_{u_C}(t-10)+12g_{u_C}(t-12)$$

$$=(1-\mathrm{e}^{0.5t})\varepsilon(t)-3[1-\mathrm{e}^{-0.5(t-10)}]\varepsilon(t-10)+4[1-\mathrm{e}^{-0.5(t-12)}]\varepsilon(t-12)\ \text{V}$$

3-40　如题 3-40 图所示电路，若以 u_C 为输出，求其阶跃响应。

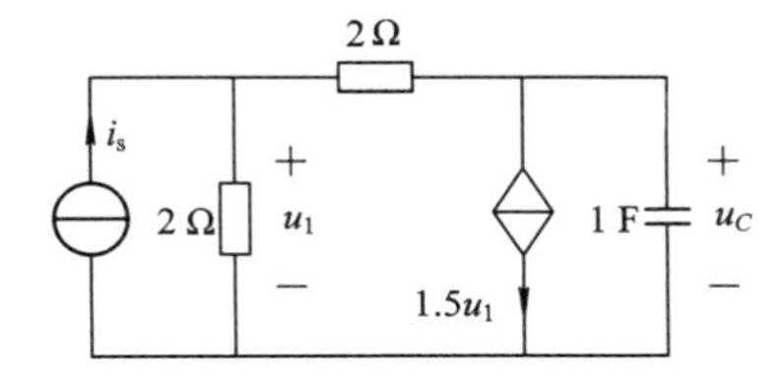

题 3-40 图

解 用三要素法求解。

$i_s=\varepsilon(t)$ A 时，$u_C(0_+)=0$。

当 $t>0$ 时，$i_s=1$ A。为了便于计算，首先将除电容以外的电路进行戴维南等效。对题 3-40 解图(a)所示电路，列出端口的伏安关系

$$u=2(i-1.5u_1)+u_1$$

而 $u_1=2(i_s+i-1.5u_1)$，$u_1=0.5i_s+0.5i$，代入上式，并整理，有

$$u=-i_s+i=-1+i$$

因此，$t>0$ 时，原电路等效为题 3-40 解图(b)所示电路。由此容易得出

$$u_C(\infty)=u_{OC}=-1\text{ V}$$

$$\tau=R_0C=1\times 1=1\text{ s}$$

故利用三要素公式，得阶跃响应

$$g_{u_C}(t)=-(1-e^{-t})\varepsilon(t)\text{ V}$$

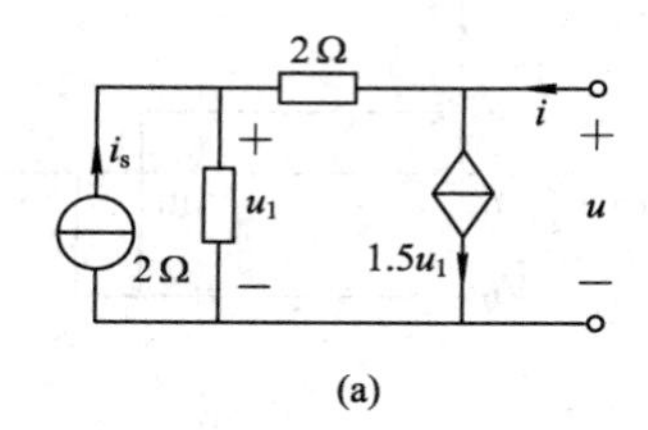

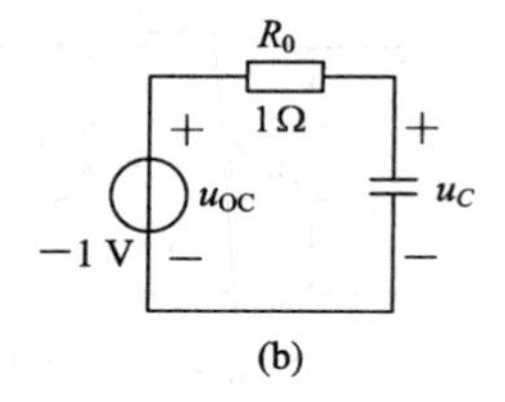

题 3-40 解图

3-41 在受控热核研究中，需要的强大脉冲磁场是靠强大的脉冲电流产生的。题 3-41 图示电路中 $C=2000\ \mu$F，$L=4$ nH，$r=0.4$ mΩ，直流电压 $U_0=15$ kV，如在 $t<0$ 时，开关位于“1”，电路已处于稳态，当 $t=0$ 时，开关由“1”闭合到“2”。

(1) 求衰减常数 α、谐振角频率 ω_0 和 $t\geqslant 0$ 时的 $i_L(t)$；

(2) 求 i_L 达到极大值的时间，并求出 $i_{L\max}$。

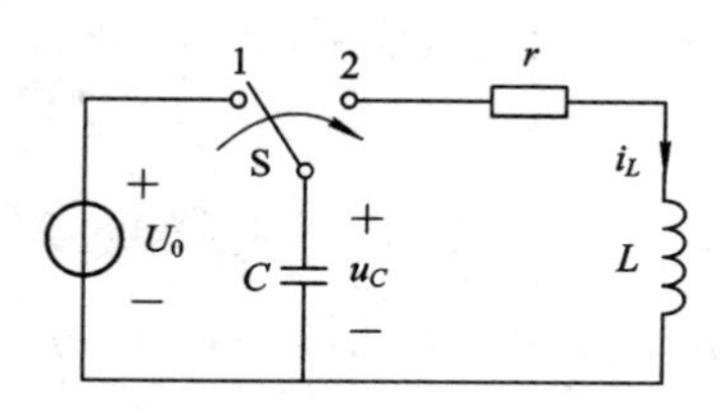

题 3-41 图

解 (1) 根据二阶电路的有关结论，衰减常数 α、谐振角频率 ω_0 为

$$\alpha=\frac{r}{2L}=\frac{0.4\times 10^{-3}}{2\times 4\times 10^{-9}}=5\times 10^4\ \text{s}^{-1}$$

$$\omega_0=\frac{1}{\sqrt{LC}}=\frac{1}{\sqrt{4\times 10^{-9}\times 2000\times 10^{-6}}}=3.536\times 10^5\ \text{rad/s}$$

电路初始值为

$$u_C(0)=U_0=15\text{ kV}$$

$$i_C(0)=0$$

故 $t\geqslant 0$ 时的 $i_L(t)$ 为

$$i_L(t)=\frac{u_C(0)}{\beta}\omega_0^2 C\mathrm{e}^{-\alpha t}\sin\beta t=\frac{u_C(0)}{L\beta}\mathrm{e}^{-\alpha t}\sin\beta t\ \mathrm{A}$$

其中，$\beta=\sqrt{\omega_0^2-\alpha^2}=3.5\times10^5$ rad/s，故

$$\begin{aligned}i_L(t)&=\frac{15\times10^3}{4\times10^{-9}\times3.5\times10^5}\mathrm{e}^{-5\times10^4 t}\sin(3.5\times10^5 t)\\&=10.7\times10^6\mathrm{e}^{-5\times10^4 t}\sin(3.5\times10^5 t)\ \mathrm{A}\end{aligned}$$

(2) 令$\dfrac{\mathrm{d}i_L}{\mathrm{d}t}=0$，即

$$\beta\mathrm{e}^{-\alpha t}\cos\beta t-\alpha\mathrm{e}^{-\alpha t}\sin\beta t=0$$

可解得最大值点

$$t=\frac{1}{\beta}\arctan\frac{\beta}{\alpha}=4.08\ \mu\mathrm{s}$$

故

$$\begin{aligned}i_{L\max}&=10.7\times10^6\mathrm{e}^{-5\times10^4\times4.08\times10^{-6}}\sin(3.5\times10^5 t\times4.08\times10^{-6})\\&=8.64\times10^6\ \mathrm{A}\end{aligned}$$

3－42　如题3－42图之 GCL 并联电路，若以 i_L 和 u_C 为输出，求它们的阶跃响应。

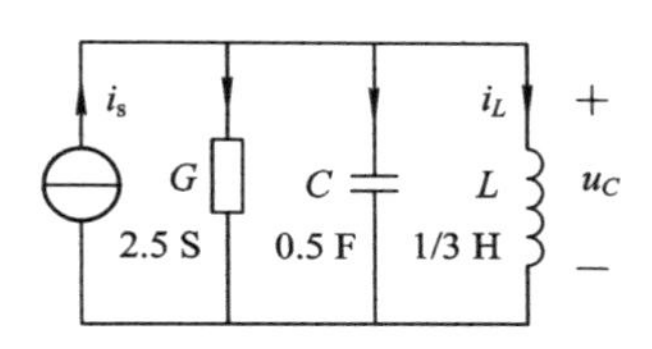

题3－42图

解　根据二阶电路的有关结论，有

$$\alpha=\frac{G}{2C}=\frac{2.5}{2\times0.5}=2.5\ \mathrm{s}^{-1}$$

$$\omega_0=\frac{1}{\sqrt{LC}}=\frac{1}{\sqrt{\dfrac{1}{3}\times0.5}}=2.45\ \mathrm{rad/s}$$

$$\alpha_1=\alpha-\sqrt{\alpha^2-\omega_0^2}=2\ \mathrm{s}^{-1}$$

$$\alpha_2=\alpha+\sqrt{\alpha^2-\omega_0^2}=3\ \mathrm{s}^{-1}$$

故阶跃响应为

$$u_C(t)=\frac{1}{(\alpha_2-\alpha_1)C}(\mathrm{e}^{-\alpha_1 t}-\mathrm{e}^{-\alpha_2 t})\varepsilon(t)=2(\mathrm{e}^{-2t}-\mathrm{e}^{-3t})\varepsilon(t)\ \mathrm{V}$$

$$i_L(t)=1-\frac{1}{(\alpha_2-\alpha_1)}(\alpha_2\mathrm{e}^{-\alpha_1 t}-\alpha_1\mathrm{e}^{-\alpha_2 t})\varepsilon(t)=(1-3\mathrm{e}^{-2t}+2\mathrm{e}^{-3t})\varepsilon(t)\ \mathrm{A}$$

3-43　如题3-43图所示电路，若以 u 为输出，求阶跃响应；若要使 $u(t)$ 也是阶跃函数，需要满足什么条件？

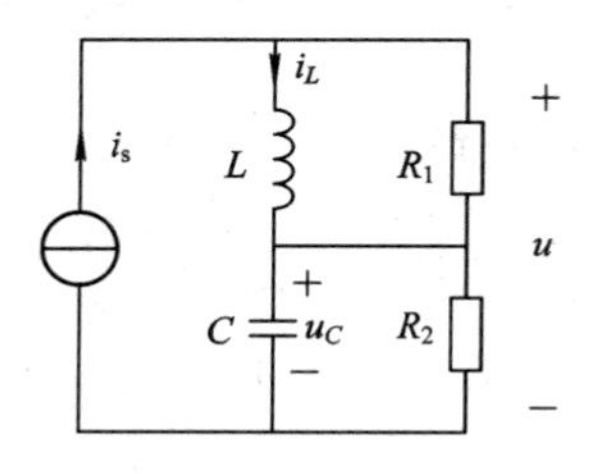

题3-43图

解　先用三要素法求两个状态变量 u_C 和 i_L 的阶跃响应，然后再求 $u(t)$ 的阶跃响应。

根据题意，

$$i_s(t)=\varepsilon(t),\ u_C(0_+)=0,\ i_L(0_+)=0$$

$$u_C(\infty)=i_s(\infty)\times R_2=R_2$$

$$i_L(\infty)=i_s(\infty)=1$$

故

$$u_C(t)=u_C(\infty)(1-\mathrm{e}^{-\frac{t}{R_2C}})=R_2(1-\mathrm{e}^{-\frac{t}{R_2C}})\varepsilon(t)$$

$$i_L(t)=i_L(\infty)(1-\mathrm{e}^{-\frac{R_1t}{L}})=(1-\mathrm{e}^{-\frac{R_1t}{L}})\varepsilon(t)$$

则

$$u(t)=R_1(i_s-i_L)+u_C=[R_1\mathrm{e}^{-\frac{R_1t}{L}}+R_2(1-\mathrm{e}^{-\frac{t}{R_2C}})]\varepsilon(t)$$

若要使 $u(t)$ 也是阶跃函数，即要求 $R_1\mathrm{e}^{-\frac{R_1t}{L}}+R_2(1-\mathrm{e}^{-\frac{t}{R_2C}})$ 为常数，故当满足 $R_1=R_2$，$R_1R_2=\frac{L}{C}$ 时，$u(t)$ 也是阶跃函数。

3-44　如题3-44图所示电路，虚线内是运放电路等效模型，列出输出电压 u_o 的微分方程，分析 A 取不同数值时，电压 u_o 的情况(过阻尼、衰减振荡、等幅振荡、增幅振荡，其中增幅振荡是不稳定状态)。

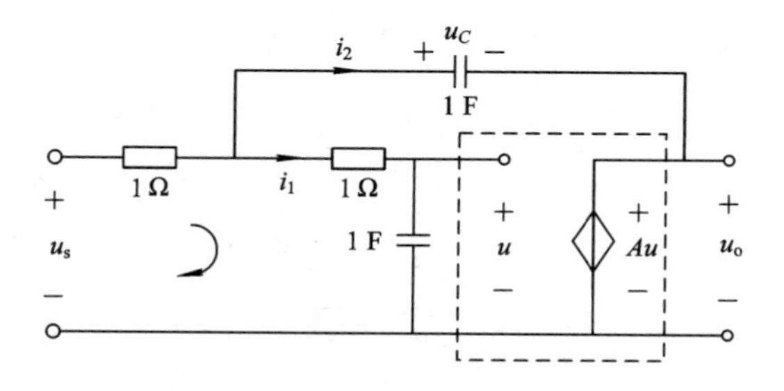

题3-44图

解　根据两类约束，将各处电流电压尽可能用输出电压 u_o 表示。

$$u_o=Au$$

故

$$u=\frac{u_o}{A}$$

$$i_1 = 1 \times \frac{\mathrm{d}u}{\mathrm{d}t} = \frac{1}{A}\frac{\mathrm{d}u_o}{\mathrm{d}t}$$

利用KVL，有

$$u_C = 1 \times i_1 + u - u_o = \frac{1}{A}\frac{\mathrm{d}u_o}{\mathrm{d}t} + \frac{u_o}{A} - u_o$$

$$i_2 = 1 \times \frac{\mathrm{d}u_C}{\mathrm{d}t} = \frac{1}{A}\frac{\mathrm{d}^2 u_o}{\mathrm{d}t^2} + \left(\frac{1}{A} - 1\right)\frac{\mathrm{d}u_o}{\mathrm{d}t}$$

在输入回路列KVL，有

$$1 \times (i_1 + i_2) + 1 \times i_1 + u = u_s$$

将前面推出用 u_o 表示的各电流电压代入上式，并整理，可得微分方程

$$\frac{\mathrm{d}^2 u_o}{\mathrm{d}t^2} + (3 - A)\frac{\mathrm{d}u_o}{\mathrm{d}t} + u_o = Au_s$$

衰减常数 α、谐振角频率 ω_0 为

$$\alpha = 0.5(3 - A)\mathrm{s}^{-1}$$

$$\omega_0 = 1\ \mathrm{rad/s}$$

分析得出结论：

(1) $\alpha > \omega_0$，即 $A < 1$ 时，过阻尼；

(2) $0 < \alpha < \omega_0$，即 $1 < A < 3$ 时，衰减振荡；

(3) $\alpha = 0$，即 $A = 3$ 时，等幅振荡；

(4) $\alpha < 0$，即 $A > 3$ 时，不稳定。

3-45　电路如题3-45图所示，已知 $i_s = 2\sqrt{2}\cos 2t$ A，若以 u_C 为输出，求其零状态响应。

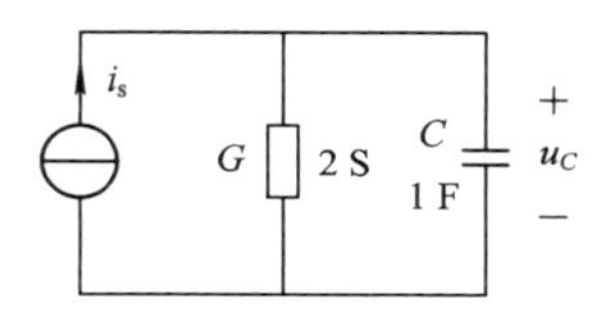

题3-45图

解　利用KCL，列出以 u_C 为输出的微分方程为

$$C\frac{\mathrm{d}u_C}{\mathrm{d}t} + Gu_C = i_s$$

即

$$\frac{\mathrm{d}u_C}{\mathrm{d}t} + 2u_C = 2\sqrt{2}\cos 2t$$

设方程的特解为

$$u_{Cp}(t) = U_{Cm}\cos(2t + \theta)$$

代入方程得

$$\theta = -\arctan\frac{\omega C}{G} = -\arctan\frac{2 \times 1}{2} = -\frac{\pi}{4}$$

$$U_{Cm}=\frac{I_{sm}}{\sqrt{G^2+(\omega C)^2}}=\frac{2\sqrt{2}}{\sqrt{2^2+(2\times 1)^2}}=1\ \text{V}$$

$$u_{Cp}(t)=\cos\left(2t-\frac{\pi}{4}\right)\ \text{V}$$

电路的时常数为

$$\tau=\frac{C}{G}=0.5\ \text{s}$$

$$u_{Cp}(0_+)=\cos\left(-\frac{\pi}{4}\right)=\frac{\sqrt{2}}{2}\ \text{V}$$

故其通解为

$$u_{Ch}(t)=-\frac{\sqrt{2}}{2}\text{e}^{-2t}\ \text{V}$$

因此

$$u_C(t)=u_{Ch}(t)+u_{Cp}(t)=-\frac{\sqrt{2}}{2}\text{e}^{-2t}+\cos\left(2t-\frac{\pi}{4}\right)\ \text{V}$$

3-46　如题3-46图所示电路中，N_R 只含电阻，电容的初始状态不详，$\varepsilon(t)$为单位阶跃电压，已知当 $u_s(t)=2\cos t\varepsilon(t)$ V 时，全响应为

$$u_C(t)=1-3\text{e}^{-t}+\sqrt{2}\cos(t-45°)\ \text{V}\qquad t\geqslant 0$$

(1) 求在同样初始条件下，$u_s(t)=0$ 时的 $u_C(t)$。

(2) 求在同样初始条件下，若两个电源均为零时的 $u_C(t)$。

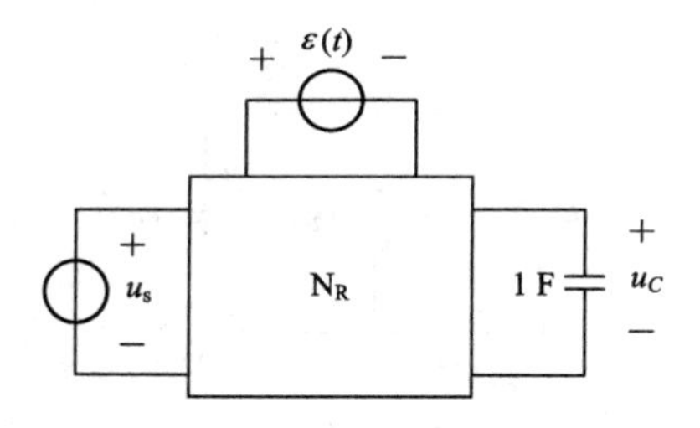

题3-46图

解　根据全响应的表达式可得电容初始值

$$u_C(0_+)=1-3+\sqrt{2}\cos(-45°)=-1\ \text{V}$$

故电路的零输入响应为

$$u_{Czi}(t)=-\text{e}^{-t}\ \text{V}$$

(1) 当 $u_s(t)=0$ 时，$u_C(t)$解的形式为

$$u_C(t)=A+K\text{e}^{-t}$$

由题中全响应可知直流分量 $A=1$，由初始值 $u_C(0_+)$确定待定系数 K。

$$u_C(0_+)=A+K=-1\ \text{V}$$

解得 $K=-2$，故

$$u_C(t)=1-2\text{e}^{-t}\ \text{V}\qquad t\geqslant 0$$

(2) 当两个电源均为零时，此时的 $u_C(t)$ 即为零输入响应

$$u_C(t) = -e^{-t}\ \text{V} \qquad t \geqslant 0$$

3-47　实验室中有大量 10 μF、额定电压为 300 V 的电容器，现欲使用 40 μF、额定电压为 600 V 的电容器，问要用多少个 10 μF 的电容器才能替代该 40 μF 的电容器，它们是怎样连接的?

解　需要 16 个 10 μF、额定电压为 300 V 的电容器。两组 8 个电容器并联，再串联。

3-48　题 3-48 图所示的 RC 电路是用于报警的，当流过报警器的电流超过 120 μA 时就报警，若 $0 \leqslant R \leqslant 6$ kΩ，求电路产生的报警时间延迟范围。

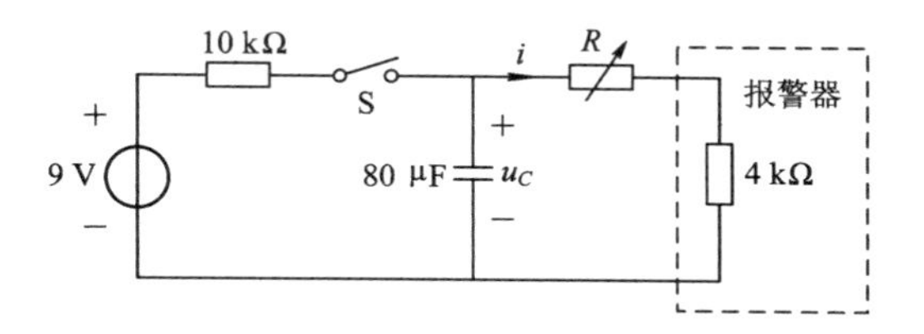

题 3-48 图

解　$u_C(0_+) = 0$

$$u_C(\infty) = \frac{9}{10\times10^3 + 4\times10^3 + R}\ \text{V}$$

$$\tau = R_0 C = [(10\times10^3)\ //\ (R + 4\times10^3)] \times 80\times10^{-6}\ \text{s}$$

代入三要素公式有

$$u_C(t) = \frac{9(R + 4\times10^3)}{14\times10^3 + R}(1 - e^{-\frac{t}{\tau}})\ \text{V}$$

$$i(t) = \frac{u_C(t)}{R + 4\times10^3} = \frac{9}{14\times10^3 + R}(1 - e^{-\frac{t}{\tau}})\ \text{A}$$

当 $R = 0$ Ω 时，

$$\tau = R_0 C = [(10\times10^3)\ //\ (4\times10^3)] \times 80\times10^{-6} = \frac{8}{35}\text{s}$$

$$i(t) = \frac{9}{14}\times10^{-3}\times(1 - e^{-\frac{35}{8}t})\ \text{A}$$

$$i(t_1) = \frac{9}{14}\times10^{-3}\times(1 - e^{-\frac{35}{8}t_1}) = 120\times10^{-6}\ \text{A}$$

解得 $R = 0$ Ω 时的报警时间延迟为 $t_1 = 47.3$ ms。

当 $R = 6$ kΩ 时，

$$\tau = R_0 C = [(10\times10^3)\ //\ (6\times10^3 + 4\times10^3)] \times 80\times10^{-6} = 0.4\ \text{s}$$

$$i(t) = \frac{9}{20}\times10^{-3}\times(e^{-\frac{1}{0.4}t})\ \text{A}$$

$$i(t_2) = \frac{9}{20}\times10^{-3}\times(1 - e^{-\frac{1}{0.4}t_2}) = 120\times10^{-6}\ \text{A}$$

解得 $R = 6$ kΩ 时的报警时间延迟为 $t_2 = 124.2$ ms。

故电路产生的报警时间延迟范围为 47.3～124.2 ms。

3－49 题3－49图所示的电路用于生物课中让学生观察“青蛙的跳动”。学生注意到，当开关闭合时，青蛙只动一动，而当开关断开时，青蛙很剧烈地跳动了5 s，将青蛙的模型

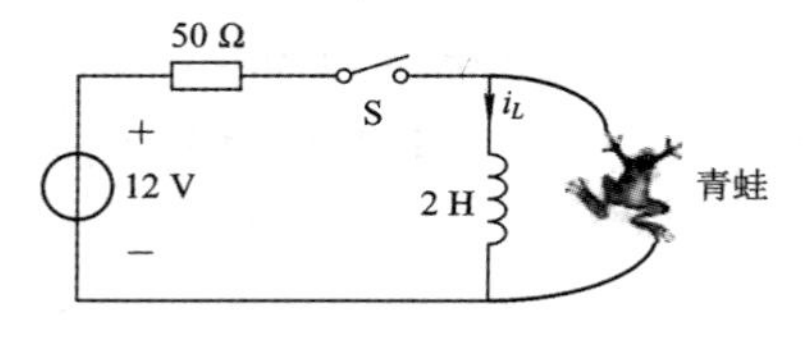

题3－49图

视为一电阻，计算该电阻值。(假设青蛙激烈跳动需要10 mA的电流。)**解** 设开关闭合一段时间后，再断开的时刻为0时刻，而青蛙的等效电阻为R，则

$$i_L(0_+)=i_L(0_-)=\frac{12}{50}=0.24\ \text{A}$$

$$i_L(\infty)=0$$

$$\tau=\frac{L}{R}=\frac{2}{R}$$

利用三要素公式，有

$$i_L(t)=i_L(0_+)\mathrm{e}^{-\frac{1}{\tau}t}=0.24\mathrm{e}^{-\frac{R}{2}t}\ \text{A}$$

$$i_L(5)=0.24\mathrm{e}^{-\frac{R}{2}\times 5}=10\times 10^{-3}\ \text{A}$$

解得$R=1.27\ \Omega$。

3－50 设计一个模拟计算机，求解下列微分方程：

$$\frac{\mathrm{d}^2u_o}{\mathrm{d}t^2}+2\frac{\mathrm{d}u_o}{\mathrm{d}t}+u_o=10\cos 2t$$

且$u_o(0)=2$ V，$u_o'(0)=0$ V。

解 输入$u_i(t)=10\cos 2t$ V，微分用撇表示，将题中写为

$$u_o''(t)+2'u_o(t)+u_o(t)=u_i(t)$$

将该方程移项，得

$$u_o''(t)=u_i(t)-2u_o'(t)-u_o(t) \qquad ①$$

而

$$\int_0^t u_o''(\tau)\mathrm{d}\tau=u_o'(t)-u_o'(0)$$

$$\int_0^t u_o'(\tau)\mathrm{d}\tau=u_o(t)-u_o(0)$$

即

$$-u_o'(t)=-u_o'(0)-\int_0^t u_o''(\tau)\mathrm{d}\tau \qquad ②$$

$$-u_o(t)=-u_o(0)-\int_0^t u_o'(\tau)\mathrm{d}\tau \qquad ③$$

用一个加法器可实现式①，实现电路如题3－50解图(a)所示。选择适当的电阻和电容值使$RC=1$，可用一个积分器实现式②，如题3－50解图(b)所示。同样，式③也用一个积分器实现，初始条件$u_o(0)=2$ V，用一个2 V的电池带一个开关接在电容器的两端来实现，如题3－50解图(c)所示。

将题 3－50 解图(a)、(b)、(c)的电路连接起来得到一个完整的电路，如题 3－50 解图(d)所示。注意：图中加了一个反相单位放大器。

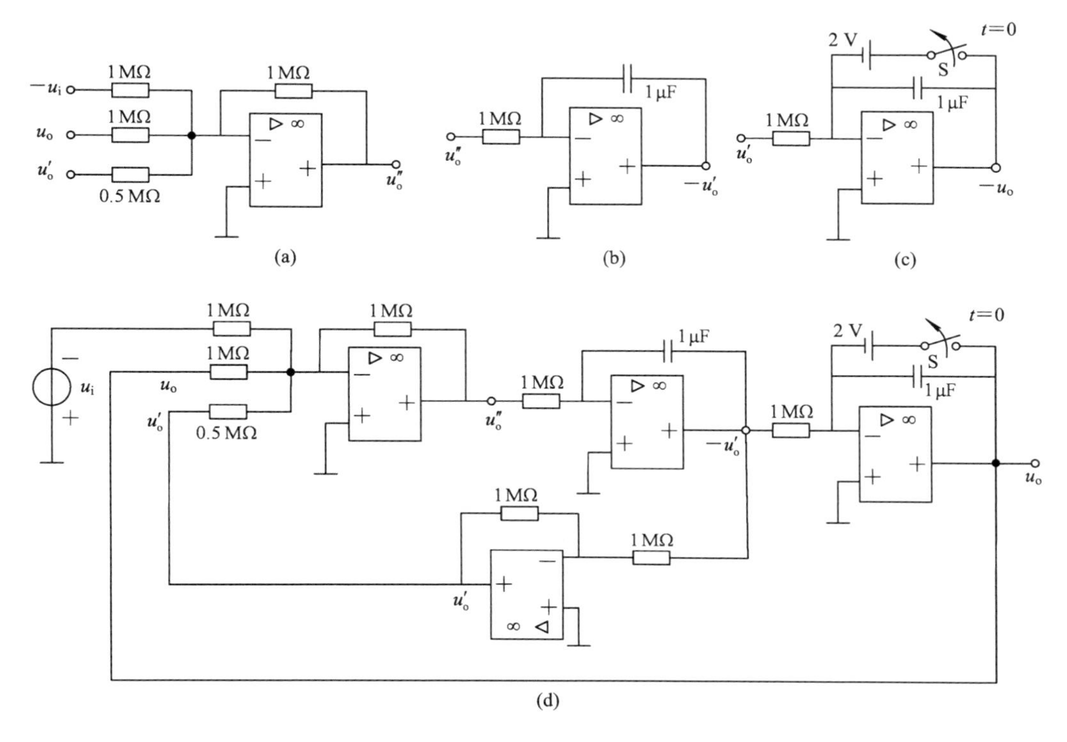

题 3－50 解图

第 4 章　正弦稳态分析

4.1 基 本 要 求

(1) 理解正弦量的周期、角频率、瞬时值、振幅(最大值)、有效值、相位和相位差等概念；熟练掌握正弦量的相量和相量图表示法。

(2) 熟练掌握基尔霍夫定律和元件电压-电流关系的相量形式。理解阻抗和导纳的概念。

(3) 熟练掌握运用相量法分析正弦稳态电路。会借助相量图辅助分析正弦稳态电路。

(4) 熟练掌握正弦稳态电路各种功率的定义和计算方法。深刻理解功率因数的含义与应用。

(5) 掌握多频电路平均功率和有效值的计算方法。

(6) 熟练掌握耦合电感的特点及其电压-电流关系，理解同名端和耦合系数的概念。熟练运用 T 形去耦等效。

(7) 熟练掌握理想变压器的特点、电压-电流关系，及其阻抗变换作用。

(8) 了解对称三相电路线电压(电流)与相电压(电流)的关系，对称三相电路的电压、电流和功率的计算。

4.2 知 识 点 归 纳

4.2.1　正弦量与相量

按正弦规律变化的电压、电流称为正弦电压、正弦电流，统称为正弦量。这里用余弦函数表示，即

$$u(t) = U_{\mathrm{m}} \cos(\omega t + \varphi_u)$$

$$i(t) = I_{\mathrm{m}} \cos(\omega t + \varphi_i)$$

式中，$U_{\mathrm{m}}(I_{\mathrm{m}})$、$\omega$、$\varphi_u(\varphi_i)$是正弦量的三个要素，分别称为正弦量的振幅、角频率和初相。

通常只对两个同频率的正弦量才做相位比较。如上述同频率的正弦电压 $u(t)$、正弦电流 $i(t)$，其相位差为 $\theta=\varphi_u-\varphi_i$。这两个正弦量有四种可能的相位关系：

(1) 同相：$\theta=0$；

(2) 反相：$\theta=\pm 180°$；

(3) u 超前 i：$0°<\theta<180°$；

(4) u 滞后 i：$-180°<\theta<0°$。

正弦量的有效值与振幅之间的关系：

$$U=\frac{\sqrt{2}}{2}U_{\mathrm{m}},\quad I=\frac{\sqrt{2}}{2}I_{\mathrm{m}}$$

通常交流仪表的读数均指有效值。

相量 $\dot{U}$ 或 $\dot{I}$ 是一个能够表征正弦量的复数，可认为是对正弦量的一种变换，两者是一一对应关系，即

$$u(t)=\sqrt{2}U\cos(\omega t+\varphi_u)\longleftrightarrow \dot{U}=U\angle\varphi_u$$

$$i(t)=\sqrt{2}I\cos(\omega t+\varphi_i)\longleftrightarrow \dot{I}=I\angle\varphi_i$$

可见，相量包含了正弦量的两个要素。相量在复平面上用有向线段画出的图形称为相量图。

相量在数学上是一个复数，因此复数的运算法则均适用于相量。

4.2.2 电路定律的相量形式

$$\mathrm{KCL}：\sum_k \dot{I}_k=0$$

$$\mathrm{KVL}：\sum_k \dot{U}_k=0$$

表 4-1 列出了 RLC 三个基本元件伏安关系的相量形式。

表 4-1　R、L、C 伏安关系的相量形式

相量模型	伏安关系		相量图
$\dot{I}$ → R，$+$ $\dot{U}$ $-$	$\dot{U}=R\dot{I}$	$U=RI$，$\varphi_u=\varphi_i$	$\dot{U}$，$\dot{I}$
$\dot{I}$ → $\mathrm{j}\omega L$，$+$ $\dot{U}$ $-$	$\dot{U}=\mathrm{j}\omega L\dot{I}$	$U=\omega LI$，$\varphi_u=\varphi_i+90°$	$\dot{U}$，$\dot{I}$
$\dot{I}$ → $\frac{1}{\mathrm{j}\omega C}$，$+$ $\dot{U}$ $-$	$\dot{U}=-\mathrm{j}\frac{1}{\omega C}\dot{I}$	$U=\frac{1}{\omega C}I$，$\varphi_u=\varphi_i-90°$	$\dot{I}$，$\dot{U}$

4.2.3 阻抗与导纳

表 4-2 列出了阻抗与导纳的定义和特性。

表 4-2　阻抗与导纳

	阻　抗	导　纳
对象	不含独立源的二端电路 N，端口电压、电流取关联参考方向。其相量模型如图所示	
定义	$Z=\dfrac{\dot{U}}{\dot{I}}=\lvert Z\rvert\angle\theta_Z=R+\mathrm{j}X$	$Y=\dfrac{\dot{I}}{\dot{U}}=\lvert Y\rvert\angle\theta_Y=G+\mathrm{j}B$
电阻	$Z_R=R$	$Y_R=G=1/R$
电感	$Z_L=\mathrm{j}X_L=\mathrm{j}\omega L$，$X_L$ 称为感抗	$Y_L=-\mathrm{j}B_L=-\mathrm{j}\,\dfrac{1}{\omega L}$，$B_L$ 称为感纳
电容	$Z_C=-\mathrm{j}X_C=-\mathrm{j}\,\dfrac{1}{\omega C}$，$X_C$ 称为容抗	$Y_C=\mathrm{j}B_C=\mathrm{j}\omega C$，$B_C$ 称为容纳
性质	当电抗 $X>0$ 时，阻抗 Z 呈感性；当 $X<0$ 时，Z 呈容性；当 $X=0$ 时，Z 呈阻性	当电纳 $B>0$ 时，导纳 Y 呈容性；当 $B<0$ 时，Y 呈感性；当 $B=0$ 时，Y 呈阻性
关系	$Y=\dfrac{1}{Z}$；$\lvert Y\rvert=\dfrac{1}{\lvert Z\rvert}$，$\theta_Y=-\theta_Z$；$G=\dfrac{R}{\sqrt{R^2+X^2}}$，$B=\dfrac{-X}{\sqrt{R^2+X^2}}$	

4.2.4　正弦稳态电路的计算

对线性非时变电路，如果激励均为同一频率的正弦量，则电路的稳态响应将是与激励同频的正弦量。处于这种稳定状态的电路称为正弦稳态电路。借助于相量分析正弦稳态电路的方法称为相量法。它将正弦量满足的微分方程转化为相量满足的代数方程。相量法是分析“线性”电路在“同频”“正弦”激励下“稳态”响应的有效方法。

在分析正弦稳态电路时，若电路中电流、电压用相量表示，R、L、C 元件用阻抗或导纳表示，这样得到的电路称为原电路的相量模型。分析电阻电路的各种方法和定理可推广用于分析电路的相量模型。

4.2.5　正弦稳态电路的功率

设二端电路 N 端口的电压 u 和电流 i 取关联参考方向，分别为

$$u=\sqrt{2}U\cos(\omega t+\varphi_u)$$

$$i=\sqrt{2}I\cos(\omega t+\varphi_i)$$

相位差 $\theta=\varphi_u-\varphi_i$。电路 N 的阻抗 $Z=R+\mathrm{j}X=\lvert Z\rvert\angle\theta_Z$，导纳 $Y=G+\mathrm{j}B=\lvert Y\rvert\angle\theta_Y$。表 4-3 列出了各种功率的定义及关系。

表 4-3　正弦稳态电路的功率

	有功功率 P/W	无功功率 Q/var	视在功率 S/(V·A)	复功率 $\tilde{S}$/(V·A)	功率因数 λ
定义	$UI\cos\theta$	$UI\sin\theta$	UI	$P+\mathrm{j}Q$ $=\dot{U}\dot{I}^*$	$\cos\theta$
电阻 R	$UI=RI^2=\frac{U^2}{R}$	0	UI	UI	1
电感 L	0	$UI=X_L I^2=\frac{U^2}{X_L}$	UI	$\mathrm{j}UI$	0
电容 C	0	$-UI=-X_C I^2=-\frac{U^2}{X_C}$	UI	$-\mathrm{j}UI$	0
阻抗 $Z=R+\mathrm{j}X=\|Z\|\angle\theta_Z$	RI^2	XI^2	$\|Z\|I^2$	ZI^2	$\cos\theta_Z$
导纳 $Y=G+\mathrm{j}B=\|Y\|\angle\theta_Y$	GU^2	$-BU^2$	$\|Y\|U^2$	Y^*U^2	$\cos\theta_Y$
关系	功率三角形（S、Q、P、θ）				
电路总功率与各支路功率的关系	设一个二端电路由 m 条支路组成，则总功率为 $P=\sum_{k=1}^{m}P_k$，$Q=\sum_{k=1}^{m}Q_k$，$\tilde{S}=\sum_{k=1}^{m}\tilde{S}_k$ 式中，P_k，Q_k，$\tilde{S}_k$ 分别为第 k 条支路的有功功率、无功功率和复功率				
最大功率传输	如果一有源线性二端电路 N(其开路电压的有效值为 U_{OC}，戴维南等效阻抗为 $Z_0=R_0+\mathrm{j}X_0$)外接一可变阻抗 Z_L，当 $Z_L=Z_0^*=R_0-\mathrm{j}X_0$ 时，阻抗 Z_L 可以从 N 中获得最大功率，其值为 $P_{\mathrm{Lmax}}=\frac{U_{\mathrm{OC}}^2}{4R_0}$。通常称为共轭匹配。 若 Z_L 为纯电阻 R_L 或仅 $\|Z_L\|$ 可调，则当 $R_L=\|Z_0\|$ 或 $\|Z_L\|=\|Z_0\|$ 时，Z_L 上可获得在这种特定条件下的最大功率。此时称为模值匹配				

4.2.6 功率因数的提高

功率因数

$$\lambda = \frac{P}{UI} = \cos\theta$$

在电力系统中提供电能的发电机是按发电机的容量设计的，当功率因数$\lambda<1$时，发电机输出的平均功率小于其容量，发电机不能得到充分利用，因此应设法提高负载的功率因数。对于常用的感性负载，通常采用在负载上并联电容的方法来提高功率因数。

设感性负载的端电压和平均功率分别为U和P，如果将功率因数从$\lambda_1=\cos\theta_1$提高到$\lambda_2=\cos\theta_2$，则需要并联电容的值为

$$C = \frac{P}{\omega U^2}(\tan\theta_1 - \tan\theta_2)$$

提高功率因数本质上是降低负载的无功功率，因此改善功率因数也称为无功补偿。为提高功率因数而在负载并联的电容器也称为无功补偿器。

工程上，通常并不将功率因数提高到1，以防止电路发生并联谐振现象。

4.2.7 多频电路的平均功率与有效值

设二端电路N端口电压$u(t)$、电流$i(t)$取关联参考方向，且

$$u(t) = U_0 + \sum_{k=1}^{n}\sqrt{2}U_k\cos(k\omega t + \varphi_{u_k})$$

$$i(t) = I_0 + \sum_{k=1}^{n}\sqrt{2}I_k\cos(k\omega t + \varphi_{i_k})$$

则有效值为

$$U = \sqrt{\sum_{k=0}^{n}U_k^2},\ I = \sqrt{\sum_{k=0}^{n}I_k^2}$$

平均功率为

$$P = U_0 I_0 + \sum_{k=1}^{n}U_k I_k\cos(\varphi_{u_k} - \varphi_{i_k})$$

无功功率为

$$Q = \sum_{k=1}^{n}U_k I_k\sin(\varphi_{u_k} - \varphi_{i_k})$$

视在功率为

$$S = UI$$

功率因数为

$$\cos\theta = \frac{P}{S}$$

4.2.8 耦合电感与理想变压器

同名端：当电流从两线圈的某端子同时流入(或流出)时，若两线圈产生的磁通相助，则称此两端子为同名端，反之称为异名端。

耦合系数 k：衡量两线圈的耦合强弱。

$$k=\frac{M}{\sqrt{L_1L_2}}\qquad 0\leqslant k\leqslant 1$$

表 4-4 归纳了耦合电感和理想变压器的特性。

表 4-4　耦合电感和理想变压器的特性

	耦合电感		理想变压器	
电路符号	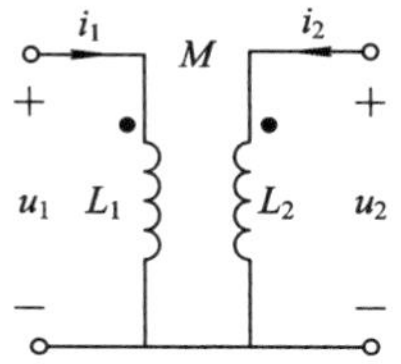	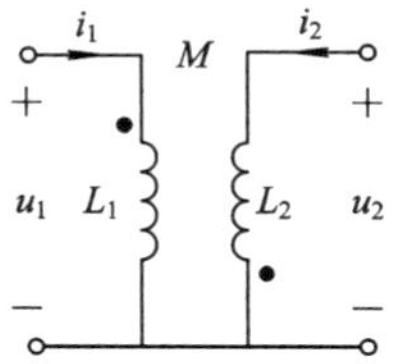	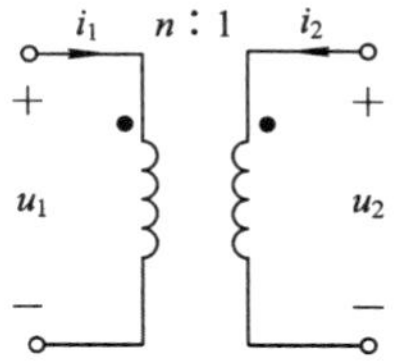	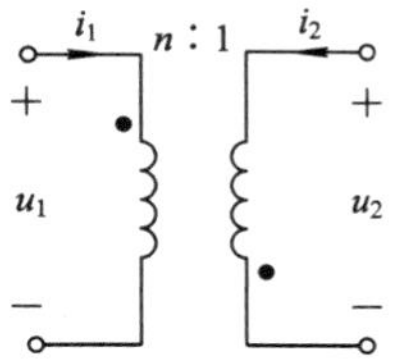
伏安关系	$u_1=L_1\frac{\mathrm{d}i_1}{\mathrm{d}t}+M\frac{\mathrm{d}i_2}{\mathrm{d}t}$ $u_2=L_1\frac{\mathrm{d}i_2}{\mathrm{d}t}+M\frac{\mathrm{d}i_1}{\mathrm{d}t}$	$u_1=L_1\frac{\mathrm{d}i_1}{\mathrm{d}t}-M\frac{\mathrm{d}i_2}{\mathrm{d}t}$ $u_2=L_1\frac{\mathrm{d}i_2}{\mathrm{d}t}-M\frac{\mathrm{d}i_1}{\mathrm{d}t}$	$u_1=nu_2$ $i_1=-\frac{1}{n}i_2$	$u_1=-nu_2$ $i_1=\frac{1}{n}i_2$
	$\dot{U}_1=\mathrm{j}\omega L_1\dot{I}_1+\mathrm{j}\omega M\dot{I}_2$ $\dot{U}_2=\mathrm{j}\omega L_1\dot{I}_2+\mathrm{j}\omega M\dot{I}_1$	$\dot{U}_1=\mathrm{j}\omega L_1\dot{I}_1-\mathrm{j}\omega M\dot{I}_2$ $\dot{U}_2=\mathrm{j}\omega L_1\dot{I}_2-\mathrm{j}\omega M\dot{I}_1$	$\dot{U}_1=n\dot{U}_2$ $\dot{I}_1=-\frac{1}{n}\dot{I}_2$	$\dot{U}_1=-n\dot{U}_2$ $\dot{I}_1=\frac{1}{n}\dot{I}_2$
等效	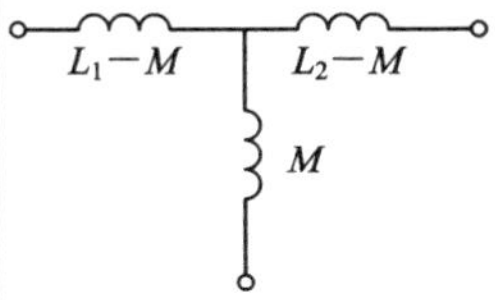 L_1-M，L_2-M，M	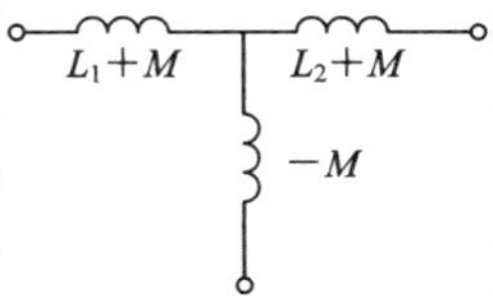 L_1+M，L_2+M，$-M$	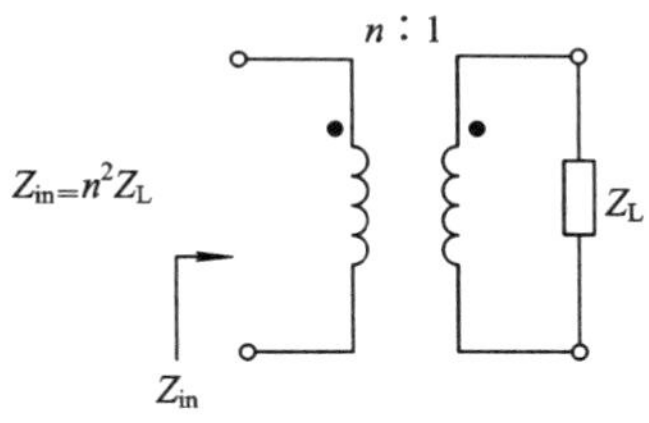 $Z_{in}=n^2Z_L$	
能量	储存能量，但不耗能		既不储存能量，也不耗能	

4.3　习题 4 解答

4-1　如电压或电流的瞬时值表示式为

(1) $u(t)=30\cos(314t+45°)$ V

(2) $i(t)=8\cos(6280t-120°)$ mA

(3) $u(t)=15\cos(10\,000t+90°)$ V

分别画出其波形，指出其振幅、频率和初相角。

解 波形图如题 4-1 解图所示。

(1) 振幅、频率和初相角分别为 30 V、$\frac{314}{2\pi}=50$ Hz、45°；

(2) 振幅、频率和初相角分别为 8 mA、$\frac{6280}{2\pi}=1000$ Hz、−120°；

(3) 振幅、频率和初相角分别为 15 V、$\frac{10\,000}{2\pi}=1592$ Hz、90°。

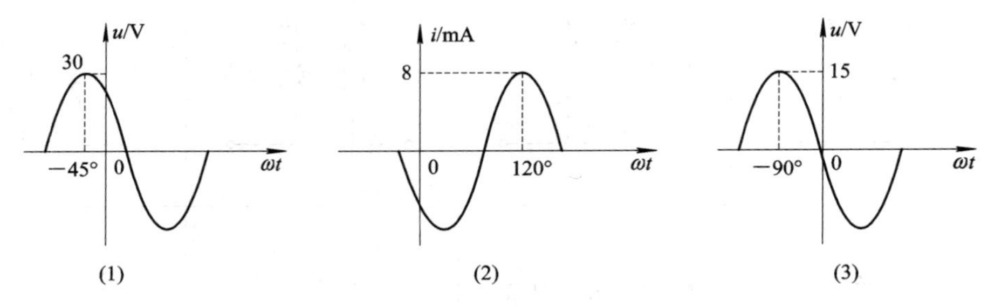

题 4-1 解图

4-2 如正弦电流的振幅 $I_m=10$ mA，角频率 $\omega=10^3$ rad/s，初相角 $\varphi_i=30°$，写出其瞬时表达式，求电流的有效值 I。

解 瞬时表达式和有效值分别为

$$i(t)=10\cos(10^3t+30°)\ \text{mA}$$

$$I=\frac{10}{\sqrt{2}}=5\sqrt{2}\ \text{mA}$$

4-3 画出下列各电流的相量图，写出它们的瞬时值表达式：

(1) $\dot{I}_{m1}=30+j40$ A；

(2) $\dot{I}_{m2}=50e^{-j60°}$ A；

(3) $\dot{I}_{m3}=-25+j60$ A。

解 各电流的相量图如题 4-3 解图所示。瞬时值表达式分别为

(1) $\dot{I}_{m1}=30+j40=50\angle 53.1°$ A

$i_1(t)=50\cos(\omega t+53.1°)$ A

(2) $i_2(t)=50\cos(\omega t-60°)$ A

(3) $\dot{I}_{m3}=-25+j60=65\angle 112.6°$ A

$i_1(t)=65\cos(\omega t+112.6°)$ A

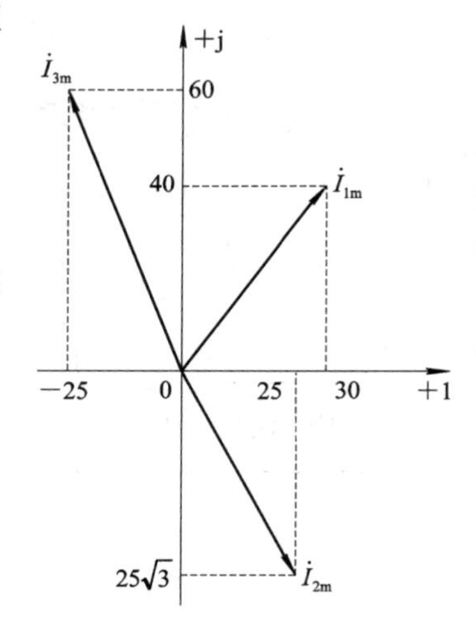

题 4-3 解图

4-4 如题 4-4 图所示的电路，已知 $R=200\ \Omega$，$L=0.1$ mH，电阻上电压 $u_R=\sqrt{2}\cos10^6t$ V，求电源电压 $u_s(t)$，并画出其相量图。

解 画出电路的相量模型，如题 4-4 解图(a)所示。

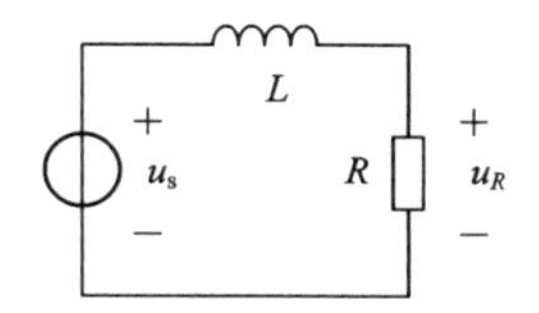

题 4 - 4 图

$$\dot{U}_R = 1\angle 0°\ \text{V},\ \omega = 10^3\ \text{rad/s}$$

$$\dot{I} = \frac{\dot{U}_R}{R} = \frac{1}{200}\angle 0°\ \text{A}$$

$$\dot{U}_s = \text{j}\omega L\dot{I} + \dot{U}_R = \text{j}10^6 \times 0.1 \times 10^{-3} \times \frac{1}{200} + 1 = \text{j}0.5 + 1 = 1.12\angle 26.6°\ \text{V}$$

$$u_s(t) = 1.12\sqrt{2}\cos(10^3 t + 26.6°)\ \text{V}$$

其相量图如题 4 - 4 解图(b)所示。

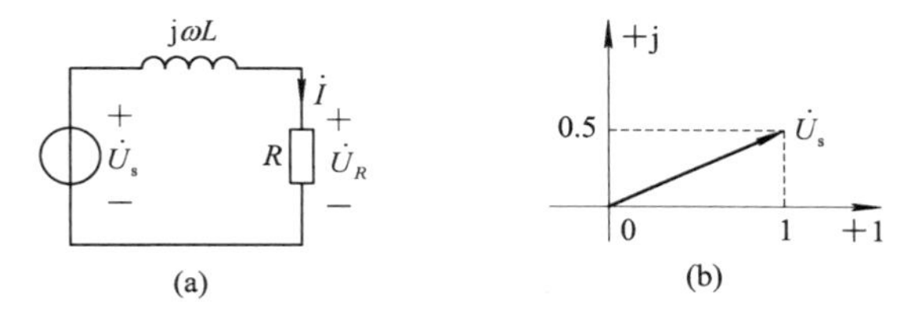

题 4 - 4 解图

4 - 5　RC 并联电路如题 4 - 5 图所示，已知 R=10 kΩ，C=0.2 μF，$i_C=\sqrt{2}\cos(10^3 t+60°)$ mA，试求电流 $i(t)$，并画出相量图。

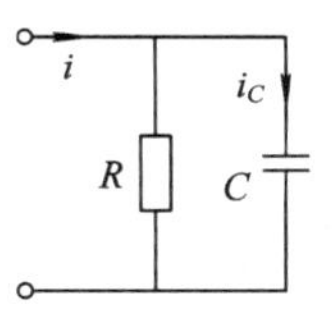

题 4 - 5 图

解　画出电路的相量模型，如题 4 - 5 解图(a)所示。

$$\dot{I}_C = 1\angle 60°\ \text{mA},\ \omega = 10^3\ \text{rad/s}$$

$$\dot{U}_C = -\text{j}\frac{1}{\omega C}\dot{I}_C = -\text{j}\frac{1}{10^3 \times 0.2 \times 10^{-6}}\dot{I}_C = -\text{j}5 \times 10^3\dot{I}_C$$

利用欧姆定律和 KCL，有

$$\dot{I} = \dot{I}_C + \frac{\dot{U}_C}{R} = (1 - \text{j}0.5)\dot{I}_C = 1.12\angle 33.4°\ \text{mA}$$

$$i(t) = 1.12\sqrt{2}\cos(10^3 t + 33.4°)\ \text{mA}$$

其相量图如题 4 - 5 解图(b)所示。

题 4－5 解图

4－6　如题 4－6 图所示的电路，设伏特计内阻为无限大，已知伏特计Ⓥ₁、Ⓥ₂和Ⓥ₃读数依次为 15 V、80 V 和 100 V，求电源电压的有效值。

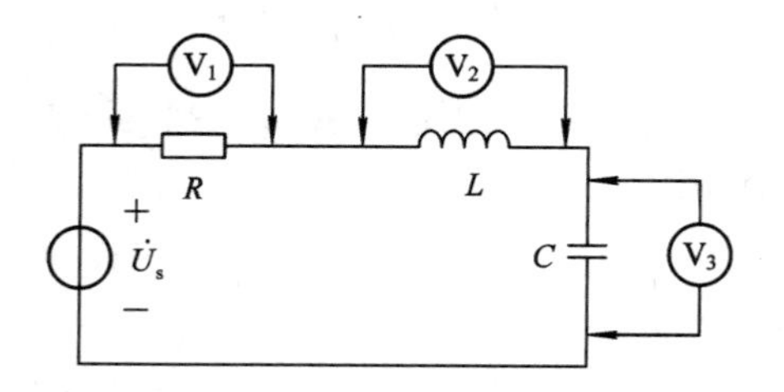

题 4－6 图

解　标示 $\dot{I}$、$\dot{U}_R$、$\dot{U}_L$、$\dot{U}_C$ 方向，如题 4－6 解图(一)所示。借助相量图找出各电压有效值之间的关系。

选电流相量 $\dot{I}$ 作为参考相量，依次画出各电压相量，如题 4－6 解图(二)所示。由该图中的直角三角形，有

$$U_s = \sqrt{U_R^2 + (U_C - U_L)^2} = \sqrt{15^2 + (100 - 80)^2} = 25\ \mathrm{V}$$

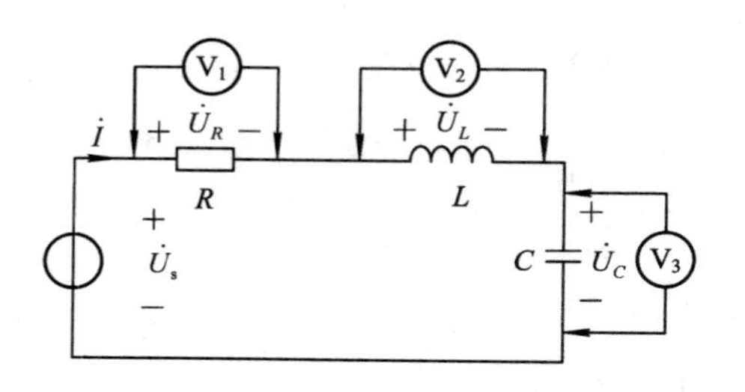

题 4－6 解图(一)

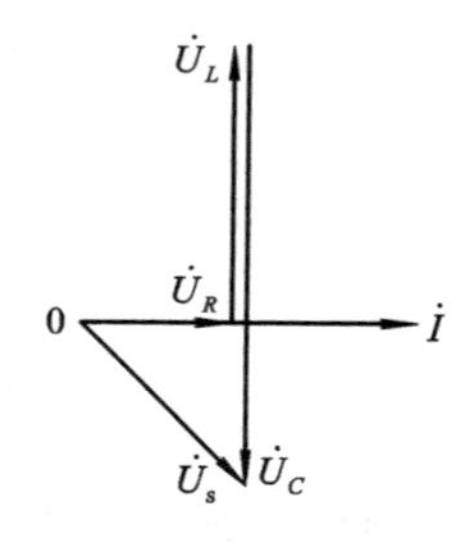

题 4－6 解图(二)

4－7　如题 4－7 图电路，设毫安计内阻为零，已知各毫安计读数依次为 40 mA、80 mA、50 mA，求总电流 I。

解　借助相量图找出各电流有效值之间的关系。

选电流相量 $\dot{U}$ 作为参考相量，依次画出各电流相量，如题 4－7 解图所示。由该图中的直角三角形，有

$$I = \sqrt{I_R^2 + (I_L - I_C)^2} = \sqrt{40^2 + (80 - 50)^2} = 50\ \mathrm{mA}$$

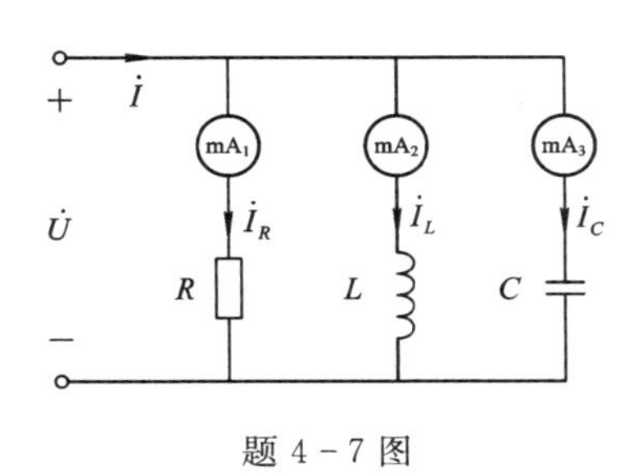

题 4-7 图

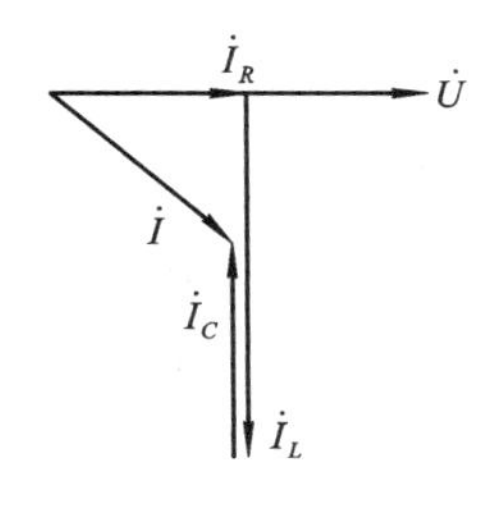

题 4-7 解图

4-8　电路的相量模型如题 4-8 图所示，已知 $\dot{U}_s=120\angle 0°$ V，$\dot{I}_s=10\angle 60°$ A，$\dot{I}_L=10\angle -70°$ A，$\dot{U}_C=100\angle -35°$ V。试求电流 $\dot{I}_1$、$\dot{I}_2$ 和 $\dot{I}_3$。

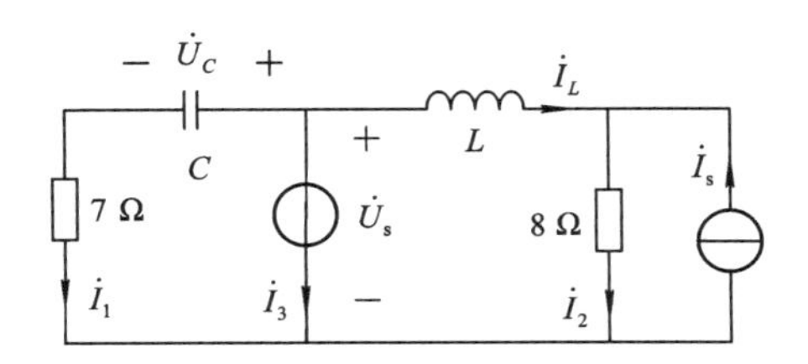

题 4-8 图

解　根据两类约束，容易得到

$$\dot{I}_1=\frac{\dot{U}_s-\dot{U}_C}{7}=\frac{120\angle 0°-100\angle -35°}{7}=9.84\angle 56.4°\ \text{A}$$

$$\dot{I}_2=\dot{I}_s+\dot{I}_L=10\angle 60°+10\angle -70°=8.45\angle -5°\ \text{A}$$

$$\dot{I}_2=-(\dot{I}_1+\dot{I}_L)=-(9.84\angle 56.4°+10\angle -70°)=8.95\angle 172.3°\text{A}$$

4-9　电路如题 4-9 图所示，已知 $R=50\ \Omega$，$L=2.5$ mH，$C=5\ \mu$F，电源电压 $\dot{U}=10\angle 0°$ V，角频率 $\omega=10^4$ rad/s，求电流 $\dot{I}_R$、$\dot{I}_L$、$\dot{I}_C$ 和 $\dot{I}$，并画出相量图。

解　根据元件伏安关系，得

$$\dot{I}_R=\frac{\dot{U}}{R}=\frac{10\angle 0°}{50}=0.2\angle 0°\ \text{A}$$

$$\dot{I}_L=\frac{\dot{U}}{\text{j}\omega L}=\frac{10\angle 0°}{\text{j}10^4\times 2.5\times 10^{-3}}=0.4\angle -90°\ \text{A}$$

$$\dot{I}_C=\text{j}\omega C\dot{U}=\text{j}10^4\times 5\times 10^{-6}\times 10\angle 0°=0.5\angle 90°\ \text{A}$$

由 KCL，得

$$\dot{I}=\dot{I}_R+\dot{I}_L+\dot{I}_C=0.2-\text{j}0.4+\text{j}0.5=0.223\angle 26.6°\ \text{A}$$

相量图如题 4-9 解图所示。

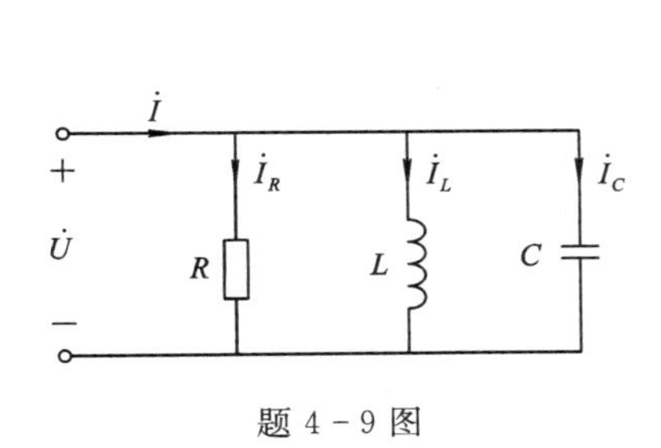

题 4-9 图

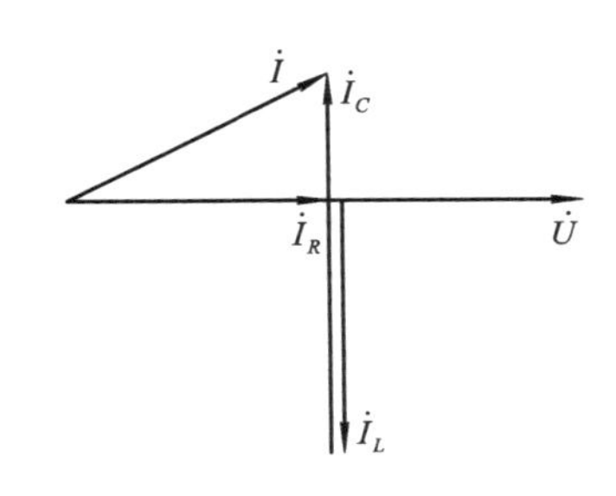

题 4-9 解图

4－10　如题4－10图所示的一端口电路N中，不含独立源，若其端口电压u和电流i分别有以下几种情况，求各种情况下的阻抗和导纳。

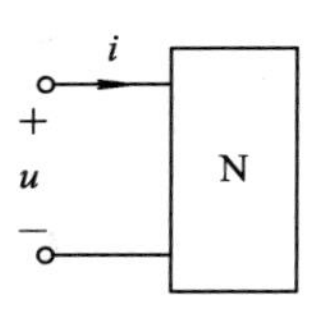

题4－10图

(1) $u=200\cos\pi t$ V，$i=10\cos\pi t$ A；

(2) $u=10\cos(10t+45°)$ V，$i=2\cos(10t+35°)$ A；

(3) $u=200\cos(5t+60°)$ V，$i=10\cos(5t-30°)$ A；

(4) $u=40\cos(2t+17°)$ V，$i=8\cos 2t$ A。

解　(1) $Z=\dfrac{\dot U_{\rm m}}{\dot I_{\rm m}}=\dfrac{200\angle 0°}{10\angle 0°}=20\ \Omega$，$Y=\dfrac{1}{Z}=\dfrac{1}{20}$ S

(2) $Z=\dfrac{\dot U_{\rm m}}{\dot I_{\rm m}}=\dfrac{10\angle 45°}{2\angle 35°}=5\angle 10°\ \Omega$，$Y=\dfrac{1}{Z}=0.2\angle -10°$ S

(3) $Z=\dfrac{\dot U_{\rm m}}{\dot I_{\rm m}}=\dfrac{200\angle 60°}{10\angle -30°}=20\angle 90°\ \Omega$，$Y=\dfrac{1}{Z}=0.05\angle -90°$ S

(4) $Z=\dfrac{\dot U_{\rm m}}{\dot I_{\rm m}}=\dfrac{40\angle 17°}{8\angle 0°}=5\angle 17°\ \Omega$，$Y=\dfrac{1}{Z}=0.2\angle -17°$ S

4－11　如题4－11图所示的电路，其端电压u和电流i分别有以下三种情况，N可能是何种元件？并求其参数。

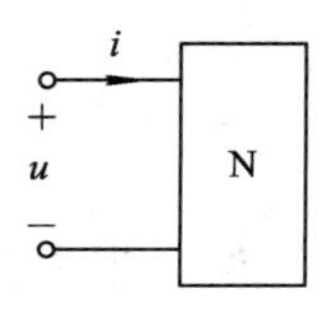

题4－11图

(1) $u=10\cos(10t+50°)$ V，$i=2\sin(10t+140°)$ A；

(2) $u=10\sin 100t$ V，$i=2\cos 100t$ A；

(3) $u=-10\cos 10t$ V，$i=-2\sin 10t$ A。

解　(1) $i=2\sin(10t+140°)=2\cos(10t+140°-90°)$
$=2\cos(10t+50°)$ A

$$Z=\frac{\dot U_{\rm m}}{\dot I_{\rm m}}=\frac{10\angle 50°}{2\angle 50°}=5\ \Omega$$

因此，N可能是$R=5\ \Omega$的电阻元件。

(2)

$$u=10\sin 100t=10\cos(10t-90°)\ \text{V}$$

$$Z=\frac{\dot U_{\rm m}}{\dot I_{\rm m}}=\frac{10\angle -90°}{2\angle 0°}=-\text{j}5=-\text{j}\,\frac{1}{100C}\ \Omega$$

故$C=\dfrac{1}{500}$F，因此，N可能是$C=\dfrac{1}{500}$F的电容元件。

(3)

$$u=-10\cos 10t=10\cos(10\,t+180°)\ \text{V}$$

$$i=-2\sin 10t=10\cos(10t+90°)\ \text{A}$$

$$Z=\frac{\dot U_{\rm m}}{\dot I_{\rm m}}=\frac{10\angle 180°}{2\angle 90°}=\text{j}5=\text{j}10L\ \Omega$$

故$L=0.5$ H，因此，N可能是$L=0.5$ H的电感元件。

4－12　如题4－12图所示电路，已知电流相量$\dot I=4\angle 0°$ A，电压相量$\dot U=80+\text{j}200$ V，$\omega=10^3$ rad/s，求电容C。

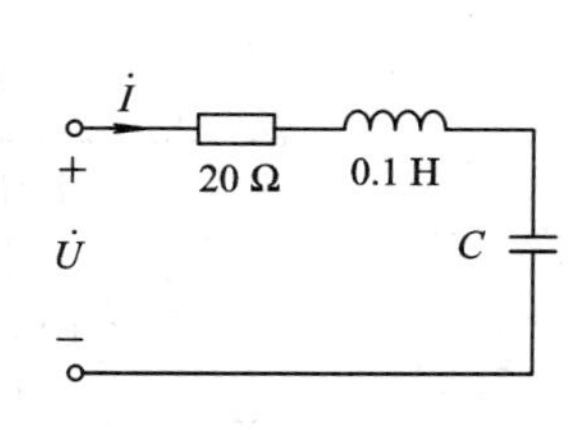

题4－12图

解

$$Z=\frac{\dot U}{\dot I}=\frac{80+\text{j}200}{4}=20+\text{j}50\ \Omega$$

而由电路可知

$$Z=20+\text{j}10^3\times 0.1+\frac{1}{\text{j}10^3C}$$

故

$$20+\mathrm{j}10^{3}\times 0.1+\frac{1}{\mathrm{j}10^{3}C}=20+\mathrm{j}50$$

解得

$$C=20\ \mu\mathrm{F}$$

4 - 13　如题 4 - 13 图所示电路，已知电流相量 $\dot{I}_1=20\angle-36.9^{\circ}$ A，$\dot{I}_2=10\angle 45^{\circ}$ A，电压相量 $\dot{U}=100\angle 0^{\circ}$ V。求元件 R_1、X_L、R_2、X_C 和输入阻抗 Z。

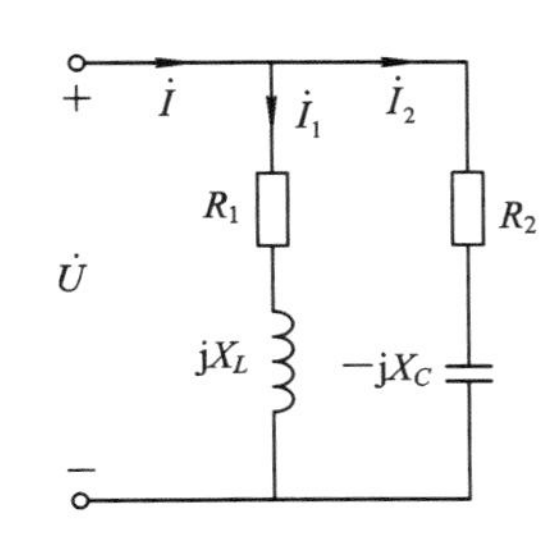

题 4 - 13 图

解　R_1 所在支路的阻抗为

$$Z_1=\frac{\dot{U}}{\dot{I}_1}=\frac{100\angle 0^{\circ}}{20\angle-36.9^{\circ}}=4+\mathrm{j}3=R_1+\mathrm{j}X_L$$

故有 $R_1=4\ \Omega$，$X_L=3\ \Omega$。

R_2 所在支路的阻抗为

$$Z_2=\frac{\dot{U}}{\dot{I}_2}=\frac{100\angle 0^{\circ}}{10\angle 45^{\circ}}=5\sqrt{2}-\mathrm{j}5\sqrt{2}=R_2-\mathrm{j}X_C$$

故有 $R_2=5\sqrt{2}\ \Omega$，$X_C=5\sqrt{2}\ \Omega$。

总阻抗为

$$Z=\frac{\dot{U}}{\dot{I}}=\frac{\dot{U}}{\dot{I}_1+\dot{I}_2}=\frac{100\angle 0^{\circ}}{20\angle-36.9^{\circ}+10\angle 45^{\circ}}=4.23\angle 12.04^{\circ}\ \Omega$$

4 - 14　求题 4 - 14 图示各电路中 ab 端的阻抗和导纳（$\omega=2$ rad/s）。

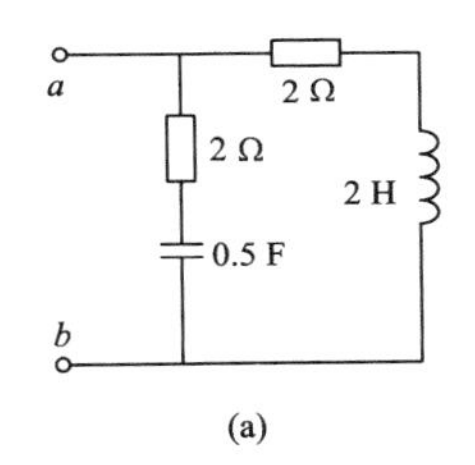

(a)

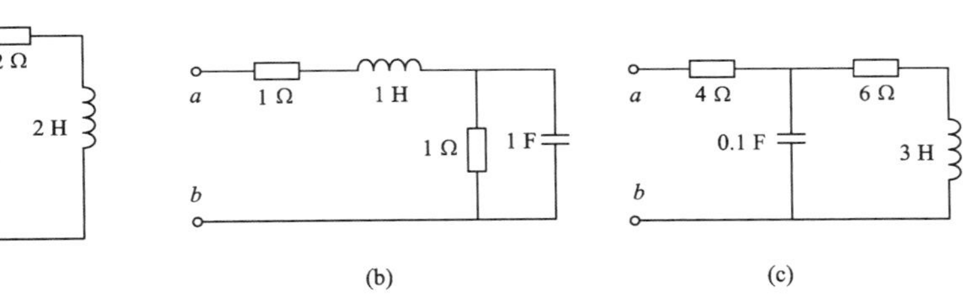

(b)

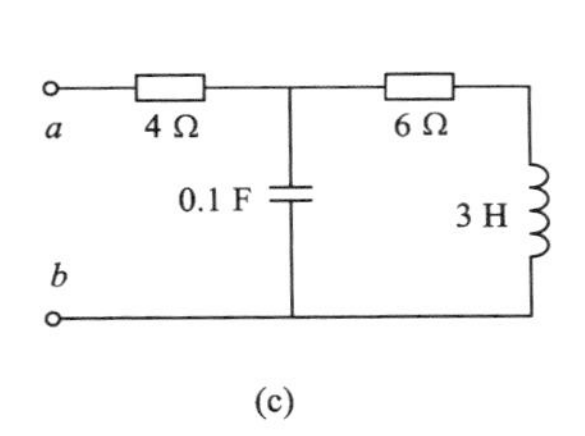

(c)

题 4 - 14 图

解　图(a)：

$$Z_{ab}=(2+\mathrm{j}\omega\times 2)\ /\!/\ \left(2-\mathrm{j}\frac{1}{\omega\times 0.5}\right)=(2+\mathrm{j}4)\ /\!/\ (2-\mathrm{j})=2\ \Omega$$

$$Y_{ab}=\frac{1}{Z_{ab}}=0.5\ \mathrm{S}$$

图(b)：

$$Z_{ab}=1+\mathrm{j}\omega\times 1+1\ /\!/\ \left(-\mathrm{j}\frac{1}{\omega\times 1}\right)=1+\mathrm{j}2+\frac{1\times(-\mathrm{j}0.5)}{1-\mathrm{j}0.5}=2\angle 53.1^{\circ}\Omega$$

$$Y_{ab}=\frac{1}{Z_{ab}}=0.5\angle-53.1^{\circ}\ \mathrm{S}$$

图(c)：

$$Z_{ab}=4+(6+\mathrm{j}\omega\times 3)\ /\!/\ \left(-\mathrm{j}\frac{1}{\omega\times 0.1}\right)=4+\frac{(6+\mathrm{j}6)\times(-\mathrm{j}5)}{6+\mathrm{j}6-\mathrm{j}5}=9.85\angle-35.2^{\circ}\Omega$$

$$Y_{ab}=\frac{1}{Z_{ab}}=9.85\angle 35.2^{\circ}\ \mathrm{S}$$

4 - 15　如题 4 - 15 图所示电路，已知 $X_L=100\ \Omega$，$X_C=200\ \Omega$，$R=150\ \Omega$，$U_C=$

100 V。求电压 U 和电流 I，并画出相量图。

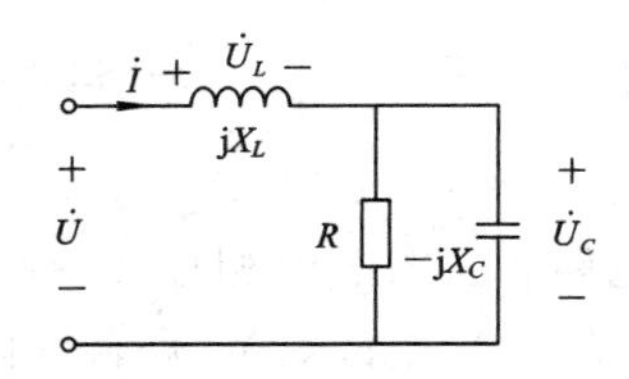

题 4－15 图

解 标示 $\dot{I}_R$、$\dot{I}_C$ 方向，如题 4－15 解图(一)所示。设 $\dot{U}_C=100\angle 0°$ V，则

$$\dot{I}_C=\frac{\dot{U}_C}{-jX_C}=\frac{100\angle 0°}{-j200}=-j0.5\ \text{A}$$

$$\dot{I}_R=\frac{\dot{U}_C}{R}=\frac{100\angle 0°}{150}=\frac{2}{3}\ \text{A}$$

由 KCL，得

$$\dot{I}=\dot{I}_R+\dot{I}_C=\frac{2}{3}-j0.5=\frac{5}{6}\angle 36.9°\ \text{A}$$

故

$$I=\frac{5}{6}\ \text{A}$$

由 KVL，得

$$\dot{U}=jX_L\dot{I}+\dot{U}_C=j100\times\left(\frac{2}{3}-j0.5\right)+100=\frac{250}{3}\angle 53.1\ \text{V}$$

故

$$U=\frac{250}{3}\ \text{V}$$

其相量图如题 4－15 解图(二)所示。

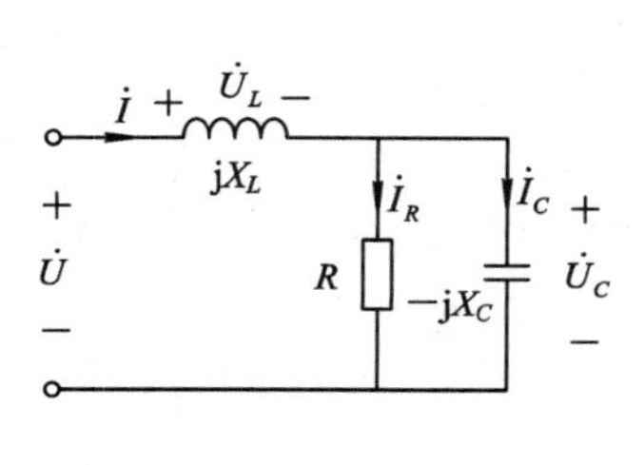

题 4－15 解图(一)

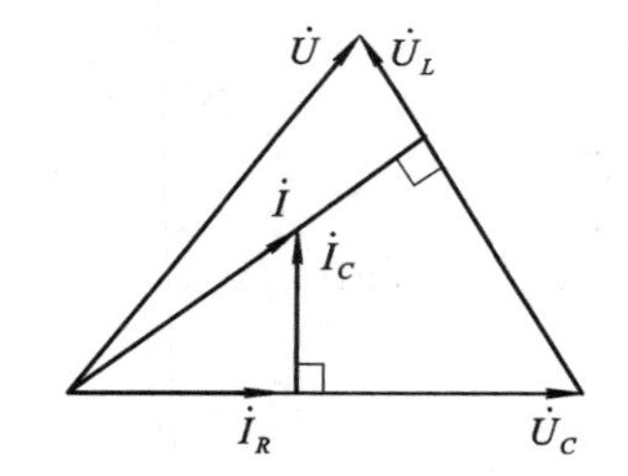

题 4－15 解图(二)

4－16 如题 4－16 图所示电路，已知 $X_L=100\ \Omega$，$X_C=50\ \Omega$，$R=100\ \Omega$，$I=2$ A。求 I_R 和 U，并画相量图。

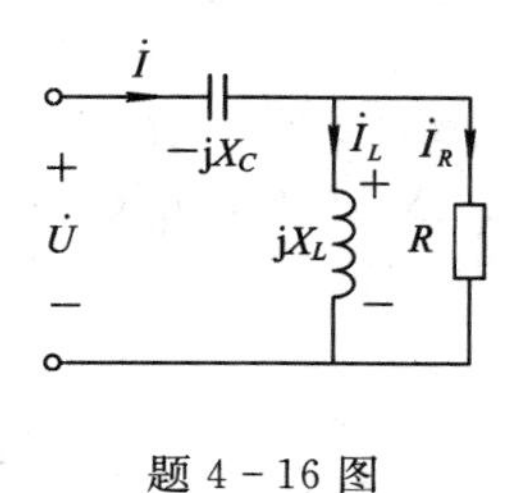

题 4－16 图

题 4－16 解图

解　设 $\dot{I}=2\angle 0°$ A，则由分流公式可得

$$\dot{I}_R=\frac{\mathrm{j}X_L}{R+\mathrm{j}X_L}\dot{I}=\frac{\mathrm{j}100}{100+\mathrm{j}100}\times 2=\sqrt{2}\angle 45°\mathrm{A}$$

故

$$I_R=\sqrt{2}\ \mathrm{A}$$

利用 KVL，有

$$\dot{U}=-\mathrm{j}X_C\dot{I}+R\dot{I}_R=-\mathrm{j}50\times 2+100\times\sqrt{2}\angle 45°=100\angle 0°\ \mathrm{V}$$

故

$$U=100\ \mathrm{V}$$

其相量图如题 4－16 解图所示。

4－17　如题 4－17 图所示电路，已知 $C_1=C_2=200$ pF，$R=1$ kΩ，$L=6$ mH，$u_L=30\sqrt{2}\cos(10^6 t+45°)$ V，求 i_C。

解　$\dot{U}_L=30\angle 45°$ V

$$\dot{U}_L=\frac{\mathrm{j}\omega L}{R+\mathrm{j}\omega L-\mathrm{j}\dfrac{1}{\omega C_1}}\dot{U}$$

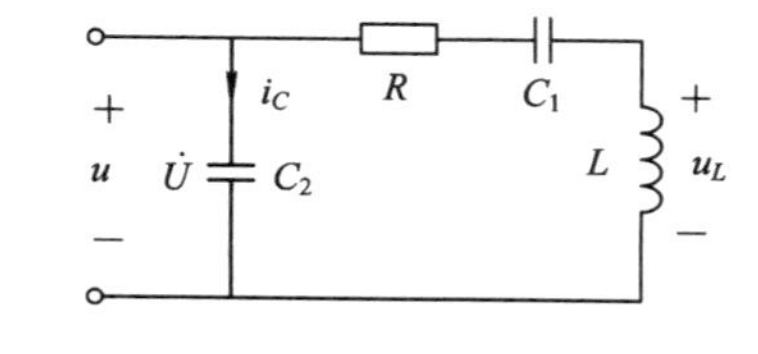

题 4－17 图

即

$$\dot{U}=\frac{R+\mathrm{j}\omega L-\mathrm{j}\dfrac{1}{\omega C_1}}{\mathrm{j}\omega L}\dot{U}_L$$

$$\dot{I}_C=\mathrm{j}\omega C_2\dot{U}=\mathrm{j}\omega C_2\frac{R+\mathrm{j}\omega L-\mathrm{j}\dfrac{1}{\omega C_1}}{\mathrm{j}\omega L}\dot{U}_L=\frac{C_2\left(R+\mathrm{j}\omega L-\mathrm{j}\dfrac{1}{\omega C_1}\right)}{L}\dot{U}_L$$

将题中条件代入上式可得

$$\dot{I}_C=\sqrt{2}\angle 90°\ \mathrm{A}$$

故

$$i_C=2\cos(10^6 t+90°)\ \mathrm{A}$$

4－18　如题 4－18 图所示电路，已知 $\dot{I}=10\angle 45°$ mA，$\omega=10^7$ rad/s，$R_s=0.5$ kΩ，$R=1$ kΩ，$L=0.1$ mH。

(1) 电容 C 为何值时，电流 $\dot{I}$ 与 $\dot{U}_s$ 同相？

(2) 求上述情况时的 U_s、U_{ab}、I_R 和 I_L 的值。

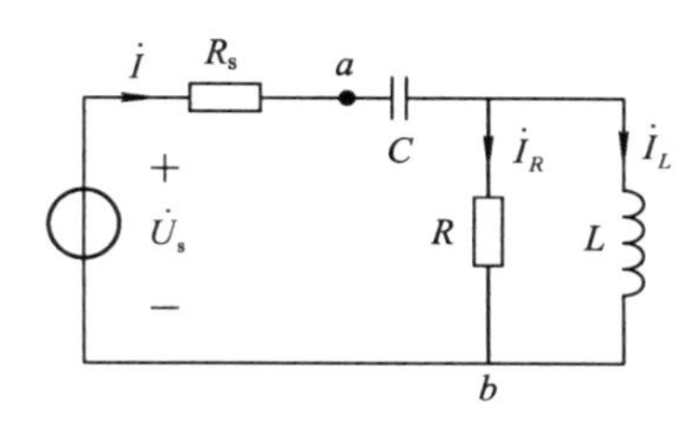

题 4－18 图

解　先求电源端看进去的等效阻抗。

$$Z = R_s - j\frac{1}{\omega C} + R\ /\!/\ (j\omega L) = 0.5 - j\frac{1}{\omega C} + \frac{1\times j}{1+j} = 1 + j\left(0.5 - \frac{1}{\omega C}\right)\ k\Omega$$

(1) 电流 $\dot{I}$ 与 $\dot{U}_s$ 同相，则要求阻抗 Z 的虚部为零，即

$$\frac{1}{\omega C} = 0.5\ k\Omega$$

将 $\omega=10^7$ rad/s 代入，解得 $C=200$ pF。

(2) $\dot{I}=10\angle 45°$ mA，此时 $Z=1$ kΩ，故

$$\dot{U}_s = Z\dot{I} = 10\angle 45°\ V$$

$$\dot{U}_{ab} = \dot{U}_s - R_s\dot{I} = 10\angle 45° - 0.5\times 10\angle 45° = 5\angle 45°\ V$$

$$\dot{I}_R = \frac{j\omega L}{R + j\omega L}\dot{I} = \frac{j}{1+j}\times 10\angle 45° = 5\sqrt{2}\angle 90° A$$

$$\dot{I}_L = \dot{I} - \dot{I}_R = 10\angle 45° - 5\sqrt{2}\angle 90° = 5\sqrt{2}\angle 0°\ A$$

故有

$$U_s = 10\ V,\quad U_{ab} = 5\ V$$

$$I_R = 5\sqrt{2}\ A,\quad I_L = 5\sqrt{2}\ A$$

4-19　如题 4-19 图所示电路，已知 $I_R=10$ A，$X_C=10$ Ω，并且 $U_1=U_2=200$ V，求 X_L。

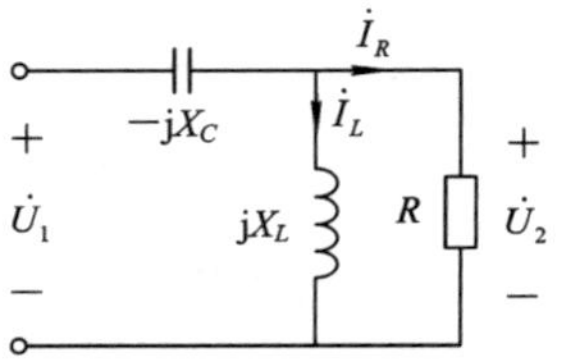

题 4-19 图

解　设 $\dot{I}_R=10\angle 0°$ A，则

$$\dot{U}_2 = 200\angle 0°\ V$$

$$\dot{I}_L = \frac{\dot{U}_2}{jX_L} = \frac{200}{X_L}\angle -90°\ A$$

由 KVL，得

$$\dot{U}_1 = -jX_C(\dot{I}_R + \dot{I}_L) + \dot{U}_2 = -j10\left(10 - j\frac{200}{X_L}\right) + 200 = 200 - \frac{2000}{X_L} - j100$$

由于 $U_1=200$ V，故有

$$200 = \sqrt{\left(200 - \frac{2000}{X_L}\right)^2 + 100^2}$$

解得 $X_L=\dfrac{20}{2\pm\sqrt{3}}$ Ω，即 $X_L=5.73$ Ω 或 $X_L=76.4$ Ω。

4-20　如题 4-20 图所示电路，已知 $U=10$ V，$\omega=10^4$ rad/s，$r=3$ kΩ。调节电位器 R_P，使伏特计指示为最小值，这时 $r_1=900$ Ω，$r_2=1600$ Ω。求伏特计的读数和电容 C。

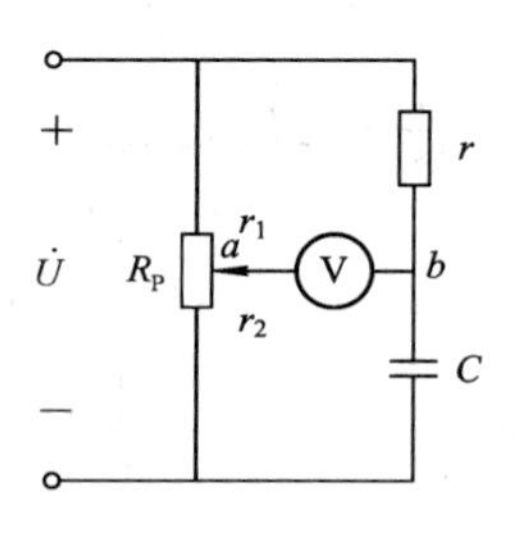

题 4-20 图

解　利用 KVL 和分压公式，有

$$\dot{U}_{ab}=\left(\frac{r}{r-\mathrm{j}X_C}-\frac{r_1}{r_1+r_2}\right)\dot{U}=\left(\frac{r^2}{r^2+X_C^2}-\frac{r_1}{r_1+r_2}+\mathrm{j}\,\frac{rX_C}{r^2+X_C^2}\right)\dot{U}$$

由于上式变化的是 r_1 和 r_2，故若使括号内实部为 0，则 U_{ab}(电压表读数)最小，即

$$\frac{r^2}{r^2+X_C^2}=\frac{r_1}{r_1+r_2}$$

亦即

$$\frac{3000^2}{3000^2+\dfrac{1}{(10^4C)^2}}=\frac{900}{2500}$$

解得 $C=0.025\ \mu\mathrm{F}$。此时

$$\dot{U}_{ab}=\mathrm{j}\,\frac{12}{25}\dot{U}$$

故

$$U_{ab}=\frac{12}{25}U=\frac{120}{25}=4.8\ \mathrm{V}$$

4-21　电路如题 4-21 图所示，当调节电容 C，使电流 $\dot{I}$ 与电压 $\dot{U}$ 同相时，测得电压有效值 $U=50\ \mathrm{V}$，$U_C=200\ \mathrm{V}$，电流有效值 $I=1\ \mathrm{A}$。已知 $\omega=10^3\ \mathrm{rad/s}$，求元件 R、L、C。

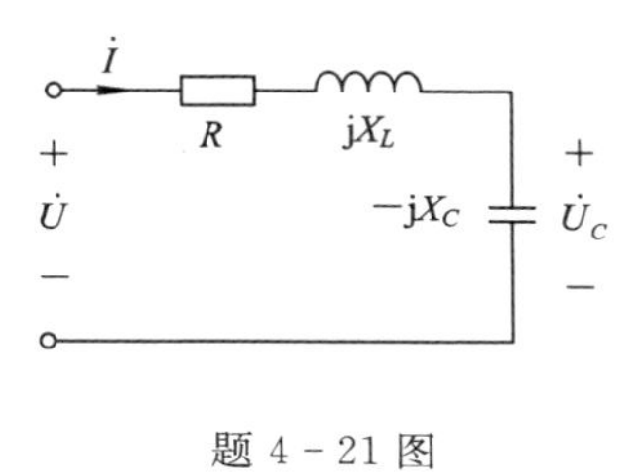

题 4-21 图

解　若电流 $\dot{I}$ 与电压 $\dot{U}$ 同相，则有

$$X_L=X_C=\frac{U_C}{I}=\frac{200}{1}=200\ \Omega$$

$$R=\frac{U}{I}=50\ \Omega$$

故

$$L=\frac{X_L}{\omega}=\frac{200}{10^3}=0.2\ \mathrm{H}$$

$$C=\frac{1}{\omega X_C}=\frac{1}{10^3\times 200}=5\ \mu\mathrm{F}$$

4-22　如题 4-22 图所示电路，已知 $I_1=10\ \mathrm{A}$，$I_2=20\ \mathrm{A}$，$R_2=5\ \Omega$，$U=220\ \mathrm{V}$，并且总电流 $\dot{I}$ 与总电压 $\dot{U}$ 同相。求电流 I 和 R、X_2、X_C 的值。

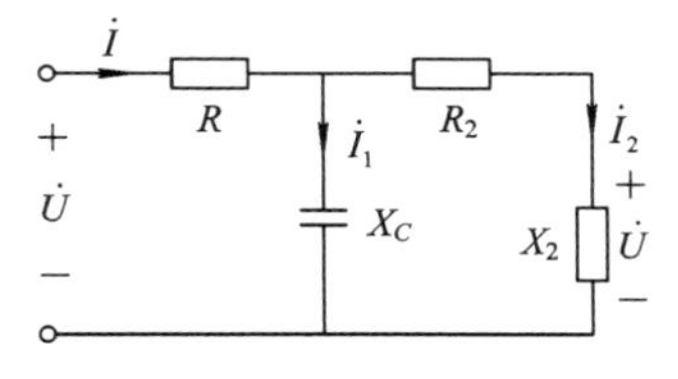

题 4-22 图

解　标示 $\dot{U}_2$ 方向，如题 4-22 解图(一)所示。设 $\dot{U}=U\angle 0°$为参考相量。由于 $\dot{I}$ 与 $\dot{U}$ 同相，则 $\dot{U}_2$ 与 $\dot{I}$ 也同相，而 $\dot{I}_1$ 超前 $\dot{U}_2$ 90°，$\dot{I}_2=\dot{I}-\dot{I}_1$，从而画出三个电流的相量图，如题 4-22 解图(二)所示。

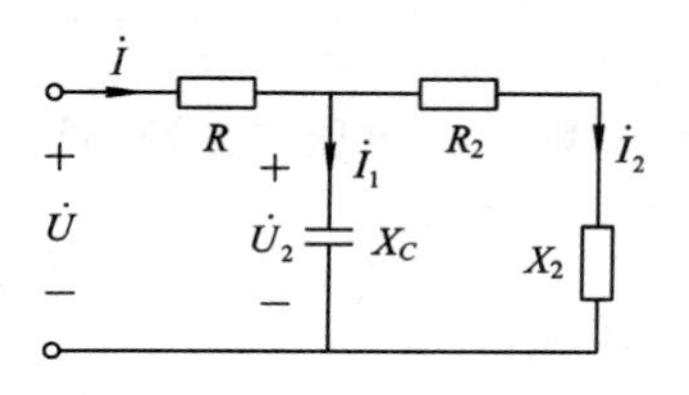

题 4-22 解图(一)

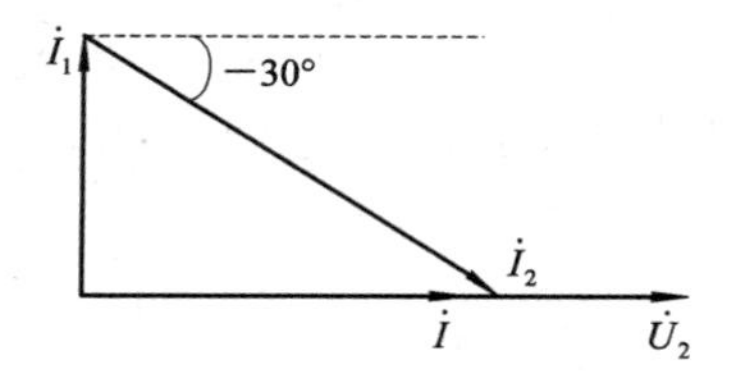

题 4-22 解图(二)

显然有

$$I=\sqrt{I_2^2-I_1^2}=\sqrt{20^2-10^2}=10\sqrt{3}\,\text{A}$$

$$\dot{I}_1=10\angle 90^\circ\ \text{A},\ \dot{I}_2=20\angle -30^\circ\ \text{A}$$

$$\dot{I}_2=\frac{U_2\angle 0^\circ}{R_2+\text{j}X_2}=20\angle -30^\circ\ \text{A}$$

故

$$\arctan\frac{X_2}{R_2}=30^\circ$$

$$X_2=R_2\tan 30^\circ=\frac{5\sqrt{3}}{3}=2.89\ \Omega$$

$$U_2=\sqrt{R_2^2+X_2^2}\,I_2=\sqrt{5^2+\left(\frac{5\sqrt{3}}{3}\right)^2}\times 20=\frac{200\sqrt{3}}{3}\ \text{V}$$

$$X_C=\frac{U_2}{I_1}=\frac{20\sqrt{3}}{3}=11.55\ \Omega$$

$$R=\frac{\dot{U}-\dot{U}_2}{\dot{I}}=\frac{200-\dfrac{200\sqrt{3}}{3}}{10\sqrt{3}}=6.03\ \Omega$$

4-23 如题 4-23 图所示的电路，$\dot{U}_s=4\angle 90^\circ$ V，$\dot{I}_s=2\angle 0^\circ$ A，求电流 $\dot{I}$。

解 利用电源等效关系，画出等效电路如题 4-23 解图所示。由分流公式得

$$\dot{I}=\frac{\dfrac{1}{1+\text{j}3}}{\dfrac{1}{2}+\dfrac{1}{-\text{j}2}+\dfrac{1}{1+\text{j}3}}\left(\frac{\dot{U}_s}{2}+\dot{I}_s\right)=1-\text{j}=\sqrt{2}\angle -45^\circ\ \text{A}$$

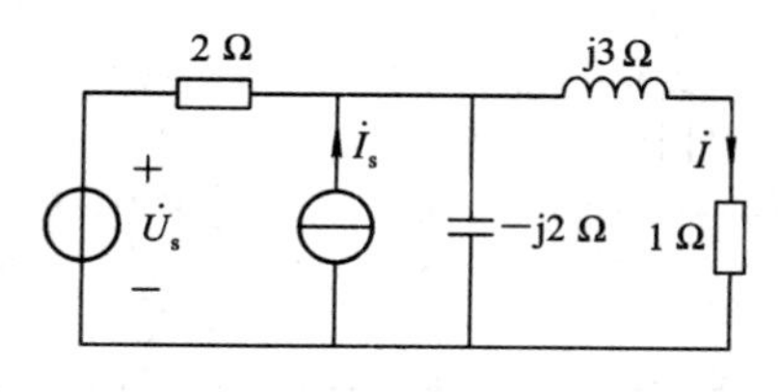

题 4-23 图

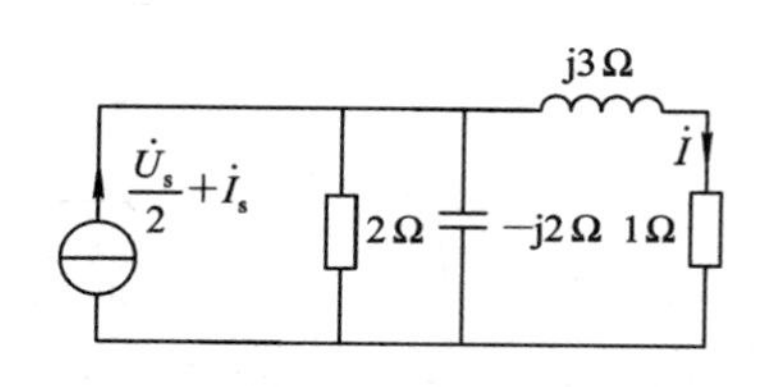

题 4-23 解图

4-24 如题 4-24 图所示电路，$\dot{I}_s=10\angle 0^\circ$ A，$\dot{U}_s=4\angle 0^\circ$ V，求电压 $\dot{U}$。

解 选参考节点如图所标，利用节点法。

图(a)：列出节点方程

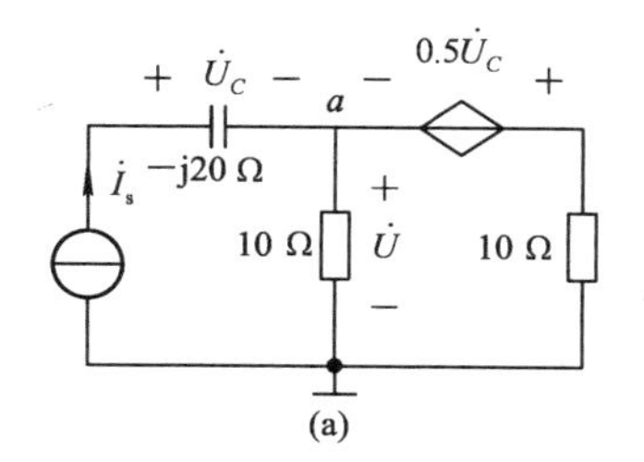

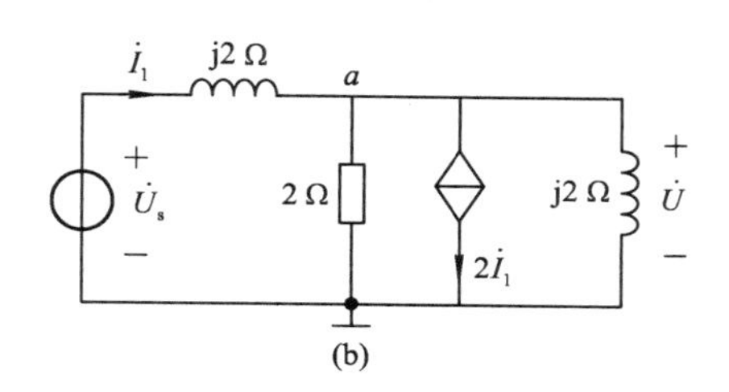

题 4 - 24 图

$$\left(\frac{1}{10}+\frac{1}{10}\right)\dot{U}=\dot{I}_s-\frac{0.5\dot{U}_C}{10}=\dot{I}_s-\frac{0.5(-j20\dot{I}_s)}{10}$$

解得

$$\dot{U}=5(1+j5)\dot{I}_s=50+j50\ \text{V}$$

图(b)：列出节点方程

$$\left(\frac{1}{2}+\frac{1}{j2}+\frac{1}{j2}\right)\dot{U}=-2\dot{I}_1+\frac{\dot{U}_s}{j2}=-2\times\frac{\dot{U}_s-\dot{U}}{j2}+\frac{\dot{U}_s}{j2}$$

解得

$$\dot{U}=j4\ \text{V}$$

4 - 25　题 4 - 25 图所示电路，$\dot{U}_s=60\angle 0°$ V，求其一端口电路的戴维南等效电路。

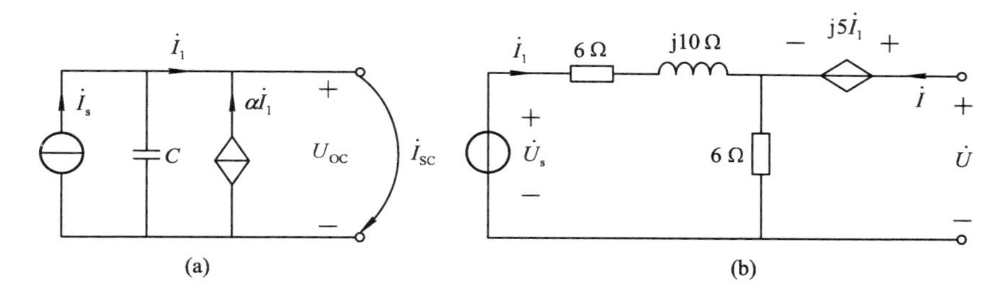

题 4 - 25 图

解　图(a)：当 ab 端开路时，$\dot{I}_1+\alpha\dot{I}_1=0$，则 $\dot{I}_1=0$，从而

$$\dot{U}_{OC}=\frac{1}{j\omega C}\dot{I}_s$$

当 ab 端短路时，

$$\dot{I}_{SC}=\dot{I}_1+\alpha\dot{I}_1=(1+\alpha)\dot{I}_1=(1+\alpha)\dot{I}_s$$

因此，戴维南等效阻抗为

$$Z_0=\frac{\dot{U}_{OC}}{\dot{I}_{SC}}=\frac{1}{j\omega C(1+\alpha)}$$

图(b)：列出端口的伏安关系

$$\dot{U}=j5\dot{I}_1+6(\dot{I}_1+\dot{I})=(6+j5)\dot{I}_1+6\dot{I}$$

$$\dot{U}=j5\dot{I}_1-(6+j10)\dot{I}_1+\dot{U}_s=(-6-j5)\dot{I}_1+\dot{U}_s$$

由以上两式消去 $\dot{I}_1$，并整理可得

$$\dot{U}=3\dot{I}+0.5\dot{U}_s=3\dot{I}+3$$

故 $\dot{U}_{OC}=3$ V，$Z_0=3\ \Omega$。戴维南等效电路略。

4 - 26　如题 4 - 26 图所示电路，已知 $u_s(t)=10+10\cos t$ V，$i_s(t)=5+5\cos 2t$ A，求 $u(t)$。

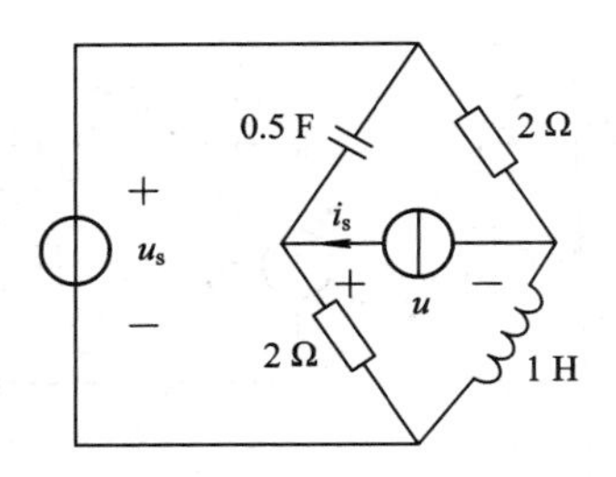

题 4－26 图

解　利用叠加定理求解。

设 $u_{s1}(t)=10$ V，$u_{s2}(t)=10\cos t$ V，$i_{s1}(t)=5$ A，$i_{s2}(t)=5\cos 2t$ A，则

$$u_s(t)=u_{s1}(t)+u_{s2}(t)$$

$$i_s(t)=i_{s1}(t)+i_{s2}(t)$$

(1) 当仅由 $u_{s1}(t)=10$ V，$i_{s1}(t)=5$ A 作用时，电容开路，电感短路，容易得到响应为

$$u_1(t)=2i_{s1}=10\text{ V}$$

(2) 当仅由 $u_{s2}(t)=10\cos t$ V 作用时，其响应记为 $u_2(t)$，画出其相量模型如题 4－26 解图(a)所示。利用 KVL 和分压公式，得

$$\dot{U}_{2m}=\left(\frac{2}{2-j2}-\frac{j}{2+j}\right)\dot{U}_{s2m}=3+j=\sqrt{10}\angle 18.4°\text{ V}$$

$$u_2(t)=\sqrt{10}\cos(t+18.4°)\text{V}$$

(3) 当仅由 $i_{s2}(t)=5\cos 2t$ A 作用时，其响应记为 $u_3(t)$，画出其相量模型如题 4－26 解图(b)所示。

$$\dot{U}_{3m}=[2\,/\!/\,(j2)+2\,/\!/\,(-j)]\dot{I}_{s2m}=\left(\frac{j4}{2+j2}+\frac{-j2}{2-j}\right)\times 5=7+j=\sqrt{50}\angle 8.13°\text{ V}$$

$$u_3(t)=\sqrt{50}\cos(2t+8.13°)\text{ V}$$

当所有电源共同作用时，由叠加定理，有

$$u_3(t)=u_1(t)+u_2(t)+u_3(t)=10+\sqrt{10}\cos(t+18.4°)+\sqrt{50}\cos(2t+8.13°)\text{ V}$$

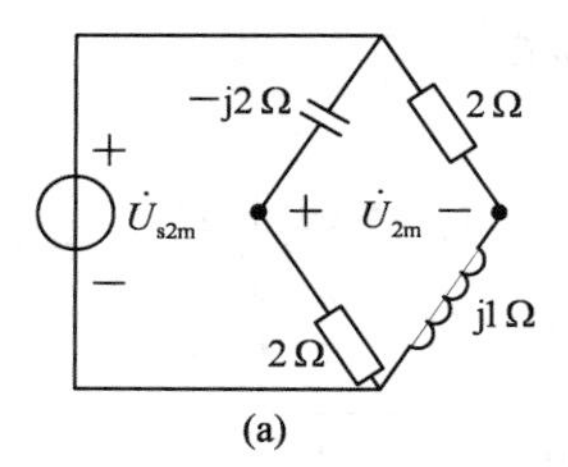

(a)

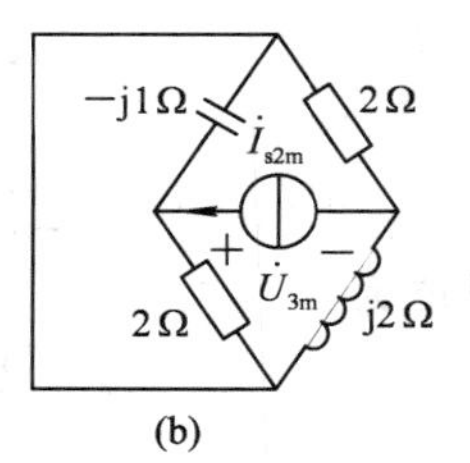

(b)

题 4－26 解图

4－27　如题 4－27 图所示电路，已知 $i_s(t)=3\cos t$ A，$u_s(t)=3\cos 2t$ V，求 $u_C(t)$。

解　利用叠加定理求解。

(1) 当 $i_s(t)=3\cos t$ A 单独作用时，画出其相量模型如题 4－27 解图(a)所示。利用分流公式，得

$$\dot{U}_{C1m}=\frac{1}{1+j0.5+1\,/\!/\,(-j)}\dot{I}_{sm}\times[1\,/\!/\,(-j)]=1-j=\sqrt{2}\angle-45°\text{ V}$$

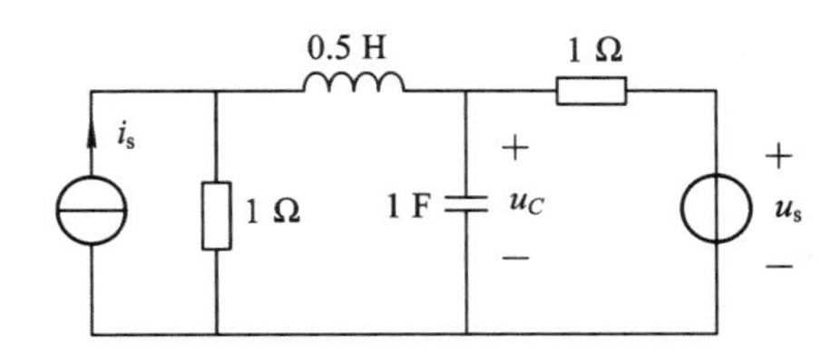

题 4 - 27 图

$$u_{C1}(t) = \sqrt{2}\ \cos(t - 45^\circ)\ \text{V}$$

(2) 当 $u_s(t)=3\cos 2t$ V 单独作用时，画出其相量模型如题 4 - 27 解图(b)所示。利用分压公式，得

$$\dot{U}_{C2\text{m}} = \frac{(1+\text{j})\ /\!/\ (-\text{j}0.5)}{1+(1+\text{j})\ /\!/\ (-\text{j}0.5)}\dot{U}_{\text{sm}} = 1-\text{j} = \sqrt{2}\angle -45^\circ$$

$$u_{C2}(t) = \sqrt{2}\ \cos(2t - 45^\circ)\ \text{V}$$

当 $i_s(t)$ 和 $u_s(t)$ 共同作用时，由叠加定理，有

$$u_C(t) = u_{C1}(t) + u_{C2}(t) = \sqrt{2}\ \cos(t - 45^\circ) + \sqrt{2}\ \cos(2t - 45^\circ)\ \text{V}$$

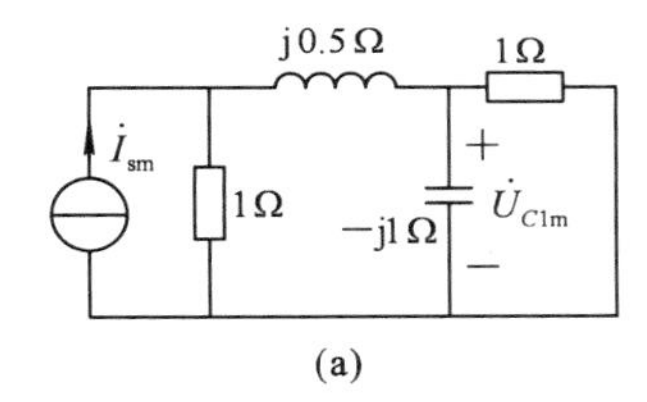

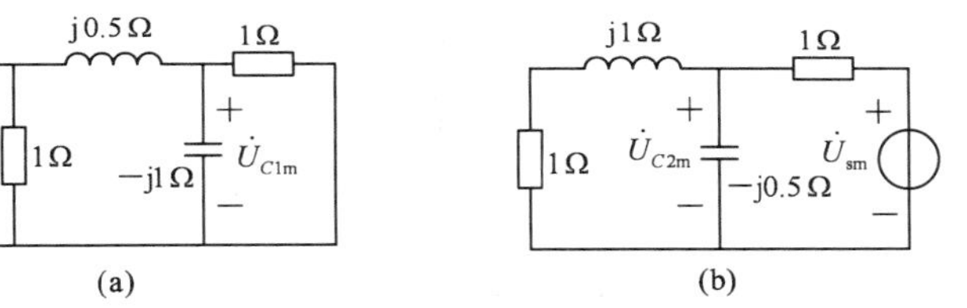

题 4 - 27 解图

4 - 28　如题 4 - 28 图所示的电路 N，若其端口电压 $u(t)$ 和电流 $i(t)$ 为下列函数，分别求电路 N 的阻抗，电路 N 吸收的有功功率、无功功率和视在功率。

(1) $u(t)=100\cos(10^3 t+20^\circ)$ V，$i(t)=0.1\cos(10^3 t-10^\circ)$ A；

(2) $u(t)=50\cos(10^3 t-80^\circ)$ V，$i(t)=0.2\cos(10^3 t-35^\circ)$ A。

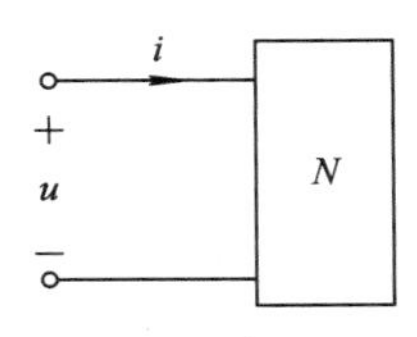

题 4 - 28 图

解　(1) $\dot{U}=\dfrac{100}{\sqrt{2}}\angle 20^\circ \text{V}$，$\dot{I}=\dfrac{0.1}{\sqrt{2}}\angle -10^\circ$ A，则

$$Z = \frac{\dot{U}}{\dot{I}} = 1000\angle 30^\circ\ \Omega$$

$$P = UI\ \cos\theta = \frac{100}{\sqrt{2}} \times \frac{0.1}{\sqrt{2}}\cos(20^\circ + 10^\circ) = 2.5\sqrt{3}\ \text{W}$$

$$Q = UI\ \sin\theta = \frac{100}{\sqrt{2}} \times \frac{0.1}{\sqrt{2}}\ \sin(20° + 10°) = 2.5\ \text{var}$$

$$S = UI = 5\ \text{V} \cdot \text{A}$$

(2) $\dot{U}=\frac{50}{\sqrt{2}}\angle -80°\text{V}$，$\dot{I}=\frac{0.2}{\sqrt{2}}\angle -35°\ \text{A}$，则

$$Z = \frac{\dot{U}}{\dot{I}} = 250\angle -45°\ \Omega$$

$$P = UI\ \cos\theta = \frac{50}{\sqrt{2}} \times \frac{0.2}{\sqrt{2}}\ \cos(-45°) = 2.5\sqrt{2}\ \text{W}$$

$$Q = UI\ \sin(-45°) = -2.5\sqrt{2}\ \text{var}$$

$$S = UI = 5\ \text{V} \cdot \text{A}$$

4-29 如题 4-29 图所示的电路，已知 $U=20$ V，电容支路消耗功率 $P_1=24$ W，功率因数 $\cos\theta_{Z1}=0.6$；电感支路消耗功率 $P_2=16$ W，功率因数 $\cos\theta_{Z2}=0.8$。求电流 I、电压 U_{ab} 和电路的总复功率。

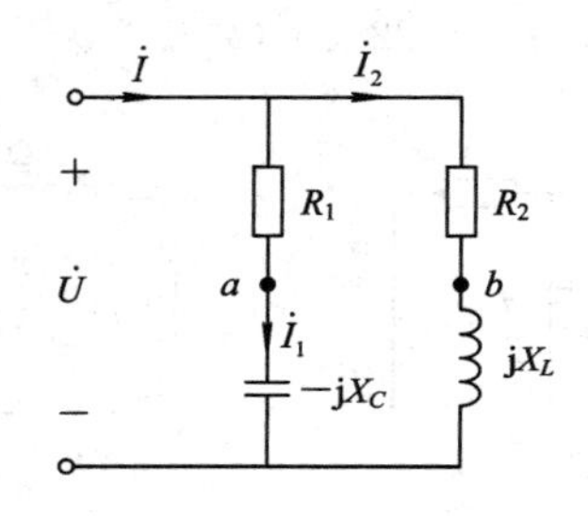

题 4-29 图

解 设

$$\dot{U} = 20\angle 0°\ \text{V}$$

$$P_1 = UI_1\ \cos\theta_{Z1}$$

$$I_1 = \frac{P_1}{U\ \cos\theta_{Z1}} = \frac{24}{20 \times 0.6} = 2\ \text{A}$$

$$\theta_{Z1} = -\arccos 0.6 = -53.1° \quad (\text{容性支路})$$

故

$$\dot{I}_1 = 2\angle 53.1°\ \text{A}$$

$$P_2 = UI_2\ \cos\theta_{Z2}$$

$$I_2 = \frac{P_2}{U\ \cos\theta_{Z2}} = \frac{16}{20 \times 0.8} = 1\ \text{A}$$

$$\theta_{Z2} = \arccos 0.8 = 36.9° \quad (\text{感性支路})$$

故

$$\dot{I}_2 = 1\angle -36.9°\ \text{A}$$

由 KCL，得

$$\dot{I} = \dot{I}_1 + \dot{I}_2 = 2\angle 53.1° + 1\angle -36.9° = 2 + \text{j}\ \text{A}$$

故 $I=\sqrt{5}$ A。

总复功率为

$$\tilde{S} = \dot{U}\dot{I}^* = 20(2-\mathrm{j}) = 40 - \mathrm{j}20\ \mathrm{V \cdot A}$$

又由于 $P_1 = R_1 I_1^2$，$P_2 = R_2 I_2^2$，则

$$R_1 = \frac{P_1}{I_1^2} = \frac{24}{2^2} = 6\ \Omega$$

$$R_2 = \frac{P_2}{I_2^2} = \frac{16}{1^2} = 16\ \Omega$$

$$\dot{U}_{ab} = R_2\dot{I}_2 - R_1\dot{I}_1 = 16\times 2\angle 53.1° + 6\times 1\angle -36.9° = 5.6 - \mathrm{j}19.2\ \mathrm{V}$$

故

$$U_{ab} = \sqrt{5.6^2 + 19.2^2} = 20\ \mathrm{V}$$

4-30　如题 4-30 图所示的电路，已知 $U=100$ V，$I=100$ mA，电路吸收功率 $P=6$ W；$X_{L1}=1.25$ kΩ，$X_C=0.75$ kΩ。电路呈电感性，求 r 和 X_L。

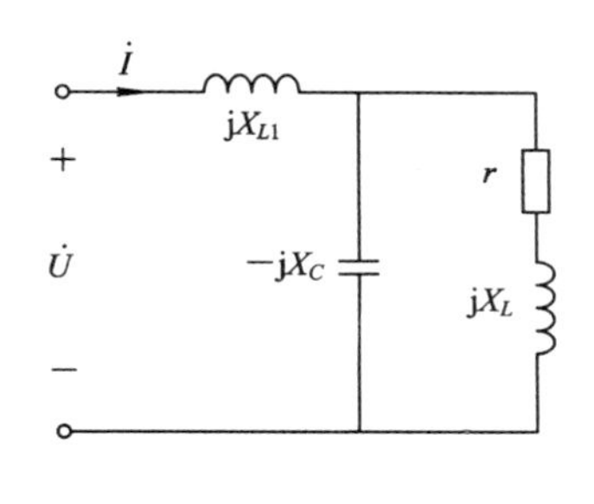

题 4-30 图

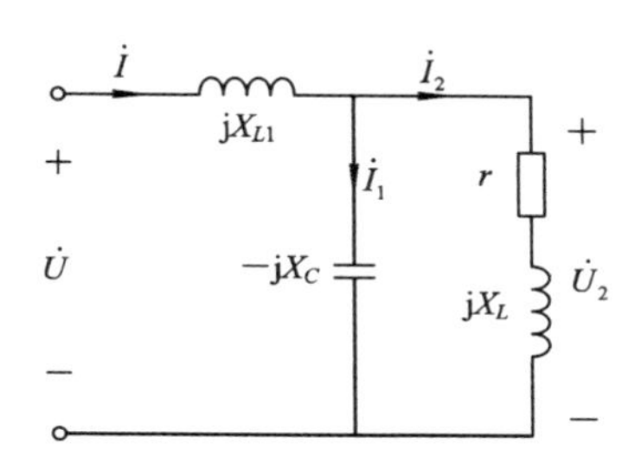

题 4-30 解图

解　标示 $\dot{I}_1$、$\dot{I}_2$、$\dot{U}_2$ 方向，如题 4-30 解图所示。

$$P = UI\cos\theta_Z$$

$$\cos\theta_Z = \frac{P}{UI} = \frac{6}{100\times 0.1} = 0.6$$

由于电路呈电感性，故 $\theta_Z = 53.1°$。

设 $\dot{I} = 100\angle 0°$ mA，则

$$\dot{U} = 100\angle 53.1°\ \mathrm{V}$$

则

$$\dot{U}_2 = \dot{U} - \mathrm{j}X_{L1}\dot{I} = 100\angle 53.1° - \mathrm{j}1.25\times 10^3\times 0.1 = 60 - \mathrm{j}45\ \mathrm{V}$$

$$\dot{I}_1 = \frac{\dot{U}_2}{-\mathrm{j}X_C} = \frac{60-\mathrm{j}45}{-\mathrm{j}0.75\times 10^3} = 60 + \mathrm{j}80\ \mathrm{mA}$$

$$\dot{I}_2 = \dot{I} - \dot{I}_1 = 100 - 60 - \mathrm{j}80 = 40 - \mathrm{j}80\ \mathrm{mA}$$

$$r + \mathrm{j}X_L = \frac{\dot{U}_2}{\dot{I}_2} = \frac{60-\mathrm{j}45}{(40-\mathrm{j}80)\times 10^{-3}} = \frac{3}{4} + \mathrm{j}\frac{3}{8}\ \mathrm{k\Omega}$$

故

$$r = \frac{3}{4}\ \mathrm{k\Omega} = 750\ \Omega$$

$$X_L = \frac{3}{8}\ \mathrm{k\Omega} = 375\ \Omega$$

4-31　如题 4-31 图所示电路，已知 $\dot{U}=20\angle 0°$ V，电路消耗的总功率 $P=34.6$ W，功率因数 $\cos\theta_Z=0.866(\theta_Z<0)$，$X_C=10\ \Omega$，$R_1=25\ \Omega$，求 R_2 和 X_L。

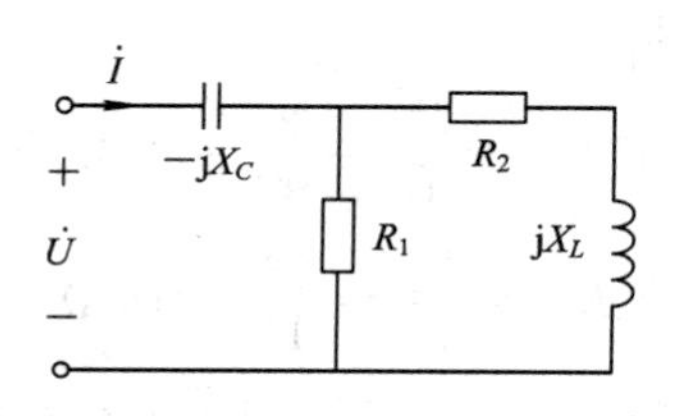

题 4-31 图

解　标示 $\dot{U}_1$、$\dot{I}_1$、$\dot{I}_2$ 方向，如题 4-31 解图所示。

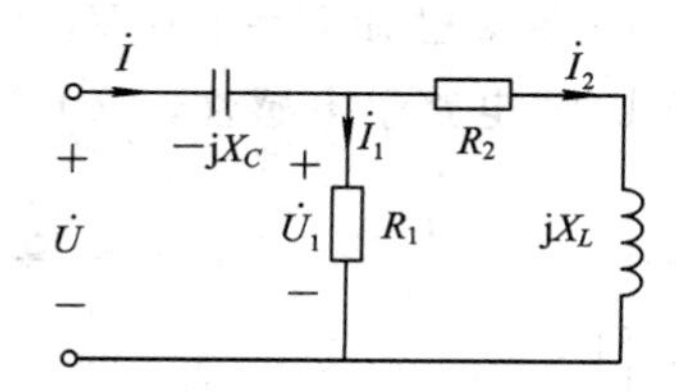

题 4-31 解图

由于 $\cos\theta_Z=0.866(\theta_Z<0)$，故 $\theta_Z=-30°$。

$$I=\frac{P}{U\cos\theta_Z}=\frac{34.6}{20\times 0.866}=2\ \text{A}$$

$$\dot{I}=2\angle 30°\ \text{A}$$

由 KVL，有

$$\dot{U}_1=\dot{U}-(-\text{j}X_C)\dot{I}=20+\text{j}10\times 2\angle 30°=10+\text{j}10\sqrt{3}\ \text{V}$$

$$\dot{I}_1=\frac{\dot{U}_1}{R_1}=\frac{2}{5}(1+\text{j}\sqrt{3})\ \text{A}$$

$$\dot{I}_2=\dot{I}-\dot{I}_1=2\angle 30°-\frac{2}{5}(1+\text{j}\sqrt{3})=1.33+\text{j}0.31\ \text{A}$$

$$R_2+\text{j}X_L=\frac{\dot{U}_1}{\dot{I}_2}=\frac{10+\text{j}10\sqrt{3}}{1.33+\text{j}0.31}=14.6\angle 47°=9.96+\text{j}10.68\ \Omega$$

故有

$$R_2=9.96\ \Omega,\quad X_L=10.68\ \Omega$$

4-32　电路如题 4-32 图所示，已知 $\dot{I}_s=2\angle 0°$ A，$\dot{U}_s=\text{j}6$ V，求电流相量 $\dot{I}_1$ 和 $\dot{I}_2$。

解　利用电源互换得等效电路如题 4-32 解图所示。以 $\dot{I}_1$ 和 $\dot{I}_2-\dot{I}_1$ 为网孔电流，列出网孔方程为

$$(2-\text{j}4+2)\dot{I}_1+2(\dot{I}_2-\dot{I}_1)=2\dot{I}_s$$

$$2\dot{I}_1+4(\dot{I}_2-\dot{I}_1)=\dot{U}_s$$

将 $\dot{I}_s=2\angle 0°$ A，$\dot{U}_s=\text{j}6$ V 代入上述方程组，解得

$$\dot{I}_1=1\angle 16.2°\ \text{A}$$

$$\dot{I}_2=1.71\angle 73.7°\ \text{A}$$

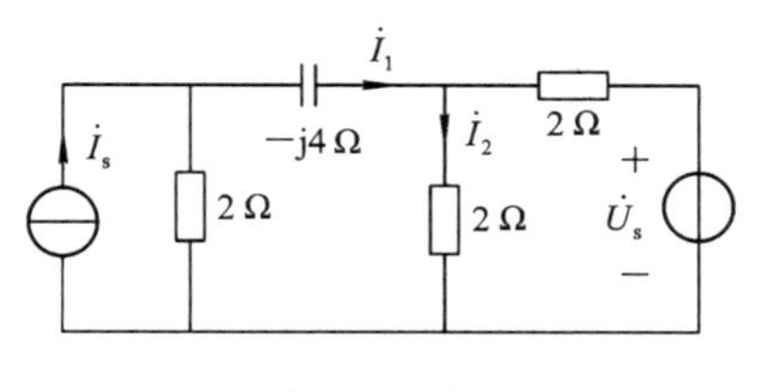

题4-32图

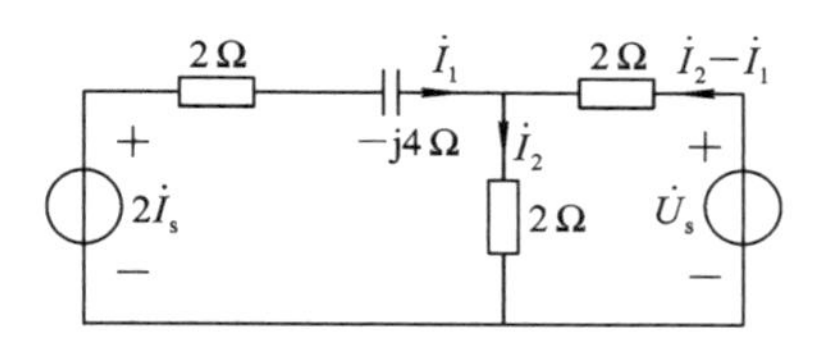

题4-32解图

4-33　电路如题4-33图所示，已知 $\dot{U}_{s1}=\dot{U}_{s3}=10\angle 0°$ V，$\dot{U}_{s2}=j10$ V，求节点电压 $\dot{U}_1$ 和 $\dot{U}_2$。

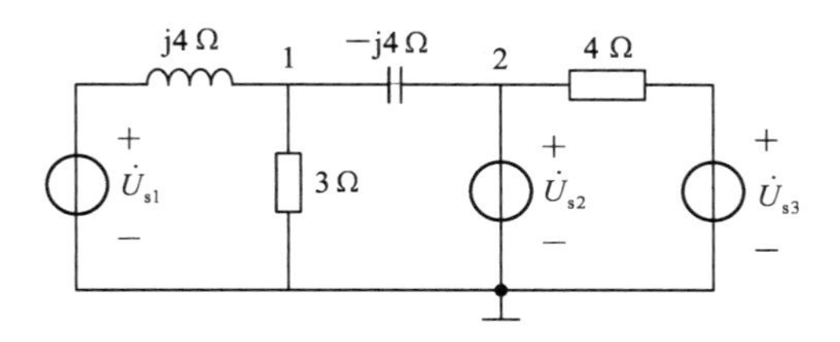

题4-33图

解　设节点电压分别为 $\dot{U}_1$、$\dot{U}_2$，列出节点方程为

$$\left(\frac{1}{j4}+\frac{1}{3}-\frac{1}{j4}\right)\dot{U}_1-\left(-\frac{1}{j4}\right)\dot{U}_2=\frac{\dot{U}_{s1}}{j4}$$

$$\dot{U}_2=\dot{U}_{s2}=j10\ \text{V}$$

解得

$$\dot{U}_1=-7.5-j7.5=7.5\sqrt{2}\angle-135°\ \text{V}$$

4-34　如题4-34图所示的电路，已知 $\dot{I}_s=2\angle 0°$ A，求负载 Z_L 获得最大功率时的阻抗值及负载吸收功率。

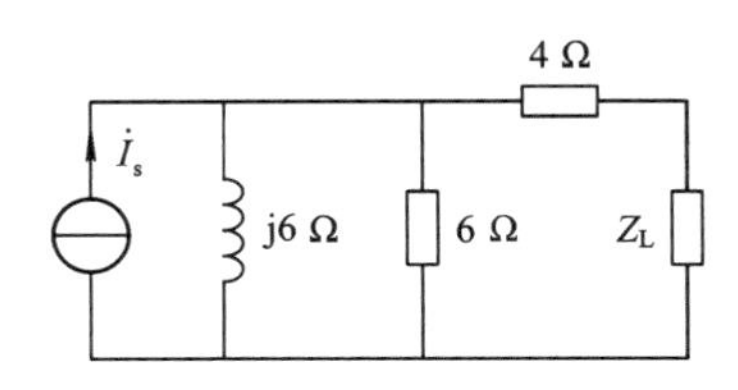

题4-34图

解　首先将除负载 Z_L 之外的电路进行戴维南等效。其开路电压为

$$\dot{U}_{OC}=[(j6)\ /\!/\ 6]\dot{I}_s=6+j6=6\sqrt{2}\angle 45°\ \text{V}$$

等效阻抗为

$$Z_0=1+(j6)\ /\!/\ 6=4+j3\ \Omega$$

故当 $Z_L=Z_0^*=4-j3\ \Omega$ 时，负载 Z_L 获得最大功率为

$$P_{L\max}=\frac{U_{OC}^2}{4R_0}=\frac{(6\sqrt{2})^2}{4\times 4}=4.5\ \text{W}$$

4-35　如题4-35图所示电路，已知 $u_s=3\cos t$ V，$i_s=3\cos t$ A，求负载 Z_L 获最大功率时阻抗值及负载吸收功率。

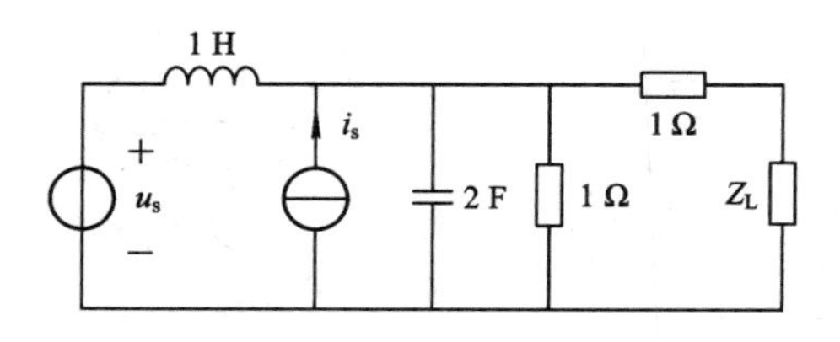

题 4 - 35 图

解 画出相量模型如题 4 - 35 解图所示。首先将除负载 Z_L 之外的电路进行戴维南等效。其开路电压为

$$\dot{U}_{OC} = [(-j0.5) \mathbin{/\!/} (j1) \mathbin{/\!/} 1]\left(\frac{\dot{U}_s}{j1} + \dot{I}_s\right)$$

$$= (0.5 - j0.5)\left(\frac{3}{\sqrt{2}} - j\frac{3}{\sqrt{2}}\right) = \frac{3}{\sqrt{2}}\angle -90^\circ \text{ V}$$

等效阻抗为

$$Z_0 = 1 + (-j0.5) \mathbin{/\!/} (j1) \mathbin{/\!/} 1 = 1.5 - j0.5\ \Omega$$

故当 $Z_L = Z_0^* = 1.5 + j0.5\ \Omega$ 时，负载 Z_L 获得最大功率为

$$P_{Lmax} = \frac{U_{OC}^2}{4R_0} = \frac{(3/\sqrt{2})^2}{4 \times 1.5} = \frac{3}{4}\text{ W}$$

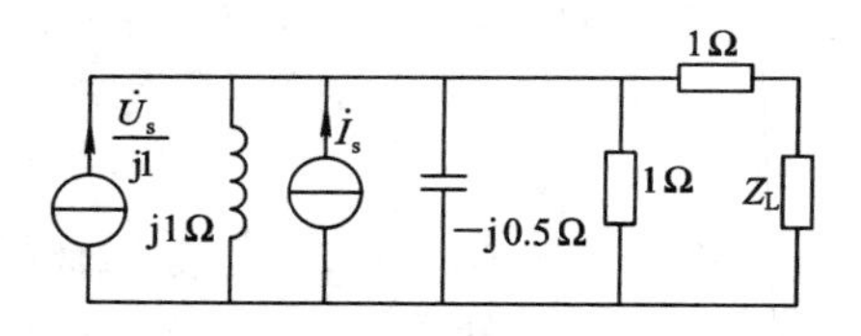

题 4 - 35 解图

4 - 36 如题 4 - 36 图所示电路，已知 $\dot{I}_s = 2\angle 0^\circ$ A，负载为何值时它能获得最大功率？最大功率 P_{Lmm} 是多少？

解 首先将除负载 Z_L 之外的电路进行戴维南等效。去掉 Z_L(如题 4 - 36 解图所示)，列出端口的伏安关系：

$$\dot{U} = (\dot{I} + 0.5\dot{I}_1) \times 250 - j25 \times \dot{I}_1$$

而

$$\dot{I} = \dot{I}_1 - 0.5\dot{I}_1 - \dot{I}_s$$

由以上两式消去 $\dot{I}_1$，并整理得

$$\dot{U} = 500(1 - j2) + 500(1 - j)\dot{I}$$

故戴维南等效电路中的开路电压

$$\dot{U}_{OC} = 500(1 - j2)\text{ V}$$

内阻抗

$$Z_0 = 500(1 - j)\ \Omega$$

因此，当 $Z_L = Z_0^* = 500(1 + j)\ \Omega$ 时，负载 Z_L 获得最大功率为

$$P_{Lmax} = \frac{U_{OC}^2}{4R_0} = \frac{(500\sqrt{5})^2}{4 \times 500} = 625\text{ W}$$

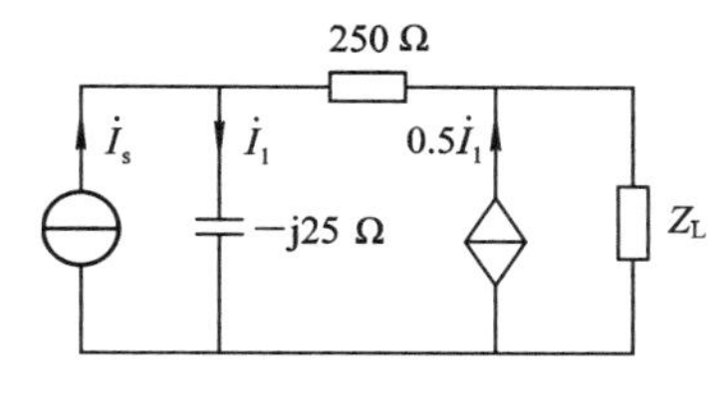

题 4-36 图

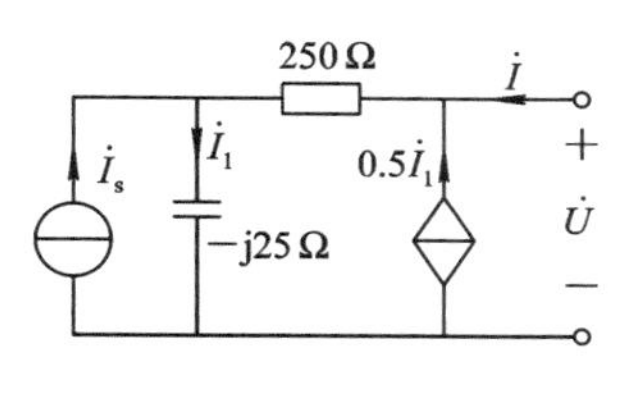

题 4-36 解图

4-37 如题 4-37 图电路，已知 $\dot{U}_s=6\angle0°$ V，负载为何值时获最大功率？最大功率 $P_{\rm Lmm}$是多少？

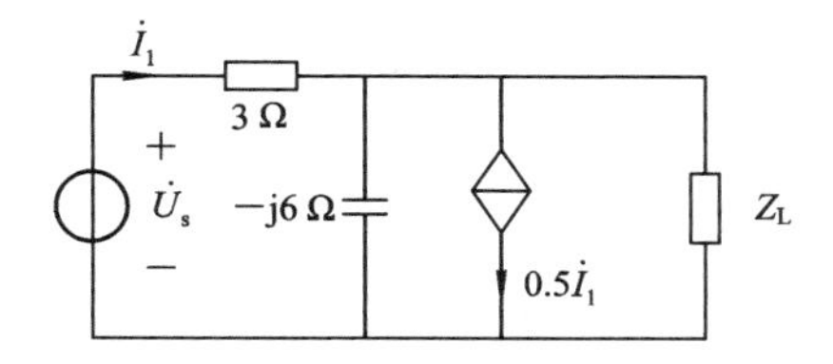

题 4-37 图

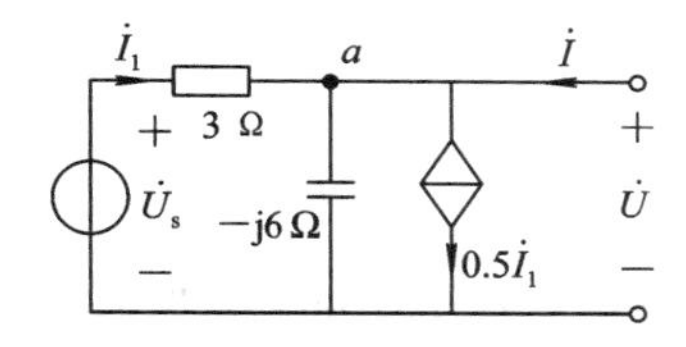

题 4-37 解图

解 首先将除负载 Z_L 之外的电路进行戴维南等效。去掉 Z_L（如题 4-37 解图所示），列出端口的伏安关系：

$$\dot{U}=-3\dot{I}_1+\dot{U}_s$$

在节点 a 由 KCL，有

$$\dot{I}+\dot{I}_1=0.5\dot{I}_1+\frac{\dot{U}}{-\mathrm{j}6}$$

由以上两式消去 $\dot{I}_1$，并整理得

$$\dot{U}=\frac{6}{\sqrt{2}}\angle-45°+3(1-\mathrm{j})\dot{I}$$

故戴维南等效电路中的开路电压

$$\dot{U}_{\rm OC}=\frac{6}{\sqrt{2}}\angle-45°\ \mathrm{V}$$

内阻抗

$$Z_0=3(1-\mathrm{j})\ \Omega$$

因此，当 $Z_L=Z_0^*=3(1+\mathrm{j})\ \Omega$ 时，负载 Z_L 获得最大功率为

$$P_{\rm Lmax}=\frac{U_{\rm OC}^2}{4R_0}=\frac{\left(\frac{6}{\sqrt{2}}\right)^2}{4\times3}=1.5\ \mathrm{W}$$

4-38 如题 4-38 图所示电路，已知 $R=10\ \Omega$，

(1) $u_{s1}=10\cos100t$ V，$u_{s2}=20\cos(100t+30°)$ V

(2) $u_{s1}=20\cos(t+25°)$ V，$u_{s2}=30\sin(5t-50°)$ V

求电阻 R 吸收的平均功率 P。

解 (1) 两电源同频率，其对应的相量为

$$\dot{U}_{s1}=\frac{10}{\sqrt{2}}\angle0°\ \mathrm{V},\quad \dot{U}_{s2}=\frac{20}{\sqrt{2}}\angle30°\ \mathrm{V}$$

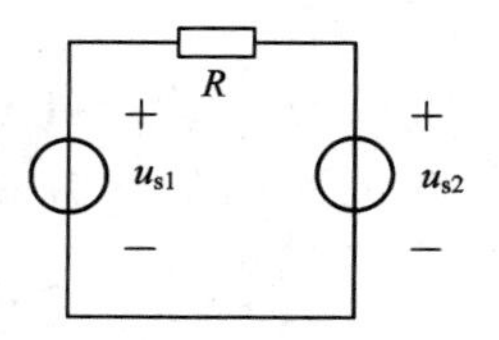

题 4-38 图

由 KVL，电阻上的电压

$$\dot{U}_R=\dot{U}_{s1}-\dot{U}_{s2}=\frac{10}{\sqrt{2}}\angle 0°-2\angle 30°=\frac{10}{\sqrt{2}}(-0.73-\mathrm{j})\ \mathrm{V}$$

故

$$P_R=\frac{U_R^2}{R}=\frac{\left(\frac{10}{\sqrt{2}}\right)^2\sqrt{0.73^2+1}}{10}=7.68\ \mathrm{W}$$

(2) 两电源频率不同，且两频率之比为有理数，因此可用功率叠加。

u_{s1}单独作用时，

$$P_{R1}=\frac{U_{s1}^2}{R}=\frac{\left(\frac{20}{\sqrt{2}}\right)^2}{10}=20\ \mathrm{W}$$

u_{s2}单独作用时，

$$P_{R2}=\frac{U_{s2}^2}{R}=\frac{\left(\frac{30}{\sqrt{2}}\right)^2}{10}=45\ \mathrm{W}$$

故

$$P_R=P_{R1}+P_{R2}=65\ \mathrm{W}$$

4-39　如题 4-39 图所示电路 N，其端口电压 $u=100+100\cos\omega t+30\cos 3\omega t$ V，电流 $i=50\cos(\omega t-45°)+10\sin(3\omega t-60°)+20\cos 5\omega t$ A。求电路吸收的平均功率 P 以及电压 u 和电流 i 的有效值。

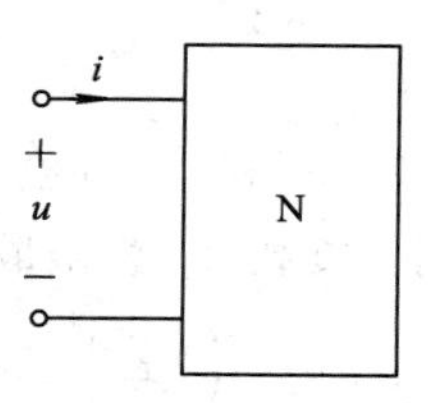

题 4-39 图

解　将电流 i 改写为

$$i=50\cos(\omega t-45°)+10\cos(3\omega t-150°)+20\cos 5\omega t\ \mathrm{A}$$

故根据多频电路功率和有效值的计算方法，可得

$$P=\frac{1}{2}\times 100\times 50\cos(0-45°)+\frac{1}{2}\times 30\times 10\cos(0+150°)$$
$$=1768-130=1638\ \mathrm{W}$$

$$U=\sqrt{100^2+\left(\frac{100}{\sqrt{2}}\right)^2+\left(\frac{30}{\sqrt{2}}\right)^2}=124.3\ \text{V}$$

$$I=\sqrt{\left(\frac{50}{\sqrt{2}}\right)^2+\left(\frac{10}{\sqrt{2}}\right)^2+\left(\frac{20}{\sqrt{2}}\right)^2}=38.7\ \text{V}$$

4-40 功率为 40 W，功率因数为 0.5 的日光灯(为感性负载)与功率为 60 W 的白炽灯(纯阻性负载)各 100 只，并联接于 220 V、50 Hz 的正弦交流电源上。

(1) 求电路的功率因数；

(2) 如要把电路的功率因数提高到 0.9，应并联多大的电容？

解 (1) 电路总平均功率为

$$P=(40+60)\times100=10\ 000\ \text{W}$$

一个日光灯的功率因数 $\cos\theta_1=0.5$，$\sin\theta_1=\sqrt{1-\sin^2\theta_1}=0.866$，其无功功率

$$Q_1=\frac{P_1}{\cos\theta_1}\sin\theta_1=\frac{40}{0.5}\times0.866=69.28\ \text{var}$$

总无功功率为

$$Q=100\times69.28=6928\ \text{var}$$

故电路的功率因数为

$$\cos\theta=\frac{P}{\sqrt{P^2+Q^2}}=\frac{10^4}{\sqrt{10^8+6928^2}}=0.822$$

(2) 并联电容后，$\cos\theta'=0.9$，$\sin\theta'=\sqrt{1-\cos^2\theta'}=\sqrt{1-0.9^2}=0.44$，总平均功率不变，总无功功率变为

$$Q'=\frac{P}{\cos\theta'}\sin\theta'=\frac{10^4}{0.9}\times0.44=4843\ \text{var}$$

无功功率降低就是并联电容所引起的。故电容的无功功率

$$Q_C=-\omega CU^2=Q'-Q=4843-6928=2082\ \text{var}$$

解得 $C=137.1\ \mu\text{F}$。

4-41 如题 4-41 图(a)所示电路，已知 $L_1=4\text{H}$，$L_2=3\text{H}$，$M=2\text{H}$。

(1) 如 i_s 的波形如图(b)所示，画出 u_{ab}、u_{cd} 和 u_{ac} 的波形。

(2) 如 $i_s=1-\text{e}^{-2t}$ A，求 u_{ab}、u_{cd} 和 u_{ac}。

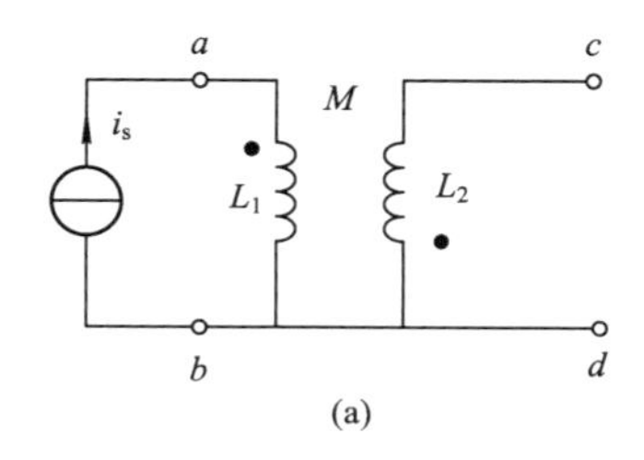

(a)

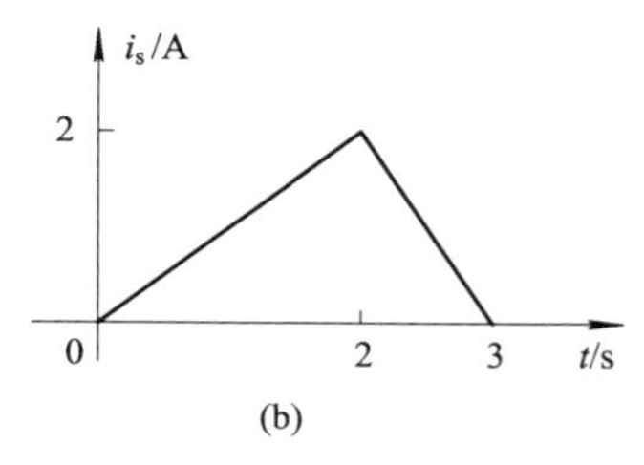

(b)

题 4-41 图

解 (1)

$$u_{ab}=L_1\frac{\text{d}i_s}{\text{d}t}=4\frac{\text{d}i_s}{\text{d}t}$$

$$u_{cd}=-M\frac{\mathrm{d}i_s}{\mathrm{d}t}=-2\frac{\mathrm{d}i_s}{\mathrm{d}t}$$

$$u_{ac}=u_{ab}-u_{cd}$$

画出 u_{ab}、u_{cd} 和 u_{ac} 的波形如题 4-41 解图所示。

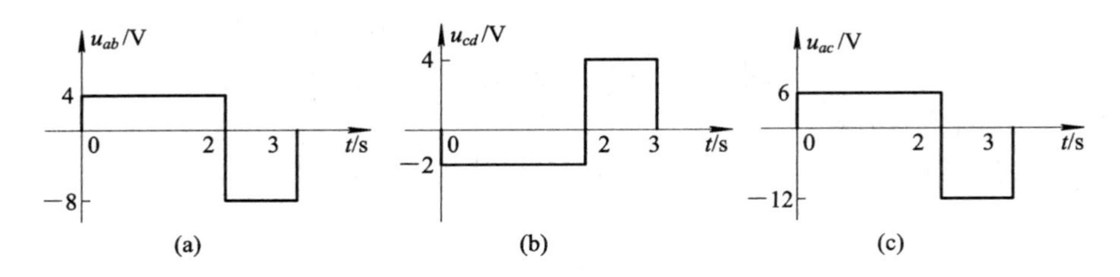

题 4-41 解图

(2) $i_s=1-\mathrm{e}^{-2t}$ A，则

$$u_{ab}=4\frac{\mathrm{d}i_s}{\mathrm{d}t}=8\mathrm{e}^{-2t}\ \mathrm{V}$$

$$u_{cd}=-2\frac{\mathrm{d}i_s}{\mathrm{d}t}=-4\mathrm{e}^{-2t}\ \mathrm{V}$$

$$u_{ac}=u_{ab}-u_{cd}=12\mathrm{e}^{-2t}\ \mathrm{V}$$

4-42　如题 4-42 图所示电路，如 $\dot{U}_s=6\angle 0°$ V，电源角频率 $\omega=2$ rad/s。

(1) 如 ab 端开路，求 $\dot{I}_1$ 和 $\dot{U}_{ab}$；

(2) 如将 ab 端短路，求 $\dot{I}_1$ 和 $\dot{I}_{ab}$。

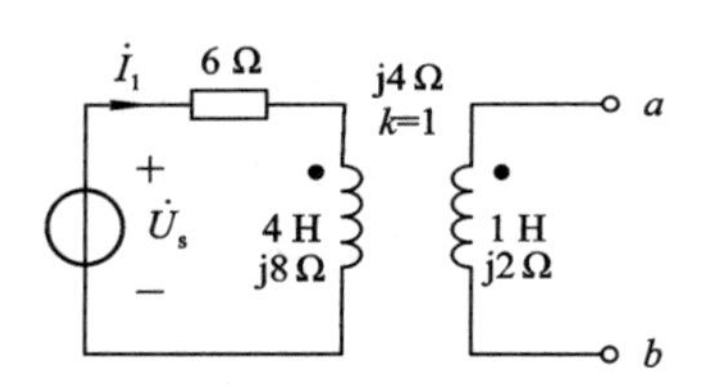

题 4-42 图

解　计算出 $\mathrm{j}\omega M=\mathrm{j}\omega\sqrt{L_1L_2}=\mathrm{j}4\ \Omega$，$\mathrm{j}\omega L_1=\mathrm{j}8\ \Omega$，$\mathrm{j}\omega L_2=\mathrm{j}2\ \Omega$，标于图中。

(1) ab 端开路时，

$$\dot{I}_1=\frac{\dot{U}_s}{6+\mathrm{j}8}=\frac{6\angle 0°}{6+\mathrm{j}8}=0.6\angle -53.1°\mathrm{A}$$

$$\dot{U}_{ab}=\mathrm{j}4\dot{I}_1=2.4\angle 36.9°\ \mathrm{V}$$

(2) ab 端短路时，

$$\dot{I}_1=\frac{\dot{U}_s}{6+\mathrm{j}8+\frac{4^2}{\mathrm{j}2}}=1\angle 0°\ \mathrm{A}$$

$$\dot{I}_{ab}=\frac{\mathrm{j}4\dot{I}_1}{\mathrm{j}2}=2\angle 0°\ \mathrm{A}$$

4-43　求题 4-43 图示电路的等效电感。

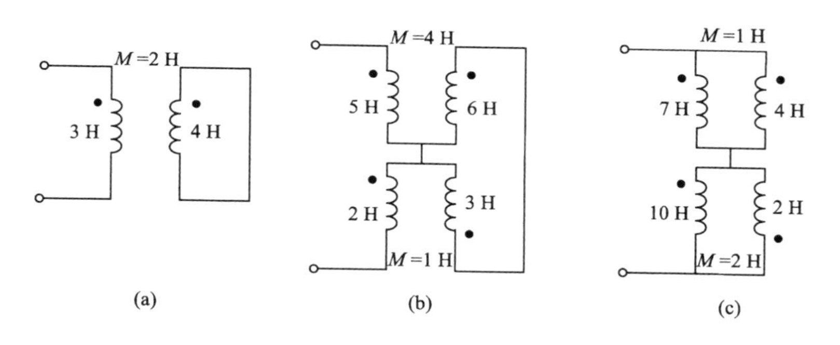

(a)　(b)　(c)

题 4－43 图

解　图(a)：将两线圈的下端相连，并进行 T 形等效，原电路等效为题 4－43 解图(a)所示电路。利用电感的串、并联关系，得等效电感

$$L=1+2/\!/2=2\ \mathrm{H}$$

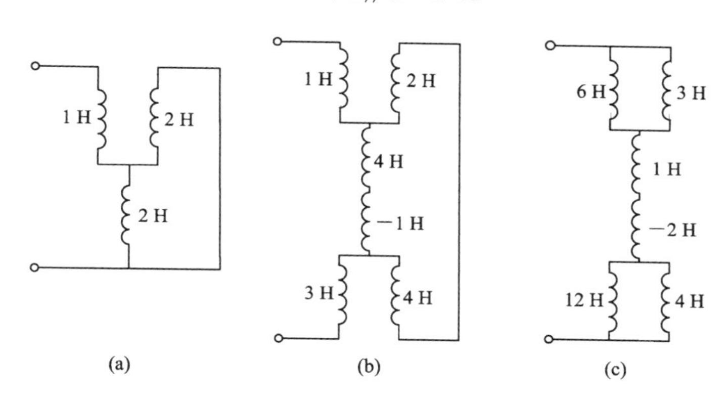

(a)　(b)　(c)

题 4－43 解图

图(b)：利用 T 形等效，将原电路等效为题 4－43 解图(b)所示电路。利用电感的串、并联关系，得等效电感

$$L=1+3+(4-1)/\!/(2+4)=6\ \mathrm{H}$$

图(c)：利用 T 形等效，将原电路等效为题 4－43 解图(c)所示电路。利用电感的串、并联关系，得等效电感

$$L=(6/\!/3)+1-2+(12/\!/4)=4\ \mathrm{H}$$

4－44　如题 4－44 图所示电路，已知 $X_{L1}=10\ \Omega$，$X_{L2}=6\ \Omega$，$X_M=4\ \Omega$，$X_{L3}=4\ \Omega$，$R_1=8\ \Omega$，$R_3=5\ \Omega$，端电压 $U=100$ V。

(1) 求 $\dot{I}_1$ 和 $\dot{I}_3$；

(2) 求 $\dot{U}_{ab}$。

解　利用 T 形去耦等效，并把参数代入，将原电路等效为如题 4－44 解图所示电路。

(1) 设 $\dot{U}=100\angle 0°$ V，则

$$Z_{ab}=8+\mathrm{j}14+(\mathrm{j}10)/\!/(-\mathrm{j}4+5+\mathrm{j}4)=12+\mathrm{j}16\ \Omega$$

$$\dot{I}_1=\frac{\dot{U}}{Z_{ab}}=\frac{100}{12+\mathrm{j}16}=5\angle-53.1°\ \mathrm{A}$$

由分流公式，得

$$\dot{I}_3 = \frac{\mathrm{j}10}{\mathrm{j}10+5}\dot{I}_1 = 4.47\angle -26.6^\circ\ \mathrm{A}$$

(2)
$$\dot{U}_{ab}=(8+\mathrm{j}14)\dot{I}_1+(-\mathrm{j}4)\dot{I}_3=75-\mathrm{j}6=72.25\angle -4.76^\circ\ \mathrm{V}$$

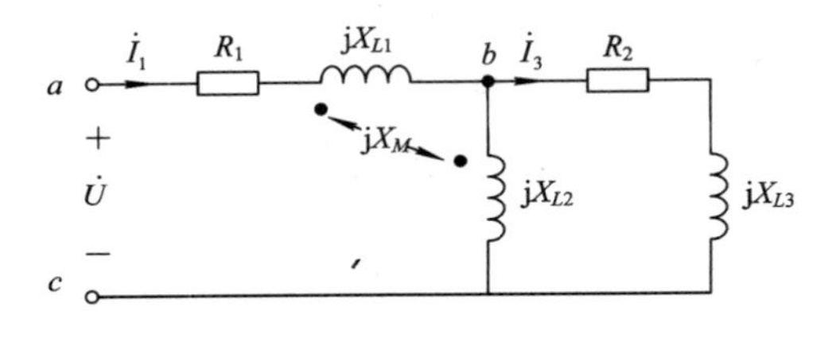

题 4-44 图

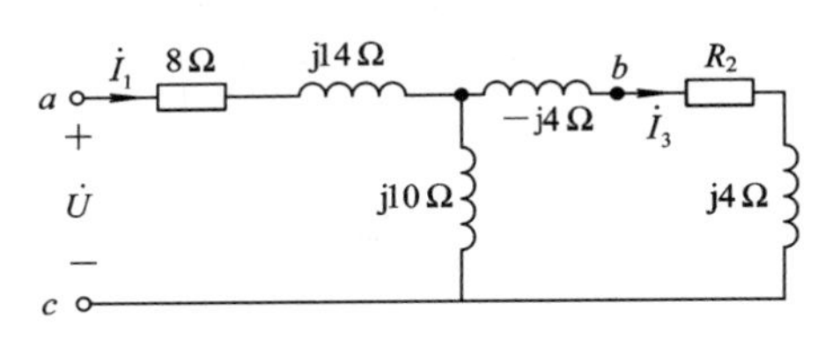

题 4-44 解图

4-45　如题 4-45 图所示电路，已知 $R_1=10\ \Omega$，$R_2=2\ \Omega$，$X_{L1}=30\ \Omega$，$X_{L2}=8\ \Omega$，$X_M=10\ \Omega$，$u_s=100\ \mathrm{V}$。

(1) 如果 $Z_L=2\ \Omega$，求 $\dot{I}_1$、$\dot{I}_2$ 和负载 Z_L 吸收的功率。

(2) 若 Z_L 为纯电阻 R_L，为使其获得最大功率，R_L 应取何值？求这时负载吸收功率；

(3) 若负载 Z_L 由电阻和电抗组成，即 $Z_L=R_L+\mathrm{j}X_L$，为使负载获得功率为最大，Z_L 应取何值？求这时负载吸收功率。

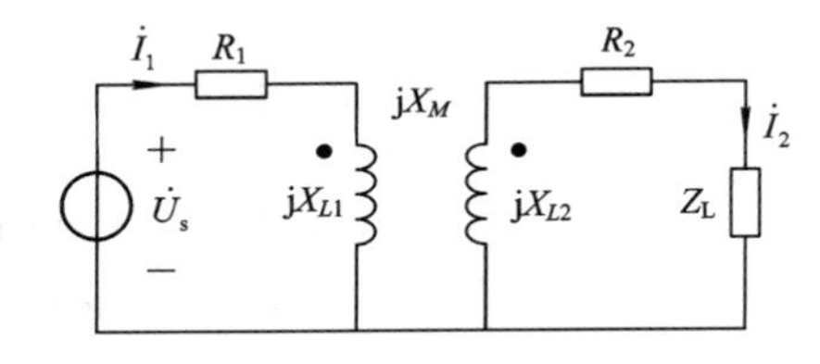

题 4-45 图

解　设 $\dot{U}=100\angle 0^\circ\ \mathrm{V}$，利用 T 形去耦等效，并把参数代入，将原电路等效为如题 4-45 解图所示电路。

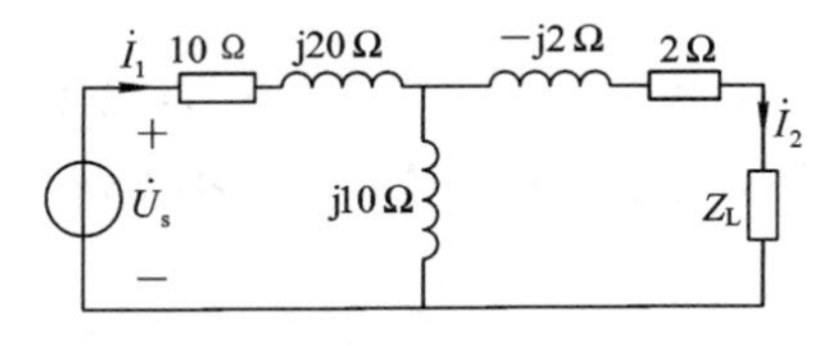

题 4-45 解图

(1) $Z_L=2\ \Omega$，则列出网孔方程

$$(10+\mathrm{j}30)\dot{I}_1-\mathrm{j}10\dot{I}_2=\dot{U}_s$$

$$-\mathrm{j}10\dot{I}_1+(\mathrm{j}10-\mathrm{j}2+2+Z_L)\dot{I}_2=0$$

将 $Z_L=2\ \Omega$ 和 $\dot{U}=100\angle 0^\circ\ \mathrm{V}$ 代入上述方程组，解得

$$\dot{I}_1=4\angle -53.1\ \mathrm{A}$$

$$\dot{I}_2=4.47\angle -26.6\ \mathrm{A}$$

负载 Z_L 的吸收功率为

$$P_L=2I_2^2=2\times 4.47^2=40\ \mathrm{W}$$

（2）当 Z_L 断开时，开路电压

$$\dot{U}_{OC}=\frac{j10}{10+j20+j10}\dot{U}_s=\frac{j10}{10+j30}\times 100=31.62\angle 18.4\ \text{V}$$

负载 Z_L 端看去的戴维南等效阻抗为

$$Z_0=2-j2+(j10)\ //\ (10+j20)=3+j5\ \Omega$$

故当 $Z_L=R_L=|Z_0|=\sqrt{3^2+5^2}=\sqrt{34}=5.83\ \Omega$ 时，负载获得功率为最大。此时

$$\dot{I}_2=\frac{\dot{U}_{OC}}{Z_0+R_L}=\frac{31.62\angle 18.4^\circ}{3+j5+5.83}=3.12\angle -11.12^\circ\ \text{A}$$

最大功率为

$$P_{Lm}=R_L I_2^2=5.83\times 3.12^2=56.75\ \text{W}$$

（3）若负载 Z_L 由电阻和电抗组成，即 $Z_L=R_L+jX_L$，则当 $Z_L=Z_0^*=3-j5\ \Omega$ 时，负载获得最大功率，其为

$$P_{L\max}=\frac{U_{OC}^2}{4R_0}=\frac{31.62^2}{4\times 3}=83.3\ \text{W}$$

4-46　如题 4-46 图所示电路，已知 $X_{L1}=X_{L2}=1\ \Omega$，耦合系数 $k=1$，$X_C=1\ \Omega$，$R_1=R_2=1\ \Omega$，$\dot{I}_s=1\angle 0^\circ$ A，求 $\dot{U}_2$。

解　利用 T 形去耦等效，并把参数代入，将原电路等效为如题 4-46 解图所示电路。其中 $j\omega M=\sqrt{X_{L1}X_{L2}}=j1\ \Omega$。列出网孔方程为

$$(1+j3)\dot{I}_1-j2\dot{I}_2-j2\dot{I}_s=0$$
$$-j2\dot{I}_1+(1+j1)\dot{I}_2-(-j1)\dot{I}_s=0$$

将 $\dot{I}_s=1\angle 0^\circ$ A 代入以上两式，可解得

$$\dot{I}_2=0.316\angle 161.6^\circ\ \text{A}$$
$$\dot{U}_2=1\times\dot{I}_2=0.316\angle 161.6^\circ\ \text{V}$$

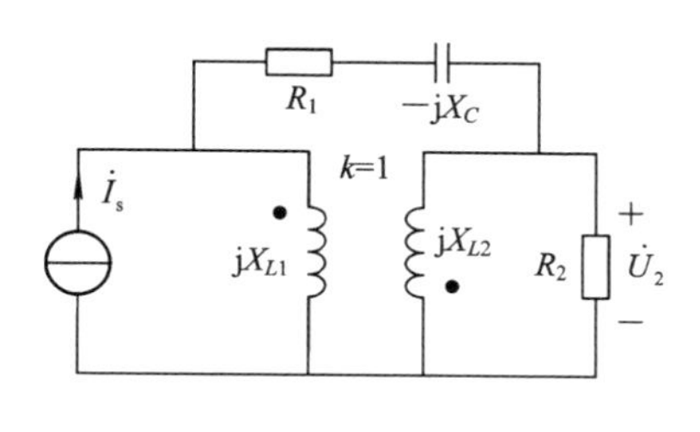

题 4-46 图

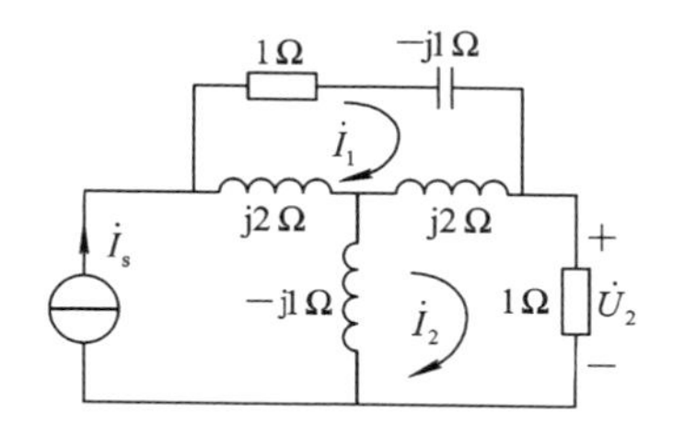

题 4-46 解图

4-47　如题 4-47 图所示电路，已知 $\dot{U}_s=16\angle 0^\circ$ V，求 $\dot{I}_1$、$\dot{U}_2$ 和 R_L 吸收的功率。

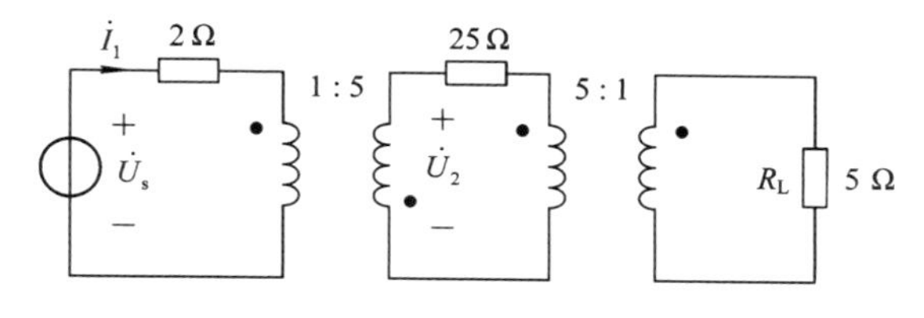

题 4-47 图

解　利用理想变压器的变阻特性，并由题 4-47 解图有

$$R_{L1} = 5^2 R_L = 5^2 \times 5 = 125\ \Omega$$

$$R_{L2} = \frac{1}{5^2}(R_{L1} + 25) = 6\ \Omega$$

$$\dot{I}_1 = \frac{\dot{U}_s}{2 + R_{L2}} = \frac{16\angle 0°}{8} = 2\angle 0°\text{A}$$

$$\dot{U}_1 = R_{L2}\dot{I}_1 = 6 \times 2\angle 0° = 12\angle 0°\ \text{V}$$

$$\dot{U}_2 = -5\dot{U}_1 = 60\angle 180°\ \text{V}$$

$$\dot{U}_3 = \frac{R_{L1}}{25 + R_{L1}}\dot{U}_2 = \frac{125}{25 + 125} \times 60\angle 180° = 50\angle 180°\ \text{V}$$

则负载吸收的功率为

$$P_L = \frac{U_3^2}{R_{L1}} = \frac{50^2}{125} = 20\ \text{W}$$

题 4-47 解图

4-48　如题 4-48 图所示电路，$\dot{U}_s = 12\angle 0°$ V，$\dot{I}_s = 2\angle 0°$ A，为使 R_L 能获得最大功率，求匝数比 n 和 R_L 吸收的功率。

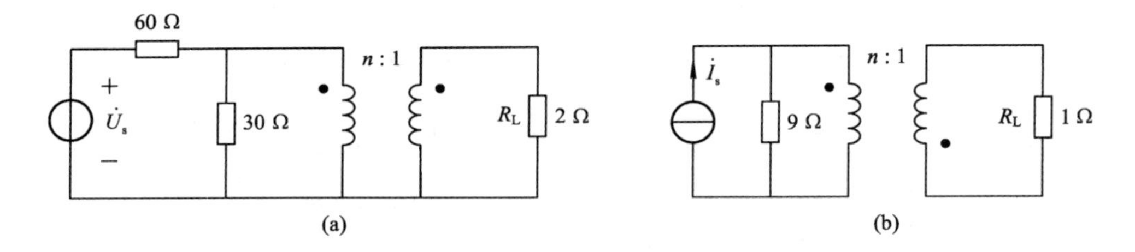

题 4-48 图

解　(1) 由题 4-48 解图(a)，图中 ab 端以左电路的开路电压

$$\dot{U}_{OC} = \frac{30}{60 + 30}\dot{U}_s = \frac{30}{90} \times 6\angle 0° = 4\angle 0°\ \text{V}$$

戴维南等效电阻为

$$R_0 = 60 /\!/ 30 = 20\ \Omega$$

利用理想变压器的变阻特性，得从 ab 端向右看去的等效电阻为

$$R_{L1} = n^2 R_L = 2n^2\ \Omega$$

故当 $R_{L1} = 2n^2 = R_0 = 20\ \Omega$，即 $n = \sqrt{10}$ 时，R_L 获得最大功率为

$$P_{L\max} = \frac{U_{OC}^2}{4R_0} = \frac{4^2}{4 \times 20} = 0.2\ \text{W}$$

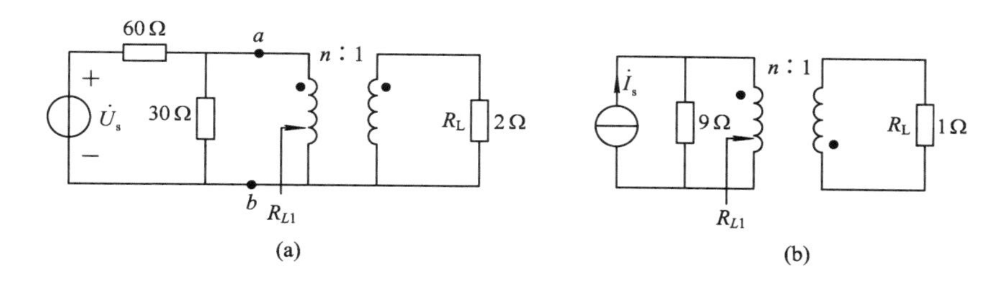

题 4 - 48 解图

(2) 由题 4 - 48 解图(b)，利用理想变压器的变阻特性，得

$$R_{L1} = n^2 R_L = n^2$$

故当 $R_{L1}=n^2=9\ \Omega$，即 $n=3$ 时，R_L 获得最大功率为

$$P_{L\max} = \frac{1}{4} I_s^2 R_{L1} = \frac{1}{4} \times 2^2 \times 9 = 9\ \text{W}$$

4 - 49　如题 4 - 49 图所示电路，$\dot{U}_s=6\angle 0°\ \text{V}$，

(1) 求电流 I_1、从电源端看去的输入阻抗 Z_{in} 和 R_L 吸收的功率；

(2) 如图中 ab 短路，再求 I_1、Z_{in} 和 R_L 吸收的功率。

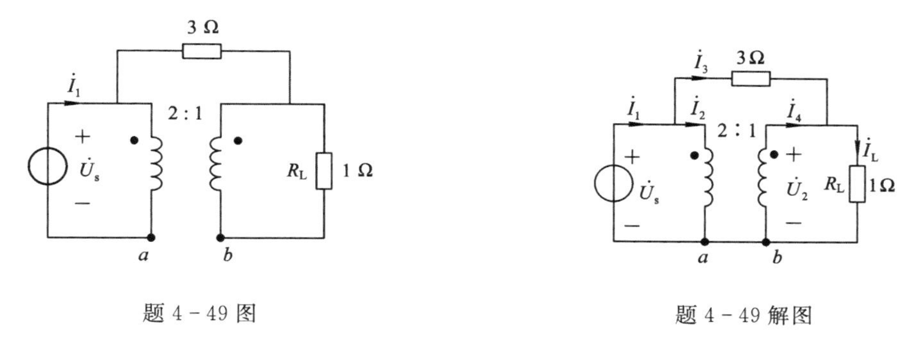

题 4 - 49 图　　　　题 4 - 49 解图

解　(1) 3 Ω 电阻无电流，可看做开路，故利用变阻特性，得输入阻抗

$$Z_{in} = 2^2 R_L = 4 \times 1 = 4\ \Omega$$

$$\dot{I}_1 = \frac{\dot{U}_s}{Z_{in}} = \frac{6\angle 0°}{4} = 1.5\angle 0°\ \text{A}$$

$$I_1 = 1.5\ \text{A}$$

$$P_L = \frac{\left(\dfrac{U_s}{2}\right)^2}{R_L} = \frac{\left(\dfrac{6}{2}\right)^2}{1} = 9\ \text{W}$$

(2) ab 短路时，如题 4 - 49 解图所示电路。

$$\dot{U}_2 = \frac{1}{2}\dot{U}_s = 3\angle 0°\ \text{A}$$

$$\dot{I}_L = \frac{\dot{U}_2}{R_L} = \frac{3\angle 0°}{1} = 3\angle 0°\ \text{A}$$

$$\dot{I}_3 = \frac{\dot{U}_s - \dot{U}_2}{3} = \frac{6-3}{3} = 1\angle 0°\ \text{A}$$

$$\dot{I}_4 = \dot{I}_L - \dot{I}_3 = 3 - 1 = 2\angle 0^\circ\ \text{A}$$

$$\dot{I}_2 = \frac{1}{2}\dot{I}_4 = 1\angle 0^\circ\ \text{A}$$

$$\dot{I}_1 = \dot{I}_2 + \dot{I}_3 = 2\angle 0^\circ\ \text{A}$$

故有

$$Z_{\text{in}} = \frac{\dot{U}_s}{\dot{I}} = \frac{6\angle 0^\circ}{2\angle 0^\circ} = 3\ \Omega$$

$$P_{\text{L}} = \frac{U_2^2}{R_{\text{L}}} = \frac{3^2}{1} = 9\ \text{W}$$

4-50　如题 4-50 图所示的电路，$\dot{I}_s = 1\angle 0^\circ$ A，求电源端电压 $\dot{U}$、输入阻抗 Z_{in} 和电压 $\dot{U}_2$。

解　标出各元件电压和电流如题 4-50 解图中所示。

$$\dot{I}_2 = 2\dot{I}_s = 2\times 1\angle 0^\circ = 2\angle 0^\circ\ \text{A}$$

$$\dot{U}_2 = 2\dot{I}_2 = 2\times 2\angle 0^\circ = 4\angle 0^\circ\ \text{V}$$

$$\dot{U}_4 = 2(\dot{I}_s - \dot{I}_2) = 2\times(1-2) = -2\ \text{V}$$

在右边回路列出 KVL 方程，有

$$\dot{U}_3 = \dot{U}_2 - \dot{U}_4 = 4-(-2) = 6\ \text{V}$$

$$\dot{U}_1 = 2\dot{U}_3 = 12\ \text{V}$$

$$\dot{U} = \dot{U}_1 + \dot{U}_4 = 12+(-2) = 10\ \text{V}$$

$$Z_{\text{in}} = \frac{\dot{U}}{\dot{I}_s} = \frac{10}{1\angle 0^\circ} = 10\ \Omega$$

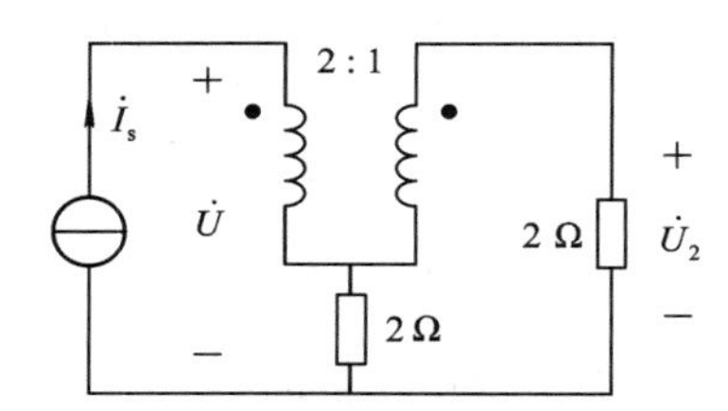

题 4-50 图

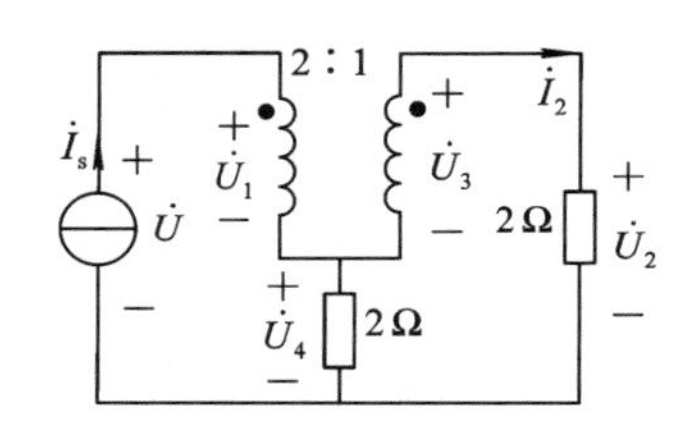

题 4-50 解图

4-51　如题 4-51 图所示，日光灯可等效为 RL 串联的感性负载，已知 $U=220$ V，$f=50$ Hz，R 消耗的功率为 40 W，$I_{\text{L}}=0.4$ A。为使功率因数为 0.8，应并联多大的电容 C？并求 L 的值。

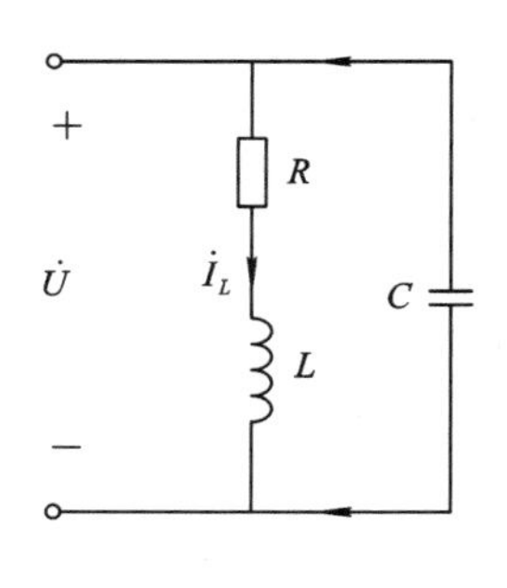

题 4-51 图

解　并联 C 前，电路的视在功率为

$$S_1 = UI_L = 220\times 0.4 = 88\ \text{V}\cdot\text{A}$$

无功功率为

$$Q_1 = \sqrt{S_1^2 - P^2} = \sqrt{88^2 - 40^2} = 78.38\ \text{var}$$

由电路知，$Q_1 = \omega L I_L^2$，故

$$L = \frac{Q_1}{\omega I_L^2} = \frac{78.38}{2\pi\times 50\times 0.4^2} = 1.56\ \text{H}$$

并联 C 后，电路消耗功率 $P=40$ W 不变。$\cos\theta_2=0.8$，$\sin\theta_2=\sqrt{1-0.8^2}=0.6$，电路的无功功率为

$$Q_2 = P\tan\theta_2 = 40\times\frac{0.6}{0.8} = 30\ \text{var}$$

故电容的无功功率

$$Q_C = -\omega CU^2 = Q_2 - Q_1 = 30 - 78.38 = -48.38$$

解得

$$C = \frac{48.38}{\omega U^2} = \frac{48.38}{2\pi\times 50\times 220^2} = 3.18\ \mu\text{F}$$

4－52　如题 4－52 图所示，将 3 个负载并联接到 220 V 的正弦电源上，各负载消耗的功率和电流分别为 $P_1=4.4$ kW，$I_1=44.7$ A(感性)；$P_2=8.8$ kW，$I_1=50$ A(感性)；$P_3=6.6$ kW，$I_3=60$ A(容性)。求图中电流表和功率表的读数以及电路的功率因数。

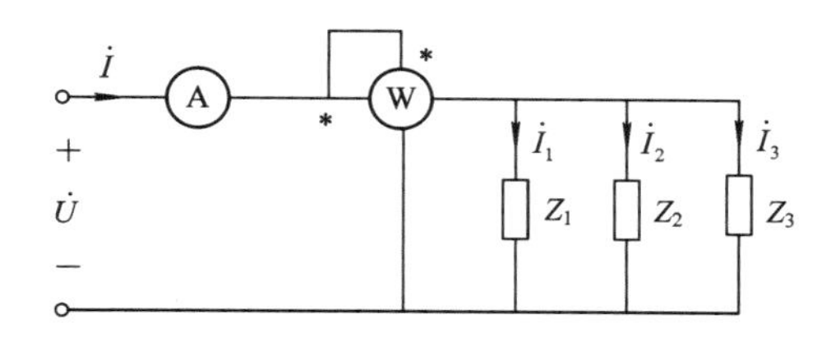

题 4－52 图

解　功率表的读数为

$$P=P_1+P_2+P_3=4.4+8.8+6.6=19.8\ \text{kW}$$

Z_1、Z_2 和 Z_3 的视在功率和无功功率分别为

$$S_1 = UI_1 = 220\times 44.7 = 9834\ \text{V}\cdot\text{A}$$

$$Q_1 = \sqrt{S_1^2 - P_1^2} = \sqrt{9834^2 - 4400^2} = 8794.7\ \text{var}\ (\text{感性})$$

$$S_2 = UI_2 = 220\times 50 = 11\,000\ \text{V}\cdot\text{A}$$

$$Q_2 = \sqrt{S_2^2 - P_2^2} = \sqrt{11\,000^2 - 8800^2} = 6600\ \text{var}\ (\text{感性})$$

$$S_3 = UI_3 = 220\times 60 = 13\,200\ \text{V}\cdot\text{A}$$

$$Q_3 = -\sqrt{S_3^2 - P_3^2} = -\sqrt{13\,200^2 - 6600^2} = -11\,431.5\ \text{var}\ (\text{容性})$$

电路的总无功功率为

$$Q = Q_1 + Q_2 + Q_3 = 8794.7 + 6600 - 11\,431.5 = 3963.2\ \text{W}$$

故电路的功率因数为

$$\cos\theta = \frac{P}{S} = \frac{P}{\sqrt{P^2+Q^2}} = \frac{19\,800}{\sqrt{19\,800^2 + 3963.2^2}} = 0.981$$

电流表的读数为

$$I = \frac{P}{U\cos\theta} = \frac{19\,800}{220\times 0.981} = 91.74\ \text{A}$$

4－53　某电路由 75 只功率为 40 W、功率因数为 0.5 的日光灯与 100 只功率为 50 W 的白炽灯相并联组成，它由 220 V 的正弦电源($f=50$ Hz)供电。若要将该电路的功率因数提高到 0.92(感性)，应并联多大的电容？

解 电路的总平均功率为

$$P=75\times40+100\times50=8000\ \text{W}$$

每只日光灯的功率因数 $\cos\theta_1=0.5$，$\sin\theta_1=\sqrt{1-\cos^2\theta_1}=\sqrt{1-0.5^2}=0.866$，其无功功率为

$$Q_1=P_1\frac{\sin\theta_1}{\cos\theta_1}=40\times\frac{0.866}{0.5}=69.28\ \text{var}$$

电路的总无功功率为

$$Q=75\times69.28=5196\ \text{var}$$

并联电容 C 后，电路消耗功率 $P=8000$ W 不变。$\cos\theta'=0.92$，$\sin\theta'=\sqrt{1-0.92^2}=0.392$，电路的总无功功率为

$$Q'=P\tan\theta'=8000\times\frac{0.392}{0.92}=3408\ \text{var}$$

故电容的无功功率

$$Q_C=-\omega CU^2=Q'-Q=3408-5196=-1788$$

解得

$$C=\frac{1788}{\omega U^2}=\frac{1788}{2\pi\times50\times220^2}=117.6\ \mu\text{F}$$

4-54 如题 4-54 图所示电路，已知 $u_s(t)=10\sqrt{2}\cos t+5\sqrt{2}\cos 2t$ V，为使负载电阻 R_L 从 N 中获得最大功率，在 N 和 R_L 之间插入一个纯电抗匹配电路，如图所示。求匹配电路中的元件参数值，并计算出最大功率。

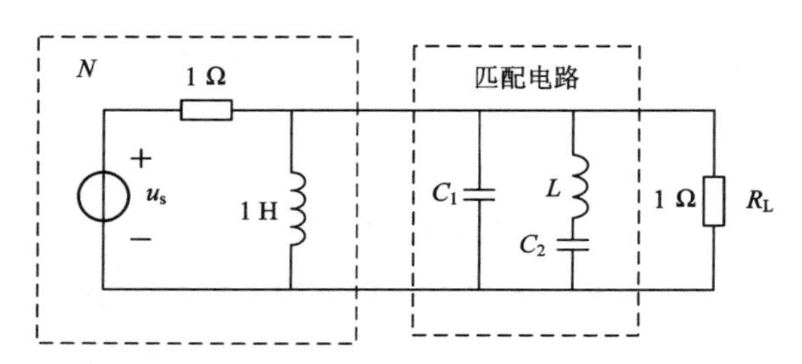

题 4-54 图

解 如题 4-54 解图所示，ab 端以左电路的戴维南等效阻抗为

$$Z_0(\text{j}\omega)=\frac{\text{j}\omega}{1+\text{j}\omega}=\frac{\omega^2}{1+\omega^2}+\text{j}\frac{\omega}{1+\omega^2}$$

开路电压

$$\dot{U}_{OC}(\text{j}\omega)=\frac{\text{j}\omega}{1+\text{j}\omega}\dot{U}_s(\text{j}\omega)$$

ab 端以右电路的等效阻抗为

$$Z_{ab}(\text{j}\omega)=\frac{1}{\dfrac{1}{R_L}+\text{j}\omega C_1+\dfrac{1}{\text{j}\left(\omega L-\dfrac{1}{\omega C_2}\right)}}=\frac{\text{j}\left(\omega L-\dfrac{1}{\omega C_2}\right)}{\text{j}\left(\omega L-\dfrac{1}{\omega C_2}\right)+1-\omega^2LC_1+\dfrac{C_1}{C_2}}$$

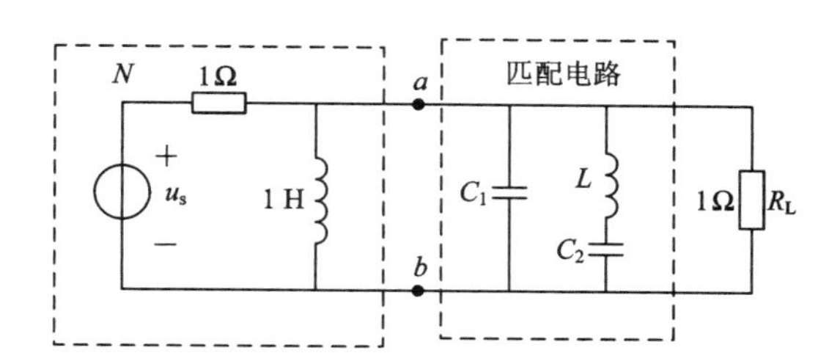

题 4 - 54 解图

$$= \frac{\left(\omega L - \frac{1}{\omega C_2}\right)^2}{\left(1 - \omega^2 LC_1 + \frac{C_1}{C_2}\right)^2 + \left(\omega L - \frac{1}{\omega C_2}\right)^2} + \mathrm{j}\frac{\left(\omega L - \frac{1}{\omega C_2}\right)\left(1 - \omega^2 LC_1 + \frac{C_1}{C_2}\right)}{\left(1 - \omega^2 LC_1 + \frac{C_1}{C_2}\right)^2 + \left(\omega L - \frac{1}{\omega C_2}\right)^2} \quad ①$$

当 $\omega=1$ rad/s 时，

$$Z_0(\mathrm{j}1) = 0.5 + \mathrm{j}0.5\ \Omega$$

$$\dot{U}_{\mathrm{OC}}(\mathrm{j}1) = \frac{\mathrm{j}1}{1+\mathrm{j}1}\dot{U}_s(\mathrm{j}1) = \frac{1\angle 90^\circ}{\sqrt{2}\angle 45^\circ} \times 10\angle 0^\circ = 5\sqrt{2}\angle 45^\circ\ \mathrm{V}$$

当 $\omega=2$ rad/s 时，

$$Z_0(\mathrm{j}2) = 0.8 + \mathrm{j}0.4\ \Omega$$

$$\dot{U}_{\mathrm{OC}}(\mathrm{j}2) = \frac{\mathrm{j}2}{1+\mathrm{j}2}\dot{U}_s(\mathrm{j}2) = \frac{2\angle 90^\circ}{\sqrt{5}\angle 63.4^\circ} \times 10\angle 0^\circ = 4\sqrt{5}\angle 26.6^\circ\ \mathrm{V}$$

根据最大功率传输定理，要求纯电抗匹配电路的输入阻抗

$$Z_{ab}(\mathrm{j}1) = 0.5 - \mathrm{j}0.5\ \Omega \quad ②$$

$$Z_{ab}(\mathrm{j}2) = 0.8 - \mathrm{j}0.4\ \Omega \quad ③$$

时，负载获得最大功率，其为

$$P_{\mathrm{Lmax}} = \frac{(5\sqrt{2})^2}{4\times 0.5} + \frac{(4\sqrt{5})^2}{4\times 0.8} = 45\ \mathrm{W}$$

式①与式②、③结合，有

$$\frac{\left(L - \frac{1}{C_2}\right)^2}{\left(1 - LC_1 + \frac{C_1}{C_2}\right)^2 + \left(L - \frac{1}{C_2}\right)^2} = 0.5$$

$$\frac{\left(L - \frac{1}{C_2}\right)\left(1 - LC_1 + \frac{C_1}{C_2}\right)}{\left(1 - LC_1 + \frac{C_1}{C_2}\right)^2 + \left(L - \frac{1}{C_2}\right)^2} = -0.5$$

$$\frac{\left(2L - \frac{1}{2C_2}\right)^2}{\left(1 - 4LC_1 + \frac{C_1}{C_2}\right)^2 + \left(2L - \frac{1}{2C_2}\right)^2} = 0.8$$

$$\frac{\left(2L - \frac{1}{2C_2}\right)\left(1 - 4LC_1 + \frac{C_1}{C_2}\right)}{\left(1 - 4LC_1 + \frac{C_1}{C_2}\right)^2 + \left(2L - \frac{1}{2C_2}\right)^2} = -0.4$$

由以上四式可得到下面两个方程：

$$\frac{1}{C_2}-L=1-LC_1+\frac{C_1}{C_2}$$

$$\frac{1}{2C_2}-2L=2\left(1-4LC_1+\frac{C_1}{C_2}\right)$$

选 $L=2$ H，代入上两式可解得 $C_1=0.5$ F，$C_2=0.25$ F。

4-55　设题 4-55 图中的电容存在泄漏，且泄漏电阻等于 5 kΩ，电源频率为 10 Hz，$u_s=10$ V，试说明此泄漏电阻对输出电压 $\dot{U}_C$ 的影响。

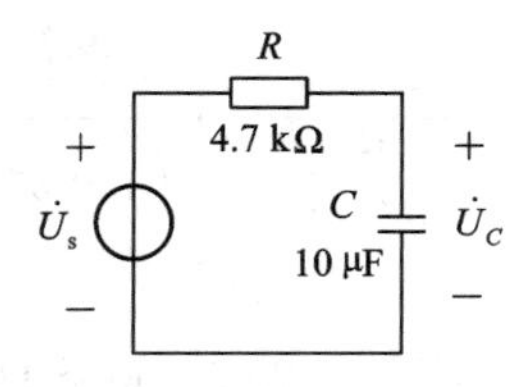

题 4-55 图

解　电容的容抗为

$$X_C=\frac{1}{\omega C}=\frac{1}{2\pi\times10\times10\times10^{-6}}=1591.5\ \Omega$$

当电容无泄漏时，利用分压公式，得

$$\dot{U}_C=\frac{-jX_C}{R-jX_C}\dot{U}_s=\frac{-j1591.5}{4700-j1591.5}\times10=\frac{15\ 915\angle-90^\circ}{\angle-18.7^\circ}=3.21\angle-71.3^\circ\ \text{V}$$

当电容存在泄漏时，其等效电路如题 4-55 解图所示。利用分压公式，得

$$\dot{U}_C=\frac{(-jX_C)\ /\!/\ (5\times10^3)}{R+(-jX_C)\ /\!/\ (5\times10^3)}\dot{U}_s=\frac{(-j1591.5)\ /\!/\ (5\times10^3)}{4700+(-j1591.5)\ /\!/\ (5\times10^3)}\times10$$

$$=\frac{460-j1445.1}{5160-j1445.1}\times10=2.83\angle-56.7^\circ\ \text{V}$$

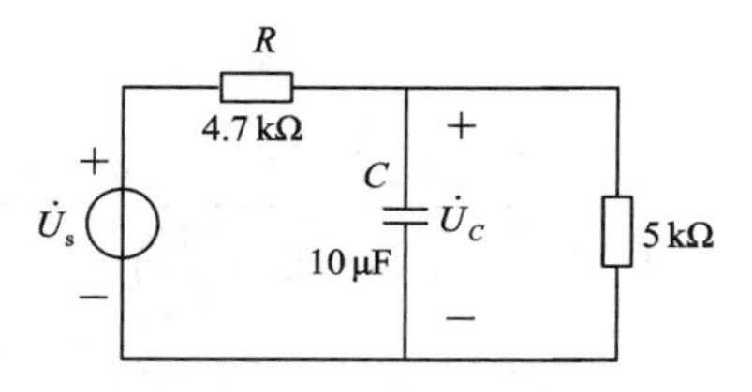

题 4-55 解图

第 5 章　电路的频率响应和谐振现象

5.1　基本要求

（1）掌握正弦稳态电路网络函数及频率响应的含义。了解滤波器的有关概念。掌握 RC 电路的低通、高通性质。

（2）深刻理解电路谐振的概念。熟练掌握电路串联谐振与并联谐振的条件和特性。掌握特性阻抗和品质因数，通频带和选频的概念。

5.2　知识点归纳

5.2.1　网络函数与频率响应

对于相量模型，在单一激励的情况下，将响应相量 $\dot{Y}$ 与激励相量 $\dot{F}$ 之比定义为网络函数 $H(\mathrm{j}\omega)$，即

$$H(\mathrm{j}\omega)=\frac{\dot{Y}}{\dot{F}}=|H(\mathrm{j}\omega)|\angle\theta(\omega)$$

$|H(\mathrm{j}\omega)|$ 与频率之间的关系特性称为电路的幅频特性，它反映了响应与激励的振幅（或有效值）之比随频率变化的情况。$\theta(\omega)$ 与频率之间的关系特性称为电路的相频特性，它反映了响应超前于激励的相位差随频率变化的情况。幅频特性和相频特性统称为频率特性（或频率响应）。

通常将 $\frac{|H(\mathrm{j}\omega)|}{H_{\max}}\geqslant\frac{\sqrt{2}}{2}$ 的频率范围称为电路的通（频）带，其中 $H_{\max}$ 为 $|H(\mathrm{j}\omega)|$ 的最大值，而将 $\frac{|H(\mathrm{j}\omega)|}{H_{\max}}<\frac{\sqrt{2}}{2}$ 的频率范围称为电路的止带或阻带。通带与阻带的边界频率称为截止频率（也称 3 dB 频率或半功率点频率），用 f_c 表示，截止角频率用 ω_c 表示。

按通带、止带的频率范围，电路可分为低通、高通、带通、带阻和全通滤波电路。表 5-1 给出了典型一阶 RC 低通和高通电路的特性。

表 5－1　典型一阶 *RC* 低通和高通电路的特性

	一阶 *RC* 低通滤波电路	一阶 *RC* 高通滤波电路
电路形式	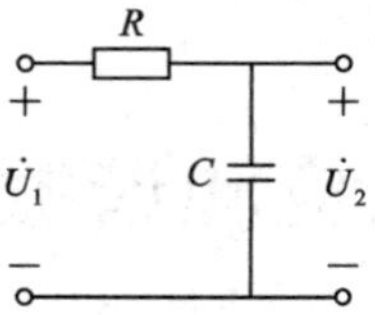 R　C　$+$ $\dot U_1$ $-$　$+$ $\dot U_2$ $-$	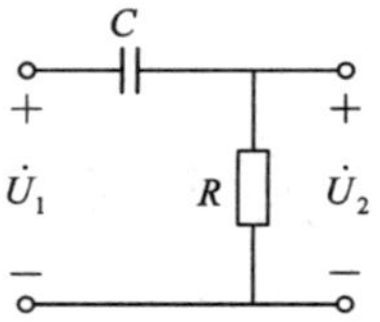 C　R　$+$ $\dot U_1$ $-$　$+$ $\dot U_2$ $-$
网络函数与频率响应	$H(\mathrm{j}\omega)=\dfrac{\dot U_2}{\dot U_1}=\dfrac{1}{1+\mathrm{j}\omega RC}$ $\lvert H(\mathrm{j}\omega)\rvert=\dfrac{1}{\sqrt{1+(\omega RC)^2}}$ $\theta(\omega)=-\arctan\omega RC$	$H(\mathrm{j}\omega)=\dfrac{\dot U_2}{\dot U_1}=\dfrac{1}{1-\mathrm{j}\dfrac{1}{\omega RC}}$ $\lvert H(\mathrm{j}\omega)\rvert=\dfrac{1}{\sqrt{1+\left(\dfrac{1}{\omega RC}\right)^2}}$ $\theta(\omega)=\arctan\dfrac{1}{\omega RC}$
截止角频率	$\omega_c=\dfrac{1}{RC}$ rad/s	$\omega_c=\dfrac{1}{RC}$ rad/s
通频带	$B=0\sim\omega_c$ rad/s	$B=\omega_c\sim\infty$ rad/s
特性曲线	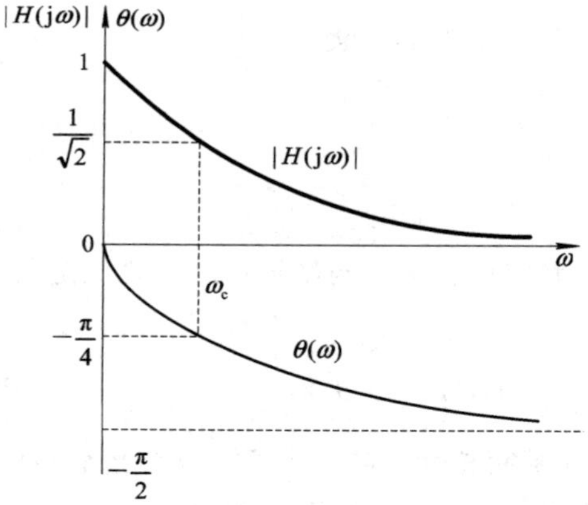 $\lvert H(\mathrm{j}\omega)\rvert$　$\theta(\omega)$　1　$\frac{1}{\sqrt2}$　0　$-\frac{\pi}{4}$　$-\frac{\pi}{2}$　ω_c　ω	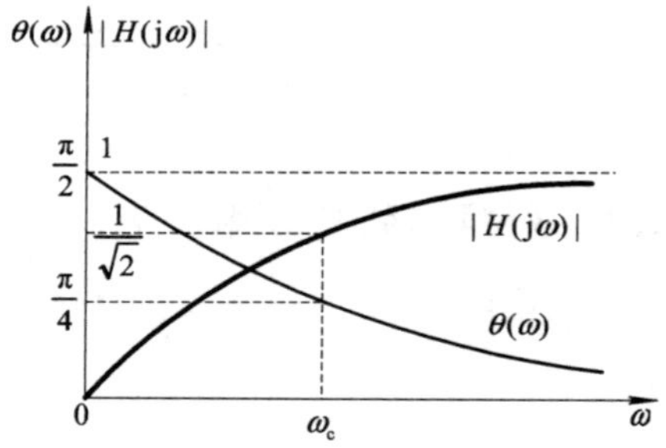 $\theta(\omega)$　$\lvert H(\mathrm{j}\omega)\rvert$　$\frac{\pi}{2}$　1　$\frac{1}{\sqrt2}$　$\frac{\pi}{4}$　0　ω_c　ω
主要特性	低通、相位滞后电路	高通、相位超前电路

5.2.2　*RLC* 电路的谐振

对二端正弦稳态动态电路，当端口电压与电流同相，则称该电路发生了谐振。发生了谐振的电路称为谐振电路。发生谐振的条件是二端口电路的等效阻抗为实数。表 5－2 归纳了 *rLC* 串联、*RLC* 并联谐振电路的特性。

表5-2　rLC串联谐振电路与RLC并联谐振电路的特性

	rLC串联谐振电路	RLC并联谐振电路
电路形式	$+\ \dot{U}_r -$　$+\ \dot{U}_L -$　$\dot{I}$　r　L　$\dot{U}_s$　C　$\dot{U}_C$	$\dot{I}_s$　$\dot{I}_G$　R　G　$\dot{I}_L$　L　$\dot{I}_C$　C　$\dot{U}$
谐振频率	$\omega_0=\dfrac{1}{\sqrt{LC}}$	
特性阻抗	$\rho=\omega_0 L=\dfrac{1}{\omega_0 C}=\sqrt{\dfrac{L}{C}}$	
品质因数	$Q=\dfrac{\rho}{r}=\dfrac{\omega_0 L}{r}=\dfrac{1}{\omega_0 Cr}=\dfrac{1}{r}\sqrt{\dfrac{L}{C}}$	$Q=\dfrac{R}{\rho}=\dfrac{R}{\omega_0 L}=\omega_0 CR$
谐振特点	(1) 阻抗模最小，$Z_0=r$； 电流最大，$I_0=\dfrac{U_s}{r}$。 (2) $\dot{U}_{r0}=\dot{U}_s$，$\dot{U}_{L0}=\mathrm{j}Q\dot{U}_s$， $\dot{U}_{C0}=-\mathrm{j}Q\dot{U}_s$	(1) 导纳模最小，$Y_0=G$； 电压最大，$U_0=RI_s$ (2) $\dot{I}_{r0}=\dot{I}_s$，$\dot{I}_{L0}=-\mathrm{j}Q\dot{I}_s$， $\dot{I}_{C0}=\mathrm{j}Q\dot{I}_s$
通频带宽	$B=\dfrac{\omega_0}{Q}=\dfrac{r}{L}$ rad/s	$B=\dfrac{\omega_0}{Q}=\dfrac{G}{C}=\dfrac{1}{RC}$ rad/s
一种简单实用并联谐振电路的等效	当电路的$Q\gg1$，且$\omega\approx\omega_0$时，下面两电路近似等效： L　r　C　$R=\dfrac{L}{Cr}$　$r=\dfrac{L}{CR}$　R　L　C	

5.3　习题5解答

5-1　求题5-1图示各电路的转移电压比$H(\mathrm{j}\omega)=\dfrac{\dot{U}_2}{\dot{U}_1}$，并定性画出幅频和相频特性曲线。

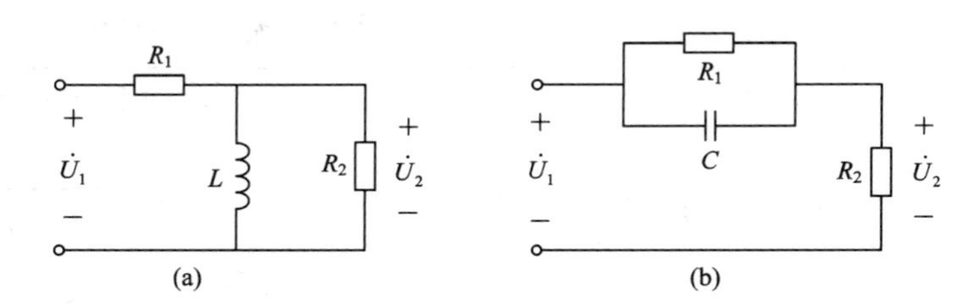

题 5-1 图

解　图(a)：

$$H(\mathrm{j}\omega)=\frac{\dot{U}_2}{\dot{U}_1}=\frac{(\mathrm{j}\omega L)\ /\!/\ R_2}{R_1+(\mathrm{j}\omega L)\ /\!/\ R_2}=\frac{R_2}{R_1+R_2}\frac{1}{1+\dfrac{R_1R_2}{R_1+R_2}\dfrac{1}{\mathrm{j}\omega L}}$$

令 $\omega_c=\dfrac{R_1R_2}{(R_1+R_2)L}$，则

$$H(\mathrm{j}\omega)=\frac{R_2}{R_1+R_2}\frac{1}{1-\mathrm{j}\dfrac{\omega_c}{\omega}}$$

故

$$|H(\mathrm{j}\omega)|=\frac{R_2}{R_1+R_2}\frac{1}{\sqrt{1+\left(\dfrac{\omega_c}{\omega}\right)^2}}$$

$$\varphi(\omega)=\arctan\frac{\omega_c}{\omega}$$

其特性曲线如题 5-1 解图(a)所示。

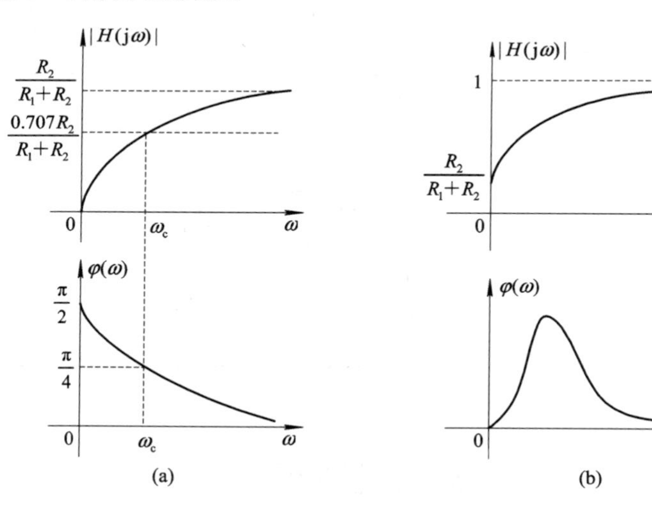

题 5-1 解图

图(b)：

$$H(\mathrm{j}\omega)=\frac{\dot{U}_2}{\dot{U}_1}=\frac{R_2}{R_2+\left(\dfrac{1}{\mathrm{j}\omega C}\right)/\!/\ R_1}=\frac{R_2}{R_1+R_2}\frac{1+\mathrm{j}\omega R_1C}{1+\mathrm{j}\omega\dfrac{R_1R_2}{R_1+R_2}C}$$

令 $\omega_c=\dfrac{R_1+R_2}{R_1R_2C}$，则

$$H(j\omega)=\frac{R_2}{R_1+R_2}\frac{1+j\omega R_1C}{1+j\dfrac{\omega}{\omega_c}}$$

故

$$|H(j\omega)|=\frac{R_2}{R_1+R_2}\frac{\sqrt{1+(\omega R_1C)^2}}{\sqrt{1+\left(\dfrac{\omega}{\omega_c}\right)^2}}$$

$$\varphi(\omega)=\arctan\omega R_1C-\arctan\frac{\omega}{\omega_c}$$

其特性曲线如题 5－1 解图(b)所示。

5－2　求题 5－2 图示各电路的转移电流比 $H(j\omega)=\dfrac{\dot{I}_2}{\dot{I}_1}$，以及截止频率和通频带。

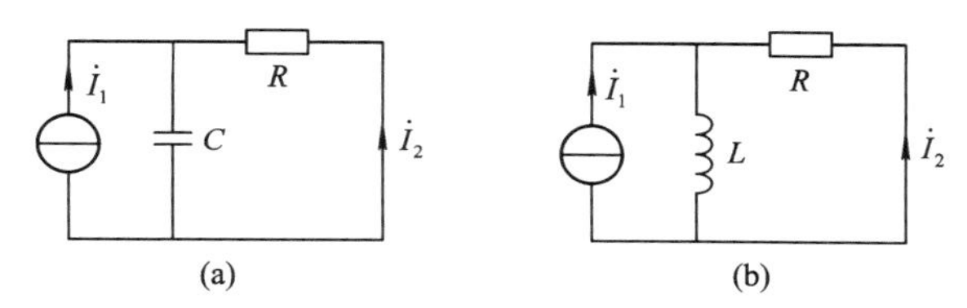

题 5－2 图

解　图(a)：

$$H(j\omega)=\frac{\dot{I}_2}{\dot{I}_1}=-\frac{\dfrac{1}{j\omega C}}{R+\dfrac{1}{j\omega C}}=-\frac{1}{1+j\omega RC}$$

$$|H(j\omega_c)|=\frac{1}{\sqrt{1+(\omega_cRC)^2}}=\frac{1}{\sqrt{2}}$$

故截止角频率 $\omega_c=\dfrac{1}{RC}$。由于该电路具有低通特性，因此，通频带为 $0\sim\omega_c$。

图(b)：

$$H(j\omega)=\frac{\dot{I}_2}{\dot{I}_1}=-\frac{j\omega L}{R+j\omega L}=-\frac{1}{1-j\dfrac{R}{\omega L}}$$

$$|H(j\omega_c)|=\frac{1}{\sqrt{1+\left(\dfrac{R}{\omega_cL}\right)^2}}=\frac{1}{\sqrt{2}}$$

故截止角频率 $\omega_c=\dfrac{R}{L}$。由于该电路具有高通特性，因此，通频带为 $\omega_c\sim\infty$。

5－3　题 5－3 图示电路是 RC 二阶带通电路。

(1) 求电压比 $H(j\omega)=\dfrac{\dot{U}_2}{\dot{U}_1}$；

(2) 若 $R_1=R_2=R$，$C_1=C_2=C$ 为已知，求中心角频率 ω_0、Q、幅频特性的最大值 H_{max} 和

下截止角频率及上截止角频率。

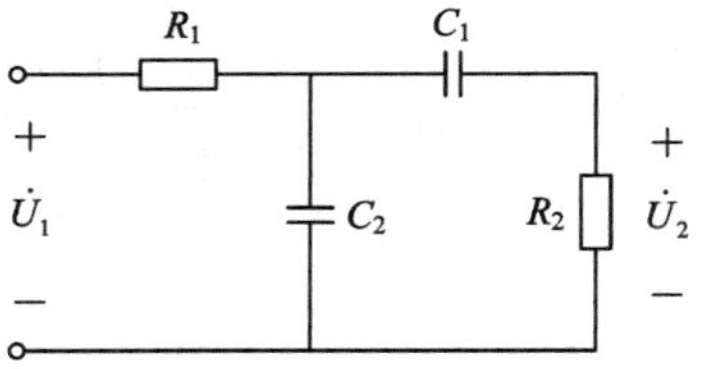

题 5-3 图

解 (1)

$$H(\mathrm{j}\omega)=\frac{\dot{U}_2}{\dot{U}_1}=\frac{\left(\frac{1}{\mathrm{j}\omega C_2}\right)/\!/\left(R_2+\frac{1}{\mathrm{j}\omega C_1}\right)}{R_1+\left(\frac{1}{\mathrm{j}\omega C_2}\right)/\!/\left(R_2+\frac{1}{\mathrm{j}\omega C_1}\right)}\cdot\frac{R_2}{R_2+\frac{1}{\mathrm{j}\omega C_1}}$$

$$=\frac{\frac{1}{R_1C_2}\mathrm{j}\omega}{(\mathrm{j}\omega)^2+\left(\frac{1}{R_1C_2}+\frac{1}{R_2C_2}+\frac{1}{R_2C_1}\right)\mathrm{j}\omega+\frac{1}{R_1R_2C_1C_2}}$$

(2) 若 $R_1=R_2=R$，$C_1=C_2=C$，则有

$$H(\mathrm{j}\omega)=\frac{\frac{1}{RC}\mathrm{j}\omega}{(\mathrm{j}\omega)^2+\frac{3}{RC}\mathrm{j}\omega+\left(\frac{1}{RC}\right)^2}$$

$$\omega_0=\frac{1}{RC},\ Q=\frac{1}{3},\ H_{\max}=\frac{1}{3}$$

$$\frac{\omega_{c1}}{\omega_0}=-\frac{1}{2Q}+\sqrt{\left(\frac{1}{2Q}\right)^2+1}=\frac{-3+\sqrt{13}}{2}=0.3028$$

$$\frac{\omega_{c2}}{\omega_0}=\frac{1}{2Q}+\sqrt{\left(\frac{1}{2Q}\right)^2+1}=\frac{3+\sqrt{13}}{2}=3.303$$

5-4 如题 5-4 图所示电路，它有一个输入 $\dot{U}_s$ 和两个输出 $\dot{U}_{o1}$ 和 $\dot{U}_{o2}$。

(1) 为使输入阻抗 $Z_{in}(\mathrm{j}\omega)=\frac{\dot{U}_s}{\dot{I}}$ 与 ω 无关，应满足什么条件？求这时的输入阻抗；

(2) 在满足(1)的条件下，求电压比$\frac{\dot{U}_{o1}}{\dot{U}_s}$和$\frac{\dot{U}_{o2}}{\dot{U}_s}$以及截止频率；

(3) 如 $R_s=R=1\ \mathrm{k\Omega}$，$L=0.1\ \mathrm{H}$，$C=0.1\ \mu\mathrm{F}$，$u_s(t)=10\cos 2\times10^3 t+10\cos 50\times10^{3t}\ \mathrm{V}$，求输出电压的瞬时值 $u_{o1}(t)$和 $u_{o2}(t)$。

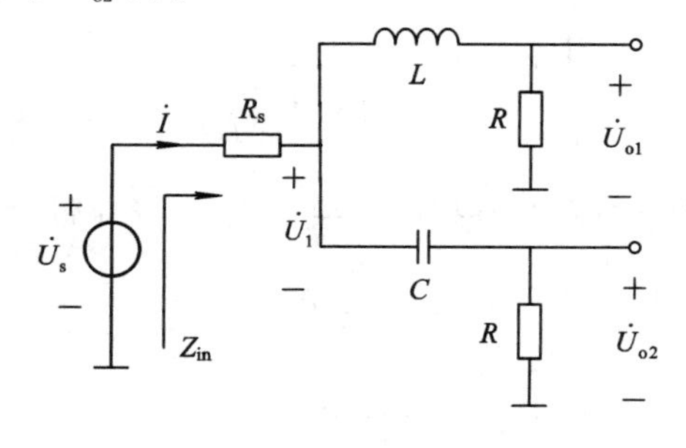

题 5-4 图

解　(1)
$$Z_{in}=R_s+(R+j\omega L)//\left(R+\frac{1}{j\omega C}\right)=R_s+R-\frac{R^2-\frac{L}{C}}{2R+j\omega L+\frac{1}{j\omega C}}$$

显然，当 $R^2-\frac{L}{C}=0$，即 $R=\sqrt{\frac{L}{C}}$ 时，Z_{in} 与 ω 无关。

(2) 在满足(1)的条件下，

$$\dot{U}_1=\frac{R}{R_s+R}\dot{U}_s$$

利用分压公式，有

$$\dot{U}_{o1}=\frac{R}{R+j\omega L}\dot{U}_1=\frac{R}{R+j\omega L}\cdot\frac{R}{R_s+R}\dot{U}_s$$

$$\dot{U}_{o2}=\frac{R}{R+\frac{1}{j\omega C}}\dot{U}_1=\frac{j\omega RC}{1+j\omega RC}\cdot\frac{R}{R_s+R}\dot{U}_s$$

故

$$\frac{\dot{U}_{o1}}{\dot{U}_s}=\frac{R}{R_s+R}\cdot\frac{\frac{R}{L}}{j\omega+\frac{R}{L}},\quad \omega_{c1}=\frac{R}{L}$$

$$\frac{\dot{U}_{o2}}{\dot{U}_s}=\frac{R}{R_s+R}\cdot\frac{j\omega}{j\omega+\frac{1}{RC}},\quad \omega_{c2}=\frac{1}{RC}$$

(3) 利用叠加定理。$u_s(t)=10\cos 2\times10^3t+10\cos 50\times10^3t\ \text{V}=u_{s1}(t)+u_{s2}(t)$

当 $u_{s1}(t)=10\cos 2\times10^3\ t\ \text{V}$ 作用时，

$$\omega_1=2\times10^3\ \text{rad/s}$$

$$\dot{U}_{s1}=5\sqrt{2}\angle0°\ \text{V}$$

$$\begin{aligned}\dot{U}_{o1}(\omega_1)&=\frac{R}{R_s+R}\cdot\frac{\frac{R}{L}}{j\omega_1+\frac{R}{L}}\dot{U}_{s1}\\&=\frac{10^4}{10^4+10^4}\cdot\frac{\frac{10^4}{0.1}}{j2\times10^3+\frac{10^4}{0.1}}\times5\sqrt{2}\angle0°\\&=2.45\sqrt{2}\angle-11.3°\ \text{V}\end{aligned}$$

$$\begin{aligned}\dot{U}_{o2}(\omega_1)&=\frac{R}{R_s+R}\cdot\frac{j\omega_1}{j\omega_1+\frac{1}{RC}}\dot{U}_{s1}\\&=\frac{10^4}{10^4+10^4}\cdot\frac{j2\times10^3}{j2\times10^3+\frac{1}{10^4\times0.1\times10^{-6}}}\times5\sqrt{2}\angle0°\\&=0.49\sqrt{2}\angle78.7°\ \text{V}\end{aligned}$$

当 $u_{s1}(t)=10\cos 50\times10^3t\ \text{V}$ 作用时，

$$\omega_2 = 50 \times 10^3 \text{ rad/s}$$

$$\dot{U}_{s1} = 5\sqrt{2}\angle 0° \text{ V}$$

$$\dot{U}_{o1}(\omega_2) = \frac{R}{R_s + R} \cdot \frac{\frac{R}{L}}{j\omega_2 + \frac{R}{L}}\dot{U}_{s1}$$

$$= \frac{10^4}{10^4 + 10^4} \cdot \frac{\frac{10^4}{0.1}}{j50 \times 10^3 + \frac{10^4}{0.1}} \times 5\sqrt{2}\angle 0°$$

$$= 0.49\sqrt{2}\angle -78.7° \text{ V}$$

$$\dot{U}_{o2}(\omega_2) = \frac{R}{R_s + R} \cdot \frac{j\omega_2}{j\omega_2 + \frac{1}{RC}}\dot{U}_{s1}$$

$$= \frac{10^4}{10^4 + 10^4} \cdot \frac{j50 \times 10^3}{j50 \times 10^3 + \frac{1}{10^4 \times 0.1 \times 10^{-6}}} \times 5\sqrt{2}\angle 0°$$

$$= 2.45\sqrt{2}\angle 11.3° \text{ V}$$

故

$$u_{o1}(t) = 4.9 \cos(2 \times 10^3 t - 11.3°) + 0.98 \cos(50 \times 10^3 t - 78.7°) \text{ V}$$

$$u_{o2}(t) = 0.98 \cos(2 \times 10^3 t + 78.7°) + 4.9 \cos(50 \times 10^3 t + 11.3°) \text{ V}$$

5-5 如题 5-5 图(a)和(b)所示是两种二阶低通电路。

(1) 分别求其电压比 $H(j\omega)=\dot{U}_2/\dot{U}_1$;

(2) 如 $Q=1/\sqrt{2}$,ω_0 和 $R_s=R_L=R$ 为已知,分别求出其 L 和 C 的设计公式(用 ω_0 和 R 表示)。

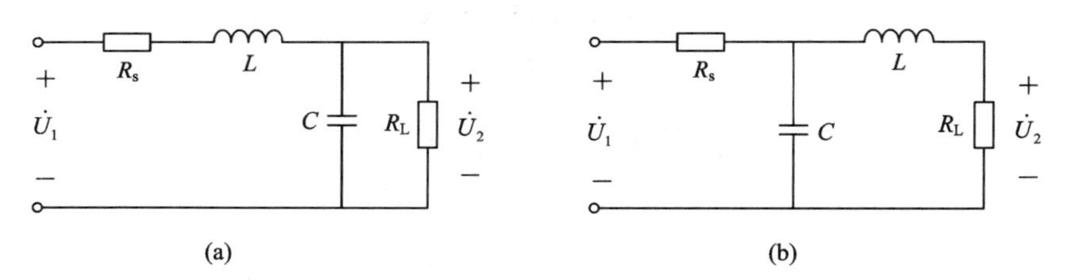

题 5-5 图

解 (1) 设题 5-5 图(a)和(b)两电路的电压比分别为 $H_a(j\omega)$ 和 $H_b(j\omega)$。利用分压公式可得

$$H_a(j\omega) = \frac{R_L \ /\!/ \left(\frac{1}{j\omega C}\right)}{R_s + j\omega L + R_L \ /\!/ \left(\frac{1}{j\omega C}\right)}$$

$$= \frac{R_L}{R_s + R_L} \cdot \frac{\left(1 + \frac{R_s}{R_L}\right)\frac{1}{LC}}{(j\omega)^2 + \left(\frac{R_s}{L} + \frac{1}{R_L C}\right)j\omega + \left(1 + \frac{R_s}{R_L}\right)\frac{1}{LC}}$$

$$H_b(j\omega)=\frac{R_L}{R_L+j\omega L}\cdot\frac{(R_L+j\omega L)\ /\!/\ \left(\frac{1}{j\omega C}\right)}{R_s+(R_L+j\omega L)\ /\!/\ \left(\frac{1}{j\omega C}\right)}$$

$$=\frac{R_L}{R_s+R_L}\cdot\frac{\left(1+\frac{R_L}{R_s}\right)\frac{1}{LC}}{(j\omega)^2+\left(\frac{R_L}{L}+\frac{1}{R_s C}\right)j\omega+\left(1+\frac{R_L}{R_s}\right)\frac{1}{LC}}$$

(2) 由 $H_a(j\omega)$和 $H_b(j\omega)$可见，它们均为二阶低通电路。对照二阶低通网络函数及已知条件，有

$$\omega_0^2=\left(1+\frac{R_s}{R_L}\right)\frac{1}{LC}=\frac{2}{LC}$$

$$\frac{\omega_0}{Q}=\left(\frac{R_s}{L}+\frac{1}{R_L C}\right)=\frac{R}{L}+\frac{1}{RC}=\sqrt{2}\,\omega_0=\frac{2}{\sqrt{LC}}$$

解得

$$R=\sqrt{\frac{L}{C}},\ L=\frac{\sqrt{2}R}{\omega_0},\ C=\frac{\sqrt{2}}{\omega_0 R}$$

由于 $R_s=R_L=R$，$H_a(j\omega)=H_b(j\omega)$，故上述设计公式对(a)、(b)两电路图相同。

5-6　一 rLC 串联谐振电路，已知 $r=10\ \Omega$，$L=64\ \mu H$，$C=100$ pF，外加电源电压 $U_s=1$ V。求电路的谐振频率 f_0、品质因数 Q、带宽 B、谐振时的回路电流 I_0 和电抗元件上的电压 U_L 和 U_C。

解　根据 rLC 串联谐振电路的有关公式，有

$$f_0=\frac{1}{2\pi\sqrt{LC}}=\frac{1}{2\pi\sqrt{64\times10^{-6}\times100\times10^{-12}}}=2\times10^6\ \text{Hz}$$

$$Q=\frac{1}{r}\sqrt{\frac{L}{C}}=\frac{1}{10}\sqrt{\frac{64\times10^{-6}}{100\times10^{-12}}}=80$$

$$B=\frac{f_0}{Q}=\frac{2\times10^6}{80}=25\times10^3\ \text{Hz}$$

$$I_0=\frac{U_s}{r}=\frac{1}{10}=0.1\ \text{A}$$

$$U_L=U_C=QU_s=80\ \text{V}$$

5-7　一 rLC 串联谐振电路，电源电压 $U_s=1$ V，且保持不变。当调节电源频率使电路达到谐振时，$f_0=100$ kHz，这时回路电流 $I_0=100$ mA；当电源频率改变为 $f_1=99$ kHz 时，回路电流 $I=70.7$ mA。求回路的品质因数 Q 和电路参数 r、L、C 的值。

解　由于 $f_1=99$ kHz 时，$I=70.7\ \text{mA}=0.707I_0$，故该频率即为下截止频率。电路的通频带为

$$B=2(f_0-f_1)=2\ \text{kHz}$$

$$Q=\frac{f_0}{B}=\frac{100\times10^3}{2\times10^3}=50$$

$$r=\frac{U_s}{I_0}=\frac{1}{0.1}=10\ \Omega$$

由于 $Q=\dfrac{\omega_0 L}{r}=\dfrac{1}{\omega_0 Cr}$，故

$$L=\frac{Qr}{\omega_0}=\frac{50\times 10}{2\pi\times 100\times 10^3}=796\ \mu\text{H}$$

$$C=\frac{1}{\omega_0 Qr}=\frac{1}{2\pi\times 100\times 10^3\times 50\times 10}=3180\ \text{pF}$$

5-8　题 5-8 图是应用串联谐振原理测量线圈电阻 r 和电感 L 的电路。已知 $R=10\ \Omega$，$C=0.1\ \mu\text{F}$，保持外加电压有效值 $U=1$ V 不变，而改变频率 f，同时用电压表测量电阻 R 的电压 U_R，当 $f=800$ Hz 时，U_R 获得最大值为 0.8 V，试求电阻 r 和电感 L。

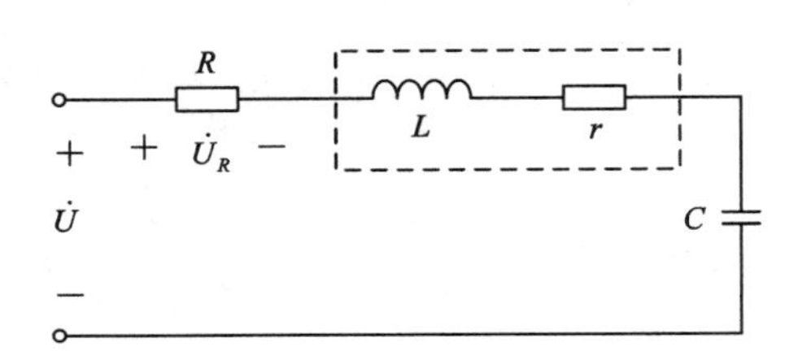

题 5-8 图

解　根据题意，当 $f=800$ Hz 时，U_R 获得最大值为 0.8 V，此时电路处于谐振状态，即 $f_0=800$ Hz。

$$f_0=\frac{1}{2\pi\sqrt{LC}}=\frac{1}{2\pi\sqrt{0.1\times 10^{-6}L}}$$

$$L=0.396\ \text{H}$$

谐振回路电流

$$I_0=\frac{U}{R+r}=\frac{1}{10+r}=\frac{U_R}{R}=\frac{0.8}{10}$$

解得 $r=2.5\ \Omega$。

5-9　rLC 串联谐振电路的谐振频率为 1000 Hz，其通带为 950～1050 Hz，已知 $L=200$ mH，求 r、C 和 Q 的值。

解　已知 $f_0=1000$ Hz，$B=1050-950=100$ Hz，则

$$f_0=\frac{1}{2\pi\sqrt{LC}}=\frac{1}{2\pi\sqrt{0.2C}}=1000\ \text{Hz}$$

$$C=0.126\ \mu\text{F}$$

$$Q=\frac{f_0}{B}=\frac{1000}{100}=10$$

$$r=\frac{\omega_0 L}{Q}=\frac{2\pi\times 1000\times 200\times 10^{-3}}{10}=125.7\ \Omega$$

5-10　如题 5-10 图所示的 RLC 并联电路。

(1) 已知 $L=10$ mH，$C=0.01\ \mu\text{F}$，$R=10$ kΩ，求 ω_0、Q 和通带宽度 B；

(2) 如需设计一谐振频率 $f_0=1$ MHz，带宽 $B=20$ kHz 的谐振电路，已知 $R=10$ kΩ，求 L 和 C。

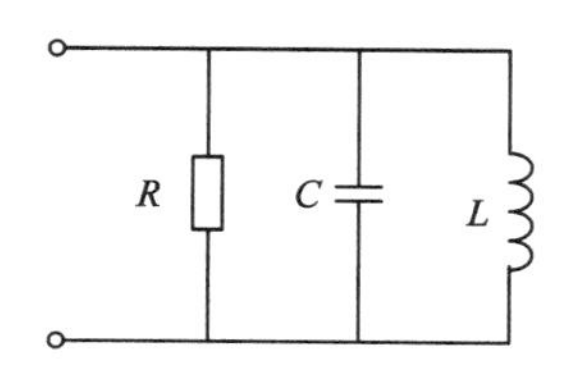

题 5 - 10 图

解　(1) 利用 RLC 并联谐振的有关公式，有

$$\omega_0 = \frac{1}{\sqrt{LC}} = \frac{1}{\sqrt{0.01 \times 0.01 \times 10^{-6}}} = 10^5\ \text{rad/s}$$

$$Q = \frac{R}{\omega_0 L} = \frac{10 \times 10^3}{10^5 \times 0.01} = 10$$

$$B = \frac{\omega_0}{Q} = 10^4\ \text{rad/s}$$

(2) 已知 $f_0 = 1$ MHz，$B = 20$ kHz，则

$$Q = \frac{f_0}{B} = \frac{10^6}{20 \times 10^3} = 50$$

由于 $Q = \dfrac{R}{\omega_0 L} = R\omega_0 C$，故

$$L = \frac{R}{\omega_0 Q} = \frac{10 \times 10^3}{2\pi \times 10^6 \times 50} = 31.8\ \mu\text{H}$$

$$C = \frac{Q}{\omega_0 R} = \frac{50}{2\pi \times 10^6 \times 10 \times 10^3} = 796\ \text{pF}$$

5 - 11　如题 5 - 11 图所示的并联谐振电路。

(1) 已知 $L = 200\ \mu$H，$C = 200$ pF，$r = 10\ \Omega$，求谐振频率 f_0、谐振阻抗 Z_0、品质因数 Q 和带宽 B；

(2) 若要求谐振频率 $f_0 = 1$ MHz，已知线圈的电感 $L = 200\ \mu$H，$Q = 50$，求电容 C 和带宽 B；

(3) 为使(2)中的带宽扩展为 $B = 50$ kHz，需要在回路两端并联一电阻 R，求此时的 R 值。

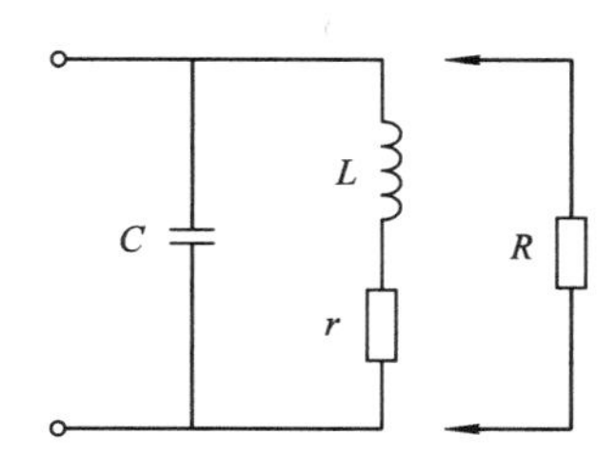

题 5 - 11 图

解　(1) $f_0 = \dfrac{1}{2\pi\sqrt{LC}} = \dfrac{1}{2\pi\sqrt{200 \times 10^{-6} \times 200 \times 10^{-12}}} = 796$ kHz

$$Z_0 = \frac{L}{Cr} = \frac{200 \times 10^{-6}}{200 \times 10^{-12} \times 10} = 100\ \text{k}\Omega$$

$$Q = \sqrt{\frac{L}{C}}\ \frac{1}{r} = \sqrt{\frac{200 \times 10^{-6}}{200 \times 10^{-12}}}\ \frac{1}{10} = 100$$

$$B = \frac{f_0}{Q} = \frac{796 \times 10^3}{100} = 7.96\ \text{kHz}$$

(2) 由 $f_0 = 1$ MHz，$L = 200\ \mu$H，$Q = 50$

$$f_0 = \frac{1}{2\pi\sqrt{LC}} = \frac{1}{2\pi\sqrt{200 \times 10^{-6} C}} = 10^6$$

解得 $C = 126.8$ pF。

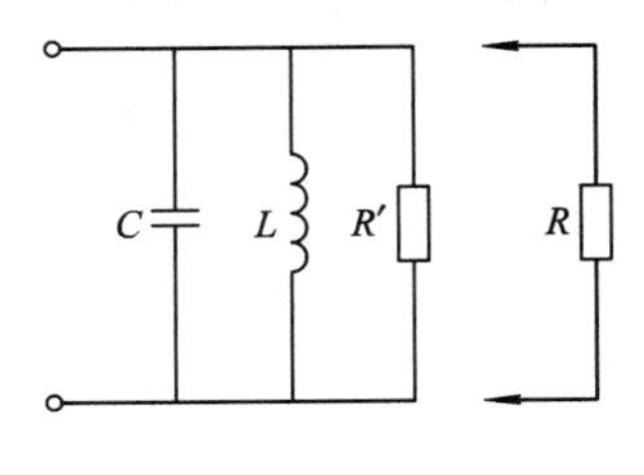

题 5-11 解图

$$B = \frac{f_0}{Q} = \frac{10^6}{50} = 20\ \text{kHz}$$

(3) 将电路近似等效为如题 5-11 解图所示电路。其中，

$$R' = \frac{L}{Cr} = Q\omega_0 L = 50 \times 2\pi \times 10^6 \times 200 \times 10^{-6} = 62.8\ \text{k}\Omega$$

若使 $B = 50$ kHz，则并联 R 后的电路品质因数为

$$Q' = \frac{f_0}{B} = \frac{10^6}{50 \times 10^3} = 20$$

并联的 R 值由下式计算：

$$R' \mathbin{/\mkern-6mu/} R = Q'\omega_0 L = 20 \times 2\pi \times 10^6 \times 200 \times 10^{-6} = 25.12\ \text{k}\Omega$$

将 $R' = 62.8$ kΩ 代入上式，可解得 $R = 41.9$ kΩ。

5-12　如题 5-12 图所示电路，已知 $L = 100\ \mu$H，$C = 100$ pF，$r = 25\ \Omega$，电流源 $I_s = 1$ mA，其内阻 $R_s = 40$ kΩ。

(1) 求电路的谐振频率和电源未接入时，回路的品质因数和谐振阻抗；

(2) 电源接入后，若电路已对电源频率谐振，求电路的品质因数(有载 Q 值)、流过各元件的电流和回路两端的电压。

解　设节点为 a、b，如题 5-12 解图所示。

(1) $\omega_0 = \dfrac{1}{\sqrt{LC}} = \dfrac{1}{\sqrt{100 \times 10^{-6} \times 100 \times 10^{-12}}} = 10^7$ rad/s

$$Q = \frac{\omega_0 L}{r} = \frac{10^7 \times 100 \times 10^{-6}}{25} = 40$$

$$Z_0 = \frac{L}{Cr} = \frac{100 \times 10^{-6}}{100 \times 10^{-12} \times 25} = 40\ \text{k}\Omega$$

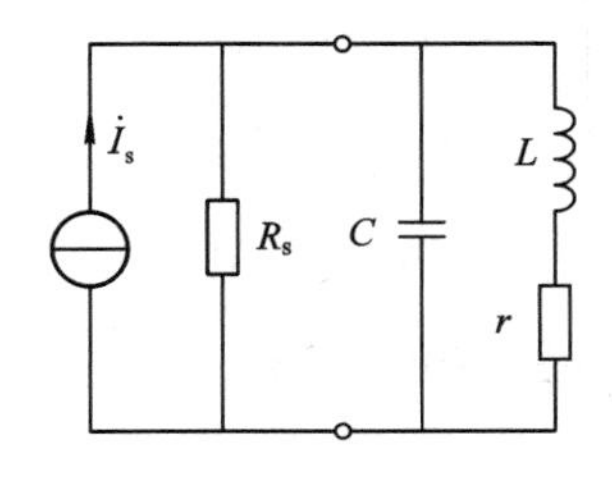

题 5-12 图

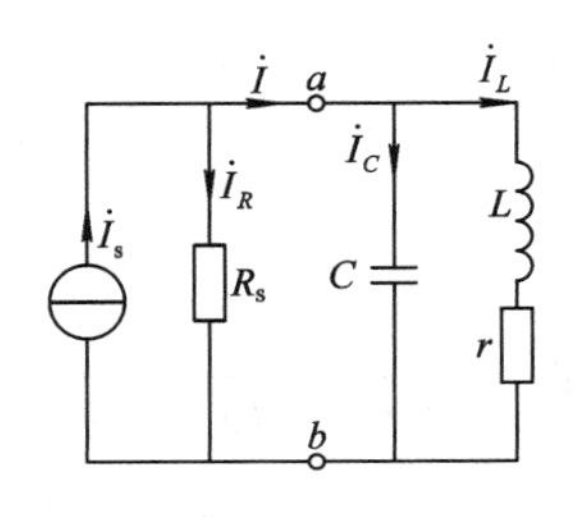

题 5-12 解图

(2) 电源接入后，有载 Q 值为

$$Q_L = \frac{Z_0 \ /\!/ \ R_s}{\omega_0 L} = \frac{20 \times 10^3}{10^7 \times 100 \times 10^{-6}} = 20$$

由于 $Z_0 = R_s$，显然各支路电流为

$$I_R = I = 0.5 I_s = 0.5 \text{ mA}, \ I_L = I_C = Q_L I = 20 \text{ mA}$$

回路两端的电压

$$U_{ab} = R_s I_R = 40 \times 10^3 \times 0.5 \times 10^{-3} = 20 \text{ V}$$

5-13　如题 5-13 图中的各电路，$L = 125\ \mu$H，$r = 10\ \Omega$，且知图(a)中 $C = 80$ pF；图(b)中 $C = 80$ pF，总匝数 $N = 50$，$N_1 = 10$；图(c)中 $C_1 = 100$ pF，$C_2 = 400$ pF。分别求各图电路的并联谐振频率、品质因数、带宽和谐振时的阻抗。

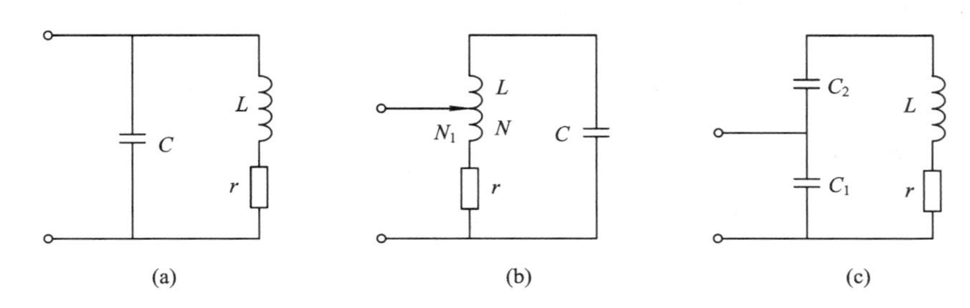

题 5-13 图

解　图(a)：$f_0 = \dfrac{1}{2\pi\sqrt{LC}} = \dfrac{1}{2\pi\sqrt{125 \times 10^{-6} \times 80 \times 10^{-12}}} = 1.59 \times 10^6$ Hz

$$Z_0 = \frac{L}{Cr} = \frac{125 \times 10^{-6}}{80 \times 10^{-12} \times 10} = 156 \text{ k}\Omega$$

$$Q = \sqrt{\frac{L}{C}} \ \frac{1}{r} = \sqrt{\frac{125 \times 10^{-6}}{80 \times 10^{-12}}} \cdot \frac{1}{10} = 125$$

图(b)：$f_0 = \dfrac{1}{2\pi\sqrt{LC}} = \dfrac{1}{2\pi\sqrt{125 \times 10^{-6} \times 80 \times 10^{-12}}} = 1.59 \times 10^6$ Hz

$$Z_0 = \left(\frac{N_1}{N}\right)^2 \frac{L}{Cr} = \left(\frac{10}{50}\right)^2 \frac{125 \times 10^{-6}}{80 \times 10^{-12} \times 10} = 6.25 \text{ k}\Omega$$

$$Q = \sqrt{\frac{L}{C}} \cdot \frac{1}{r} = \sqrt{\frac{125 \times 10^{-6}}{80 \times 10^{-12}}} \cdot \frac{1}{10} = 125$$

图(c)：

$$C = \frac{C_1 C_2}{C_1 + C_2} = 80 \text{ pF}$$

$$f_0 = \frac{1}{2\pi\sqrt{LC}} = \frac{1}{2\pi\sqrt{125 \times 10^{-6} \times 80 \times 10^{-12}}} = 1.59 \times 10^6 \text{ Hz}$$

$$Z_0 = \left(\frac{C_2}{C_1 + C_2}\right)^2 \frac{L}{Cr} = \left(\frac{4}{5}\right)^2 \frac{125 \times 10^{-6}}{80 \times 10^{-12} \times 10} = 100 \text{ k}\Omega$$

$$Q = \sqrt{\frac{L}{C}} \cdot \frac{1}{r} = \sqrt{\frac{125 \times 10^{-6}}{80 \times 10^{-12}}} \cdot \frac{1}{10} = 125$$

5-14　如题 5-14 图所示的电路，已知 $L = 400\ \mu$H，共有 100 匝，$C = 100$ pF，谐振回

路的 $Q=100$(回路中电阻 r 未画出),电源内阻 $R_s=8\ \text{k}\Omega$。为使并联谐振回路获得最大功率,求变换系数和电感抽头处的匝数 N_1。

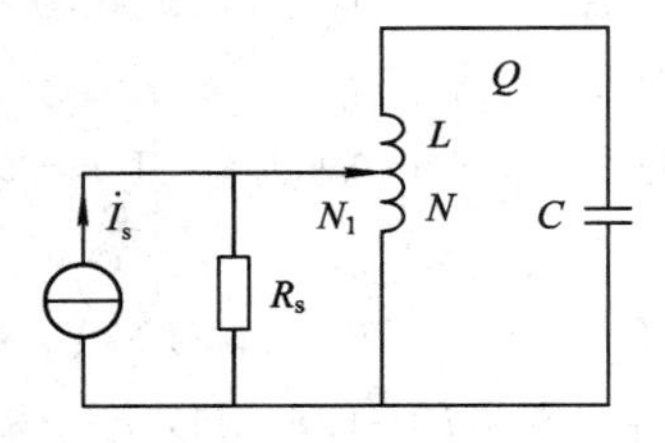

题 5-14 图

解　根据题意,$N=100$,由 $Q=\sqrt{\dfrac{L}{C}}\cdot\dfrac{1}{r}$,得

$$r=\sqrt{\frac{L}{C}}\cdot\frac{1}{Q}=\sqrt{\frac{400\times10^{-6}}{100\times10^{-12}}}\cdot\frac{1}{100}=20\ \Omega$$

利用最大功率传输条件,有

$$\left(\frac{N_1}{N}\right)^2\frac{L}{Cr}=m^2\frac{L}{Cr}=R_s$$

$$m=\sqrt{\frac{CrR_s}{L}}=\sqrt{\frac{100\times10^{-12}\times20\times8\times10^3}{400\times10^{-6}}}=0.2$$

故

$$N_1=mN=0.2\times100=20\ \text{匝}$$

5-15　某晶体管收音机的中频变压器线路如题 5-15 图所示,已知其谐振频率 $f_0=465$ kHz,回路自身的品质因数 $Q=100$,初级线圈共有 $N=160$ 匝,$N_1=40$ 匝,$N_2=10$ 匝,$C=200$ pF,电源内阻 $R_s=16\ \text{k}\Omega$,负载电阻 $R_L=1\ \text{k}\Omega$,求电感 L 和回路有载品质因数 Q_L。

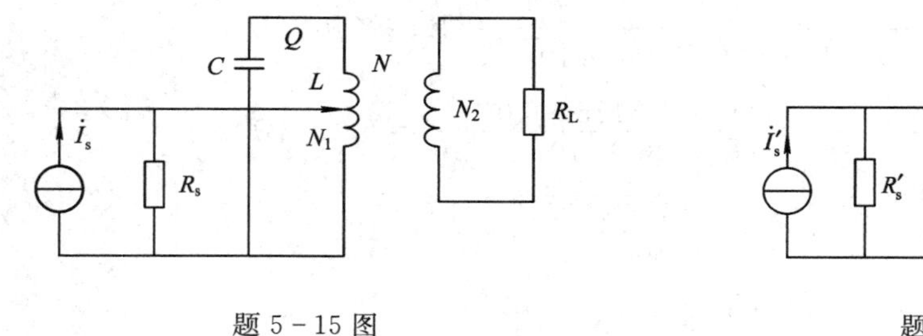

题 5-15 图

题 5-15 解图

解　将原电路近似等效为题 5-15 解图所示电路。

$$L=\frac{1}{\omega_0^2C}=\frac{1}{4\pi^2(465\times10^3)^2\times300\times10^{-12}}=586\ \mu\text{H}$$

并联谐振回路自身的阻抗

$$R_0=Q\sqrt{\frac{L}{C}}=100\times\sqrt{\frac{586\times10^{-6}}{200\times10^{-12}}}=171\ \text{k}\Omega$$

电源内阻和负载等效到电容两端的电阻为

$$R_s' = \left(\frac{N}{N_1}\right)^2 R_s = \left(\frac{160}{40}\right)^2 \times 16 \times 10^3 = 256\ \text{k}\Omega$$

$$R_L' = \left(\frac{N}{N_2}\right)^2 R_L = \left(\frac{160}{10}\right)^2 \times 1 \times 10^3 = 256\ \text{k}\Omega$$

故并联电路的总阻抗

$$R = R_s' \mathbin{/\!/} R_0 \mathbin{/\!/} R_L' = 73.2\ \text{k}\Omega$$

回路的有载品质因数为

$$Q_L = \frac{R}{\sqrt{\frac{L}{C}}} = \frac{73.2 \times 10^3}{\sqrt{\frac{586 \times 10^{-6}}{200 \times 10^{-12}}}} = 42.8$$

5-16　设题 5-16 图示电路处于谐振状态，其中 $I_s = 1$ A，$U_1 = 50$ V，$R_1 = X_C = 100\ \Omega$。求电压 U_L 和电阻 R_2。

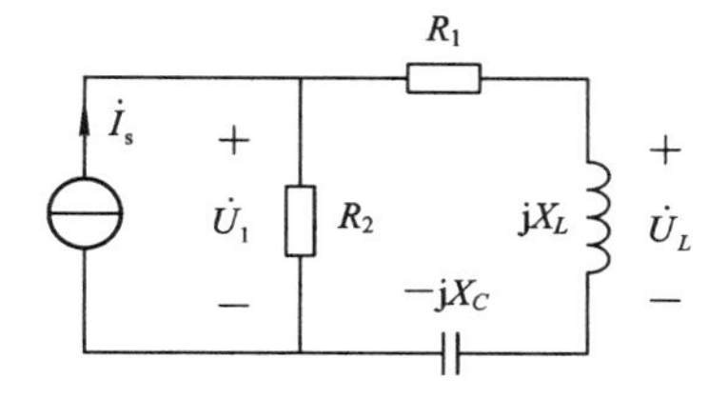

题 5-16 图

解　由于电路处于谐振状态，则 $X_C = X_L$。故

$$R_1 \mathbin{/\!/} R_2 = \frac{U_1}{I_s} = 50\ \Omega$$

即

$$\frac{100R_2}{100 + R_2} = 50$$

解得

$$R_2 = 100\ \Omega$$

利用分压公式，有

$$\dot{U}_L = \frac{\text{j}X_L}{R_1 + \text{j}X_L - \text{j}X_C}\dot{U}_1 = \frac{\text{j}100}{100}\dot{U}_1$$

故

$$U_L = U_1 = 50\ \text{V}$$

5-17　求题 5-17 图示一端口电路的谐振角频率和谐振时的等效阻抗与 R、L、C 的关系。

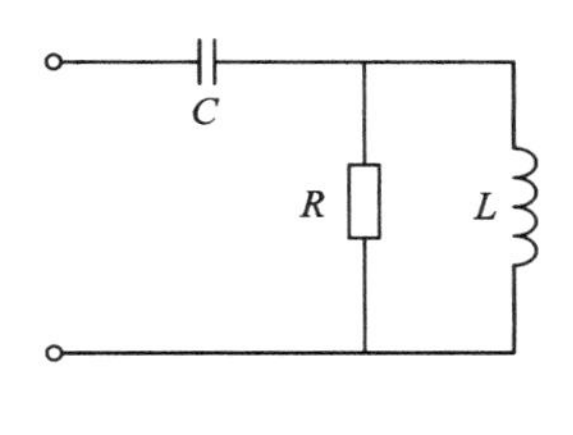

题 5-17 图

解　一端口电路的阻抗为

$$Z=-\mathrm{j}\frac{1}{\omega C}+\frac{\mathrm{j}\omega LR}{\mathrm{j}\omega L+R}=\frac{(\omega L)^2R}{(\omega L)^2+R^2}+\mathrm{j}\left[\frac{\omega LR^2}{(\omega L)^2+R^2}-\frac{1}{\omega C}\right]$$

令上式虚部为零，有

$$\frac{\omega LR^2}{(\omega L)^2+R^2}-\frac{1}{\omega C}=0$$

解得

$$\omega=\omega_0=\frac{R}{\sqrt{R^2-\frac{L}{C}}}\cdot\frac{1}{\sqrt{LC}}$$

谐振阻抗

$$Z_0=\frac{L}{RC}$$

5-18　如题5-18图是由一线圈和一电容器组成的串联谐振电路(图(a))或并联谐振电路(图(b))。若在谐振角频率 ω_0 处，线圈的品质因数为 $Q_L(Q_L=\omega_0 L/r)$。电容器的品质因数为 $Q_C(Q_C=\omega_0 C/G=\omega_0 CR)$。设电路的总品质因数为 Q，试证

$$\frac{1}{Q}=\frac{1}{Q_L}+\frac{1}{Q_C}$$

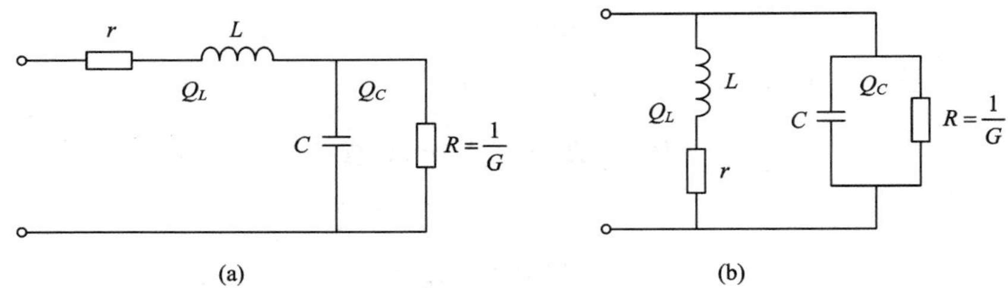

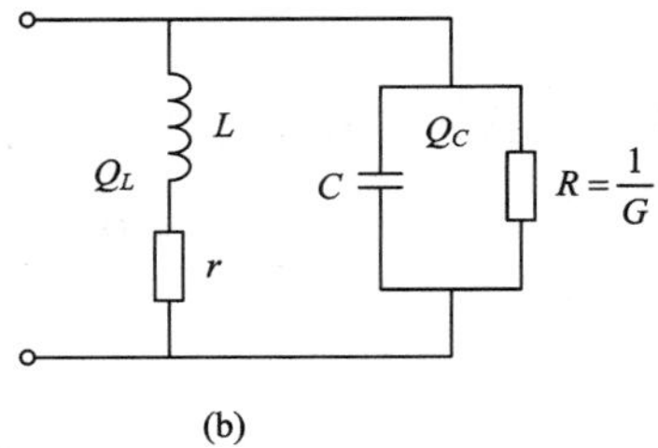

题5-18图

证明　图(a)：电路端口的等效阻抗为

$$Z=r+\mathrm{j}\omega L+\frac{1}{G+\mathrm{j}\omega C}=r+\frac{G}{G^2+(\omega C)^2}+\mathrm{j}\left[\omega L-\frac{\omega C}{G^2+(\omega C)^2}\right]$$

令其虚部为零，即有谐振频率满足

$$\omega_0 L-\frac{\omega_0 C}{G^2+(\omega_0 C)^2}=0$$

即

$$\omega_0=\sqrt{\frac{1}{LC}-\left(\frac{G}{C}\right)^2}$$

谐振时端口的总阻抗为

$$Z_0=r+\frac{G}{G^2+(\omega_0 C)^2}=r+\frac{GL}{C}$$

则根据 RLC 串联谐振电路的特点，有

$$\frac{1}{Q}=\frac{Z_0}{\omega_0 L}=\frac{r+\frac{GL}{C}}{\omega_0 L}$$

而由线圈及电容器的品质因数，有

$$\frac{1}{Q_L}+\frac{1}{Q_C}=\frac{r}{\omega_0 L}+\frac{G}{\omega_0 C}=\frac{1}{\omega_0 L}\left(r+\frac{GL}{C}\right)$$

故有

$$\frac{1}{Q}=\frac{1}{Q_L}+\frac{1}{Q_C}$$

图(b)：电路端口的等效导纳为

$$Y=G+\mathrm{j}\omega C+\frac{1}{r+\mathrm{j}\omega L}=G+\frac{r}{r^2+(\omega L)^2}+\mathrm{j}\left[\omega C-\frac{\omega L}{r^2+(\omega L)^2}\right]$$

令其虚部为零，即有谐振频率满足

$$\omega_0 C-\frac{\omega_0 L}{r^2+(\omega_0 L)^2}=0$$

即

$$\omega_0=\sqrt{\frac{1}{LC}-\left(\frac{r}{L}\right)^2}$$

谐振时端口的总阻抗为

$$Y_0=G+\frac{r}{r^2+(\omega_0 L)^2}=G+\frac{rC}{L}$$

则根据 RLC 并联谐振电路的特点有

$$\frac{1}{Q}=\frac{Y_0}{\omega_0 C}=\frac{1}{\omega_0 C}\left(G+\frac{rC}{L}\right)$$

而由线圈及电容器的品质因数，有

$$\frac{1}{Q_L}+\frac{1}{Q_C}=\frac{r}{\omega_0 L}+\frac{G}{\omega_0 C}=\frac{1}{\omega_0 C}\left(G+\frac{rC}{L}\right)$$

故有

$$\frac{1}{Q}=\frac{1}{Q_L}+\frac{1}{Q_C}$$

5－19　题 5－19 图示电路发生并联谐振，已知电流计Ⓐ和(A_1)的读数分别为 8 A 和 10 A，求电流计(A_2)的读数(设各电流计内阻为零)。

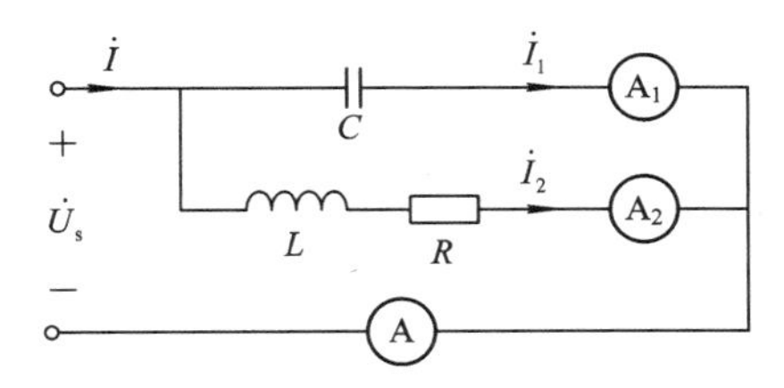

题 5－19 图

解　设 $\dot{I}$ 为参考相量，即 $\dot{I}=8\angle 0^\circ$ A。由于电路发生谐振，故 $\dot{U}_s$ 与 $\dot{I}$ 同相，即

$$\dot{U}_s=U_s\angle 0^\circ\ \mathrm{V}$$

$$\dot{I}_1=\mathrm{j}\omega C\dot{U}_s=\mathrm{j}10\ \mathrm{A}$$

由 KCL，有

$$\dot{I}_2 = \dot{I} - \dot{I}_1 = 8 - \mathrm{j}10\ \mathrm{A}$$

故Ⓐ₂的读数

$$I_2 = \sqrt{8^2 + 10^2} = 12.8\ \mathrm{A}$$

5－20 题 5－20 图示电路，已知 $u_s(t) = 10\cos 100\pi t + 2\cos 300\pi t$ V，$u_o(t) = 2\cos 300\pi t$ V，$C = 9.4\ \mu\mathrm{F}$，求 L_1 和 L_2 的值。

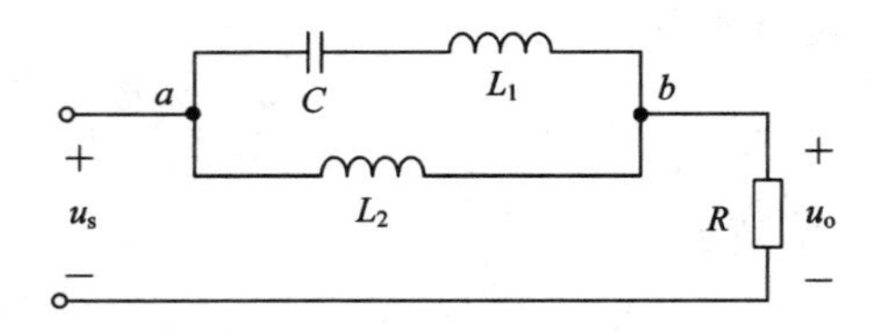

题 5－20 图

解 设 $u_{s1}(t) = 10\cos 100\pi t$ V，$u_{s2}(t) = 2\cos 300\pi t$ V，$u_s(t) = u_{s1}(t) + u_{s2}(t)$，电源有两个频率：$\omega_1 = 100\pi$ rad/s 和 $\omega_2 = 300\pi$ rad/s。

观察电路结构，并比较 $u_o(t)$ 与 $u_s(t)$ 可知：

(1) 只有当 ab 两点间电路对 ω_1 发生并联谐振时，输出电压才会失去 ω_1 的频率分量；

(2) 只有当 L_1C 支路对 ω_2 发生串联谐振时，才有 $u_o(t) = u_{s2}(t) = 2\cos 300\pi t$ V。故

$$\omega_1 = \frac{1}{\sqrt{(L_1 + L_2)C}} = 100\pi\ \mathrm{rad/s}$$

$$\omega_2 = \frac{1}{\sqrt{L_1 C}} = 300\pi\ \mathrm{rad/s}$$

由以上两式可解得

$$L_1 = 0.12\ \mathrm{H},\quad L_2 = 0.96\ \mathrm{H}$$

5－21 一个串联调谐无线收音电路由一个可变电容(40～360 pF)和一个 240 μH 的天线线圈组成，线圈的电阻为 12 Ω。

(1) 求收音机可调谐的无线电信号的频率范围；

(2) 确定频率范围每一端的 Q 值。

解 设可变电容的两端电容值分别记为 $C_1 = 40$ pF，$C_2 = 360$ pF；$L = 240\ \mu$H。

(1) $$f_{01} = \frac{1}{2\pi\sqrt{LC_1}} = \frac{1}{2\pi\sqrt{240\times 10^{-6}\times 40\times 10^{-12}}} = 1.624\ \mathrm{MHz}$$

$$f_{02} = \frac{1}{2\pi\sqrt{LC_2}} = \frac{1}{2\pi\sqrt{240\times 10^{-6}\times 360\times 10^{-12}}} = 0.54\ \mathrm{MHz}$$

故信号的频率范围是 0.54～1.624 MHz。

(2) C_1 端的 Q 值为

$$Q_1 = \frac{\omega_{01} L}{r} = \frac{2\pi \times 1.624 \times 10^6 \times 240 \times 10^{-6}}{12} = 204$$

C_2 端的 Q 值为

$$Q_2 = \frac{\omega_{01} 2L}{r} = \frac{2\pi \times 0.54 \times 10^6 \times 240 \times 10^{-6}}{12} = 68$$

5－22 如题 5－22 图所示的电路是与低音扬声器相连的三阶低通滤波器，求网络函

数 $H(\mathrm{j}\omega)=\dfrac{\dot{U}_{o}}{\dot{U}_{s}}$。

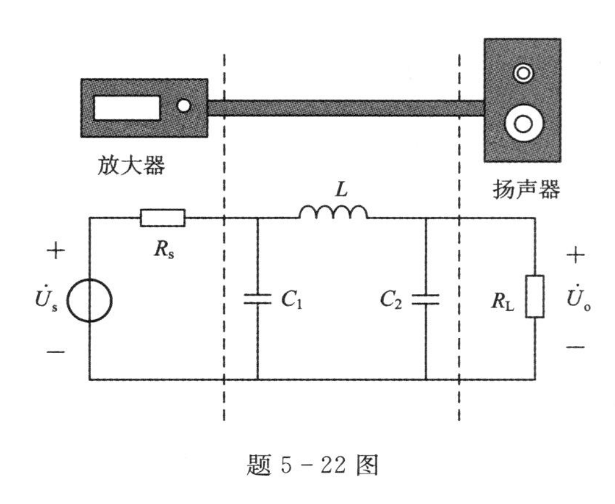

题 5－22 图

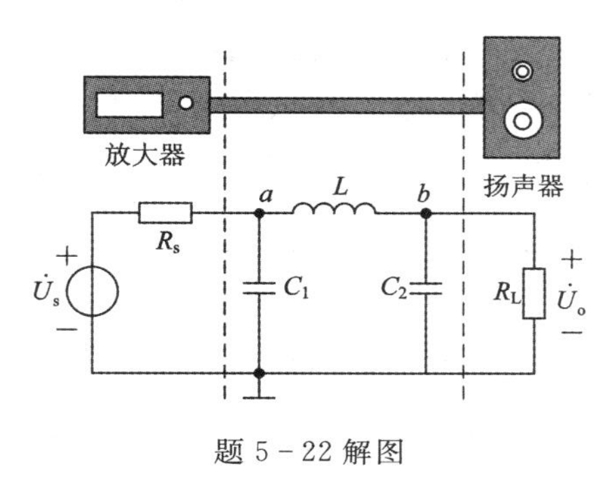

题 5－22 解图

解　设参考点如题 5－22 解图所示。在节点 a、b 列出节点方程为

$$\left(\frac{1}{R_s}+\mathrm{j}\omega C_1+\frac{1}{\mathrm{j}\omega L}\right)\dot{U}_a-\frac{1}{\mathrm{j}\omega L}\dot{U}_o=\frac{1}{R_s}\dot{U}_s$$

$$\left(\frac{1}{R_L}+\mathrm{j}\omega C_2+\frac{1}{\mathrm{j}\omega L}\right)\dot{U}_o-\frac{1}{\mathrm{j}\omega L}\dot{U}_a=0$$

由以上两式消去变量 $\dot{U}_a$，并整理得

$$H(\mathrm{j}\omega)=\frac{\dot{U}_o}{\dot{U}_s}$$

$$=\frac{R_L}{R_sR_LLC_1C_2(\mathrm{j}\omega)^3+L(R_sC_1+R_LC_2)(\mathrm{j}\omega)^2+(L+R_sR_LC_2+R_sR_LC_1)(\mathrm{j}\omega)+R_s+R_L}$$

5－23　如题 5－23 图所示的电路是与高音扬声器相连的三阶高通滤波器，求网络函数 $H(\mathrm{j}\omega)=\dfrac{\dot{U}_{o}}{\dot{U}_{s}}$。

解　标出网孔电流如题 5－23 解图所示。列出网孔方程为

$$\left(R_s+\frac{1}{\mathrm{j}\omega C_1}+\mathrm{j}\omega L\right)\dot{I}_1-\mathrm{j}\omega L\dot{I}_2=\dot{U}_s$$

$$\left(R_L+\frac{1}{\mathrm{j}\omega C_2}+\mathrm{j}\omega L\right)\dot{I}_2-\mathrm{j}\omega L\dot{I}_1=0$$

解得

$$\dot{I}_2=\frac{(\mathrm{j}\omega)^3LC_1C_2\dot{U}_s}{LC_1C_2(R_s+R_L)(\mathrm{j}\omega)^3+(C_1C_2R_sR_L+LC_1+LC_2)(\mathrm{j}\omega)^2+(C_1R_s+C_2R_L)(\mathrm{j}\omega)+1}$$

对电阻 R_L，由欧姆定律有 $\dot{U}_o=R_L\dot{I}_2$，故得

$$H(\mathrm{j}\omega)=\frac{\dot{U}_o}{\dot{U}_s}$$

$$=\frac{(\mathrm{j}\omega)^3LC_1C_2R_L}{LC_1C_2(R_s+R_L)(\mathrm{j}\omega)^3+(C_1C_2R_sR_L+LC_1+LC_2)(\mathrm{j}\omega)^2+(C_1R_s+C_2R_L)(\mathrm{j}\omega)+1}$$

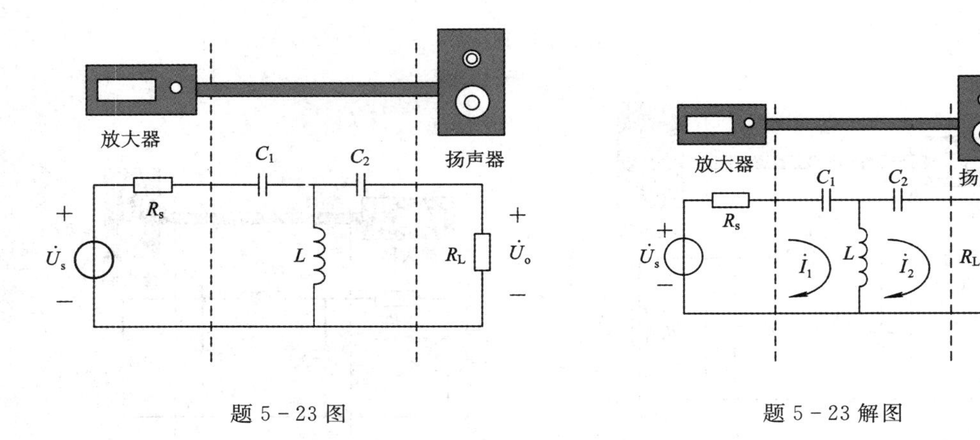

题 5-23 图　　　　题 5-23 解图

5.24　设计一个 RLC 串联电路，使其谐振频率 $\omega_0=1000$ rad/s，品质因数为 80，且谐振时的阻抗为 10 Ω，并求其带宽 B。

解　根据题中已知条件和 RLC 串联电路的有关公式，有

$$R=10\ \Omega$$

$$Q=\frac{\omega_0 L}{R}$$

即

$$L=\frac{QR}{\omega_0}=\frac{80\times 10}{1000}=0.8\ \text{H}$$

$$\omega_0=\frac{1}{\sqrt{LC}}$$

即

$$C=\frac{1}{\omega_0^2 L}=\frac{1}{1000^2\times 0.8}=1.25\times 10^{-6}=1.25\ \mu\text{F}$$

$$B=\frac{\omega_0}{Q}=\frac{1000}{80}=12.5\ \text{rad/s}$$

5.25　设计一个 RLC 并联电路，使其谐振频率 $\omega_0=1000$ rad/s，且谐振时的阻抗为 1000 Ω，带宽 $B=100$ rad/s，并求其品质因数。

解　根据题中已知条件和 RLC 并联电路的有关公式，有

$$R=1000\ \Omega$$

$$B=\frac{\omega_0}{Q}$$

即

$$Q=\frac{\omega_0}{B}=\frac{1000}{100}=10$$

$$Q=\frac{R}{\omega_0 L}$$

即

$$L=\frac{R}{\omega_0 Q}=\frac{1000}{1000\times 10}=0.1\ \text{H}$$

$$Q=\omega_0 CR\quad 即\quad C=\frac{Q}{\omega_0 R}=\frac{10}{1000\times 1000}=10\times 10^{-6}=10\ \mu\text{F}$$

第 6 章　二端口电路

6.1 基本要求

(1) 熟练掌握二端口电路的 Z、Y、H、A 参数方程及其参数的计算方法。

(2) 了解二端口电路的等效方法。

(3) 掌握二端口电路的级联，了解二端口电路的串联和并联。

(4) 掌握具有端接二端口电路的计算。理解二端口电路特性阻抗和完全匹配的概念。

6.2 知识点归纳

6.2.1 二端口电路的参数方程

二端口电路的端口有 4 个变量，因此有 6 种方程和相应的参数。表 6-1 列出了常用的 4 种参数方程。

表 6-1 Z、Y、A、H 参数方程

	Z 参数	Y 参数	A 参数	H 参数
二端口电路	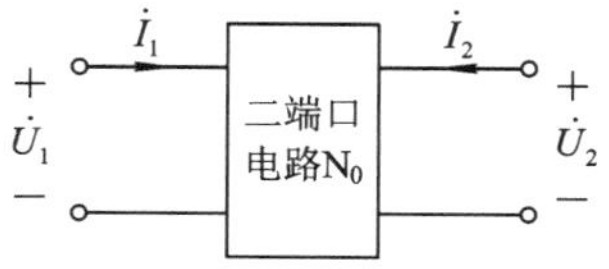 $\dot{I}_1$　$\dot{I}_2$　+ $\dot{U}_1$ −　二端口电路N_0　+ $\dot{U}_2$ −			
方程	$\dot{U}_1=z_{11}\dot{I}_1+z_{12}\dot{I}_2$ $\dot{U}_2=z_{21}\dot{I}_1+z_{22}\dot{I}_2$	$\dot{I}_1=y_{11}\dot{U}_1+y_{12}\dot{U}_2$ $\dot{I}_2=y_{21}\dot{U}_1+y_{22}\dot{U}_2$	$\dot{U}_1=a_{11}\dot{U}_2+a_{12}(-\dot{I}_2)$ $\dot{I}_1=a_{21}\dot{U}_2+a_{22}(-\dot{I}_2)$	$\dot{U}_1=h_{11}\dot{I}_1+h_{12}\dot{U}_2$ $\dot{I}_2=h_{21}\dot{I}_1+h_{22}\dot{U}_2$
互易电路	$z_{12}=z_{21}$	$y_{12}=y_{21}$	$\lvert\boldsymbol{A}\rvert=a_{11}a_{22}-a_{12}a_{21}=1$	$h_{12}=-h_{21}$
对称电路	$z_{12}=z_{21}$ $z_{11}=z_{22}$	$y_{12}=y_{21}$ $y_{11}=y_{22}$	$\lvert\boldsymbol{A}\rvert=1$ $a_{11}=a_{22}$	$h_{12}=-h_{21}$ $\lvert\boldsymbol{H}\rvert=h_{11}h_{22}-h_{12}h_{21}=1$

续表

	Z 参数	Y 参数	A 参数	H 参数
物理意义	$z_{11}=\left.\dfrac{\dot{U}_1}{\dot{I}_1}\right\vert_{\dot{I}_2=0}$ $z_{12}=\left.\dfrac{\dot{U}_1}{\dot{I}_2}\right\vert_{\dot{I}_1=0}$ $z_{21}=\left.\dfrac{\dot{U}_2}{\dot{I}_1}\right\vert_{\dot{I}_2=0}$ $z_{22}=\left.\dfrac{\dot{U}_2}{\dot{I}_2}\right\vert_{\dot{I}_1=0}$ 开路阻抗参数	$y_{11}=\left.\dfrac{\dot{I}_1}{\dot{U}_1}\right\vert_{\dot{U}_2=0}$ $y_{12}=\left.\dfrac{\dot{I}_1}{\dot{U}_2}\right\vert_{\dot{U}_1=0}$ $y_{21}=\left.\dfrac{\dot{I}_2}{\dot{U}_1}\right\vert_{\dot{U}_2=0}$ $y_{22}=\left.\dfrac{\dot{I}_2}{\dot{U}_2}\right\vert_{\dot{U}_1=0}$ 短路导纳参数	$a_{11}=\left.\dfrac{\dot{U}_1}{\dot{U}_2}\right\vert_{\dot{I}_2=0}$ $a_{12}=\left.\dfrac{\dot{U}_1}{-\dot{I}_2}\right\vert_{\dot{U}_2=0}$ $a_{21}=\left.\dfrac{\dot{I}_1}{\dot{U}_2}\right\vert_{\dot{I}_2=0}$ $a_{22}=\left.\dfrac{\dot{I}_1}{-\dot{I}_2}\right\vert_{\dot{U}_2=0}$ 传输参数	$h_{11}=\left.\dfrac{\dot{U}_1}{\dot{I}_1}\right\vert_{\dot{U}_2=0}$ $h_{12}=\left.\dfrac{\dot{U}_1}{\dot{U}_2}\right\vert_{\dot{I}_1=0}$ $h_{21}=\left.\dfrac{\dot{I}_2}{\dot{I}_1}\right\vert_{\dot{U}_2=0}$ $h_{22}=\left.\dfrac{\dot{I}_2}{\dot{U}_2}\right\vert_{\dot{I}_1=0}$ 混合参数
等效电路	$\dot{I}_1$, $z_{11}-z_{12}$, $z_{22}-z_{12}$, $(z_{21}-z_{12})\dot{I}_1$, $\dot{I}_2$, z_{12}, $\dot{U}_1$, $\dot{U}_2$		$\dot{I}_1$, $-z_{12}$, $\dot{I}_2$, $y_{22}+y_{12}$, $y_{11}+y_{12}$, $(y_{21}-y_{12})\dot{U}_1$, $\dot{U}_1$, $\dot{U}_2$	

6.2.2 二端口电路的连接

一个二端口电路有时可以看成由更简单的二端口电路相互连接而成。不同的二端口电路也可以通过适当地连接在一起构成复合的二端口电路。表 6-2 列出三种常见的连接方式。

表 6-2　二端口电路的连接方式

	参数关系	条　件
两二端口电路级联	$\mathbf{A}=\mathbf{A}_1\mathbf{A}_2$	无要求
两二端口电路串联	$\mathbf{Z}=\mathbf{Z}_1+\mathbf{Z}_2$	连接后不破坏端口条件
两二端口电路并联	$\mathbf{Y}=\mathbf{Y}_1+\mathbf{Y}_2$	连接后不破坏端口条件

6.2.3 端接二端口电路的网络函数

实际应用中，二端口电路往往输入端接电源，输出端接负载，如图 6-1 所示。这时需要研究外部的某些网络函数，$H(\mathrm{j}\omega)=\dfrac{\dot{Y}}{\dot{F}}$，当输出量与输入量处于同一端口时，常称为策动点函数；当输出量与输入量处于不同端口时，常称为转移(传输)函数。表 6-3 给出几种常用网络函数的定义。

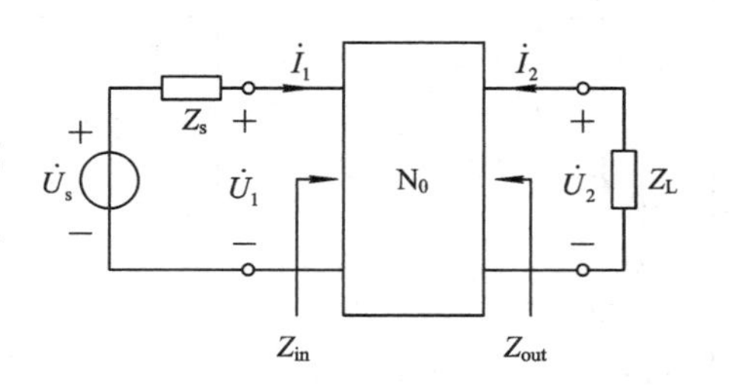

图 6-1　端接二端口电路

表 6-3　常用网络函数的定义

	定　义	用 A 参数表示	说　明
输入阻抗	$Z_{\text{in}}=\dfrac{\dot{U}_1}{\dot{I}_1}$	$\dfrac{a_{11}Z_{\text{L}}+a_{12}}{a_{21}Z_{\text{L}}+a_{22}}$	所有网络函数也可以用其它参数表示
输出阻抗	$Z_{\text{out}}=\dfrac{\dot{U}_2}{\dot{I}_2}\Big\|_{\dot{U}_{\text{s}}=0}$	$\dfrac{a_{22}Z_{\text{s}}+a_{12}}{a_{21}Z_{\text{s}}+a_{11}}$	从输出端口看去的戴维南等效阻抗
转移电压比	$A_u=\dfrac{\dot{U}_2}{\dot{U}_1}$	$\dfrac{Z_{\text{L}}}{a_{11}Z_{\text{L}}+a_{12}}$	也称为电压增益
转移电流比	$A_i=\dfrac{\dot{I}_2}{\dot{I}_1}$	$\dfrac{-1}{a_{21}Z_{\text{L}}+a_{22}}$	也称为电流增益
特性阻抗 Z_{c1}，Z_{c2}	$Z_{\text{c1}}=Z_{\text{in}}\big\|_{Z_{\text{L}}=Z_{\text{c2}}}$ $Z_{\text{c2}}=Z_{\text{out}}\big\|_{Z_{\text{s}}=Z_{\text{c1}}}$	$Z_{\text{c1}}=\sqrt{\dfrac{a_{11}a_{12}}{a_{21}a_{22}}}$ $Z_{\text{c2}}=\sqrt{\dfrac{a_{22}a_{12}}{a_{21}a_{11}}}$	Z_{c1}，Z_{c2} 只与自身的参数有关。若 $Z_{\text{L}}=Z_{\text{c2}}$，称为出口匹配；若 $Z_{\text{s}}=Z_{\text{c1}}$，称为入口匹配。当入口和出口均匹配时，称为完全匹配，也称无反射匹配

6.3　习题6解答

6-1　求题6-1图示二端口电路的 Z 参数。

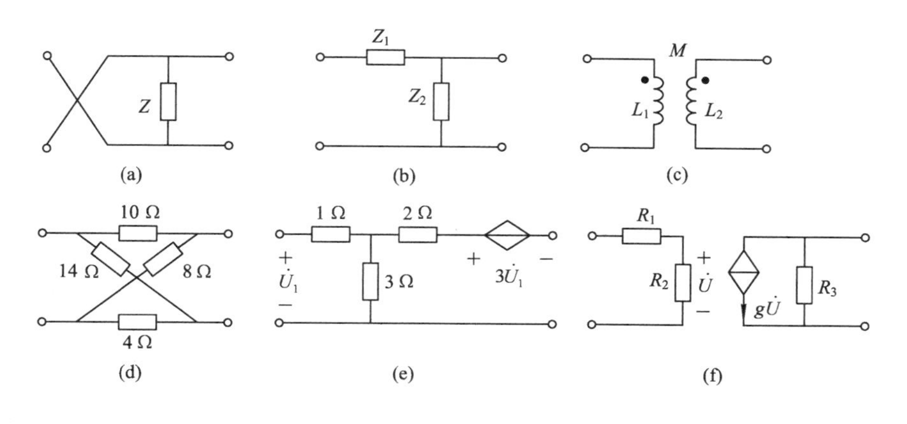

题6-1图

解　按约定，二端口电路端口电压均取上“+”下“−”，电流、电压取关联参考方向，标于题6-1解图中。

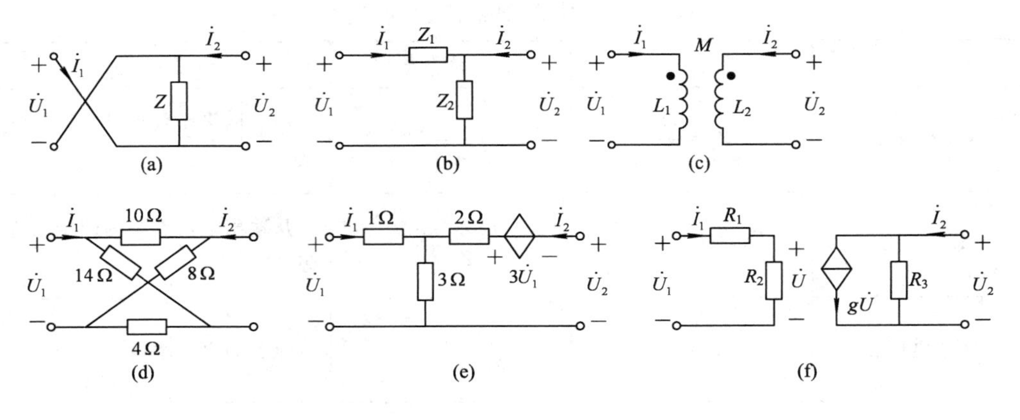

题 6-1 解图

图(a)：

$$\dot{U}_1 = Z(\dot{I}_1 - \dot{I}_2) = Z\dot{I}_1 - Z\dot{I}_2$$
$$\dot{U}_2 = Z(\dot{I}_2 - \dot{I}_1) = -Z\dot{I}_1 + Z\dot{I}_2$$

故

$$\boldsymbol{Z} = \begin{bmatrix} Z & -Z \\ -Z & Z \end{bmatrix}$$

图(b)：

$$\dot{U}_1 = Z_1\dot{I}_1 + Z_2(\dot{I}_1 + \dot{I}_2) = (Z_1 + Z_2)\dot{I}_1 + Z_2\dot{I}_2$$
$$\dot{U}_2 = Z_2(\dot{I}_1 + \dot{I}_2) = Z_2\dot{I}_1 + Z_2\dot{I}_2$$

故

$$\boldsymbol{Z} = \begin{bmatrix} Z_1 + Z_2 & Z_2 \\ Z_2 & Z_2 \end{bmatrix}$$

图(c)：利用耦合电感的伏安关系有

$$\dot{U}_1 = \mathrm{j}\omega L_1\dot{I}_1 + \mathrm{j}\omega M\dot{I}_2$$
$$\dot{U}_2 = \mathrm{j}\omega M\dot{I}_1 + \mathrm{j}\omega L_2\dot{I}_2$$

故

$$\boldsymbol{Z} = \begin{bmatrix} \mathrm{j}\omega L_1 & \mathrm{j}\omega M \\ \mathrm{j}\omega M & \mathrm{j}\omega L_2 \end{bmatrix}$$

图(d)：令 $\dot{I}_2=0$，则 z_{11}为端口 1 的等效阻抗，有

$$z_{11} = (10+8)//(14+4) = 9\ \Omega$$

由 KVL 和分流公式，有

$$\dot{U}_2 = 8\times\frac{14+4}{14+4+10+8}\dot{I}_1 - 4\times\frac{10+8}{14+4+10+8}\dot{I}_1 = 2\dot{I}_1$$

故 $z_{21}=2\ \Omega$。

令 $\dot{I}_1=0$，则 z_{22}为端口 2 的等效阻抗，有

$$z_{22}=(10+14)//(8+4)=8\ \Omega$$

利用互易性，有 $z_{12}=z_{21}=2\ \Omega$。故

$$\boldsymbol{Z}=\begin{bmatrix}9 & 2\\ 2 & 8\end{bmatrix}\Omega$$

图(e)：

$$\dot{U}_1=1\times\dot{I}_1+3(\dot{I}_1+\dot{I}_2)=4\dot{I}_1+3\dot{I}_2$$

$$\dot{U}_2=-3\dot{U}_1+2\dot{I}_2+3(\dot{I}_1+\dot{I}_2)=-9\dot{I}_1-4\dot{I}_2$$

故

$$\boldsymbol{Z}=\begin{bmatrix}4 & 3\\ -9 & -4\end{bmatrix}\Omega$$

图(f)：

$$\dot{U}_1=(R_1+R_2)\dot{I}_1$$

$$\dot{U}_2=R_3(\dot{I}_2-g\dot{U})=-R_2R_3g\dot{I}_1+R_3\dot{I}_2$$

其中

$$\dot{U}=R_2\dot{I}_1$$

故

$$\boldsymbol{Z}=\begin{bmatrix}R_1+R_2 & 0\\ -R_2R_3g & R_3\end{bmatrix}$$

6-2　求题 6-2 图示二端口电路的 Y 参数。

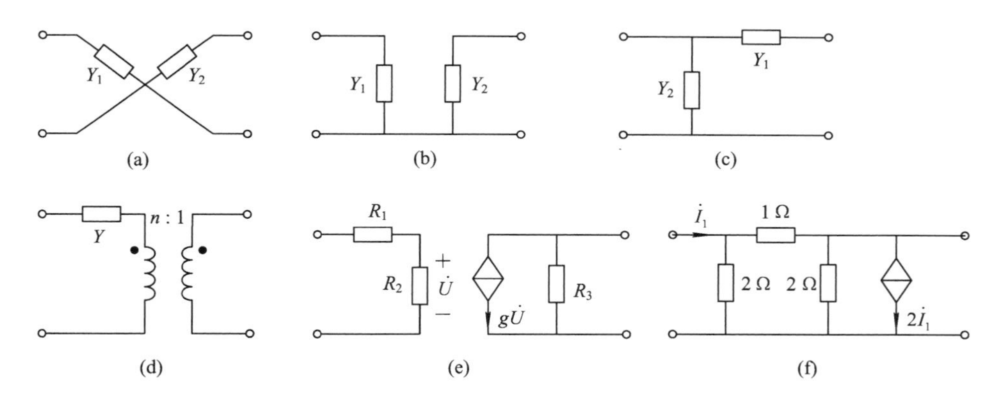

题 6-2 图

解　按约定，二端口电路端口电压均取上“+”下“-”，电流、电压取关联参考方向，标于题 6-2 解图中。

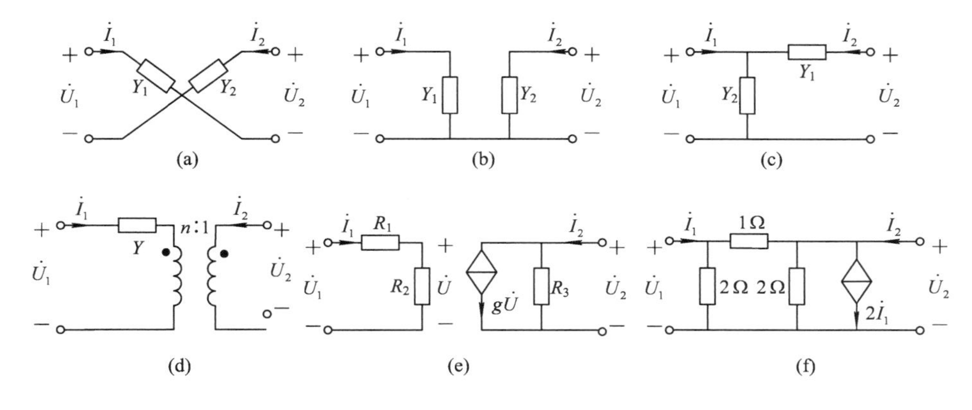

题 6-2 解图

图(a)：

$$\dot{I}_1=\dot{I}_2$$

$$\dot{U}_1=\frac{1}{Y_1}\dot{I}_1-\dot{U}_2+\frac{1}{Y_2}\dot{I}_2=\left(\frac{1}{Y_1}+\frac{1}{Y_2}\right)\dot{I}_1-\dot{U}_2$$

$$\dot{I}_2=\dot{I}_1=\frac{Y_1Y_2}{Y_1+Y_2}\dot{U}_1+\frac{Y_1Y_2}{Y_1+Y_2}\dot{U}_2$$

故

$$\boldsymbol{Y}=\begin{bmatrix}\dfrac{Y_1Y_2}{Y_1+Y_2} & \dfrac{Y_1Y_2}{Y_1+Y_2}\\ \dfrac{Y_1Y_2}{Y_1+Y_2} & \dfrac{Y_1Y_2}{Y_1+Y_2}\end{bmatrix}$$

图(b)：

$$\dot{I}_1=Y_1\dot{U}_1，\ \dot{I}_2=Y_2\dot{U}_2$$

故

$$\boldsymbol{Y}=\begin{bmatrix}Y_1 & 0\\ 0 & Y_2\end{bmatrix}$$

图(c)：

$$\dot{I}_2=Y_1(\dot{U}_2-\dot{U}_1)=-Y_1\dot{U}_1+Y_1\dot{U}_2$$

$$\dot{I}_1=Y_2\dot{U}_1-\dot{I}_2=(Y_1+Y_2)\dot{U}_1-Y_1\dot{U}_2$$

故

$$\boldsymbol{Y}=\begin{bmatrix}Y_1+Y_2 & -Y_1\\ -Y_1 & Y_1\end{bmatrix}$$

图(d)：

$$\dot{I}_1=Y(\dot{U}_1-n\dot{U}_2)=Y\dot{U}_1-nY\dot{U}_2$$

$$\dot{I}_2=-n\dot{I}_1=-nY\dot{U}_1+n^2Y\dot{U}_2$$

故

$$\boldsymbol{Y}=\begin{bmatrix}Y & -nY\\ -nY & n^2Y\end{bmatrix}$$

图(e)：

$$\dot{I}_1=\frac{1}{R_1+R_2}\dot{U}_1$$

$$\dot{I}_2=g\dot{U}+\frac{1}{R_3}\dot{U}_2=\frac{gR_2}{R_1+R_2}\dot{U}_1+\frac{1}{R_3}\dot{U}_2$$

故

$$\boldsymbol{Y}=\begin{bmatrix}\dfrac{1}{R_1+R_2} & 0\\ \dfrac{gR_2}{R_1+R_2} & \dfrac{1}{R_3}\end{bmatrix}$$

图(f)：

$$\dot{I}_1=\frac{\dot{U}_1}{2}+\frac{\dot{U}_1-\dot{U}_2}{1}=1.5\dot{U}_1-\dot{U}_2$$

$$\dot{I}_2=2\dot{I}_1+\frac{\dot{U}_2}{2}+\frac{\dot{U}_2-\dot{U}_1}{1}=2\dot{U}_1-0.5\dot{U}_2$$

故

$$\boldsymbol{Y}=\begin{bmatrix}1.5 & -1\\ 2 & -0.5\end{bmatrix}\mathrm{S}$$

6-3　求题 6-3 图示二端口电路的 A 参数。

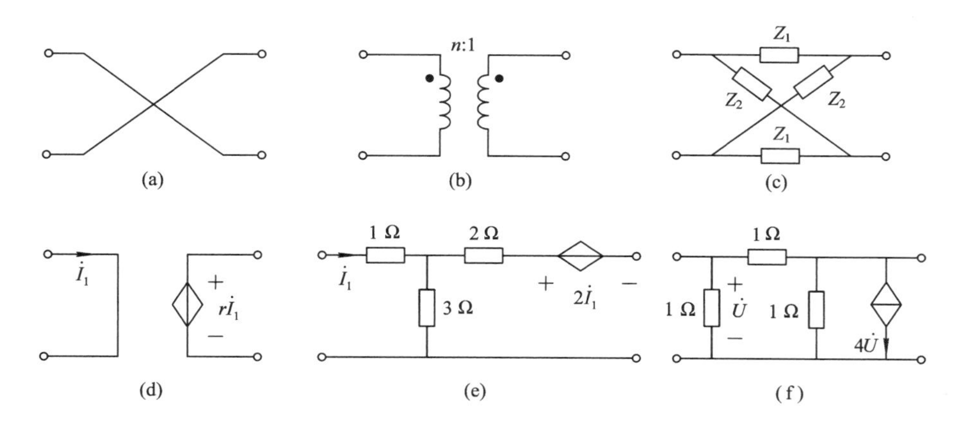

题 6-3 图

解　按约定，二端口电路端口电压均取上"＋"下"－"，电流、电压取关联参考方向，标于题 6-3 解图中。

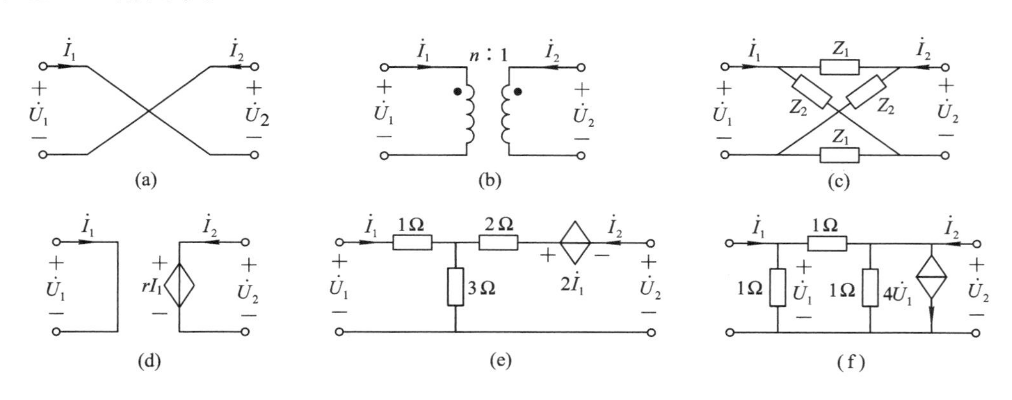

题 6-3 解图

图(a)：

$$\dot{U}_1=-\dot{U}_2,\quad \dot{I}_1=\dot{I}_2$$

故

$$\boldsymbol{A}=\begin{bmatrix}-1 & 0\\ 0 & -1\end{bmatrix}$$

图(b)：

$$\dot{U}_1=n\dot{U}_2,\quad \dot{I}_1=-\frac{1}{n}\dot{I}_2$$

故

$$\boldsymbol{A}=\begin{bmatrix}n & 0\\ 0 & -\dfrac{1}{n}\end{bmatrix}$$

图(c)：

(1) 令 $\dot{I}_2=0$，则有

$$\dot{U}_2=\frac{Z_2}{Z_1+Z_2}\dot{U}_1-\frac{Z_1}{Z_1+Z_2}\dot{U}_1=\frac{Z_2-Z_1}{Z_1+Z_2}\dot{U}_1$$

$$a_{11}=\frac{\dot{U}_2}{\dot{U}_1}=\frac{Z_2-Z_1}{Z_1+Z_2}$$

$$\dot{I}_1=\frac{\dot{U}_1}{\dfrac{Z_1+Z_2}{2}}=\frac{2}{Z_2-Z_1}\dot{U}_2$$

$$a_{21}=\frac{\dot{I}_1}{\dot{U}_2}=\frac{2}{Z_2-Z_1}$$

(2) 令 $\dot{U}_2=0$，则有

$$-\dot{I}_2=\frac{Z_2}{Z_1+Z_2}\dot{I}_1-\frac{Z_1}{Z_1+Z_2}\dot{I}_1$$

$$a_{22}=\frac{\dot{I}_1}{-\dot{I}_2}=\frac{Z_2+Z_1}{Z_2-Z_1}$$

$$\dot{U}_1=2(Z_1\ /\!/\ Z_2)\dot{I}_1=2\,\frac{Z_1Z_2}{Z_1+Z_2}\times\frac{Z_2+Z_1}{Z_2-Z_1}(-\dot{I}_2)=2\,\frac{Z_1Z_2}{Z_2-Z_1}(-\dot{I}_2)$$

$$a_{12}=\frac{\dot{U}_1}{-\dot{I}_2}=\frac{2Z_1Z_2}{Z_2-Z_1}$$

故

$$\mathbf{A}=\begin{bmatrix}\dfrac{Z_1+Z_2}{Z_2-Z_1} & \dfrac{2Z_1Z_2}{Z_2-Z_1}\\[2ex] \dfrac{2}{Z_2-Z_1} & \dfrac{Z_1+Z_2}{Z_2-Z_1}\end{bmatrix}$$

图(d)： $\dot{U}_1=0$， $\dot{I}_1=\dfrac{1}{r}\dot{U}_2$

故

$$\mathbf{A}=\begin{bmatrix}0 & 0\\ \dfrac{1}{r} & 0\end{bmatrix}$$

图(e)：由电路可列出

$$\dot{U}_1=2\dot{I}_1+1\times(\dot{I}_1+\dot{I}_2)$$
$$\dot{U}_2=2\dot{I}_1+5\dot{I}_2+1\times(\dot{I}_1+\dot{I}_2)$$

整理为

$$\dot{U}_1=\dot{U}_2+5(-\dot{I}_2)$$

$$\dot{I}_1=\frac{1}{3}\dot{U}_2+2(-\dot{I}_2)$$

故

$$\mathbf{A}=\begin{bmatrix}1 & 5\ \Omega\\ \dfrac{1}{3}\mathrm{S} & 2\end{bmatrix}$$

图(f)：
$$\dot{I}_1=\frac{\dot{U}_1}{1}+\frac{\dot{U}_1-\dot{U}_2}{1}=2\dot{U}_1-\dot{U}_2$$
$$\dot{I}_2=4\dot{U}_1+\frac{\dot{U}_2}{1}+\frac{\dot{U}_2-\dot{U}_1}{1}=3\dot{U}_1+2\dot{U}_2$$

整理为
$$\dot{U}_1=-\frac{2}{3}\dot{U}_2-\frac{1}{3}(-\dot{I}_2)$$
$$\dot{I}_1=-\frac{7}{3}\dot{U}_2-\frac{2}{3}(-\dot{I}_2)$$

故
$$\boldsymbol{A}=\begin{bmatrix}-\frac{2}{3} & -\frac{1}{3}\ \Omega\\ -\frac{7}{3}\ \text{S} & -\frac{2}{3}\end{bmatrix}$$

6-4　求题 6-4 图示二端口电路的 H 参数。

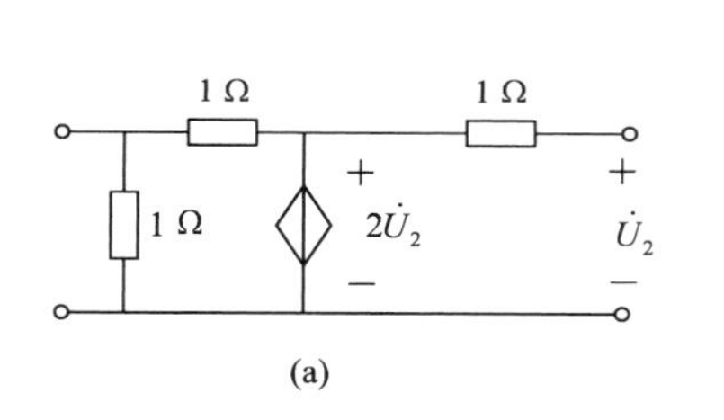

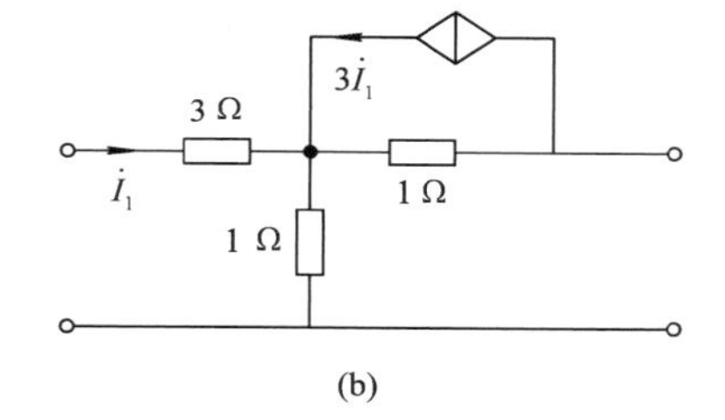

题 6-4 图

解　按约定，二端口电路电压均取上"+"下"−"，电流、电压取关联参考方向，标于题6-4 解图中。

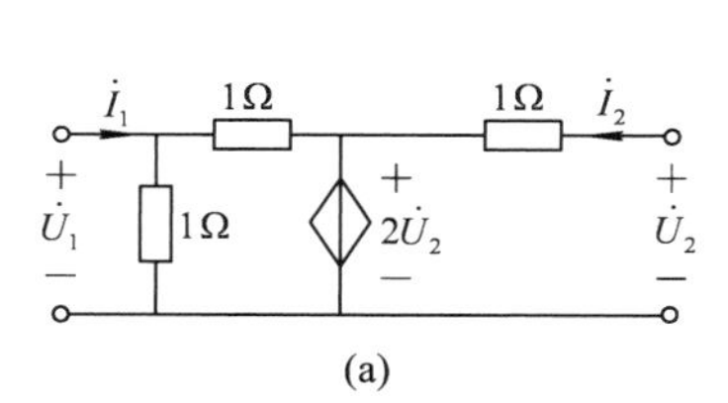

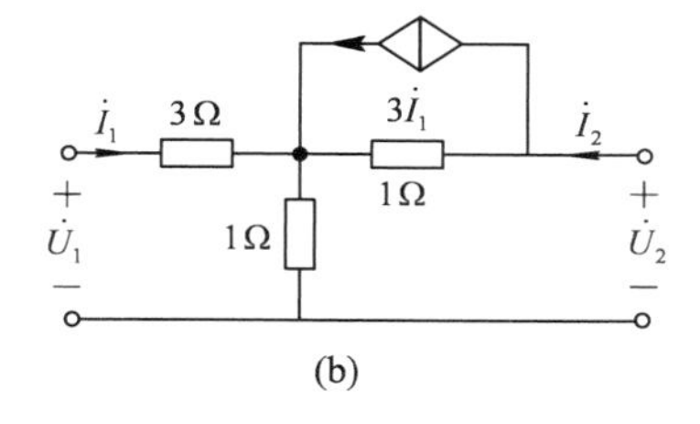

题 6-4 解图

H 方程标准形式为
$$\begin{cases}\dot{U}_1=h_{11}\dot{I}_1+h_{12}\dot{U}_2\\ \dot{I}_2=h_{21}\dot{I}_1+h_{22}\dot{U}_2\end{cases}$$

图(a)：
$$\dot{I}_2=\frac{\dot{U}_2-2\dot{U}_2}{1}=-\dot{U}_2$$
$$\dot{I}_1=\frac{\dot{U}_1}{1}+\frac{\dot{U}_1-2\dot{U}_2}{1}=2\dot{U}_1-2\dot{U}_2$$
$$\dot{U}_1=0.5\dot{I}_1+\dot{U}_2$$

故

$$\boldsymbol{H}=\begin{bmatrix}0.5\ \Omega & 1\\ 0 & -1\ \text{S}\end{bmatrix}$$

图(b)：

$$\dot{U}_1=3\dot{I}_1+1\times(\dot{I}_1+\dot{I}_2)=4\dot{I}_1+\dot{I}_2$$
$$\dot{U}_2=1\times(\dot{I}_2-3\dot{I}_1)+1\times(\dot{I}_2+\dot{I}_1)=-2\dot{I}_1+2\dot{I}_2$$

整理得

$$\dot{U}_1=5\dot{I}_1+0.5\dot{U}_2$$
$$\dot{I}_2=\dot{I}_1+0.5\dot{U}_2$$

故
$$\boldsymbol{H}=\begin{bmatrix}0.5\ \Omega & 0.5\\ 1 & 0.5\ \text{S}\end{bmatrix}$$

6-5　求题 6-5 图示电路的 A 参数。

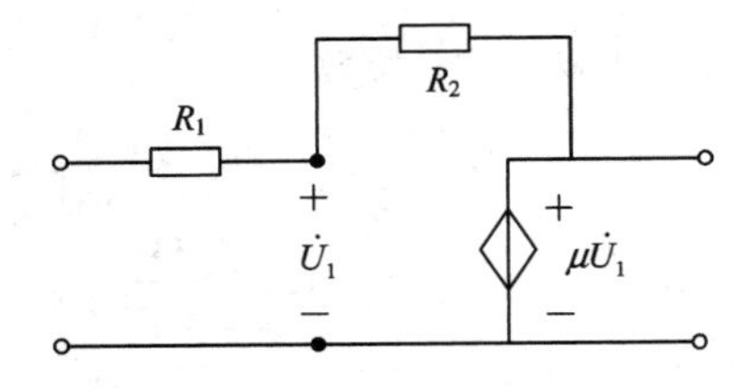

题 6-5 图

解　标示电流、电压方向，如题 6-5 解图所示。

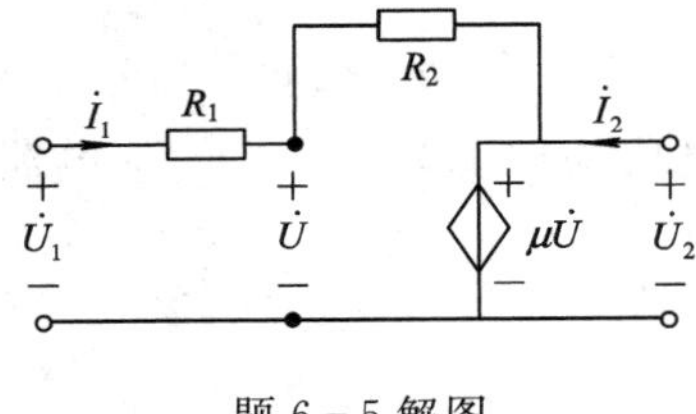

题 6-5 解图

由电路列出方程

$$\dot{U}_1=(R_1+R_2)\dot{I}_1+\dot{U}_2$$
$$\dot{U}_1=R_1\dot{I}_1+\dot{U}=R_1\dot{I}_1+\frac{1}{\mu}\dot{U}_2$$

整理得

$$\dot{U}_1=\frac{R_1+R_2-\mu R_1}{\mu R_2}\dot{U}_2$$
$$\dot{I}_1=\frac{1-\mu}{\mu R_2}\dot{U}_2$$

故

$$\boldsymbol{A}=\begin{bmatrix}\dfrac{R_1+R_2-\mu R_1}{\mu R_2} & 0\\ \dfrac{1-\mu}{\mu R_2} & 0\end{bmatrix}$$

6－6　求题6－6图示电路的 H 参数。

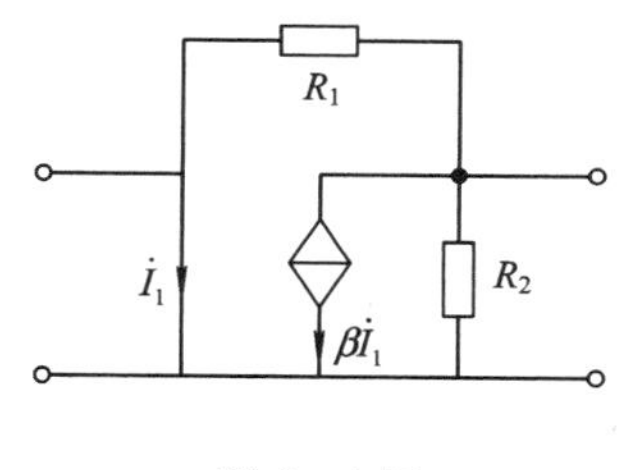

题6－6图

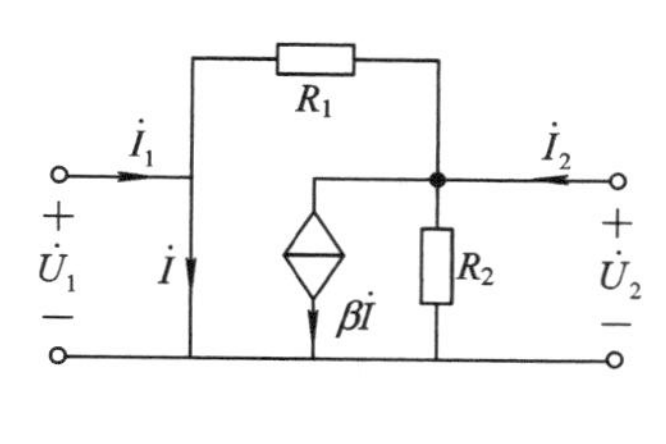

题6－6解图

解　标示电流、电压方向，如题6－6解图所示。由电路列出方程

$$\dot{U}_1 = 0$$

$$\dot{I}_1 = \frac{\dot{U}_1 - \dot{U}_2}{R_1} + \dot{I}$$

$$\dot{I}_2 = \frac{\dot{U}_2}{R_1} + \frac{\dot{U}_2}{R_2} + \beta\dot{I}$$

整理得

$$\dot{U}_1 = 0$$

$$\dot{I}_2 = \beta\dot{I}_1 + \left(\frac{1+\beta}{R_1} + \frac{1}{R_2}\right)\dot{U}_2$$

故

$$H = \begin{bmatrix} 0 & 0 \\ \beta & \dfrac{1+\beta}{R_1} + \dfrac{1}{R_2} \end{bmatrix}$$

6－7　已知题6－7图示电路的 $\mathbf{Z}$ 矩阵为

$$\mathbf{Z} = \begin{bmatrix} 10 & 8 \\ 5 & 10 \end{bmatrix} \Omega$$

求 R_1、R_2、R_3 和 r。

解　标示电压、电流方向，如题6－7解图所示。由电路列出方程

$$\dot{U}_1 = R_1\dot{I}_1 + r\dot{I}_2 + R_3(\dot{I}_1 + \dot{I}_2) = (R_1 + R_3)\dot{I}_1 + (r + R_3)\dot{I}_2$$

$$\dot{U}_2 = R_2\dot{I}_2 + R_3(\dot{I}_1 + \dot{I}_2) = R_3\dot{I}_1 + (R_2 + R_3)\dot{I}_2$$

而由题中条件，有

$$\dot{U}_1 = 10\dot{I}_1 + 8\dot{I}_2$$

$$\dot{U}_2 = 5\dot{I}_1 + 10\dot{I}_2$$

比较系数，可求得 $R_1 = R_2 = R_3 = 5\ \Omega$，$r = 3\ \Omega$。

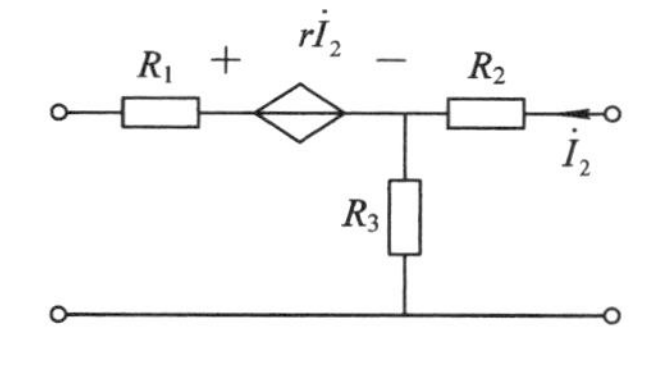

题6－7图

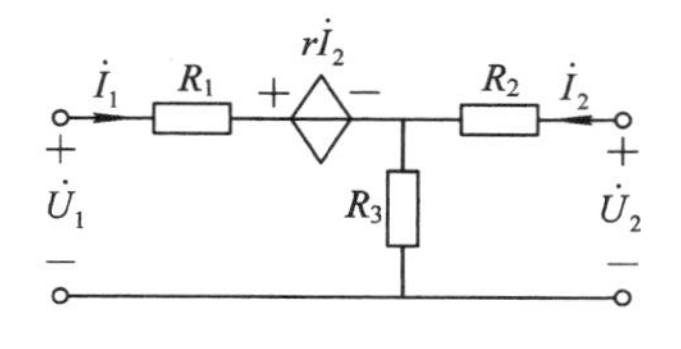

题6－7解图

6-8　含独立源的二端口电路如题 6-8 图所示，求其 Z 参数和开路电压 $\dot{U}_{OC1}$、$\dot{U}_{OC2}$，并画出其 Z 参数等效电路。

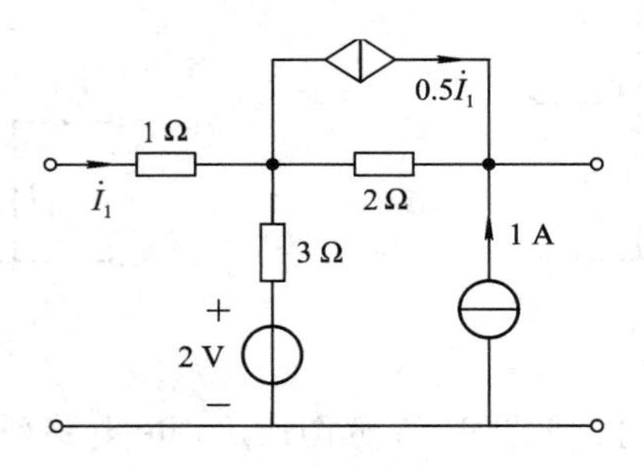

题 6-8 图

解　标示电流、电压方向，如题 6-8 解图(一)所示。由电路列出方程

$$\dot{U}_1 = 1\times\dot{I}_1 + 3\times(\dot{I}_1+\dot{I}_2+1)+2 = 4\dot{I}_1+3\dot{I}_2+5$$

$$\dot{U}_2 = 2\times(0.5\dot{I}_1+\dot{I}_2+1)+3\times(\dot{I}_1+\dot{I}_2+1)+2 = 4\dot{I}_1+5\dot{I}_2+7$$

故其 Z 参数和开路电压分别为

$$\boldsymbol{Z} = \begin{bmatrix}4 & 2\\4 & 5\end{bmatrix}\ \Omega,\ \dot{U}_{OC1} = 5\ \text{V}$$

$$\dot{U}_{OC2} = 7\ \text{V}$$

其 Z 参数的等效电路如题 6-8 解图(二)所示。

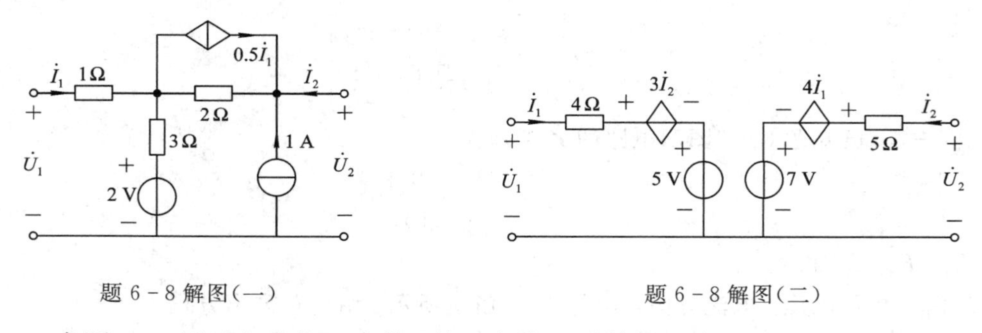

题 6-8 解图(一)　　题 6-8 解图(二)

6-9　求题 6-9 图示电路的 Z 参数，并画出其 T 形等效电路。

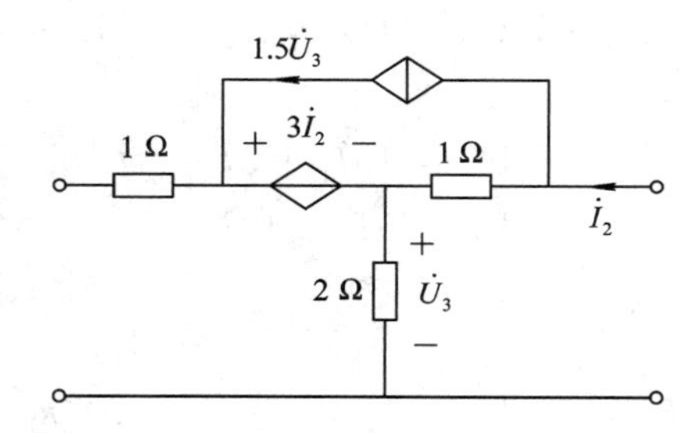

题 6-9 图

解　标示电流、电压方向，如题 6-9 解图(一)所示。由电路列出方程

$$\dot{U}_3 = 2(\dot{I}_1+\dot{I}_2)$$

$$\dot{U}_1 = 1\times\dot{I}_1+3\dot{I}_2+\dot{U}_3 = 3\dot{I}_1+5\dot{I}_2$$

$$\dot{U}_2 = 1\times(\dot{I}_2 - 1.5\dot{U}_3) + \dot{U}_3 = -\dot{I}_1$$

故其 Z 参数为

$$\boldsymbol{Z} = \begin{bmatrix} 3 & 5 \\ -1 & 0 \end{bmatrix}\Omega$$

其 T 形等效电路如题 6－9 解图(二)所示。

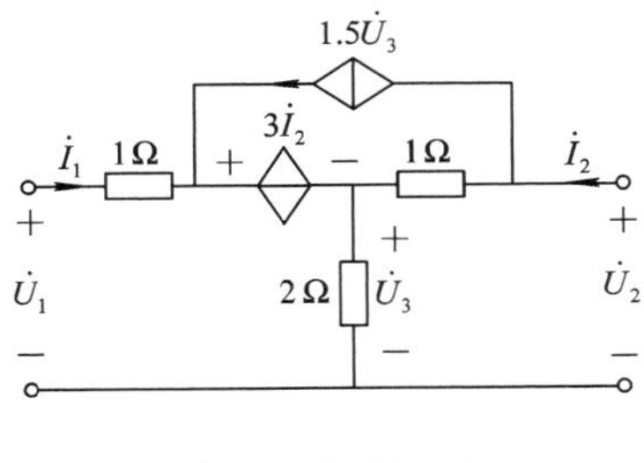

题 6－9 解图(一)

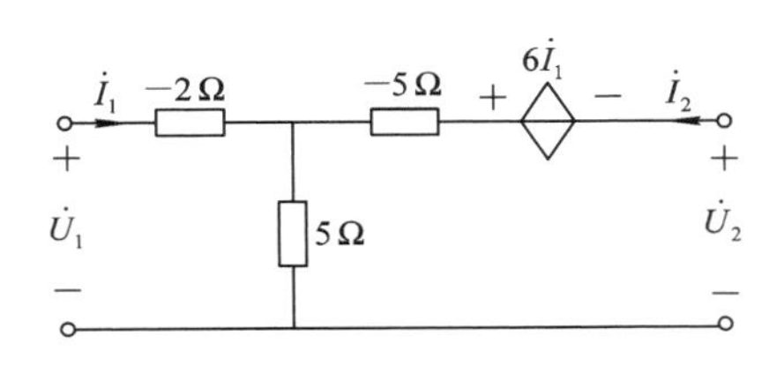

题 6－9 解图(二)

6－10　求题 6－10 图示电路的 Z 参数和 Y 参数，画出 T 形或 Π 等效电路。

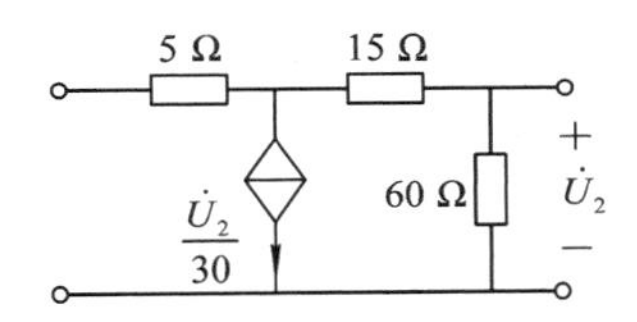

题 6－10 图

解　标示电流、电压方向，如题 6－10 解图(一)所示。由电路列出方程

$$\dot{U}_1 = 5\dot{I}_1 + 15\left(\dot{I}_1 - \frac{\dot{U}_2}{30}\right) + \dot{U}_2$$

$$\dot{U}_2 = 60\left(\dot{I}_1 - \frac{\dot{U}_2}{30} + \dot{I}_2\right)$$

由以上两式整理，可得

$$\dot{U}_1 = 30\dot{I}_1 + 10\dot{I}_2$$
$$\dot{U}_2 = 20\dot{I}_1 + 20\dot{I}_2$$

故其 Z 参数为

$$\boldsymbol{Z} = \begin{bmatrix} 30 & 10 \\ 20 & 20 \end{bmatrix}\Omega$$

其 T 形等效电路如题 6－10 解图(二)所示。

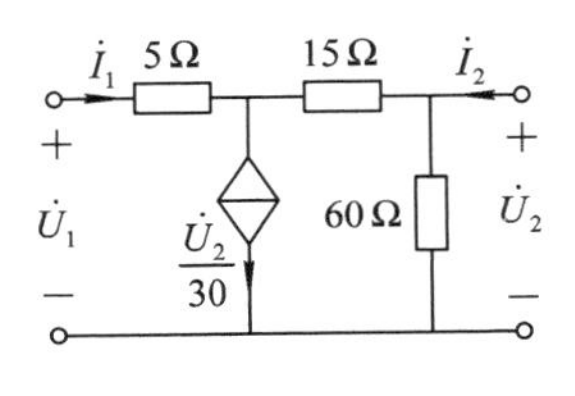

题 6－10 解图(一)

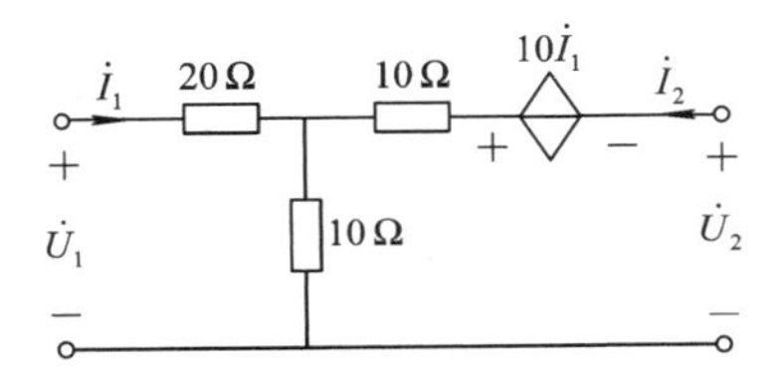

题 6－10 解图(二)

$$\boldsymbol{Y}=\frac{1}{\boldsymbol{Z}}=\frac{1}{\begin{bmatrix}30 & 10\\ 20 & 20\end{bmatrix}}=\begin{bmatrix}0.05 & -0.025\\ -0.05 & 0.075\end{bmatrix}\mathrm{S}$$

6-11　题6-11图示电路可看做是Γ形电路与理想变压器相级联，求复合电路的 A 参数。

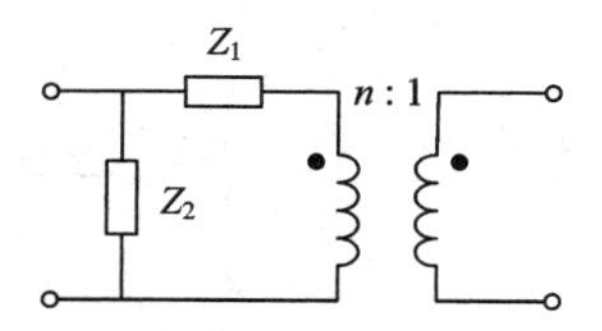

题6-11图

解　不难求出Γ形电路与理想变压器的 A 参数矩阵为

$$\boldsymbol{A}_1=\begin{bmatrix}1 & Z_1\\ \dfrac{1}{Z_2} & \dfrac{Z_1+Z_2}{Z_2}\end{bmatrix},\quad \boldsymbol{A}_2=\begin{bmatrix}n & 0\\ 1 & \dfrac{1}{n}\end{bmatrix}$$

它们级联后的复合电路的 A 参数矩阵为

$$\boldsymbol{A}=\boldsymbol{A}_1\boldsymbol{A}_2=\begin{bmatrix}1 & Z_1\\ \dfrac{1}{Z_2} & \dfrac{Z_1+Z_2}{Z_2}\end{bmatrix}\cdot\begin{bmatrix}n & 0\\ 0 & \dfrac{1}{n}\end{bmatrix}=\begin{bmatrix}n & \dfrac{Z_1}{n}\\ \dfrac{n}{Z_2} & \dfrac{Z_1+Z_2}{nZ_2}\end{bmatrix}$$

6-12　如题6-12图所示电路，可看作由三个简单二端口电路级联组成，求其 **A** 矩阵，并转换成 **Z** 矩阵和 **Y** 矩阵。

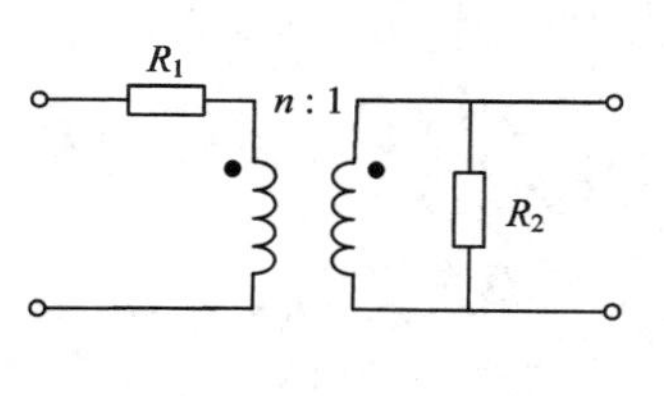

题6-12图

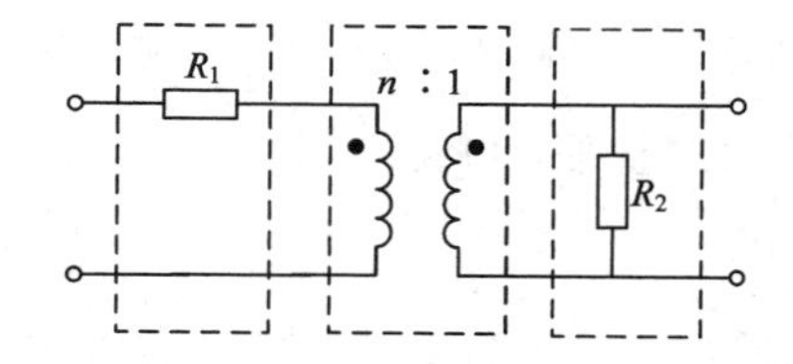

题6-12解图

解　电路可看做三个简单二端口电路(如题6-12解图中虚框所示)级联而成。不难求得三个简单二端口电路的 A 参数矩阵为

$$\boldsymbol{A}_1=\begin{bmatrix}1 & R_1\\ 0 & -1\end{bmatrix},\quad \boldsymbol{A}_2=\begin{bmatrix}n & 0\\ 0 & \dfrac{1}{n}\end{bmatrix},\quad \boldsymbol{A}_3=\begin{bmatrix}1 & 0\\ \dfrac{1}{R_2} & 1\end{bmatrix}$$

则复合电路的 A 参数矩阵为

$$\boldsymbol{A}=\boldsymbol{A}_1\boldsymbol{A}_2\boldsymbol{A}_3=\begin{bmatrix}1 & R_1\\ 0 & -1\end{bmatrix}\cdot\begin{bmatrix}n & 0\\ 0 & \dfrac{1}{n}\end{bmatrix}\cdot\begin{bmatrix}1 & 0\\ \dfrac{1}{R_2} & 1\end{bmatrix}=\begin{bmatrix}n+\dfrac{R_1}{nR_2} & \dfrac{R_1}{n}\\ \dfrac{1}{nR_2} & \dfrac{1}{n}\end{bmatrix}$$

根据 A 参数与其它参数之间的关系，可知 $\boldsymbol{A}$ 矩阵转换成 $\boldsymbol{Z}$ 矩阵和 $\boldsymbol{Y}$ 矩阵为

$$\boldsymbol{Z}=\begin{bmatrix} R_1+n^2R_2 & nR_2 \\ nR_2 & R_2 \end{bmatrix}$$

$$\boldsymbol{Y}=\begin{bmatrix} \dfrac{1}{R_1} & -\dfrac{n}{R_1} \\ -\dfrac{n}{R_1} & \dfrac{n^2}{R_1}+\dfrac{1}{R_2} \end{bmatrix}$$

6-13　T形电路可看做是由题6-13图示的两个二端口电路串联组成，用求复合参数的方法求其 Z 参数。

解　设上下两个二端口电路的 Z 参数矩阵分别记为 $\boldsymbol{Z}_A$ 和 $\boldsymbol{Z}_B$。不难求得

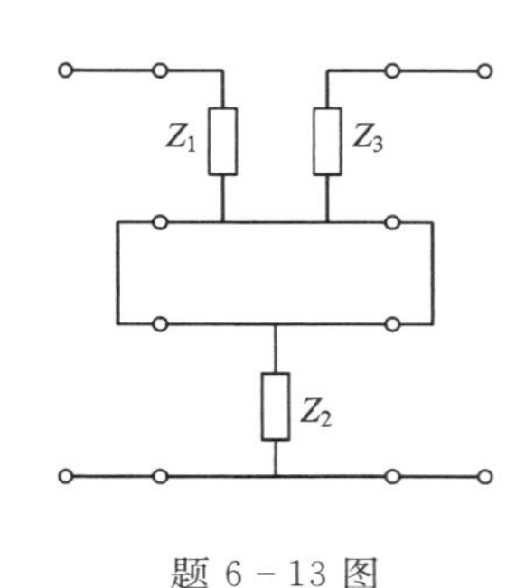

题6-13图

$$\boldsymbol{Z}_A=\begin{bmatrix} Z_1 & 0 \\ 0 & Z_3 \end{bmatrix}$$

$$\boldsymbol{Z}_B=\begin{bmatrix} Z_2 & Z_2 \\ Z_2 & Z_2 \end{bmatrix}$$

容易验证串联后仍满足端口条件，故得复合电路的 Z 参数矩阵为

$$\boldsymbol{Z}=\boldsymbol{Z}_A+\boldsymbol{Z}_B=\begin{bmatrix} Z_1+Z_2 & Z_2 \\ Z_2 & Z_3+Z_2 \end{bmatrix}$$

6-14　Π形电路可看做由题6-14图示的两个二端口电路并联组成，用求复合参数的方法求其 Y 参数。

解　设上下两个二端口电路的 Y 参数矩阵分别记为 $\boldsymbol{Y}_A$ 和 $\boldsymbol{Y}_B$。不难求得

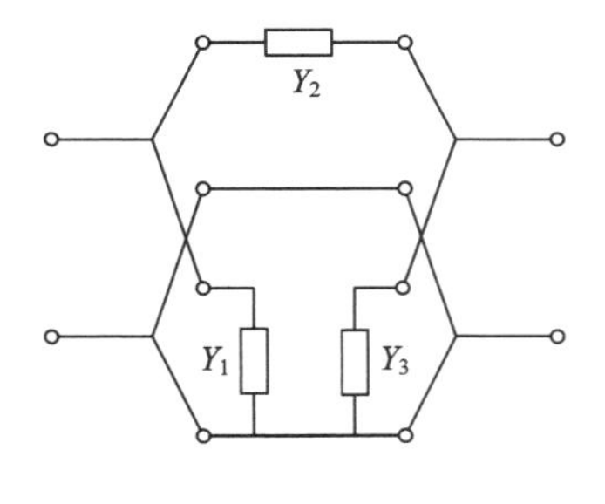

题6-14图

$$\boldsymbol{Y}_A=\begin{bmatrix} Y_2 & -Y_2 \\ -Y_2 & Y_2 \end{bmatrix},\quad \boldsymbol{Y}_B=\begin{bmatrix} Y_1 & 0 \\ 0 & Y_3 \end{bmatrix}$$

容易验证并联后仍满足端口条件，故得复合电路的 Y 参数矩阵为

$$\boldsymbol{Y}=\boldsymbol{Y}_A+\boldsymbol{Y}_B=\begin{bmatrix} Y_1+Y_2 & -Y_2 \\ -Y_2 & Y_3+Y_2 \end{bmatrix}$$

6-15　如题6-15图所示的双T形电路，求其 Y 参数(设角频率为 ω)。

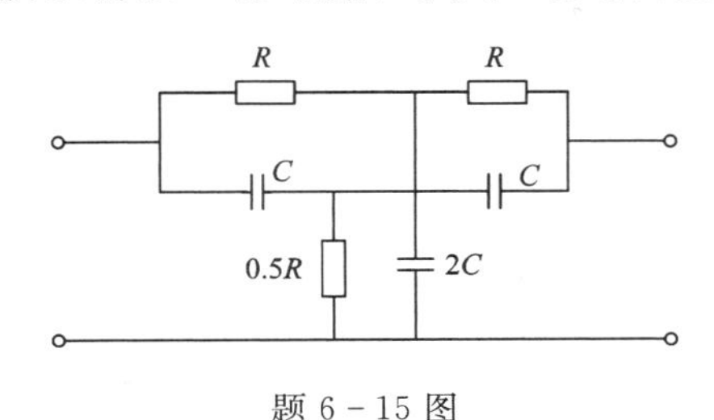

题6-15图

解　双T形电路可以看作两个T形电路并联而成，设其 Y 参数分别为 Y_A 和 Y_B，则根据 Y 参数的定义和对称性及互易性，有

$$y_{A11}=y_{A22}=\frac{\frac{1}{R}\left(\frac{1}{R}+\mathrm{j}\omega 2C\right)}{\frac{1}{R}+\frac{1}{R}+\mathrm{j}\omega 2C}=\frac{1+\mathrm{j}2\omega CR}{2R(1+\mathrm{j}\omega CR)}$$

$$y_{A12}=y_{A21}=-\frac{\frac{1}{R^2}}{\frac{2}{R}+\mathrm{j}\omega 2C}=\frac{-1}{2R(1+\mathrm{j}\omega CR)}$$

$$y_{B11}=y_{B22}=\frac{\mathrm{j}\omega C\left(\frac{2}{R}+\mathrm{j}\omega C\right)}{\mathrm{j}\omega C+\frac{2}{R}+\mathrm{j}\omega C}=\frac{(\mathrm{j}\omega CR)^2+\mathrm{j}2\omega CR}{2R(1+\mathrm{j}\omega CR)}$$

$$y_{B12}=y_{B21}=-\frac{(\mathrm{j}\omega C)^2}{\frac{2}{R}+\mathrm{j}\omega 2C}=\frac{-(\mathrm{j}\omega CR)^2}{2R(1+\mathrm{j}\omega CR)}$$

用二端口并联求 Y 参数的方法($\boldsymbol{Y}=\boldsymbol{Y}_A+\boldsymbol{Y}_B$)，得

$$y_{11}=y_{22}=\frac{1+4(\mathrm{j}\omega CR)+(\mathrm{j}\omega CR)^2}{2R(1+\mathrm{j}\omega CR)}$$

$$y_{12}=y_{21}=\frac{-[(\mathrm{j}\omega CR)^2+1]}{2R(1+\mathrm{j}\omega CR)}$$

6-16　如题 6-16 图所示的电路，已知对于角频率为 ω 的信号源，二端口电路 N 的 $\boldsymbol{Z}$ 矩阵为

$$\boldsymbol{Z}=\begin{bmatrix}-\mathrm{j}16 & -\mathrm{j}10\\ -\mathrm{j}10 & -\mathrm{j}4\end{bmatrix}\Omega$$

负载电阻 $R_L=3\ \Omega$，电源内阻 $R_s=12\ \Omega$，$\dot{U}_s=12\ \mathrm{V}$。

(1) 求策动点函数 Z_{in} 和 Z_{out}；转移函数 A_u、A_i、Z_T 和 Y_T。

(2) 求电压 $\dot{U}_1$ 和 $\dot{U}_2$。

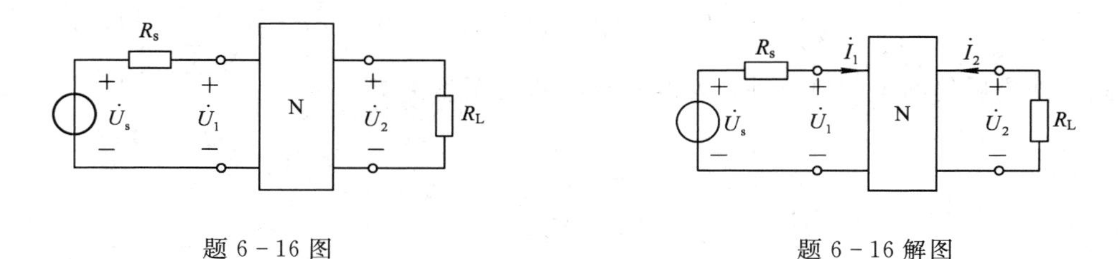

题 6-16 图　　题 6-16 解图

解　(1)、(2)放在一起求解。标示电压、电流方向，如题 6-16 解图所示。由电路 N 的 $\boldsymbol{Z}$ 矩阵和外部电路的伏安关系，可得如下方程：

$$\dot{U}_1=-\mathrm{j}16\dot{I}_1-\mathrm{j}10\dot{I}_2 \quad ①$$

$$\dot{U}_2=-\mathrm{j}10\dot{I}_1-\mathrm{j}4\dot{I}_2 \quad ②$$

$$\dot{U}_1=\dot{U}_s-R_s\dot{I}_1=12-12\dot{I}_1 \quad ③$$

$$\dot{U}_2=-R_L\dot{I}_2=-3\dot{I}_2 \quad ④$$

联立求解可得：$\dot{U}_1=6\ \mathrm{V}$，$\dot{U}_2=3\angle-36.9^\circ\ \mathrm{V}$，$\dot{I}_1=0.5\ \mathrm{A}$，$\dot{I}_2=1\angle 143.1\ \mathrm{A}$。

$$Z_{in}=\frac{\dot{U}_1}{\dot{I}_1}=\frac{6}{0.5}=3\ \Omega$$

$$A_u = \frac{\dot{U}_2}{\dot{U}_1} = \frac{3\angle -36.9^\circ}{6} = 0.5\angle -36.9^\circ$$

$$A_i = \frac{\dot{I}_2}{\dot{I}_1} = \frac{1\angle 143.1}{0.5} = 2\angle 143.1$$

$$Z_T = \frac{\dot{U}_2}{\dot{I}_1} = \frac{3\angle -36.9^\circ}{0.5} = 6\angle -36.9^\circ\ \Omega$$

$$Y_T = \frac{\dot{I}_2}{\dot{U}_1} = \frac{1\angle 143.1}{6} = 0.167\angle 143.1\ \text{S}$$

输出阻抗 Z_{out} 为除负载电阻 R_L 之外电路的戴维南等效阻抗，因而式④无效。令 $\dot{U}_s=0$，由式①和式③消去 $\dot{U}_1$，可得

$$\dot{I}_1 = \frac{\text{j}10}{12-\text{j}16}\dot{I}_2$$

将其代入式②，得

$$Z_{out} = \frac{\dot{U}_2}{\dot{I}_2} = \frac{-\text{j}10\times \text{j}10}{12-\text{j}16} - \text{j}4 = 3\ \Omega$$

6-17　如题6-17图所示电路，已知二端口电路N的$\boldsymbol{Z}$矩阵为

$$\boldsymbol{Z} = \begin{bmatrix} 2 & 1 \\ 1 & 2 \end{bmatrix}\Omega$$

电源 $\dot{U}_s=6$ V，$\dot{I}_s=4$ A，求电路N吸收的功率。

解　标示电流、电压方向，如题6-17解图所示。由电路N的$\boldsymbol{Z}$矩阵可写出Z方程

$$\dot{U}_1 = 2\dot{I}_1 - \dot{I}_s$$

$$\dot{U}_2 = \dot{I}_1 - 2\dot{I}_2$$

将已知条件 $\dot{U}_s=6$ V，$\dot{I}_s=4$ A 代入以上两式，可解得 $\dot{I}_1=5$ A，$\dot{U}_2=-3$ V。故

$$\widetilde{S}_N = \dot{U}_s\dot{I}_1^* - \dot{U}_2\dot{I}_2^* = 6\times 5-(-3)\times 4 = 42\ \text{W}$$

$$P_N = 42\ \text{W}$$

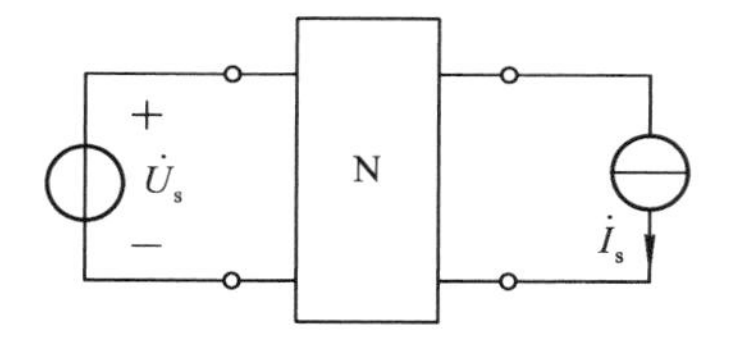

题6-17图

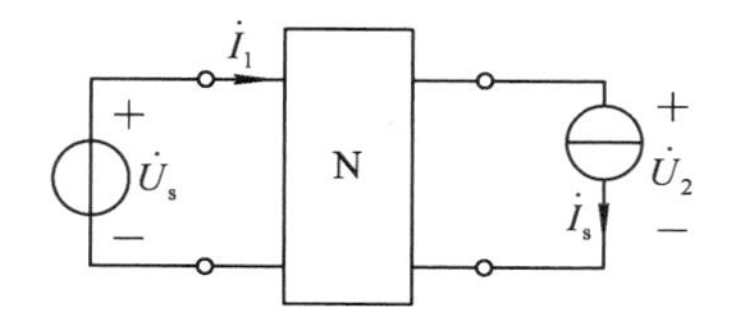

题6-17解图

6-18　如题6-18图所示的二端口电路由两个相同的子电路级联组成。

(1) 求级联电路的A参数；

(2) 若 $R_L=1$ kΩ，求 Z_{in}、A_u 和 A_i。

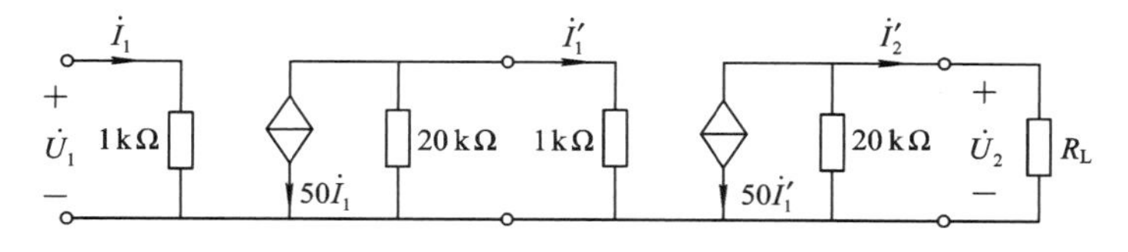

题6-18图

解　(1) 不难求出子电路的 A 参数矩阵为

$$\mathbf{A}_1 = \begin{bmatrix} -10^{-3} & -20\ \Omega \\ -10^{-6}\mathrm{S} & -20\times10^{-3} \end{bmatrix}$$

两个相同子电路级联而成电路的 A 参数矩阵为

$$\mathbf{A} = \mathbf{A}_1\mathbf{A}_1 = \begin{bmatrix} 21\times10^{-6} & 420\times10^{-3}\ \Omega \\ 21\times10^{-9}\mathrm{S} & 420\times10^{-6} \end{bmatrix}$$

(2) 由级联电路的 A 参数矩阵和负载的伏安关系，可得出如下方程：

$$\dot{U}_1 = 21\times10^{-6}\dot{U}_2 + 420\times10^{-3}(-\dot{I}_2)$$

$$\dot{I}_1 = 21\times10^{-9}\dot{U}_2 + 420\times10^{-6}(-\dot{I}_2)$$

$$\dot{U}_2 = -R_{\mathrm{L}}\dot{I}_2 = -10^3\dot{I}_2$$

$$Z_{\mathrm{in}} = \frac{\dot{U}_1}{\dot{I}_1} = \frac{21\times10^{-6}R_{\mathrm{L}} + 420\times10^{-3}}{21\times10^{-9}R_{\mathrm{L}} + 420\times10^{-6}} = 10^3\ \Omega$$

$$A_u = \frac{\dot{U}_2}{\dot{U}_1} = \frac{R_{\mathrm{L}}}{21\times10^{-6}R_{\mathrm{L}} + 420\times10^{-3}} = 2267.6$$

$$A_i = \frac{\dot{I}_2}{\dot{I}_1} = \frac{-1}{21\times10^{-9}R_{\mathrm{L}} + 420\times10^{-6}} = -2267.6$$

6-19　对称二端口电路 N，将它与变比为 1∶1 的理想变压器相级联后，按题 6-19 图(a)的联接方式测得其输入导纳为 Y_a，按题 6-19 图(b)的联接方式测得其输入导纳为 Y_b，试证

$$y_{11} = y_{22} = \frac{Y_a + Y_b}{4}$$

$$y_{12} = y_{21} = \frac{Y_a - Y_b}{4}$$

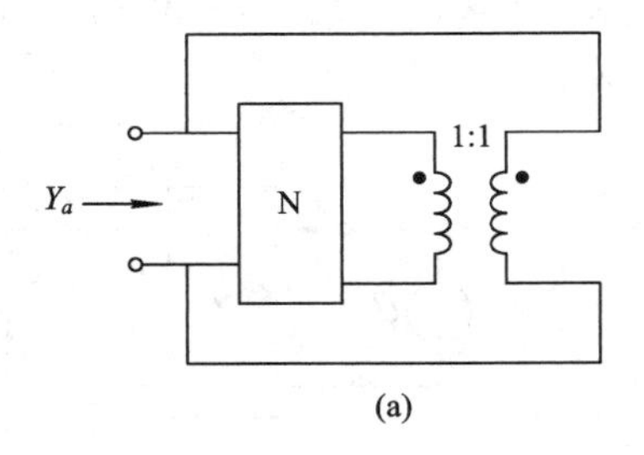

(a)

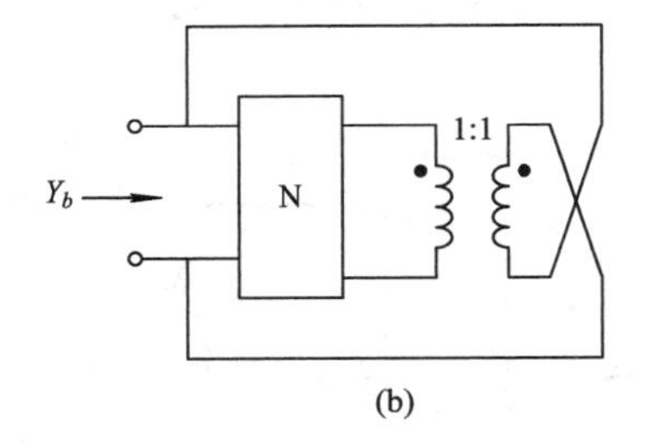

(b)

题 6-19 图

证明：由于理想变压器的变比为 1∶1，故利用其变压和变流特性可标出其端口的电压和电流，如题 6-19 解图所示。

设对称二端口电路 N 的 Y 参数方程为

$$\dot{I}_1 = y_{11}\dot{U}_1 + y_{12}\dot{U}_2$$

$$\dot{I}_2 = y_{21}\dot{U}_1 + y_{22}\dot{U}_2 = y_{12}\dot{U}_1 + y_{11}\dot{U}_2$$

由题 6-19 解图(a)可知

$$\dot{U}_a = \dot{U}_1 = \dot{U}_2$$

$$\begin{aligned}\dot{I}_a &= \dot{I}_1 + \dot{I}_2 = y_{11}\dot{U}_1 + y_{12}\dot{U}_2 + y_{12}\dot{U}_1 + y_{11}\dot{U}_2 \\ &= 2(y_{11} + y_{12})\dot{U}_a\end{aligned}$$

$$Y_a = \frac{\dot{I}_a}{\dot{U}_a} = 2(y_{11} + y_{12}) \qquad ①$$

由题 6-19 解图(b)可知

$$\dot{U}_b = \dot{U}_1 = \dot{U}_2$$

$$\dot{I}_b = \dot{I}_1 - \dot{I}_2 = y_{11}\dot{U}_1 + y_{12}\dot{U}_2 - y_{12}\dot{U}_1 - y_{11}\dot{U}_2 = 2(y_{11} - y_{12})\dot{U}_b$$

$$Y_b = \frac{\dot{I}_b}{\dot{U}_b} = 2(y_{11} - y_{12}) \qquad ②$$

由式①和式②的表达式，联立解得

$$y_{11} = y_{22} = \frac{Y_a + Y_b}{4}$$

$$y_{12} = y_{21} = \frac{Y_a - Y_b}{4}$$

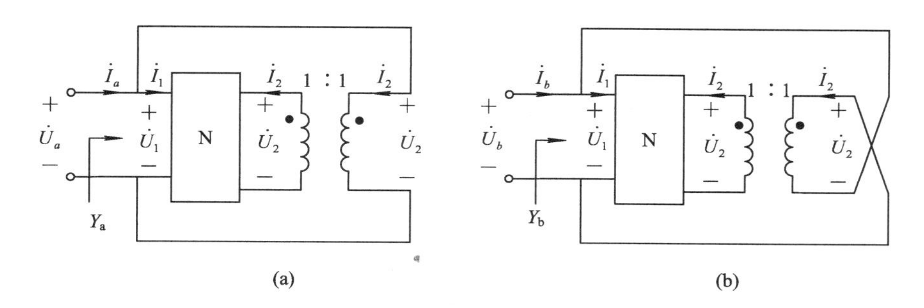

题 6-19 解图

6-20　将流控电流源 N_a 与另一反向的压控电压源 N_b 相串并联，如题 6-20 图所示。试证当控制系数 $\alpha=\mu$ 时，该复合电路可等效为 $n:1$ 的理想变压器，并求出其变比 n 与控制系数的关系。

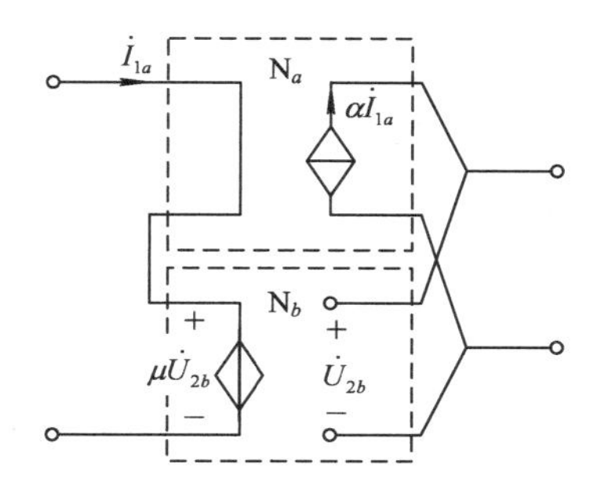

题 6-20 图

解　标示电流、电压方向，如题 6-20 解图(一)所示。由电路可得出

$$\dot{I}_1 = \dot{I}_{1a},\quad \dot{I}_2 = -\alpha\dot{I}_{1a}$$

$$\dot{U}_1 = \mu\dot{U}_{2b},\quad \dot{U}_2 = \dot{U}_{2b}$$

可见，当 $\alpha=\mu=n$ 时，有

$$\dot{U}_1 = n\dot{U}_2,\quad \dot{I}_1 = -\frac{1}{n}\dot{I}_2$$

上述关系式恰好就是题 6-20 解图(二)所示理想变压器的伏安特性。

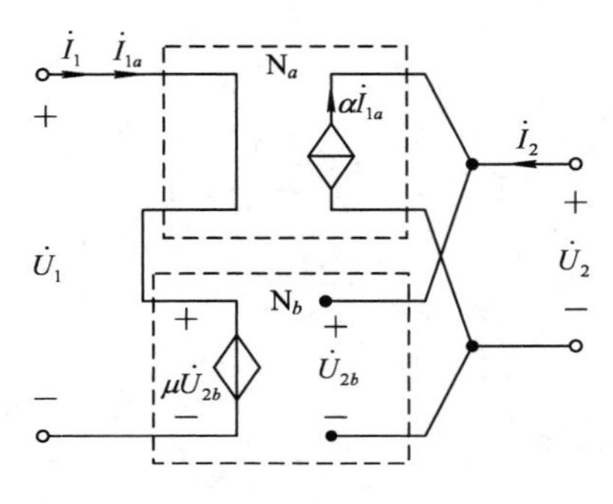

题 6-20 解图(一)

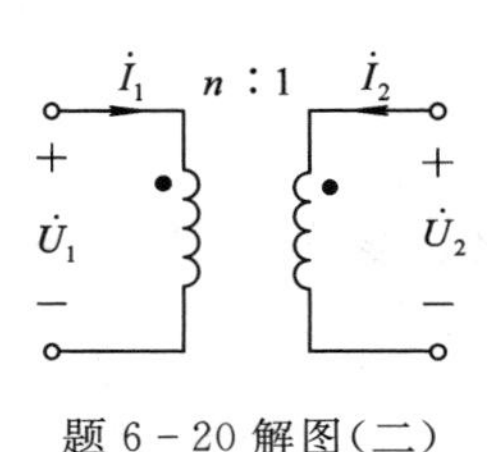

题 6-20 解图(二)

6-21 设计一个二端口电路实现下述参数:

$$\mathbf{Z}=\begin{bmatrix}25 & 20\\ 5 & 10\end{bmatrix}\Omega$$

解 根据 Z 参数矩阵写出 Z 参数方程为

$$\dot{U}_1 = 25\dot{I}_1 + 20\dot{I}_2$$
$$\dot{U}_2 = 5\dot{I}_1 + 10\dot{I}_2$$

可改写成

$$\dot{U}_1 = 20\dot{I}_1 + 5(\dot{I}_1 + \dot{I}_2) + 15\dot{I}_2$$
$$\dot{U}_2 = 5(\dot{I}_1 + \dot{I}_2) + 5\dot{I}_2$$

由以上两式可画出等效的二端口电路,如题 6-21 解图所示。

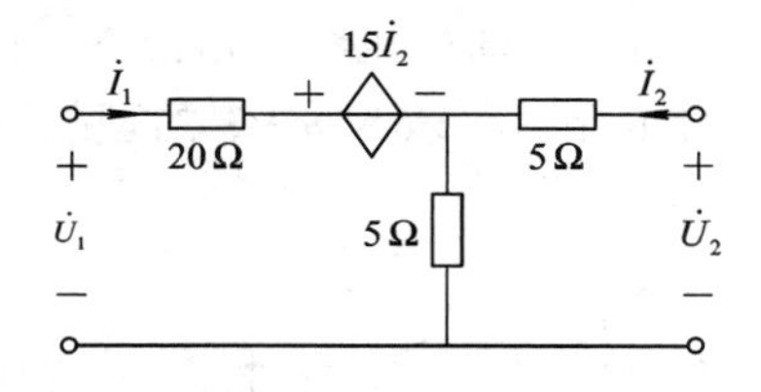

题 6-21 解图

6-22 如题 6-22 图中虚框内为实用对称 Π 形衰减器,已知 $R_s=R_L$,为使特性阻抗 $R_{c1}=R_{c2}=R_s=R_L$,且 $\dfrac{\dot{U}_2}{\dot{U}_1}=K$,试用 R_L 和 K 表示 R_1 和 R_2。

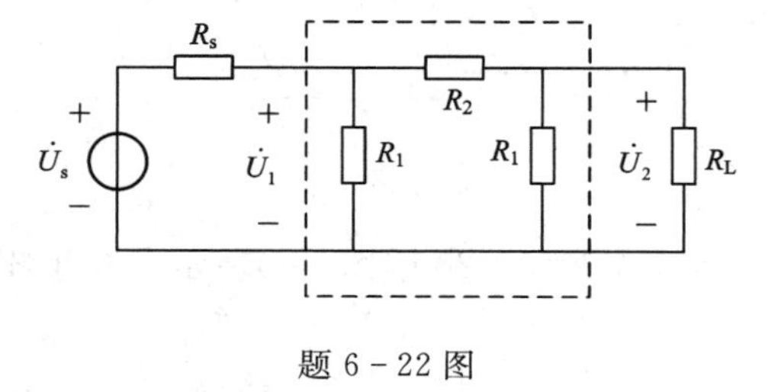

题 6-22 图

解 根据特性阻抗的定义,有

$$Z_{c1} = R_1 \,/\!/\, (R_2 + R_1 \,/\!/\, R_L) = \frac{R_1(R_1R_L + R_1R_2 + R_2R_L)}{R_1^2 + 2R_1R_L + R_1R_2 + R_2R_L} = R_L$$

利用分压公式，有

$$\frac{\dot{U}_2}{\dot{U}_1}=\frac{R_1 /\!/ R_L}{R_2+R_1 /\!/ R_L}=\frac{R_1R_L}{R_1R_2+R_2R_L+R_1R_L}=K$$

由以上两式可解得

$$R_1=\frac{1+K}{1-K}R_L,\quad R_2=\frac{1-K^2}{2K}R_L$$

6－23　如题6－23图所示 LC 电路是为满足入口和出口完全匹配插入的，这可使负载获得最大功率。试求 L 和 C(设 $\omega=10^6$ rad/s)。

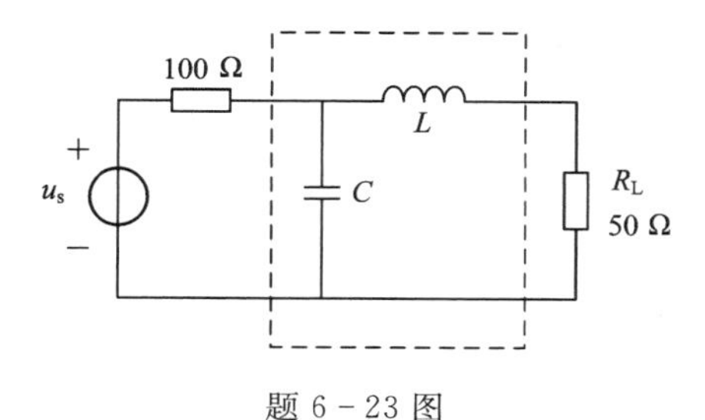

题6－23图

解　根据特性阻抗的定义和完全匹配的概念，有

$$Z_s=Z_{c1}=\sqrt{Z_{in\infty}Z_{in0}}=\sqrt{\left(-j\frac{1}{\omega C}\right)\frac{j\omega L\cdot\frac{1}{j\omega C}}{j\omega L+\frac{1}{j\omega C}}}=100$$

$$Z_L=Z_{c2}=\sqrt{Z_{out\infty}Z_{out0}}=\sqrt{\left(j\omega L+\frac{1}{j\omega C}\right)j\omega L}=50$$

解得 $L=50\ \mu$H，$C=0.01\ \mu$F。

第7章　非线性电路

7.1　基本要求

(1) 了解非线性元件的概念和特性。

(2) 了解图解分析法、分段线性化法、小信号分析法的基本原理。

(3) 掌握含一个非线性电阻元件的电阻电路的计算方法。

7.2　知识点归纳

7.2.1　非线性元件

若元件的参数与电压、电流(电荷、磁链)有关，则称该元件是非线性元件。含有非线性元件的电路称为非线性电路。表7-1归纳了非线性元件的特性。

表7-1　非线性元件的特性

	非线性电阻	非线性电容	非线性电感	理想二极管
电路符号	i ＋ u －	i ＋ u －	i ＋ u －	i ＋ u －
特性与分类	单调型 压控型 $i=f(u)$ 流控型 $u=h(i)$	单调型 压控型 $q=f(u)$ 荷控型 $u=h(q)$	单调型 流控型 $\Psi=f(i)$ 链控型 $i=h(\Psi)$	i　0　u
静态参数	静态电阻 $R=\frac{u}{i}$	静态电容 $C=\frac{q}{u}$	静态电感 $L=\frac{\Psi}{i}$	当 $i>0$ 时，二极管导通，$u=0$； 当 $u<0$ 时，二极管截止，$i=0$
动态参数	动态电阻 $R_d=\frac{du}{di}$	动态电容 $C_d=\frac{dq}{du}$	动态电感 $L_d=\frac{d\Psi}{di}$	

7.2.2　非线性电路的分析方法

对于非线性电路，仍然依据KCL、KVL和元件的伏安关系建立电路方程。非线性电阻电路的方程是非线性代数方程，除了对某些特殊情况能够用解析法求出解答外，通常是难以用解析法求出解答的。而非线性动态电路的方程是非线性微分方程，通常只能用计算机求出其数值解。本章重点要求了解非线性电阻电路求解的三种方法：图解分析法、小信号分析法、分段线性化法。

1. 图解分析法

图解分析法利用曲线相交原理来近似求得非线性电路方程的解答，一般只适用于二元方程组的求解。对只含一个非线性电阻的电路，可先将非线性电阻以外的线性电路用戴维南定理进行等效，然后分别写出线性和非线性电路部分的电压、电流方程并作出相应的电压-电流关系曲线，二者的交点就是电路的解。用这种图解分析法求解电路比较直观。

2. 小信号分析法

当电路中输入的交流信号的幅值相对于偏置直流电源的幅度足够小时，该交流信号通常称为小信号。

小信号分析法属于局部线性化分析方法，其原理是利用工作点处特性曲线的切线近似代替该点附近的曲线，近似程度取决于曲线与切线的接近程度。步骤如下：

(1) 计算电路的静态工作点。当电路中的小信号不起作用时，仅由电路中的偏置电源作用而得到的电路的解称为静态工作点。

(2) 计算小信号解。计算电路在静态工作点处的动态电阻，将电路中的非线性电阻用动态电阻替代，并将电路中的偏置电源置零，得出小信号等效电路，求解该电路可得仅由电路中的交流小信号作用引起的响应。该响应就是小信号解。

(3) 计算电路的近似解。静态工作点加上小信号解就是电路的近似解。

3. 分段线性分析法

分段线性分析法是依据非线性电阻特性曲线的形状和对分析精度的要求，用若干直线段来近似特性曲线，这样，每一直线段对应一个线性等效电路，可用线性电路分析法进行分析。通常用探试法确定电路工作在哪一个直线段。

7.3　习题7解答

7-1　某非线性电阻的 $u-i$ 特性为 $u=i^3$，如果通过非线性电阻的电流为 $i=\cos\omega t$ A，则该电阻端电压中将含有哪些频率分量？

解　根据题意，有

$$u=i^3=\cos^3\omega t=\frac{1}{4}\cos3\omega t+\frac{3}{4}\cos\omega t$$

显然，电压中含有频率为 ω 和 3ω 的分量。

7-2　一个非线性电容的库伏特性为 $u=1+2q+3q^2$，如果电容从 $q(t_0)=0$ 充电至 $q(t)=1$ C。求此电容储存的能量。

解　根据题意，有

$$W=\int_{q(t_0)}^{q(t)}u\mathrm{d}q=\int_{q(t_0)}^{q(t)}(1+2q+3q^2)\mathrm{d}q=3\ \mathrm{J}$$

7－3　非线性电感的韦安特性为 $\psi=i^2$，当有 3 A 电流通过该电感时，求此时的静态电感和动态电感。

解　根据题意，静态电感为

$$L=\frac{\Psi}{i}\bigg|_{i=3\ \mathrm{A}}=\frac{i^2}{i}\bigg|_{i=3\ \mathrm{A}}=3\ \mathrm{H}$$

动态电感为

$$L_{\mathrm{d}}=\frac{\mathrm{d}\Psi}{\mathrm{d}i}\bigg|_{i=3\ \mathrm{A}}=2i\ |_{i=3\ \mathrm{A}}=6\ \mathrm{H}$$

7－4　一变容二极管当 $u<U_0$($U_0=0.5$ V)时可看做是电容，如题 7－4 图所示，如其库伏特性为

$$q=-40\times10^{-12}(0.5-u)^{0.5}\ \mathrm{C}\qquad u<0.5\ \mathrm{V}$$

求 $u<0.5$ V 时的动态电容 C_{d}。

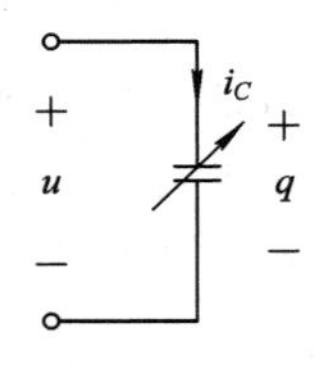

题 7－4 图

解　根据题意，动态电容

$$C_{\mathrm{d}}=\frac{\mathrm{d}q}{\mathrm{d}u}=20(0.5-u)^{-0.5}\ \mathrm{pF}\qquad u<0.5\ \mathrm{V}$$

7－5　用图解法求题 7－5 图示各电路的端口伏安特性曲线。图中二极管均为理想二极管。

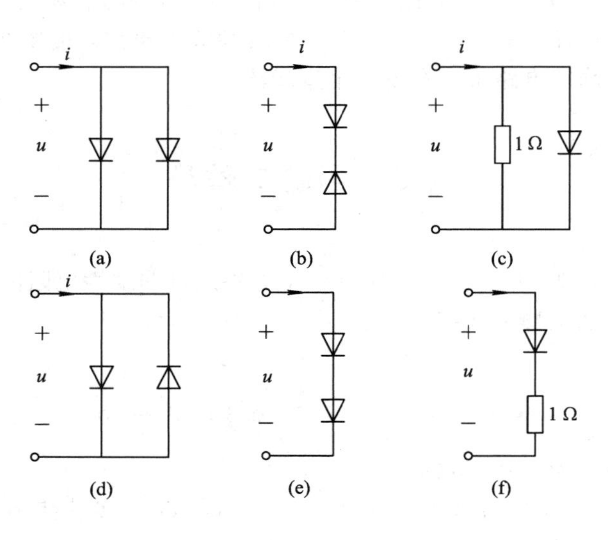

题 7－5 图

解　题 7－5 图示各电路的端口伏安特性曲线如题 7－5 解图所示。

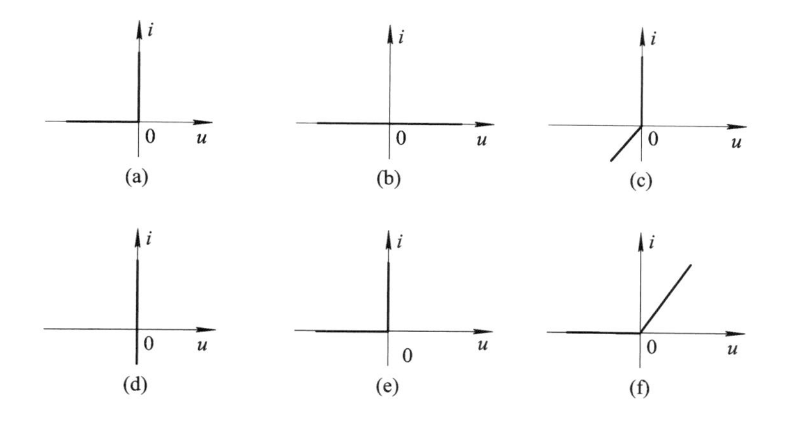

题 7-5 解图

7-6　非线性电阻 R_1 和 R_2 相串联(见题 7-6 图(a)),它们各自的伏安特性分别如图(b)和(c)所示。求端口的伏安特性。

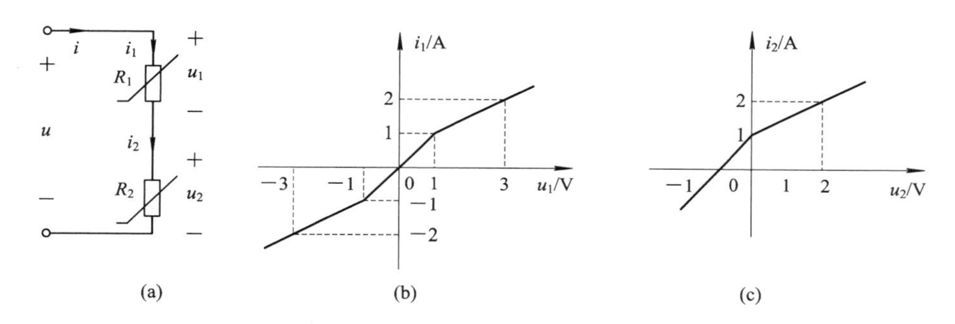

题 7-6 图

解　电压和电流的单位分别默认为 V 和 A。

由题 7-6 图(b)和(c)可写出

$$u_1=\begin{cases}2i_1+1 & i_1<-1\\ i_1 & -1\leqslant i_1\leqslant 1\\ 2i_1-1 & i_1\geqslant 1\end{cases}$$

$$u_2=\begin{cases}i_2-1 & i_2<1\\ 2i_2-2 & i_2\geqslant 1\end{cases}$$

由题 7-6 图(a)有

$$i_1=i_2=i$$

故

$$u=u_1+u_2=\begin{cases}3i & i<-1\\ 2i-1 & -1\leqslant i\leqslant 1\\ 4i-3 & i\geqslant 1\end{cases}$$

7-7　非线性电阻 R_1 和 R_2 相并联,如题 7-7 图所示,R_1 和 R_2 的伏安特性分别如题 7-6 图(b)和(c)所示。求其端口的伏安特性。

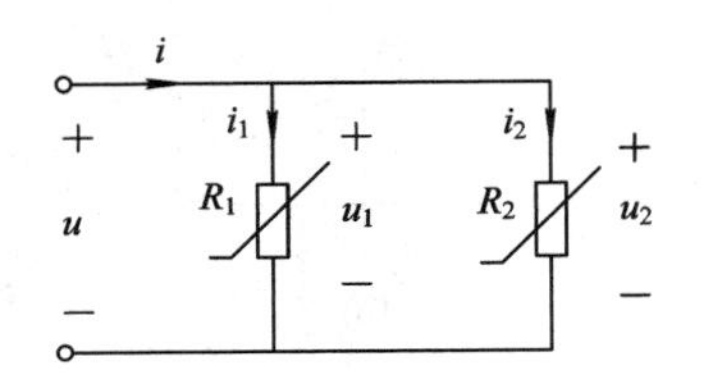

题 7-7 图

解　电压和电流的单位分别默认为 V 和 A。由题 7-6 图(b)和(c)可写出

$$i_1=\begin{cases}0.5u_1-0.5 & u_1<-1\\ u_1 & -1\leqslant u_1\leqslant 1\\ 0.5u_1+0.5 & u_1\geqslant 1\end{cases}$$

$$i_2=\begin{cases}u_2+1 & u_2<0\\ 0.5u_2+1 & u_2\geqslant 0\end{cases}$$

由题 7-7 图，有 $u_1=u_2=u$，故

$$i=i_1+i_2=\begin{cases}1.5u+0.5 & u<-1\\ 2u+1 & -1\leqslant u\leqslant 0\\ 1.5u+1 & 0\leqslant u\leqslant 1\\ u+1.5 & u\geqslant 1\end{cases}$$

7-8　求题 7-8 图所示各电路端口的伏安特性(图中二极管均为理想二极管)。

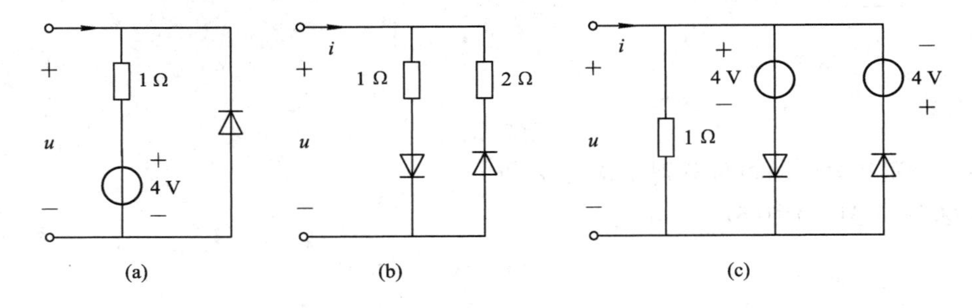

题 7-8 图

解　电压和电流的单位分别默认为 V 和 A。题 7-8 图所示各电路端口的伏安特性为

图(a)：

$$\begin{cases}u=0 & i<-4\\ i=u-4 & u<0\end{cases}$$

图(b)：

$$u=\begin{cases}i & i\geqslant 0\\ 2i & i<0\end{cases}$$

图(c)：

$$\begin{cases}i<-4 & u\leqslant -4\\ i=u & -4<u<4\\ i>4 & u\geqslant 4\end{cases}$$

7-9　如题 7-9 图(a)所示的电路，非线性电阻的伏安特性如题 7-9 图(b)所示，求 2 Ω 电阻的端电压 u_o。

解　题 7-9 图(a)中线性电路部分的伏安关系为

$$u=3-2i$$

画出其对应的直线，得出交点(工作点)Q，如题 7-9 解图所示，可得 Q 点的值

$$u_Q=1\ \text{V},\quad i_Q=1\ \text{A}$$

故由欧姆定律，得

$$u=2i_Q=2\ \text{V}$$

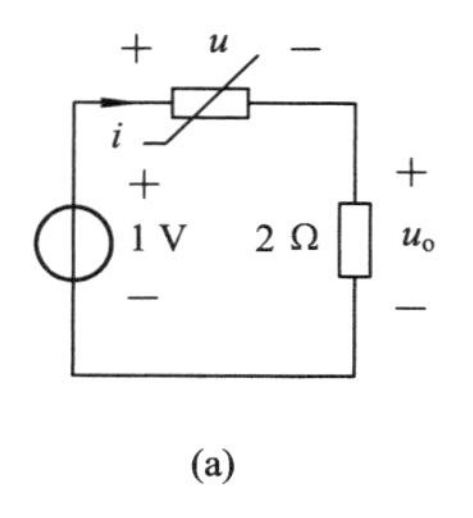

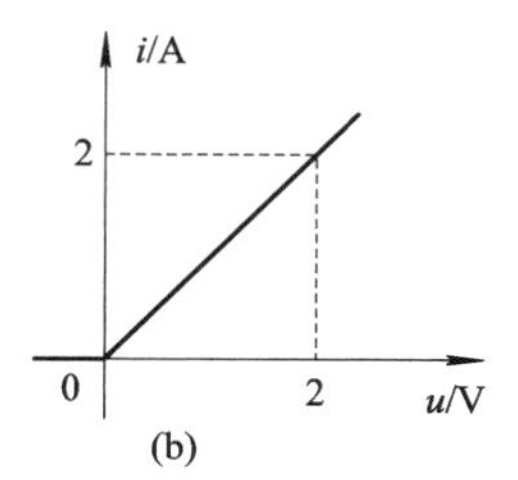

题 7-9 图

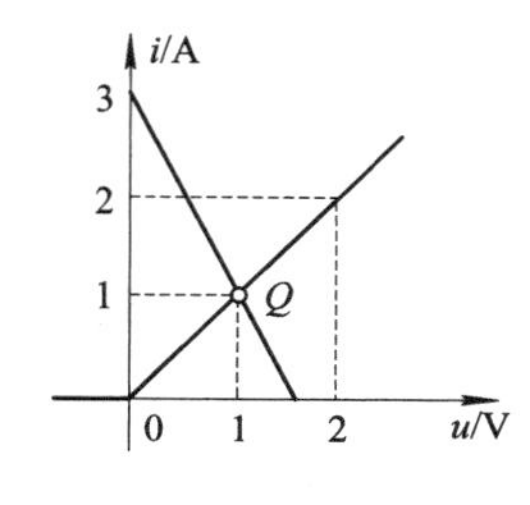

题 7-9 解图

7-10　如题 7-10 图所示的电路，已知非线性电阻的伏安特性为 $u=i^2(i>0)$，求电压 u。

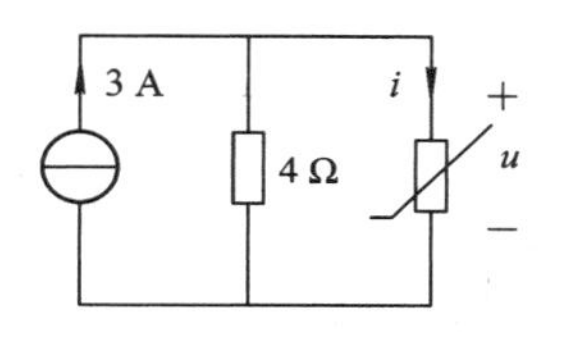

题 7-10 图

解　利用 KCL 和非线性电阻的伏安特性，有

$$i=3-\frac{u}{4},\quad u=i^2\qquad i>0$$

解得

$$i=2\ \text{A},\quad u=4\ \text{V}$$

7-11　如题 7-11 图所示的电路，设二极管是理想的。

(1) 求图示一端口电路 N 的端口伏安特性。

(2) 若将电流源 i_s 接于该一端口电路(如图所示)，分别求当 $i_s=2$ A 和 $i_s=-2$ A 时的电压 u。

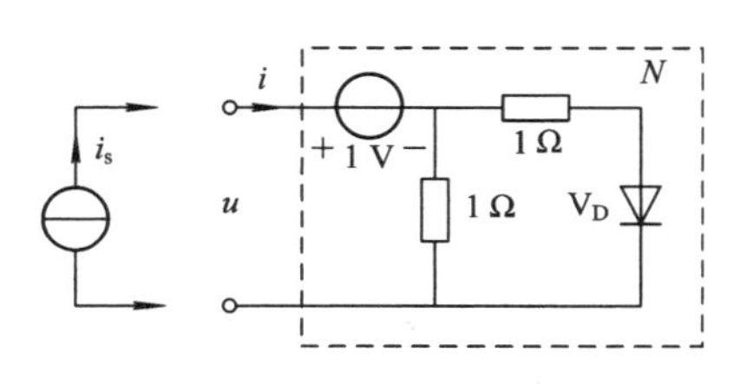

题 7-11 图

解　(1) 由题 7-11 图所示电路可知

当 $i>0$ 时，二极管 V_D 导通(相当于短路)，

$$u=1+(1/\!/1)i=1+0.5i$$

当 $i<0$ 时，二极管 V_D 截止(相当于开路)，

$$u=1+1\times i=1+i$$

即一端口电路 N 的端口伏安特性为

$$u=\begin{cases}1+0.5i & i>0\\ 1+i & i<0\end{cases}$$

(2) 当 $i_s=2\ \text{A}>0$ 时，

$$u=1+0.5i_s=1+0.5\times2=2\ \text{V}$$

当 $i_s=-2\ \text{A}<0$ 时，

$$u=1+0.5i_s=1+(-2)=-1\ \text{V}$$

7-12　如题 7-12 图所示的电路，若非线性电阻 R 的伏安特性为 $i_R=f(u_R)=u_R^2-3u_R+1$。

(1) 求一端口电路 N 的伏安特性。

(2) 如 $U_s=3$ V，求 u 和 i_R。

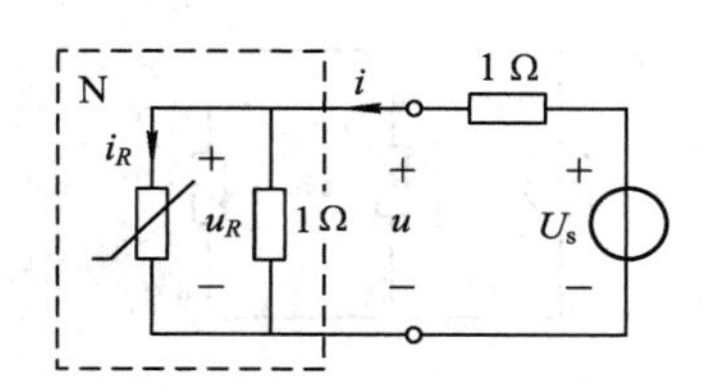

题 7-12 图

解　(1) 由题 7-12 图所示电路可列出

$$i_R=u_R^2-3u_R+1 \qquad ①$$

$$u=u_R=1\times(i-i_R) \qquad ②$$

由以上两式消去 i_R 和 u_R，可得 N 的伏安特性为

$$i=u^2-2u+1 \qquad ③$$

(2) $U_s=3$ V，由电路还可列出

$$u=3-i \qquad ④$$

由式③和式④可解得

$$u=2\ \text{V 或 } u=-1\ \text{V}$$

考虑 $u_R=u$，代入式①可解得

$$u=2\ \text{V},\quad i_R=-1\ \text{A}$$

或

$$u=-1\ \text{V},\quad i_R=5\ \text{A}$$

7-13　如题 7-13 图(a)所示的电路，非线性电阻 R_n 的伏安特性如题 7-13 图(b)所示。

(1) 求 $u_s=0$ V、2 V、4 V 时的 u 和 i。

（2）如输入信号 u_s 的波形如图(c)所示，画出电流 i 和电压 u 的波形。

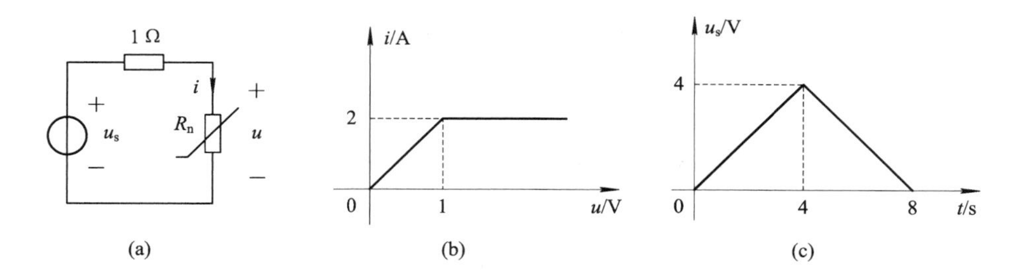

题 7－13 图

解　电压和电流的单位分别默认为 V 和 A。

（1）根据题 7－13 图(a)和图(b)可列出方程

$$u = u_s - 1 \times i$$

$$i = \begin{cases} u & 0 \leqslant u < 1 \\ 1 & u \geqslant 1 \end{cases} \quad ①$$

解得

$$u = \begin{cases} 0.5u_s & 0 \leqslant u_s < 2 \\ u_s - 1 & u_s \geqslant 2 \end{cases} \quad ②$$

因此，当 $u_s=0$ 时，

$$u = 0$$
$$i = 0$$

当 $u_s=2$ V 时，

$$u = 2 - 1 = 1 \text{ V}$$
$$i = 1 \text{ A}$$

当 $u_s=4$ V 时，

$$u = 4 - 1 = 3 \text{ V}$$
$$i = 1 \text{ A}$$

（2）由题 7－13 图(c)，得

$$u_s = \begin{cases} t & 0 \leqslant t < 4\text{s} \\ 8 - t & 4\text{s} \leqslant t \leqslant 8\text{s} \end{cases}$$

结合式①和式②，可得

$$i = \begin{cases} 0.5t & 0 \leqslant t < 2\text{s} \\ 1 & 2\text{s} \leqslant t < 6\text{s} \\ 0.5(8 - t) & 6\text{s} \leqslant t < 8\text{s} \end{cases}$$

$$u = \begin{cases} 0.5t & 0 \leqslant t < 2\text{s} \\ t - 1 & 2\text{s} \leqslant t < 4\text{s} \\ 7 - t & 4\text{s} \leqslant t < 6\text{s} \\ 0.5(8 - t) & 6\text{s} \leqslant t < 8\text{s} \end{cases}$$

其波形如题 7－13 解图所示。

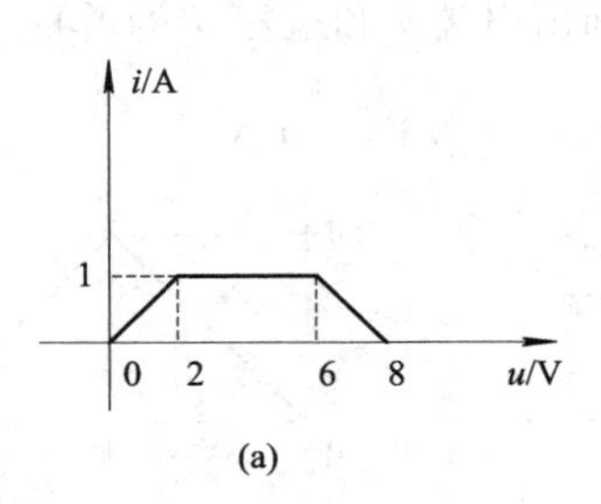

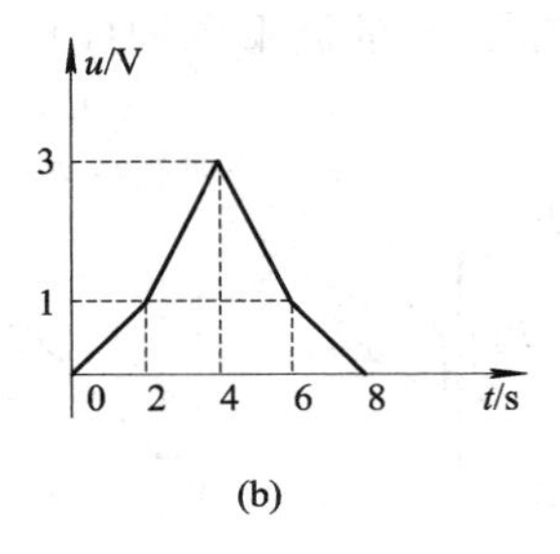

题 7-13 解图

7-14　如题 7-14 图所示电路，非线性电阻的伏安特性为

$$i=\begin{cases}0 & u<0\\ u^2 & u\geqslant 0\end{cases}$$

求电路的工作点。

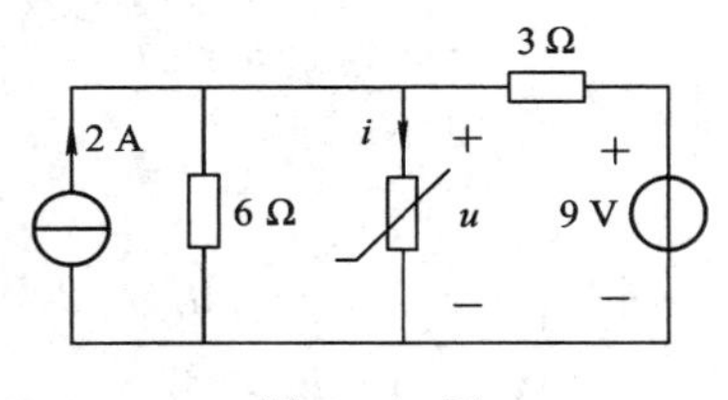

题 7-14 图

解　由电路可得线性部分的伏安关系为

$$u=\left(2-i-\frac{u}{6}\right)\times 3+9$$

即

$$u=10-2i$$

上式结合非线性电阻的伏安特性

$$i=\begin{cases}0 & u<0\\ u^2 & u\geqslant 0\end{cases}$$

可解得电路的工作点为

$$U_0=2\ \text{V},\ I_0=4\ \text{A}$$

7-15　如题 7-15 图所示电路，非线性电阻的电压电流关系为 $u=i^2$，求 u、i 和 i_1。

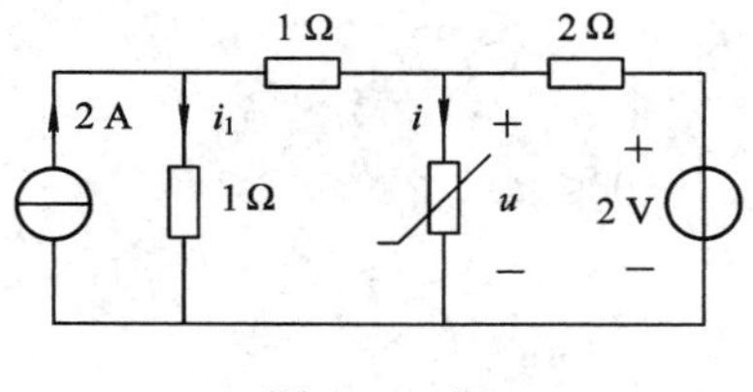

题 7-15 图

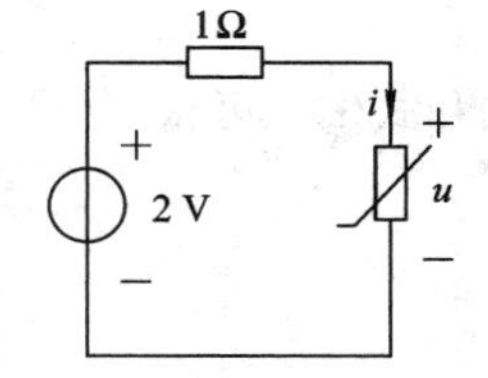

题 7-15 解图

解　先将除非线性电阻之外的线性电路部分进行戴维南等效，原电路可简化为题 7-15 解图所示电路。对该电路，利用 KVL 和非线性电阻的特性，得

$$u=2-i$$

$$u=i^2$$

联立解得

$$\begin{cases} i = 1\ \text{A} \\ u = 1\ \text{V} \end{cases} \quad 或 \quad \begin{cases} i = -2\ \text{A} \\ u = 4\ \text{V} \end{cases}$$

返回到原电路(题 7-15 图所示)，由 KCL，有

$$i_1 + i_2 + i = 2$$

其中 $i_2 = \frac{u-2}{2}$，故

$$i_1 = 3 - 0.5u - i$$

因此，当 $i=1$ A，$u=1$ V 时，$i_1=1.5$ A；当 $i=-2$ A，$u=4$ V 时，$i_1=3$ A。

7-16　如题 7-16 图(a)所示的电路，其中两个非线性电阻的伏安特性如题 7-16 图(b)和(c)所示。求 u_1、i_1 和 u_2、i_2。

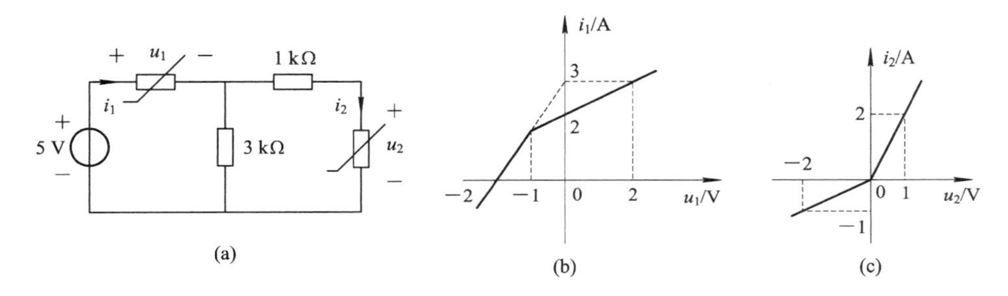

题 7-16 图

解　由题 7-16 图(a)所示电路，用 KVL 可列出方程

$$u_1 + 3 \times 10^3 \times (i_1 - i_2) - 5 = 0$$

$$10^3 i_2 + u_2 - 5 + u_1 = 0$$

由题 7-16 图(b)、(c)所示曲线可写出表达式

$$i_1 = \begin{cases} 1.5u_1 + 3 & u_1 < -1 \\ 0.5u_1 + 2 & u_1 \geqslant -1 \end{cases}$$

$$i_2 = \begin{cases} 0.5u_2 & u_2 < 0 \\ 2u_2 & u_2 \geqslant 0 \end{cases}$$

联立求解方程可得

$$u_1 = 2\ \text{V},\ i_1 = 3\ \text{mA},\ u_2 = 1\ \text{V},\ i_2 = 2\ \text{mA}$$

7-17　如题 7-17 图所示的电路，非线性电阻的伏安特性为 $u=i^3-3i$，如 $u_s(t)=0$，求工作点。如果 $u_s(t)=\cos t$ V，用小信号分析法求电压 u。

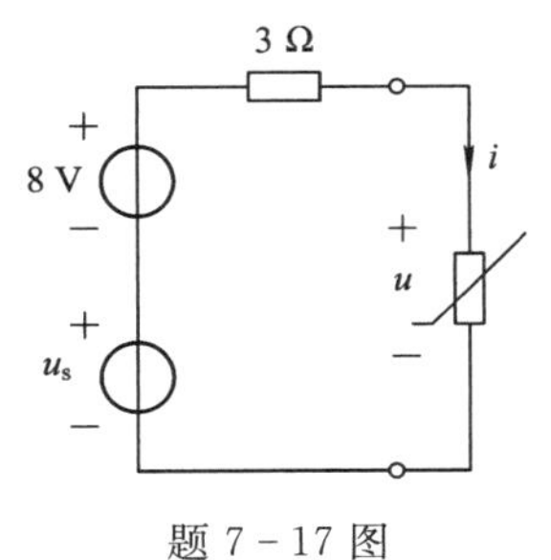

题 7-17 图

解 先令 $u_s(t)=0$，则有

$$u_0 = i_0^3 - 3i_0$$
$$3i_0 + u_0 - 8 = 0$$

可解得直流工作点：$I_0=2$ A，$U_0=2$ V。

工作点处的动态电阻

$$R_0 = \left.\frac{\mathrm{d}u}{\mathrm{d}i}\right|_{i=I_0=2\ \mathrm{A}} = (3i^2-3)\Big|_{i=2\ \mathrm{A}} = 9\ \Omega$$

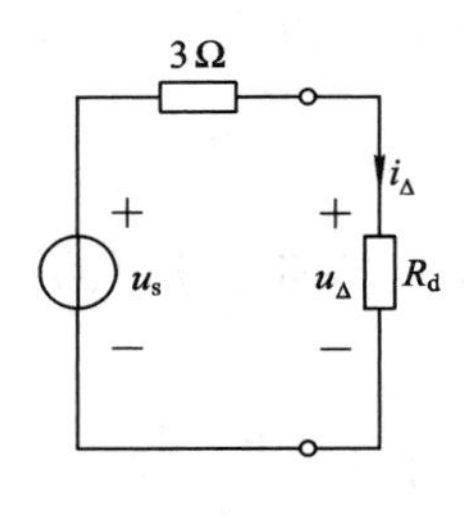

题 7-17 解图

由此可画出该工作点处的小信号等效电路如题 7-17 解图所示。

$$u_\Delta(t) = \frac{9}{3+9}u_s(t) = 0.75\ \cos t\ \mathrm{V}$$

由 KVL 可得

$$u(t) = u_0 + u_\Delta(t) = 2 + 0.75\ \cos t\ \mathrm{V}$$

7-18 如题 7-18 图(a)所示的电路，非线性电阻的伏安特性如题 7-18 图(b)所示。

(1) 如 $u_s(t)=10$ V，求直流工作点及工作点处的动态(增量)电阻。

(2) 如 $u_s(t)=10+\cos t$ V，求工作点在特性曲线中负斜率段时的电压 u。

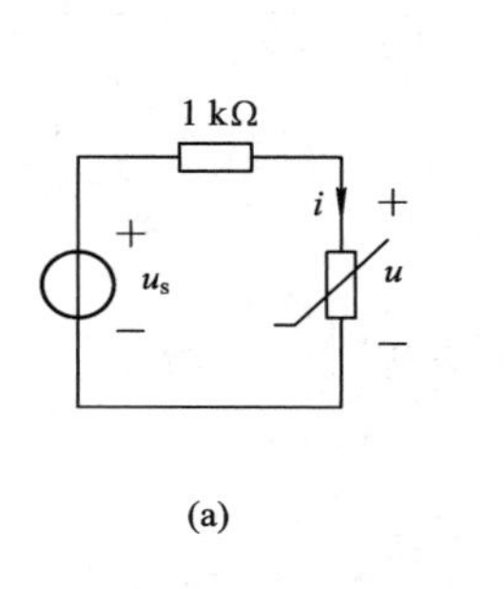

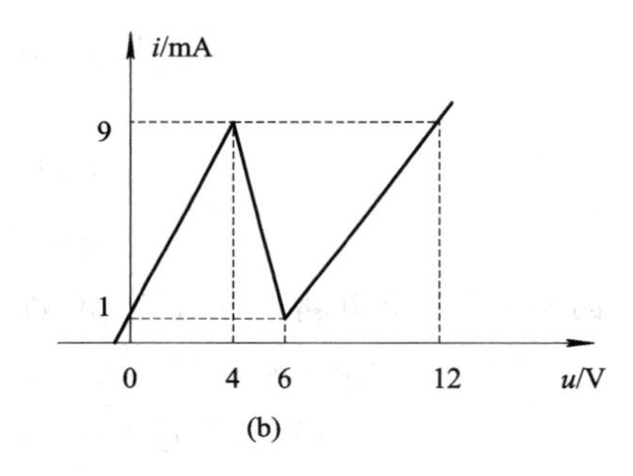

题 7-18 图

解 (1) 由题 7-18 图(a)电路可列出

$$u_s(t)=1\times10^3 i+u=10$$

由题 7-18 图(b)可写出

$$i=\begin{cases}2u+1\ \mathrm{mA} & 0\leqslant u<4\ \mathrm{V}\\ -4u+25\ \mathrm{mA} & 4\ \mathrm{V}\leqslant u<6\ \mathrm{V}\\ \dfrac{4}{3}u-7\ \mathrm{mA} & u\geqslant 6\ \mathrm{V}\end{cases}$$

解得 $u=3$ V，$i=7$ mA，此时，

$$R_0 = \left.\frac{\mathrm{d}u}{\mathrm{d}i}\right|_{i=7\ \mathrm{mA}} = 500\ \Omega$$

或 $u=5$ V，$i=5$ mA，此时，

$$R_0 = \left.\frac{\mathrm{d}u}{\mathrm{d}i}\right|_{i=5\ \mathrm{mA}} = -250\ \Omega$$

或 $u=7.29$ V，$i=2.71$ mA，此时，

$$R_0 = \left.\frac{\mathrm{d}u}{\mathrm{d}i}\right|_{i=2.71\ \mathrm{mA}} = 750\ \Omega$$

(2)
$$u_s(t)=1\times10^3 i+u=10+\cos t$$
$$i=-4\times10^{-3}u+25\times10^{-3}$$

解得

$$u=5-\frac{1}{3}\cos t\ \text{V}$$

7-19　如题7-19图(a)所示的电路，求下列两种情况的平衡点，并判断其稳定性：

(1) 若非线性电阻的伏安特性如题7-19图(b)所示。

(2) 若非线性电阻的伏安特性如题7-19图(c)所示。

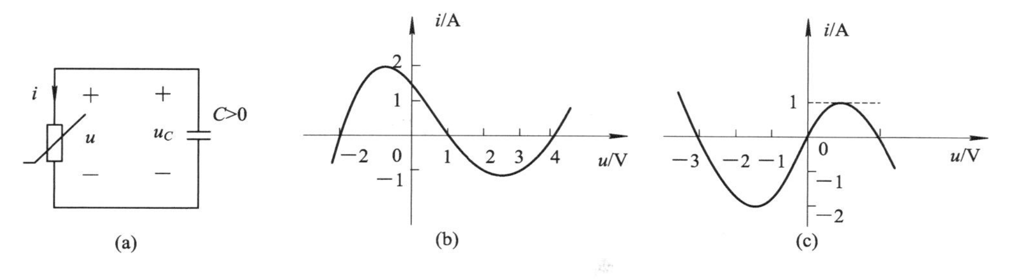

题7-19图

解　由题7-19图(a)电路可得

$$\frac{\mathrm{d}u_C}{\mathrm{d}t}=-\frac{1}{C}i$$

显然，当 $i>0$ 时，$\frac{\mathrm{d}u_C}{\mathrm{d}t}<0$；当 $i<0$ 时，$\frac{\mathrm{d}u_C}{\mathrm{d}t}>0$；由平衡点特性知：

(1) $u=-2$ V时稳定，$u=1$ V时不稳定，$u=4$ V时稳定。

(2) $u=-3$ V时不稳定，$u=0$ 时不稳定，$u=2$ V时不稳定。

7-20　如题7-19图(a)所示的电路，若非线性电阻的伏安特性为 $u=i^3$，电容的初始电压 $u_C(0_+)=U_0$，求 $t\geqslant0$ 时的 $u_C(t)$。

解　由题7-19图(a)所示电路和非线性电阻的伏安特性，可得

$$\frac{\mathrm{d}u_C}{\mathrm{d}t}=-\frac{1}{C}i=-\frac{1}{C}u^{\frac{1}{3}}$$

由于 $u=u_C$，故上式可改写为

$$\frac{\mathrm{d}u_C}{\mathrm{d}t}=-\frac{1}{C}u_C^{\frac{1}{3}}$$

即

$$-Cu_C^{-\frac{1}{3}}\mathrm{d}u_C=\mathrm{d}t$$

两边积分得

$$-C\int_{u_C(0_+)}^{u_C(t)}u_C^{-\frac{1}{3}}\mathrm{d}u_C=\int_{0_+}^{t}\mathrm{d}t=t$$

$$-1.5C\left[u_C^{\frac{2}{3}}(t)-u_C^{\frac{2}{3}}(0_+)\right]=t$$

代入题中条件 $u_C(0_+)=U_0$，得

$$u_C(t)=\left(U_0^{\frac{2}{3}}-\frac{2}{3C}t\right)^{\frac{3}{2}}\ \text{V}$$

第8章 电路课程各类考试模拟题及参考答案

8.1 阶段考试模拟试题

8.1.1 电路阶段考试模拟题一

考试时间为120分钟，满分100分。

Ⅰ. **填空题**(请将正确答案直接写在题中的横线上。每空3分，共45分。)

1. 题1图示电路，已知 $I_s=3$ A，$U_{AB}=6$ V，且 R_1 与 R_2 消耗功率之比为1∶2，则 $R_1=$________，$R_2=$________。

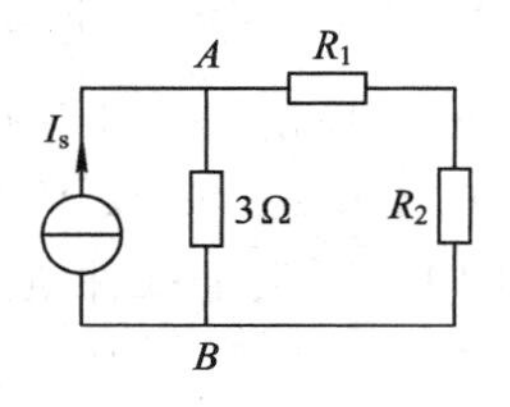

题1图

2. 题2图示各含受控源的电路，

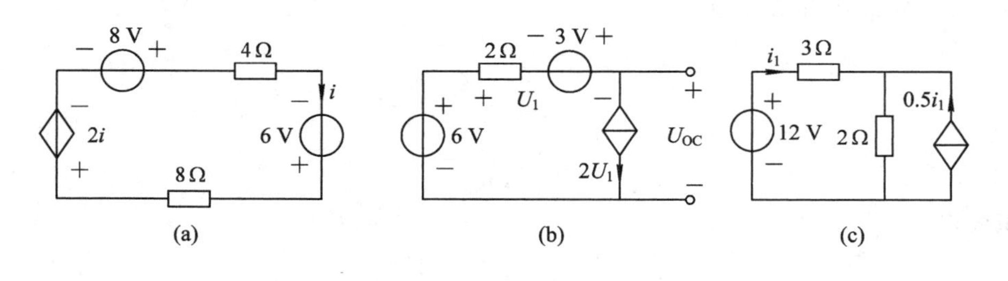

题2图

则(a)图电路中的电流 $i=$________；(b)图电路中的开路电压 $U_{OC}=$________；(c)图电路中受控源吸收的功率 $P=$________。

3. 题 3 图示电路中，$U=3$ V，则电阻 $R=$________。

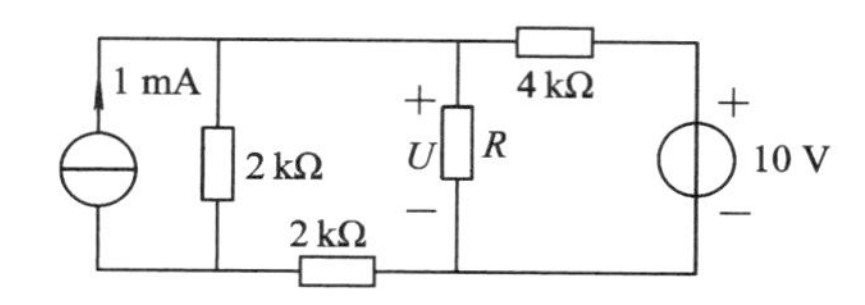

题 3 图

4. 题 4 图示电路，(a)图中的等效电阻 $R_{ab}=$________；(b) 图中的等效电感 $L_{ab}=$________；(c) 图中的等效电容 $C_{ab}=$________。

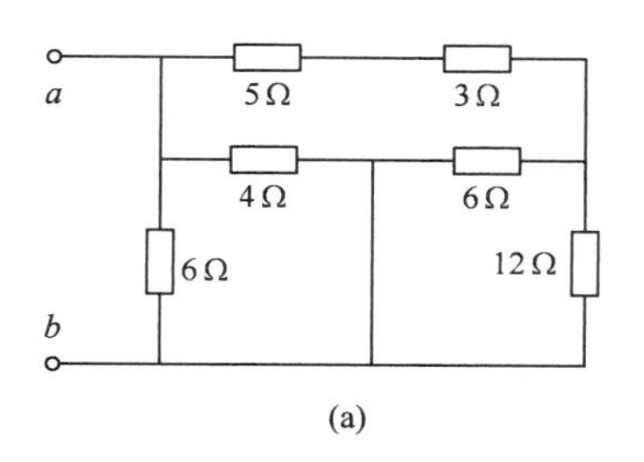

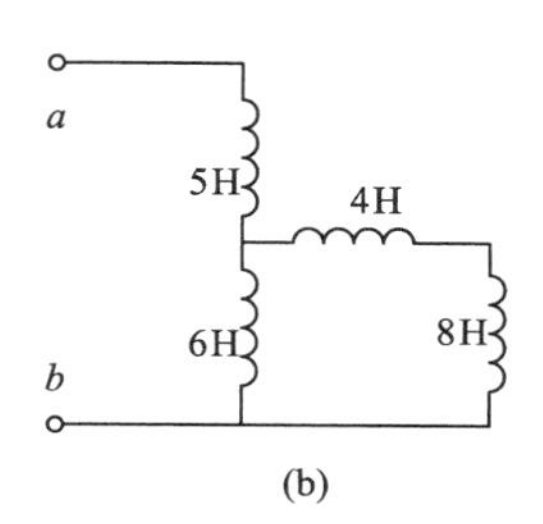

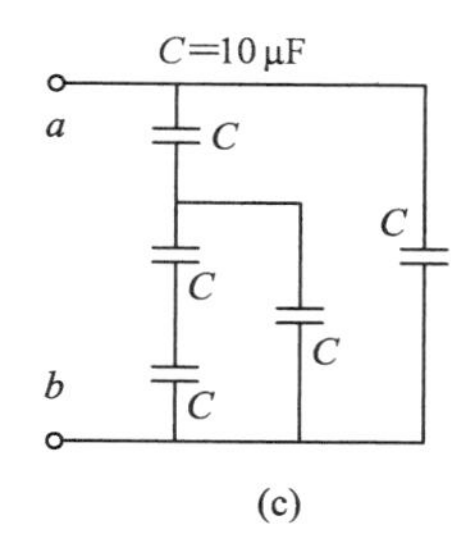

题 4 图

5. 题 5 图示电路，已知 $u_R=2e^{-t}$ V，则电压 $u=$________。

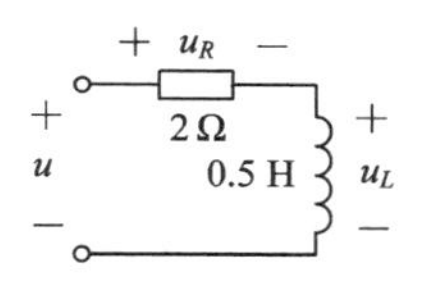

题 5 图

6. 题 6 图示电路，$t<0$ 时已处于稳态。若 $t=0$ 时开关 S 由 1 切换至 2，则 $i(0_+)=$________，$u_L(0_+)=$________，$i(\infty)=$________，$u_L(\infty)=$________。

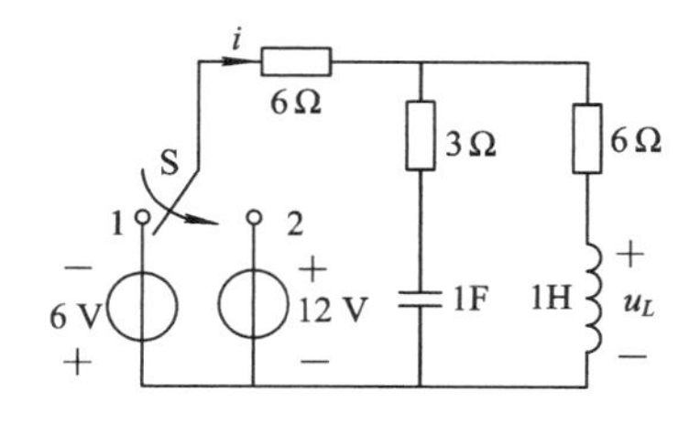

题 6 图

7. 某 RL 一阶电路的全响应 $i_L(t)=(8-2e^{-5t})$ A，$t\geqslant0$。若初始状态不变，而输入减小为原来的一半，则全响应 $i_L(t)=$________。

Ⅱ. **计算题**(下面各题必须写出简要步骤，只有答案不得分。6 小题，共 55 分。)

8. (10 分)如题 8 图所示电路，求 I。

9. (10 分)如题 9 图所示电路，节点电压和网孔电流如图中所标，试列出该电路的节点电压方程和网孔电流方程。

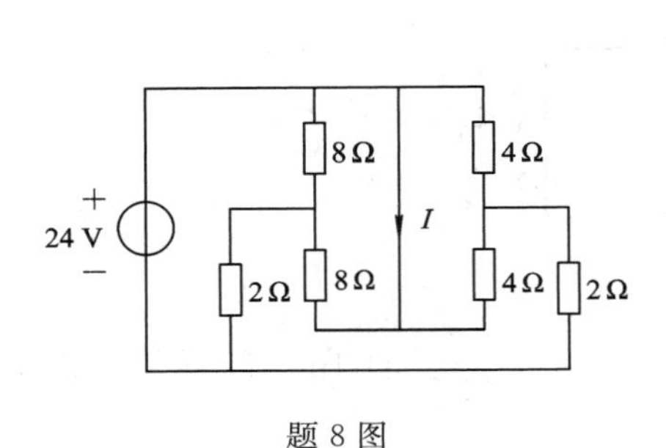

题 8 图

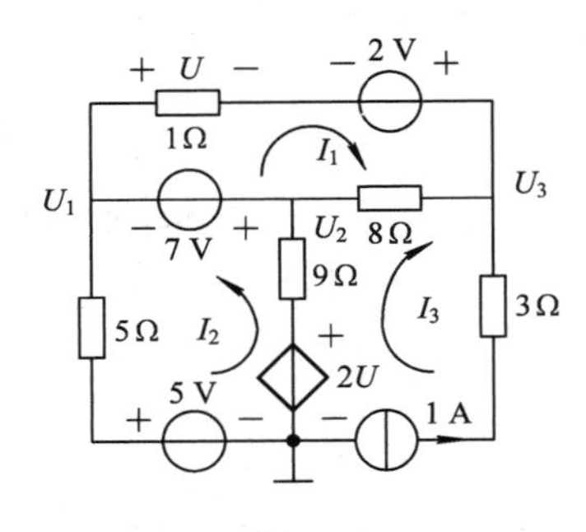

题 9 图

10. (10 分)如题 10 图所示运放电路，已知$-u_o=3u_1+0.2u_2$，$R_3=10\ \text{k}\Omega$，求 R_1 和 R_2。

11. (10 分)如题 11 图所示电路，为使 R_L 获得最大功率，求 R_L 及其吸收的功率。

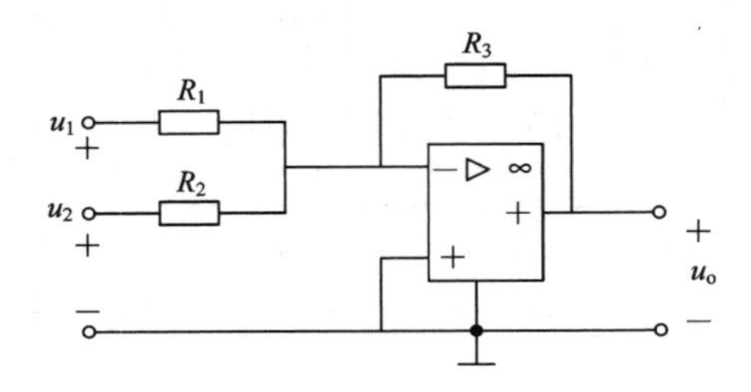

题 10 图

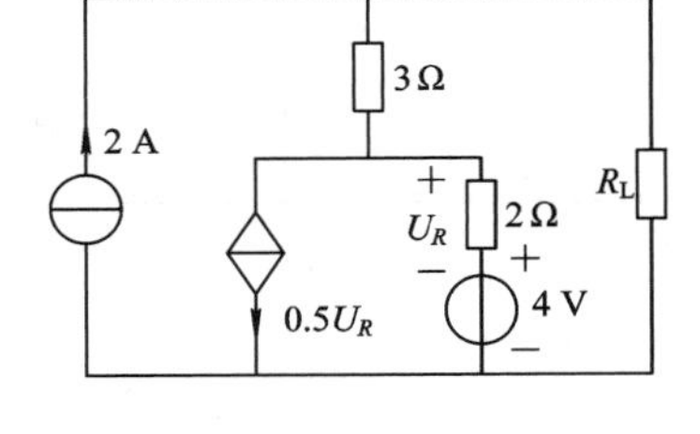

题 11 图

12. (10 分)如题 12 图所示电路，$t<0$ 时，开关 S 断开，电路已处于稳态；当 $t=0$ 时，开关 S 闭合，求 $t\geqslant 0$ 时电流 i 的零输入响应 $i_{zi}(t)$ 和零状态响应 $i_{zs}(t)$。

13. (5 分)如题 13 图所示电路，方框部分 N 为含独立源和电阻的网络。当端口 ab 短接时，电阻 R 支路中电流 $I=I_{s1}$。当端口 ab 开路时，电阻 R 支路中电流 $I=I_{s2}$。当端口 ab 间接电阻 R_f 时，R_f 获得最大功率。求端口 ab 间接电阻 R_f 时，流过 R 支路的电流 I。(R、I_{s1}、I_{s2} 已知。)

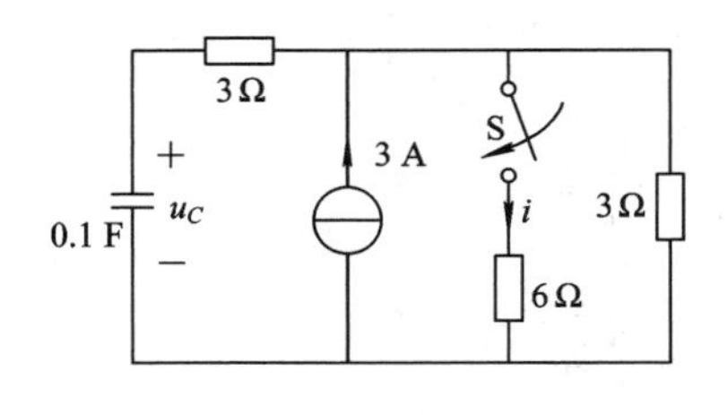

题 12 图

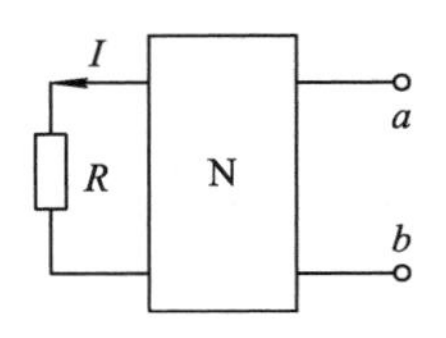

题 13 图

8.1.2 电路阶段考试模拟题一参考答案

1. $R_1=2\ \Omega$，$R_2=4\ \Omega$
2. (a) 1 A，(b) 5 V，(c) -6 W
3. $R=2\ \text{k}\Omega$
4. $R_{ab}=20\ \Omega$，$L_{ab}=9$ H，$C_{ab}=16\ \mu\text{F}$
5. $u=1.5e^{-t}$ V

6. $i(0_+)=1.5\ \text{A}$，$u_L(0_+)=6\ \text{V}$，$i(\infty)=1\ \text{A}$，$u_L(\infty)=0\ \text{V}$

7. $i_L(t)=(4+2e^{-5t})\text{A} \quad t\geqslant 0$

8. $I=5\ \text{A}$

9. 节点方程：

$$(1+0.2)U_1-U_3=-I-2+1$$

$$\left(\frac{1}{8}+\frac{1}{9}\right)U_2-\frac{1}{8}U_3=I+\frac{2U}{9}$$

$$\left(\frac{1}{8}+1\right)U_3-\frac{1}{8}U_2-U_1=3$$

$$U_2-U_1=7,\ U=2+U_1-U_3$$

网孔方程：

$$9I_1-8I_3=-5$$

$$14I_2+9I_3=-12+2U$$

$$I_3=-1$$

$$U=1\times I_1$$

10. $R_1=10/3\ \text{k}\Omega$，$R_2=50\ \text{k}\Omega$

11. $R_L=4\ \Omega$，$P_{L\max}=9\ \text{W}$

12. $i_{zi}(t)=0.6e^{-2t}\ \text{A}$，$i_{zs}(t)=1-0.4e^{-2t}\ \text{A} \quad t\geqslant 0$

13. $I=0.5(I_{s1}+I_{s2})$

8.1.3 电路阶段考试模拟题二

考试时间为120分钟，满分100分。

Ⅰ. **填空题**(请将正确答案直接写在题中的横线上。每空3分，共39分。)

1. 如题1图所示各电路。

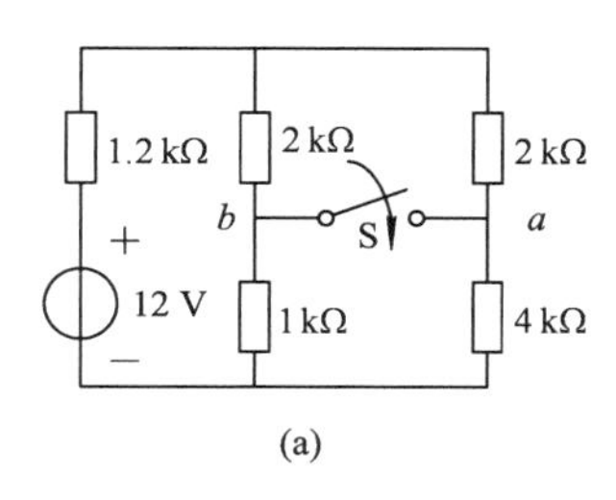

(a)

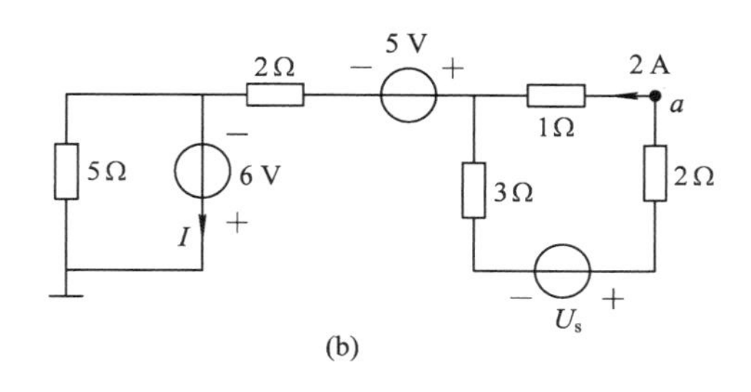

(b)

题1图

图(a)电路中，当开关S打开时，电压 $U_{ab}=$________；当开关S闭合时，电流 $I_{ab}=$________。

图(b)电路中，电流 $I=$________，电位 $U_a=$________，电压源 $U_s=$________。

2. 题2图所示电路，已知电路中的电阻 R 上消耗功率 $P_R=50\ \text{W}$，则电阻 $R=$____。

3. 某电感 $L=4\ \text{H}$，已知其初始电流 $i(0)=0$，其电压 u 波形如题3图所示。则 $t=2\ \text{s}$ 时电感吸收的功率 $p(2)=$________，$t=2\ \text{s}$ 时电感的储能 $w(2)=$________。

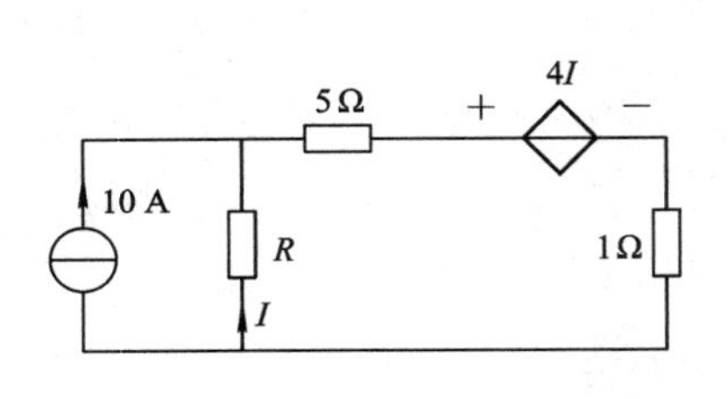

题 2 图　　　　题 3 图

4. 题 4 图所示电路，$t<0$ 时，电路处于稳态；$t=0$ 时，开关 S 突然打开。则 $u(0_+)=$ ________，$i(0_+)=$ ________。

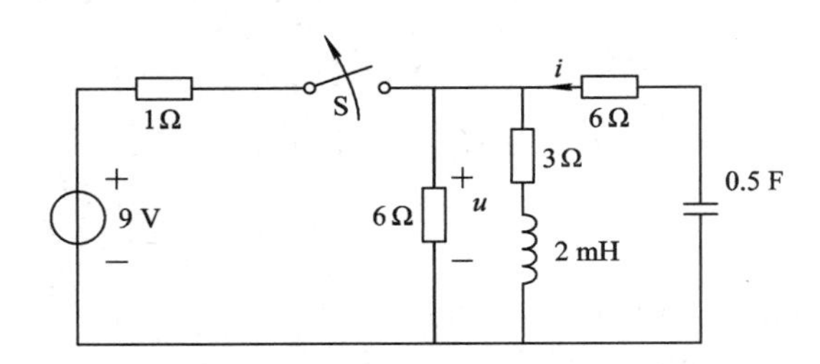

题 4 图

5. 题 5 图(a)所示电路的等效电感 $L_{ab}=$ ________；图(b)所示电路的等效电阻 $R_{ab}=$ ________；图(c)所示电路的等效电容 $C_{ab}=$ ________。

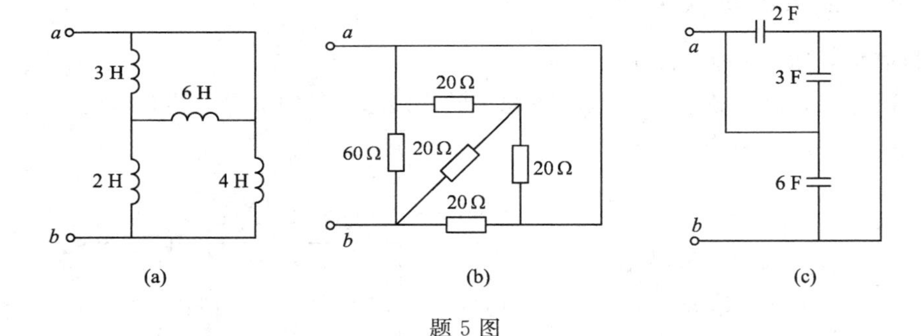

题 5 图

Ⅱ. **计算题**(下面各题必须写出简要步骤，只有答案不得分。6 小题，共 61 分。)

6. (10 分)如题 6 图所示电路，已知 $i_1=1$ A，求电压源 U_s 产生的功率 P_s。

7. (10 分)如题 7 图所示部分电路，已知 $u_C(0)=2$ V，$i_C(t)=e^{-5t}$ A，$t>0$，求 $t>0$ 时的电压 $u(t)$。

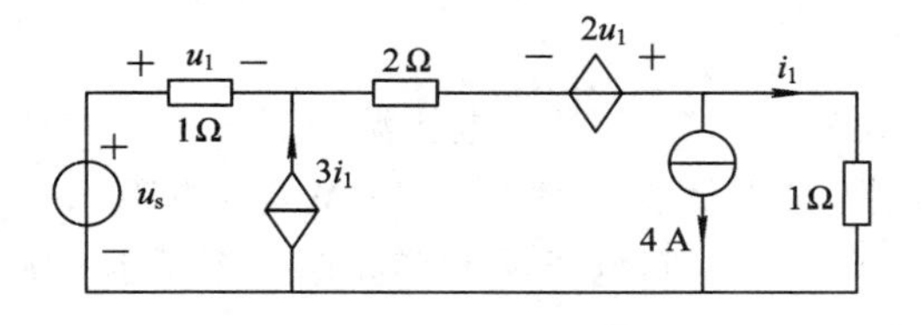

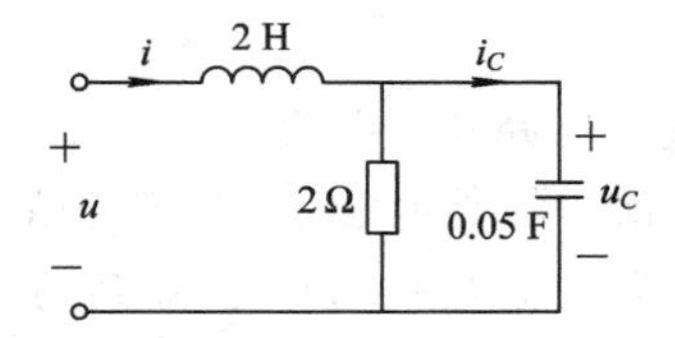

题 6 图　　　　题 7 图

8. (12 分)如题 8 图所示电路，R_L 可变。当 R_L 为多大时，R_L 上能获得最大功率？并求出该最大功率 P_{Lmax}。

9. (12 分)题 9 图所示电路，节点电压和网孔电流如图所示，试列出该电路的节点电压方程和网孔电流方程。

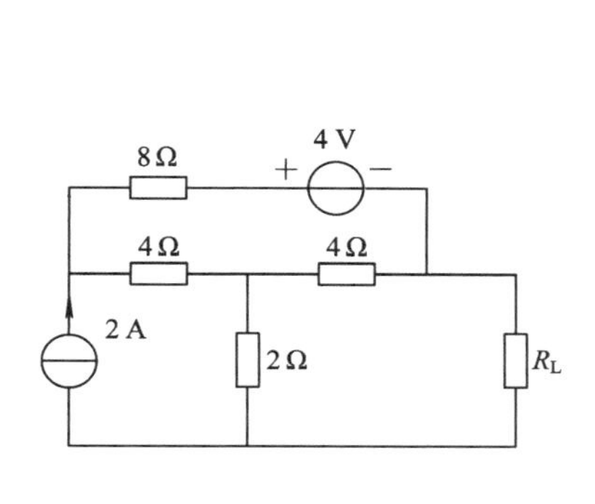

题 8 图

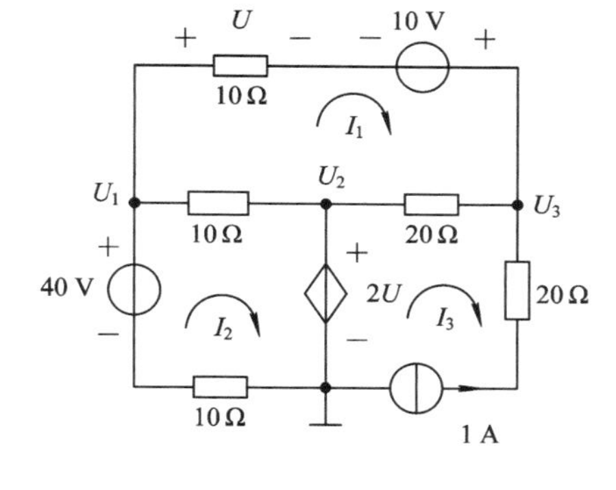

题 9 图

10. (12 分)如题 10 图所示电路，$t<0$ 时开关 S 闭合，电路已达稳态，当 $t=0$ 时，开关 S 打开，求 $t\geqslant 0$ 时 $u_C(t)$ 和 $i_L(t)$。

11. (5 分)如题 11 图所示电路中，N 为含源线性电路，电阻 R 可调，当 $R=12\ \Omega$ 时，$I_1=\dfrac{4}{3}$ A；当 $R=6\ \Omega$ 时，$I_1=1.2$ A；当 $R=3\ \Omega$ 时，$I_1=1$ A；当 $R=30\ \Omega$ 时，I_1 为多少？

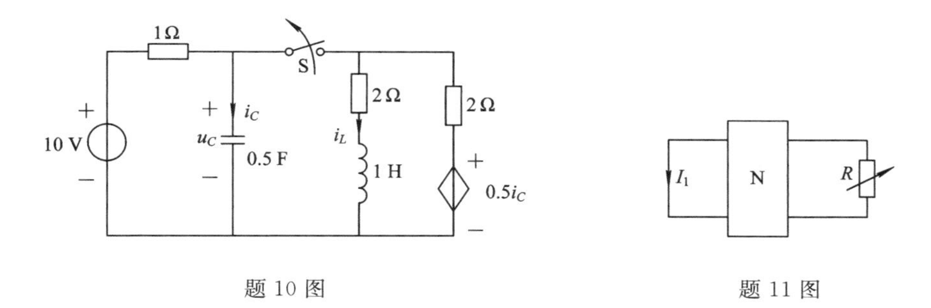

题 10 图　　　　题 11 图

8.1.4　电路阶段考试模拟题二参考答案

1. (a) $U_{ab}=-2.5$ V；$I_{ab}=0.1$ mA；(b) $I=1.2$ A，$U_a=1$ V，$U_s=12$ V

2. $R=50\ \Omega$ 或 $2\ \Omega$

3. $p(2)=0$ W，$w(2)=0.5$ J

4. $u(0_+)=-3$ V，$i(0_+)=1.5$ A

5. $L_{ab}=2$ H；$R_{ab}=10\ \Omega$；$C_{ab}=11$ F

6. $P_s=18$ W

7. $u(t)=6+6e^{-5t}$ V　　$t>0$

8. $R_L=5\ \Omega$，$P_{Lmax}=1.25$ W

9. 节点方程：$\begin{cases}\frac{3}{10}U_1-\frac{1}{10}U_2-\frac{1}{10}U_3=3\\U_2=2U\\-\frac{1}{10}U_1-\frac{1}{20}U_2-\left(\frac{1}{10}+\frac{1}{20}\right)U_3=2\\U=U_1-U_3+10\end{cases}$

网孔方程：$\begin{cases}40I_1-10I_2-20I_3=10\\-10I_1+20I_2=40-2U\\I_3=-1\\U=10I_1\end{cases}$

10. $u_C(t)=10-5e^{-2t}$ V；$i_L(t)=1.25(e^{-2t}+e^{-4t})$ A　　$t\geqslant 0$

11. $I_1=10/7=1.43$ A

8.1.5　电路阶段考试模拟题三

考试时间为120分钟，满分100分。

Ⅰ. **填空题**(请将正确答案直接写在题中的横线上。每空3分，共39分。)

1. 题1图所示一段电路，已知其上电流 $I=2$ A，则电阻上的电压 $U_R=$________，电阻消耗的功率 $P_R=$________，电压源产生的功率 $P_s=$________。

2. 题2图所示电路，则节点 c 的节点电位 $U_c=$________，电压 $U_{ab}=$________。

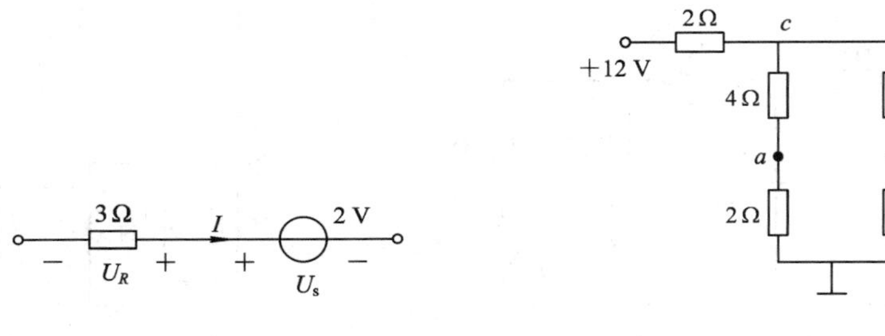

题1图　　　　题2图

3. 题3图所示电路，网孔电流 I_1、I_2 如图所标。则该电路的网孔电流方程为

网孔1：____________________；

网孔2：____________________。

4. 题4图所示电路，$t<0$ 时，电路处于稳态；$t=0$ 时，开关S突然闭合。则 $u_C(0_+)=$________，$i(0_+)=$________，$u_C(\infty)=$________。

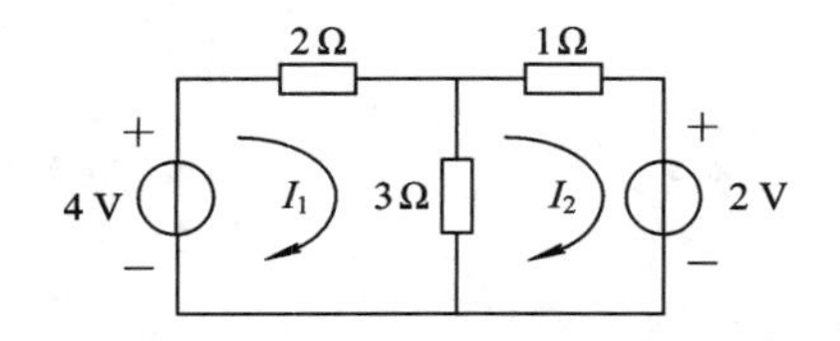

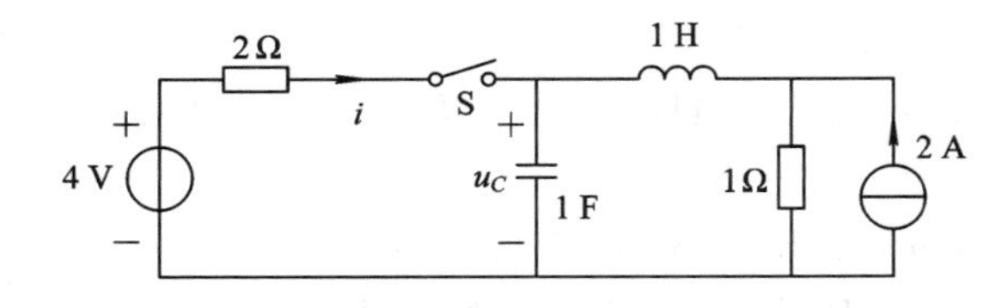

题3图　　　　题4图

5. 题 5 图(a)所示电路的等效电感 $L_{ab}=$________；(b)所示电路的等效电容 $C_{ab}=$________；(c)所示电路的等效电阻 $R_{ab}=$________。

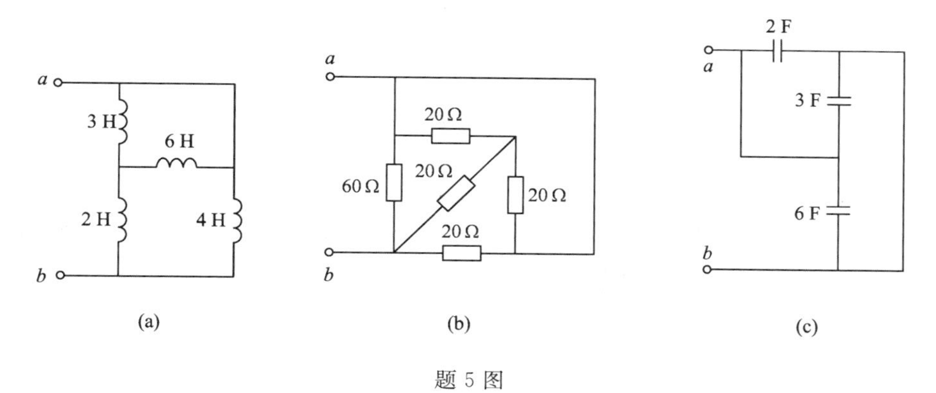

题 5 图

Ⅱ. **计算题**(下面各题必须写出简要步骤，只有答案不得分。6 小题，共 61 分。)

6. (10 分)如题 6 图所示电路，求电流 i 。

7. (10 分)如题 7 图所示部分电路，已知 $i_R(t)=e^{-2t}$ A，求 $u(t)$以及该电路在 $t=0$ 时刻的储能 $w(0)$。

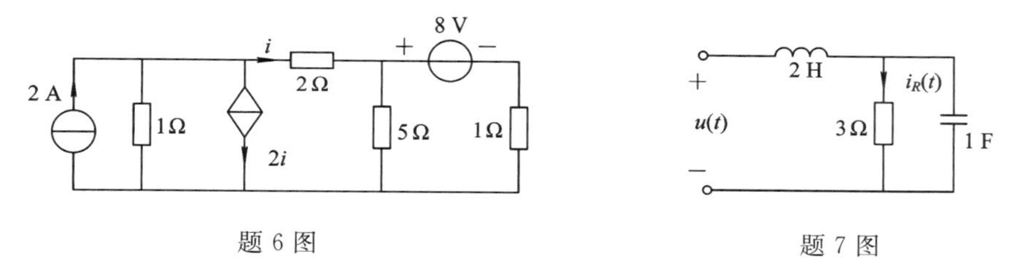

题 6 图　　　　题 7 图

8. (12 分)如题 8 图所示电路，R_L 可变。当 R_L 为多大时，R_L 上能获得最大功率？并求出该最大功率 P_{Lmax}。

9. (12 分)题 9 图所示电路已处于稳态，开关 S 原闭合，$t=0$ 时开关 S 打开。

(1) 求 $t\geqslant 0$ 时的电压 $u(t)$，并画出其波形图；

(2) 对该电路，工程上一般认为 t 大约为多少秒时电路再次达到稳态？

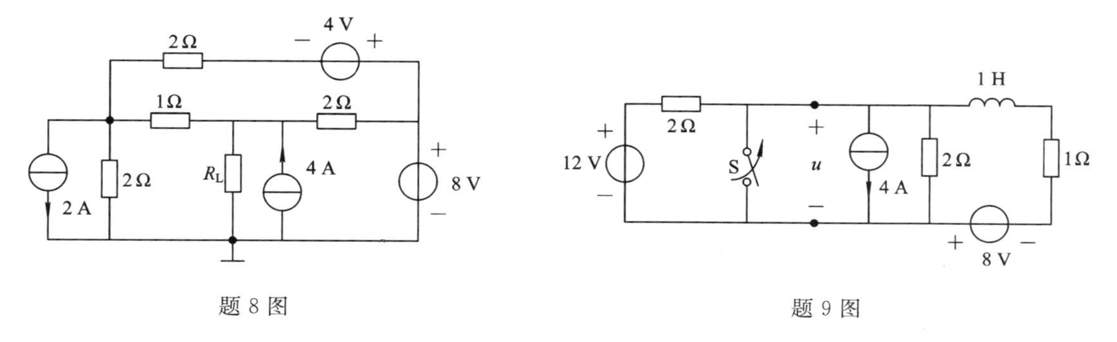

题 8 图　　　　题 9 图

10. (12 分)如题 10 图所示电路，(1) 画出 ab 端以左电路的戴维南等效电路，并计算电流 I；(2) 若其他参数不变，重新计算 $R=6$ Ω 和 $R=12$ Ω 时的电流 I；(3) 若其他参数不变($R=4$ Ω)，重新计算 $R_1=6$ Ω 时的电流 I。

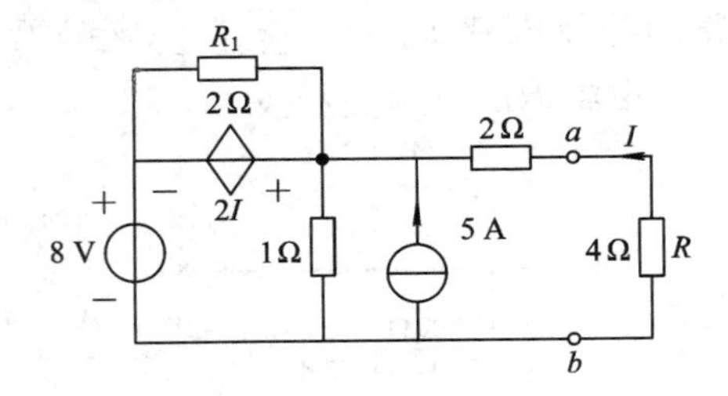

题 10 图

11. (5 分)如题 11 图所示电路中，$R_1=2\ \Omega$，$R_2=4\ \Omega$，当 10 V 电压源单独作用时，$I=2$ A，$U=2$ V，求电压源和电流源同时作用时的电流 I。

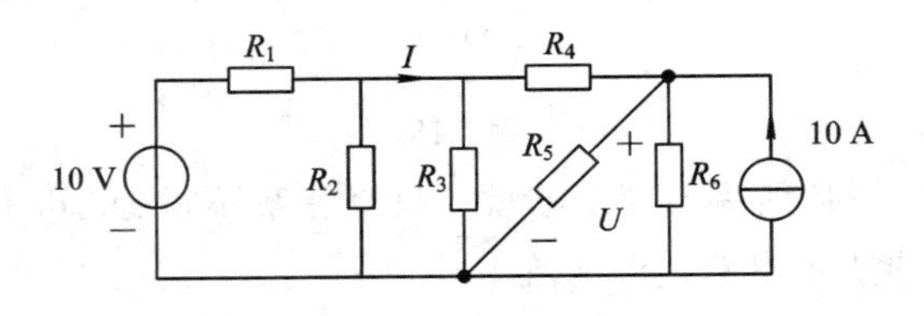

题 11 图

8.1.6　电路阶段考试模拟题三参考答案

1. $U_R=-6$ V，$P_R=12$ W，$P_s=-4$ W
2. $U_c=6$ V，电压 $U_{ab}=-2$ V
3. $5I_1-3I_2=4$；$-3I_1+4I_2=-2$
4. $u_C(0_+)=2$ V，$i(0_+)=1$ A，$u_C(\infty)=\dfrac{8}{3}$ V
5. $L_{ab}=2$ H；$C_{ab}=4$ F；$R_{ab}=\dfrac{1}{11}$ Ω
6. $i=-0.8$ A
7. $u(t)=23e^{-2t}$ V，$w(0)=29.5$ J
8. $R_L=1$ Ω，$P_{L\max}=64$ W
9. (1) $u(t)=-2-2e^{-2t}$ V　　$t\geqslant 0$；
   (2) 1.5～2.5 s
10. (1) $U_{OC}=8$ V，$R_0=4$ Ω；$I=-1$ A；
    (2) −0.8 A，−0.5 A；
    (3) $I=-1$ A
11. $I=-1$ A

8.1.7　电路阶段考试模拟题四

考试时间为 120 分钟，满分 100 分。

Ⅰ. **填空题**(请将正确答案写在题中的横线上。每空 3 分，共 45 分)。

1. 题 1 图所示电路，(a)图中的电压 $u=$______ V，题 1(b)图中的电流 $i=$______ A，(c)图中的电流源产生的功率 $P=$______ W。

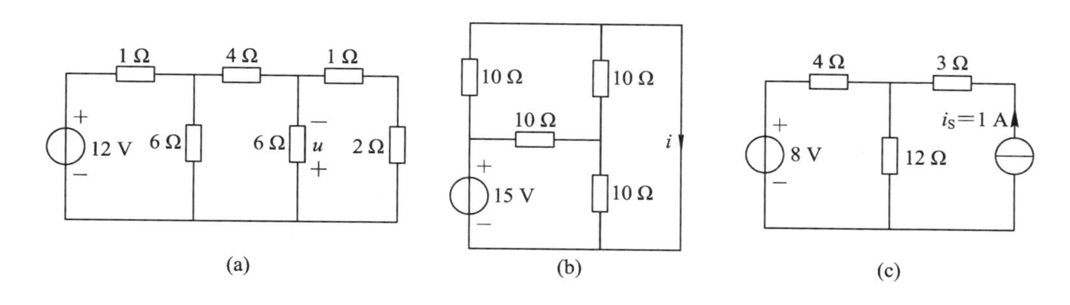

题 1 图

2. 题 2 图所示电路，(a)图中，$R=6\ \Omega$，则 a、b 端等效电阻 $R_{ab}=$______ Ω；(b)图电路中 a、b 端等效电感 $L_{ab}=$______ H；(c)图电路中 a、b 端等效电阻 $R_{ab}=$______ Ω。

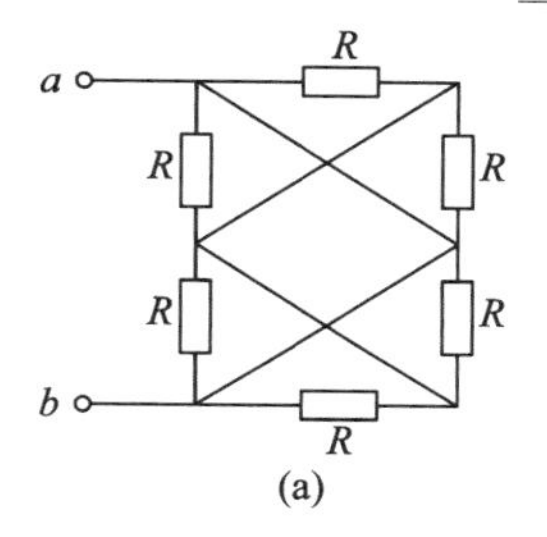

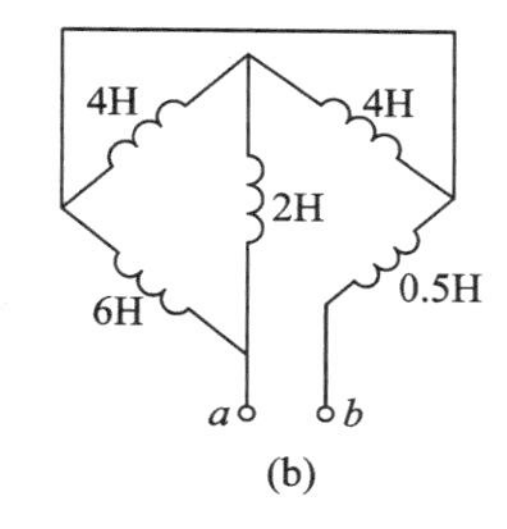

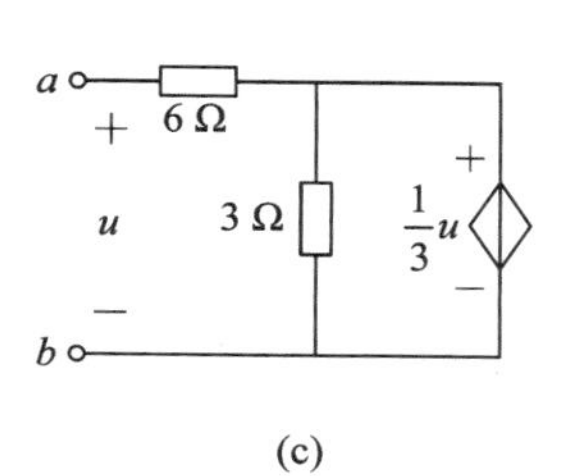

题 2 图

3. 题 3 图所示电路，电压源 $U_S=$______ V，3 Ω 电阻产生的功率 $P=$______ W。

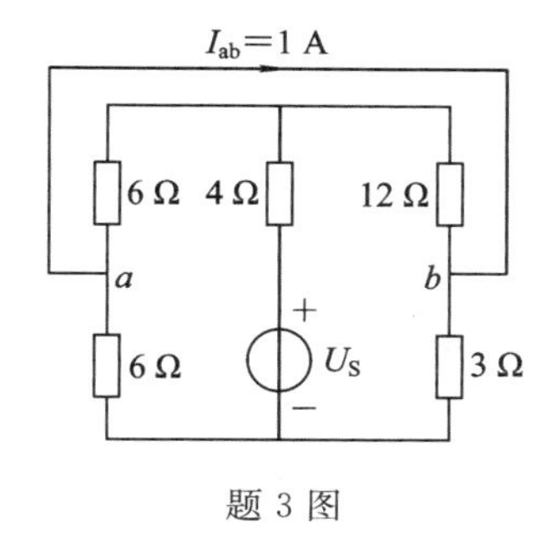

题 3 图

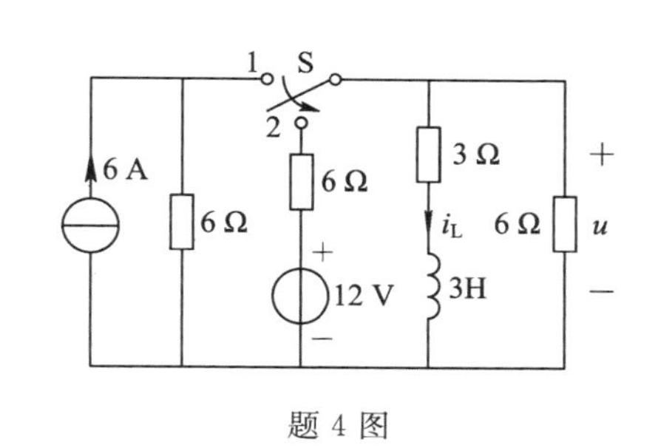

题 4 图

4. 题 4 图所示电路，$t<0$ 时，开关 S 闭合至 1，电路已处于稳态，在 $t=0$ 时，开关 S 由 1 闭合至 2，则 $u(0+)=$_____ V，该电路的时常数 $\tau=$ _____ s，$i_L(0+)=$_____ A。

5. 题 5 图所示电路，(a)图中诺顿等效电路的等效电阻 $R_o=$______ Ω，短路电流 $i_{sc}=$______ A；(b)图中戴维南等效电路的等效电阻 $R_o=$______ Ω，开路电压 $u_{oc}=$______ V。

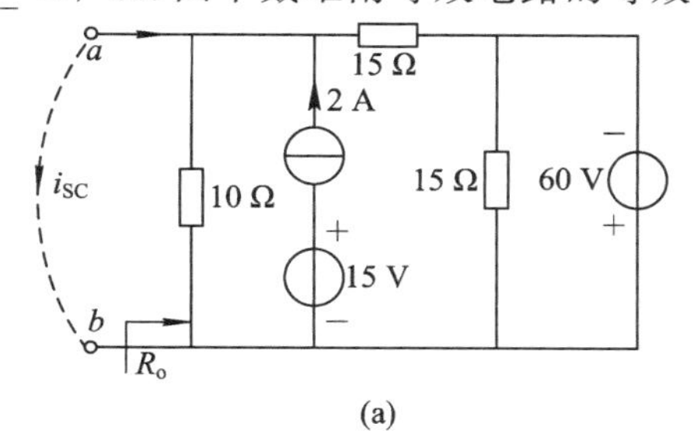

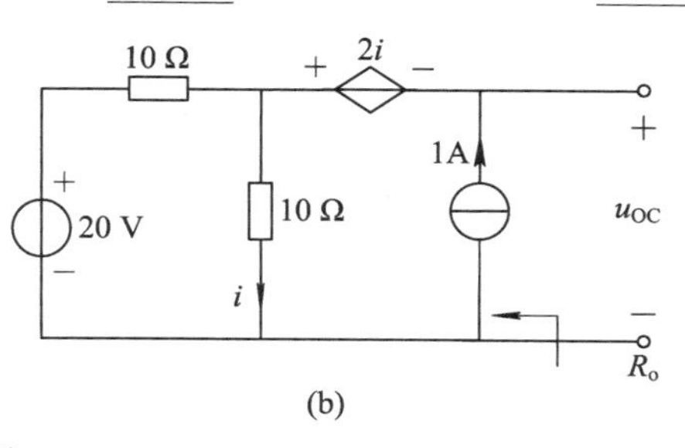

题 5 图

Ⅱ. **计算题**(下面各题必须写出简要解题步骤，只有答案不得分。非通用符号注明含义。7 小题，共 55 分)

6. (6 分)求题 6 图所示电路中的电压 u_{ab}。

7. (7 分)求题 7 图所示电路中的电流 i。

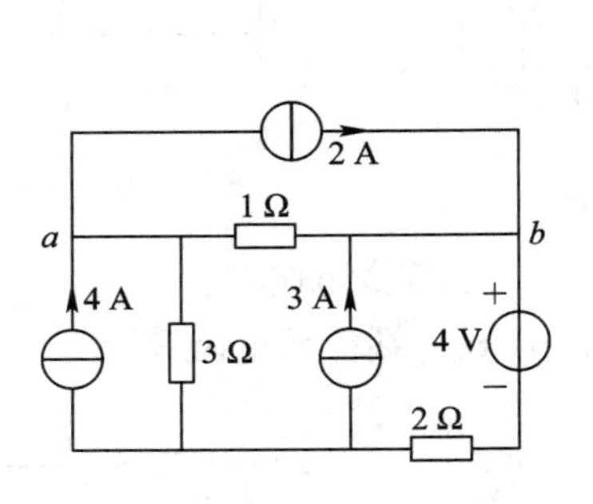

题 6 图

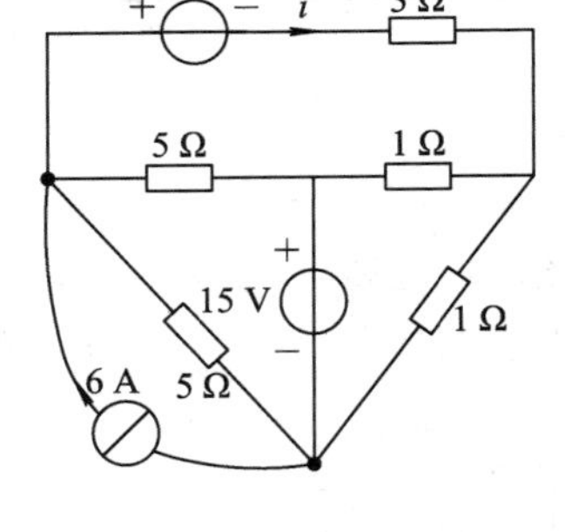

题 7 图

8. (8 分)题 8 图所示电路，已知 $u_{ab}=0$，求电阻 R 的阻值。

9. (9 分)题 9 图所示电路，Na 为线性含独立源电阻网络，开关 S 断开时测得电压 $u=13$ V，闭合时测得电流 $i=3.9$ A。求 Na 的最简等效电路。

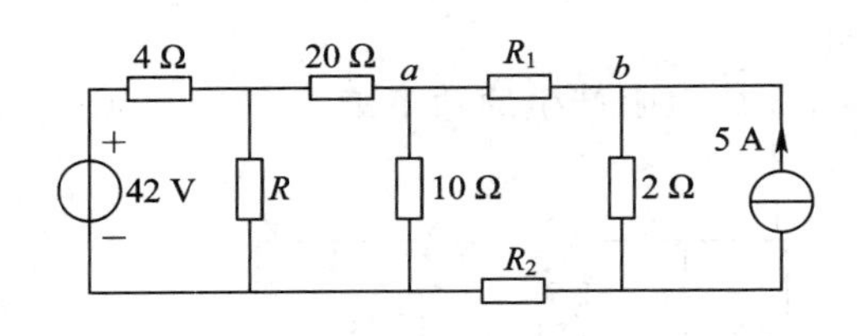

题 8 图

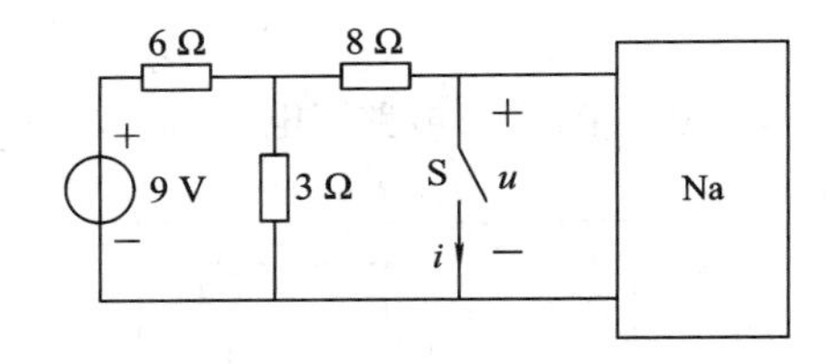

题 9 图

10. (10 分) 题 10 图所示电路，当负载 $R_L=12$ Ω 时，电流 $i=1$ A。试求负载 R_L 为何值时，负载吸收的功率最大，且最大功率 P_{Lmax} 为多少?

11. (10 分)题 11 图示电路，$t<0$ 时，开关 S 闭合，电路已达到稳态，$t=0$ 时开关 S 打开，求 $t\geqslant 0$ 时的 $u(t)$。

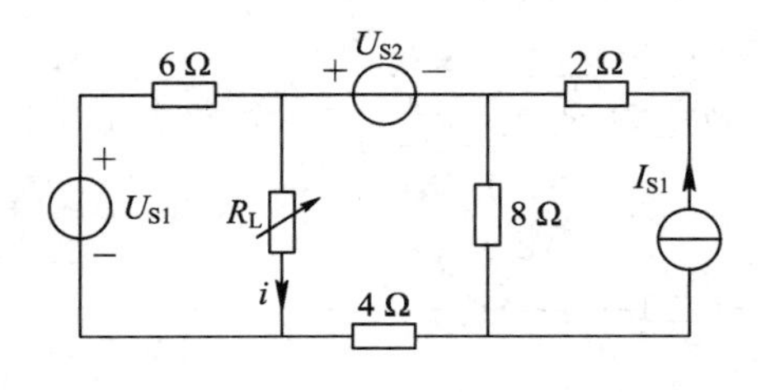

题 10 图

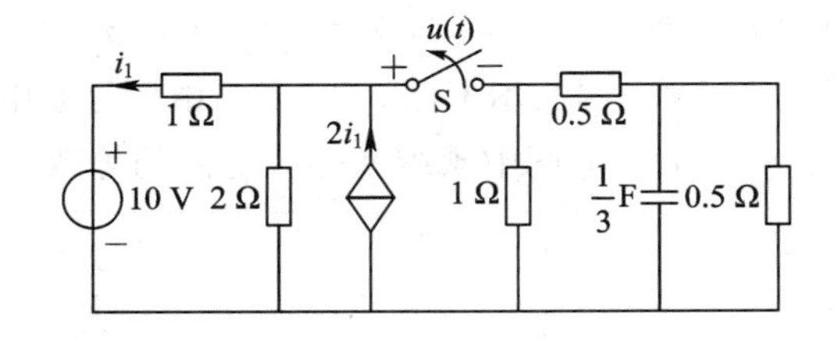

题 11 图

12. (5 分)题 12 图所示电路，已知 i_s，$R_S=R_L=9$ kΩ，$u_2/u_1=0.8$，若将 a、b 端短接，测得短路电流 $i_{sc}=2i_L$。求 R 和 R_1 的阻值。

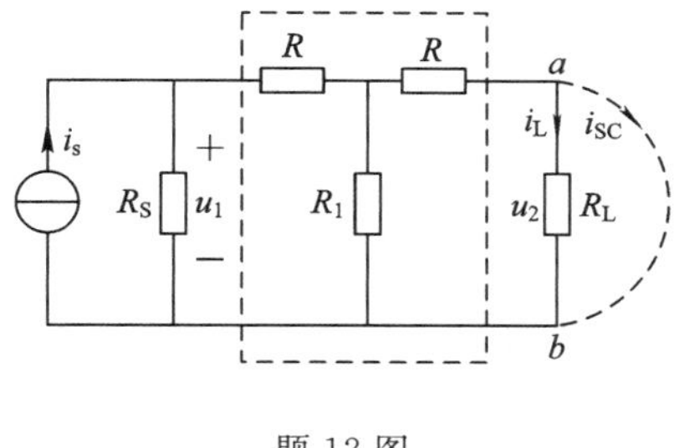

题 12 图

8.1.8　电路阶段考试模拟题四参考答案

1. −3 V，2 A，12 W
2. 0 Ω，2.9H，9 Ω
3. 30 V，12 W；
4. −3 V，0.5 s，3 A；
5. 6 Ω，−2 A，4 Ω，12 V
6. −4/3 V
7. −1 A
8. 15 Ω
9. $R_O=5\ \Omega$，$u_{OC}=18\ \text{V}$

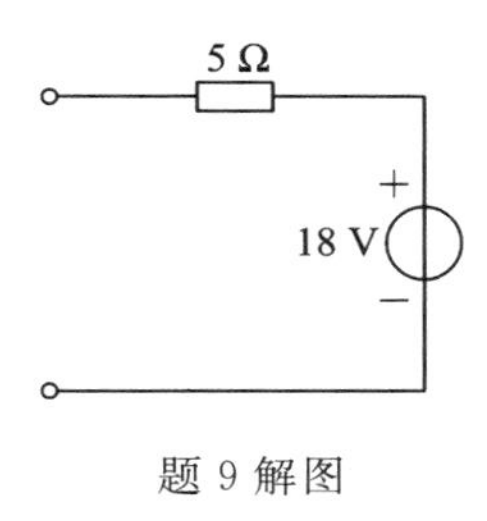

题 9 解图

10. $R_L=4\ \Omega$，$P_{L\max}=16\ \text{W}$
11. $u(t)=20-\dfrac{5}{18}e^{-8t}\text{V}$，$t\geqslant 0$

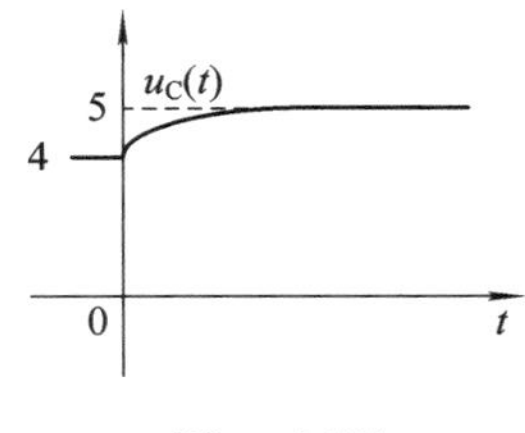

题 11 解图

12. $R=1\ \text{k}\Omega$，$R_1=40\ \text{k}\Omega$

8.1.9　电路阶段考试模拟题五

考试时间为 120 分钟，满分 100 分。

Ⅰ. **填空题**(请将正确答案写在题中的横线上。每空 4 分，共 40 分)。

1. 题 1 图所示电路，电压 $u_{ab}=$______ V 。

2. 题 2 图所示电路，电流 $I=$______ A 。

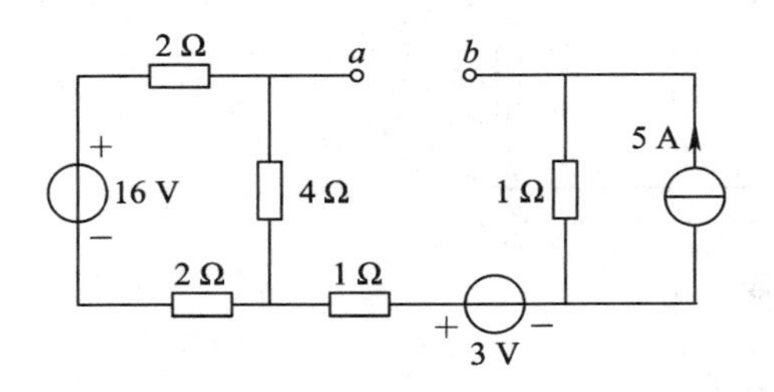

题 1 图

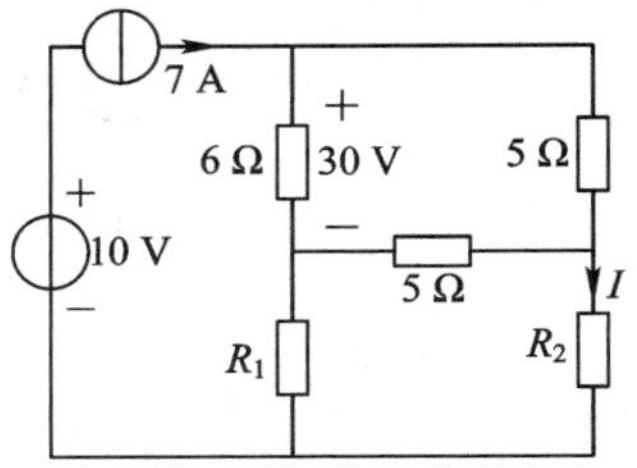

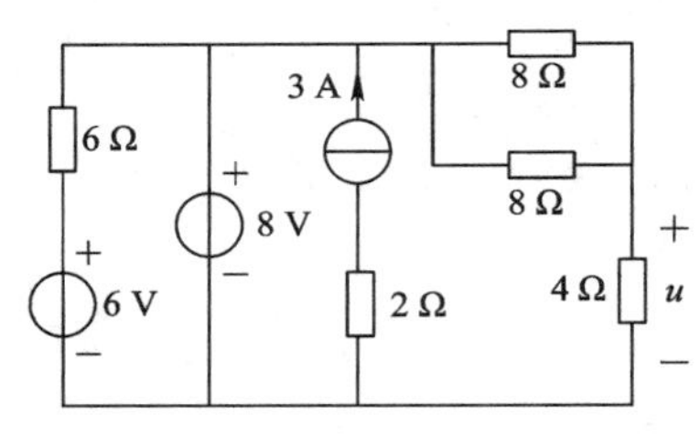

题 2 图

3. 题 3 图所示电路，3 V 电压源产生的功率 $P=$______ W 。

4. 题 4 图所示电路，电压 $u=$______ V 。

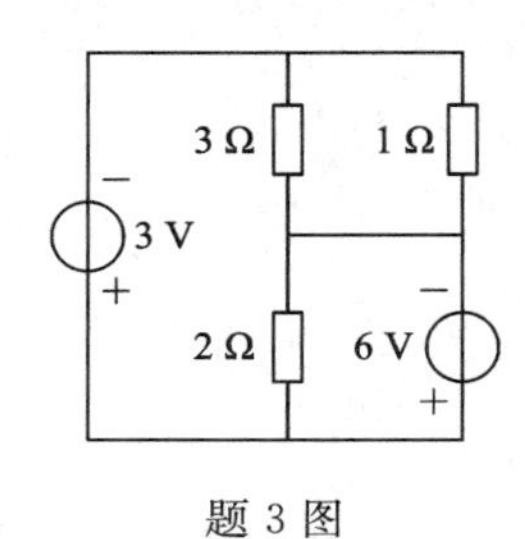

题 3 图

题 4 图

5. 题 5 图所示电路，受控源吸收的功率 $P=$______ W 。

6. 题 6 图所示电路，则由 a、b 端口看进去的等效电阻 $R_{ab}=$______ Ω。

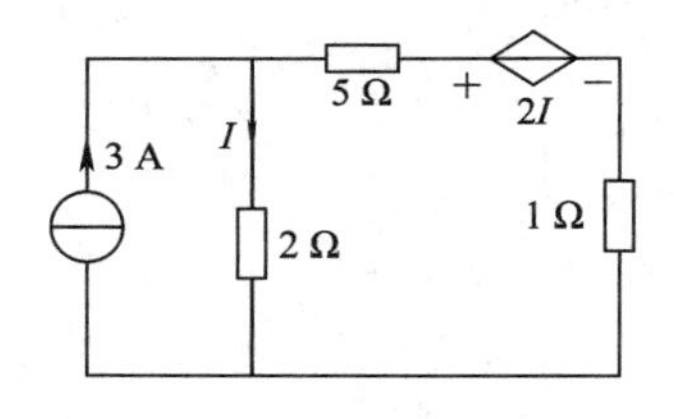

题 5 图

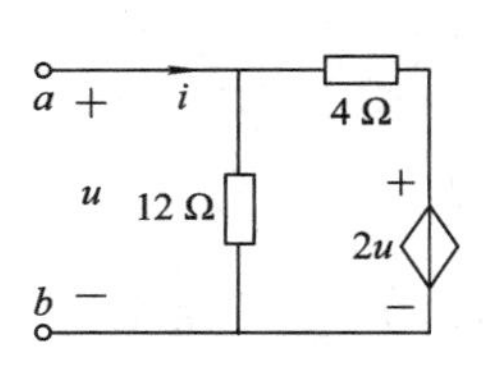

题 6 图

7. 题 7 图所示电路，网孔 I 的网孔电流方程为______________________。

8. 题 8 图所示电路，节点 U_2 的节点电压方程为______________________。

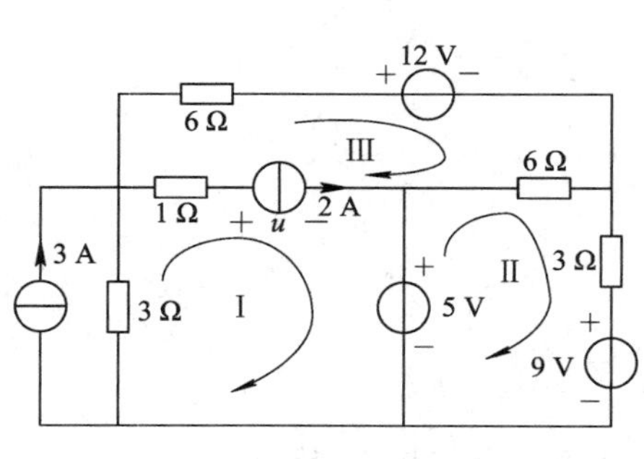

题 7 图

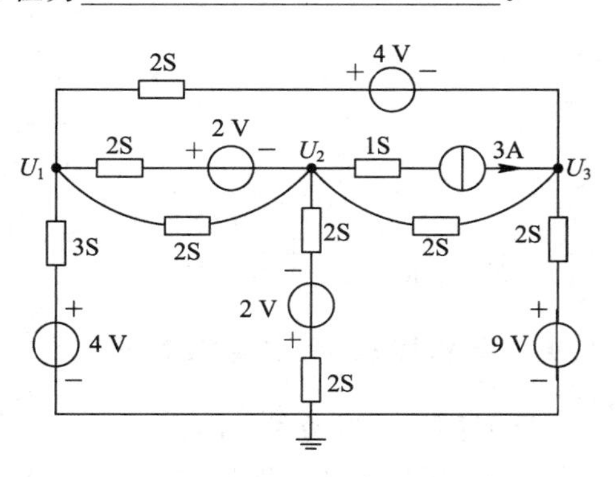

题 8 图

9．一个二端元件端口电压 u 和电流 i 波形如题 9 图所示，则该二端元件的参数为______。

10．题 10 图所示电路，已知 $u_C(0)=2$ V，$i_C(t)=e^{-5t}$ A，$t>0$，则 $t>0$ 时的电压 $u(t)=$______ V。

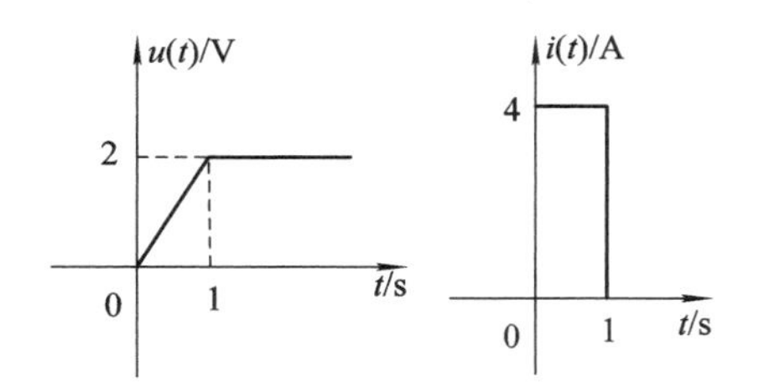

题 9 图

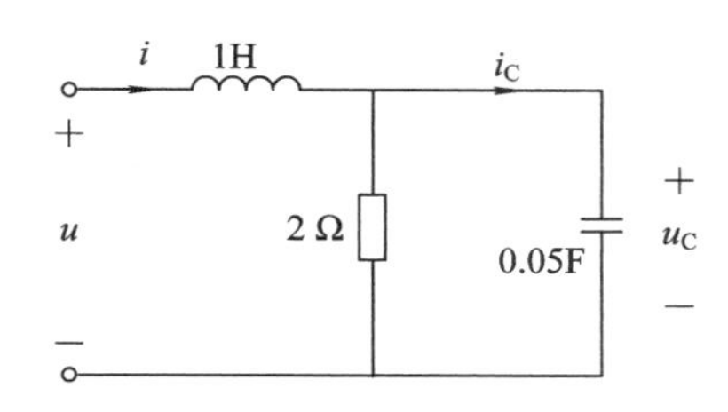

题 10 图

Ⅱ．**计算题**(下面各题必须写出简要解题步骤，只有答案不得分。非通用符号注明含义。6 小题，共计 60 分)

11．(10 分)题 11 图所示电路，N_R 是线性无源电阻网络，当 $R=0$ 时，$i=5$ A，$i_1=4$ A；当 R 趋于∞时，$u=10$ V，$i_1=1$ A。求 $R=R_1$ 时，$i=3$ A，i_1 等于多少？

12．(10 分)如题 12 图所示电路中，N 为线性含独立源的电阻电路。

(1) 已知当开关 S_1、S_2 都打开时，安培表 A 的读数为 2 A；当 S_1 闭合、S_2 打开时，读数为 3 A。问当 S_1 打开、S_2 闭合时，安培表 A 的读数为多少？

(2) 若已知 $U_S=0$，S_1、S_2 都打开的情况下，安培表 A 的读数为 1 A，当 S_1 闭合、S_2 打开时的安培表 A 的读数为多少？

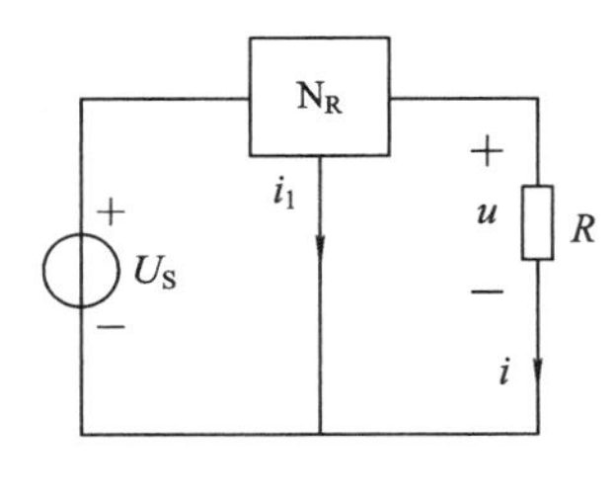

题 11 图

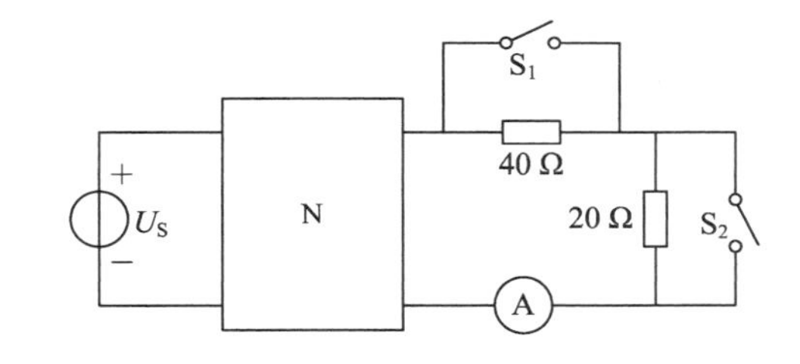

题 12 图

13．(10 分)如题 13 图所示电路，R_L 可任意改变，问 R_L 等于多大时其上获得最大功率，并求出该最大功率。

14．(10 分)如题 14 图所示电路，$t<0$ 电路已处于稳态。$t=0$ 开关 S 打开。求 $t\geqslant 0$ 时电流 $i_L(t)$ 及 $i(t)$，并画出各响应的波形图。

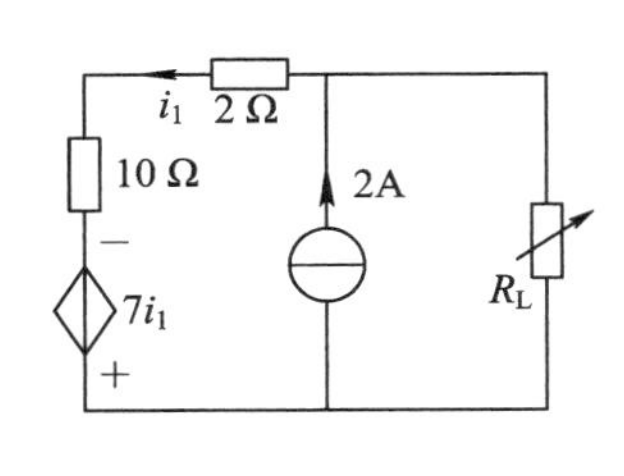

题 13 图

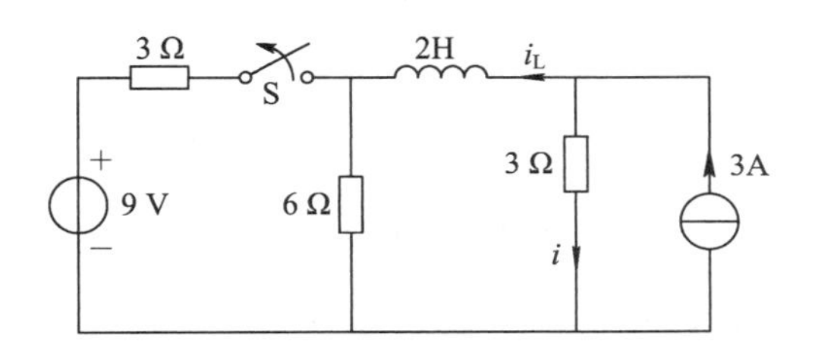

题 14 图

15. (10 分)题 15 图所示电路，$t<0$ 时开关 S 位于“1”，电路已处于稳态。$t=0$ 时开关 S 由“1”闭合到“2”。求 $t\geqslant0$ 时电压 $u(t)$ 的零状态响应、零输入响应及全响应。

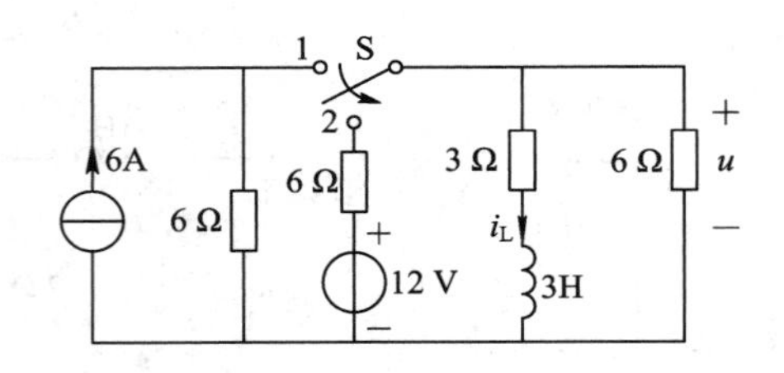

题 15 图

16. (10 分)如题 16 图所示电路已处于稳态。当 $t=0$ 时开关 S 闭合，求 $t\geqslant0$ 时的电压 $u(t)$。

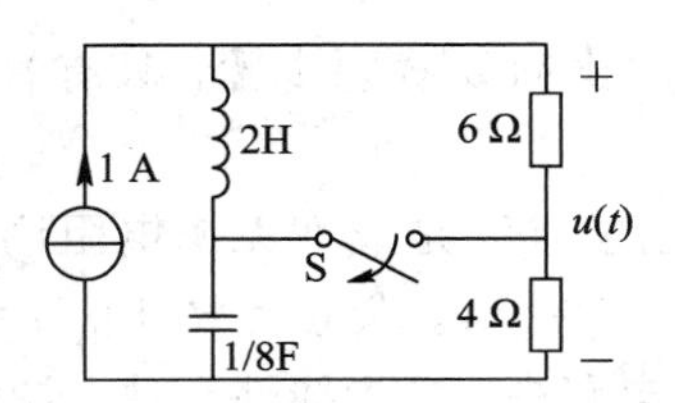

题 16 图

8.1.10 电路阶段考试模拟题五参考答案

1. 6 V
2. −2 A
3. −12 W
4. 4 V
5. 0 W
6. −6 Ω
7. $4i_1-9-i_3=-5-u$
8. $-4u_1+7u_2-2u_3=-8$
9. 2 F
10. $6+e^{-5t}$
11. 2.8 A
12. (1) 2.4 A，(2) 1.5 A
13. $R_O=5\ \Omega$ 时，$P_L=P_{Lmax}=5$ W
14. $i_L(t)=1-e^{-4.5t}$ A，$i(t)=2+e^{-4.5t}$ A，$t\geqslant0$
15. $u_{zi}(t)=-9e^{-2t}$ V，$u_{zs}(t)=3+3e^{-2t}$，$t\geqslant0$

8.1.11 电路阶段考试模拟题六

考试时间为 120 分钟，满分 100 分。

Ⅰ. **填空题**(请将正确答案直接写在题中的横线上。每空 3 分，共 42 分。)

1. 题 1 图所示电路，电流 $I=$__________。

2. 题 2 图所示电路，开路电压 $U_{oc}=$__________。

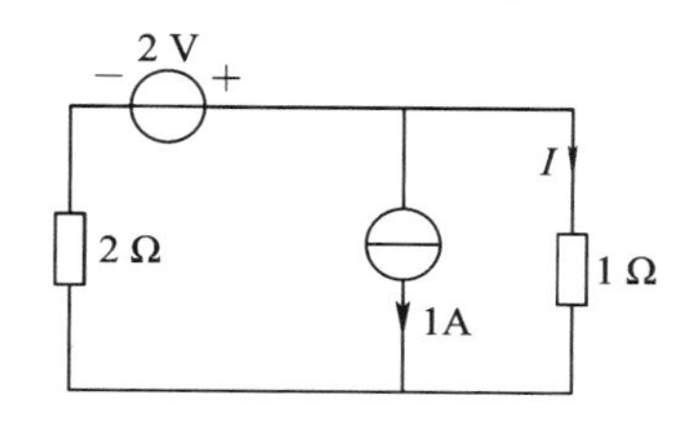

题 1 图

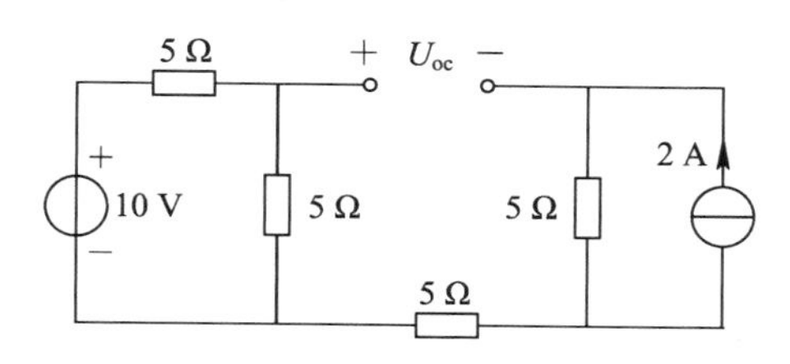

题 2 图

3. 题 3 图所示电路，ab 端的等效电阻 $R=$__________。

4. 题 4 图所示电路，1 A 电流源产生的功率为__________。

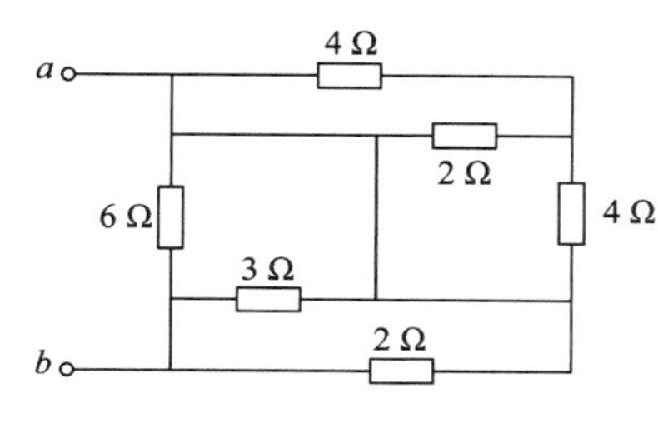

题 3 图

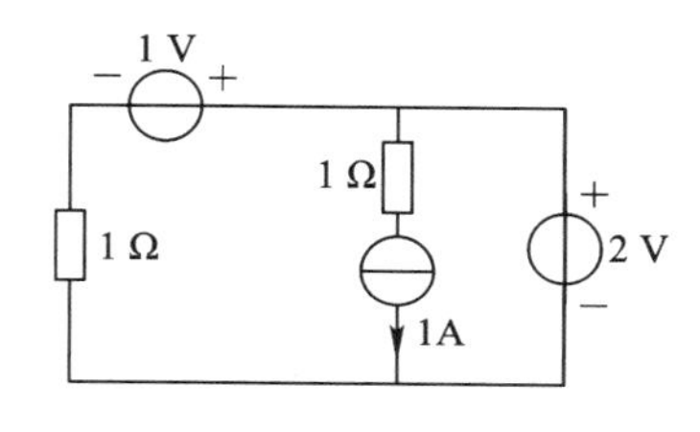

题 4 图

5. 题 5 图所示电路，$t<0$ 时电路处于稳态。$t=0$ 时开关 S 闭合，则初值 $i_L(0_+)=$__________，$i(0_+)=$__________。

6. 题 6 图所示电路，$t<0$ 时电路处于稳态。$t=0$ 时开关 S 闭合，则时常数 $\tau=$__________。

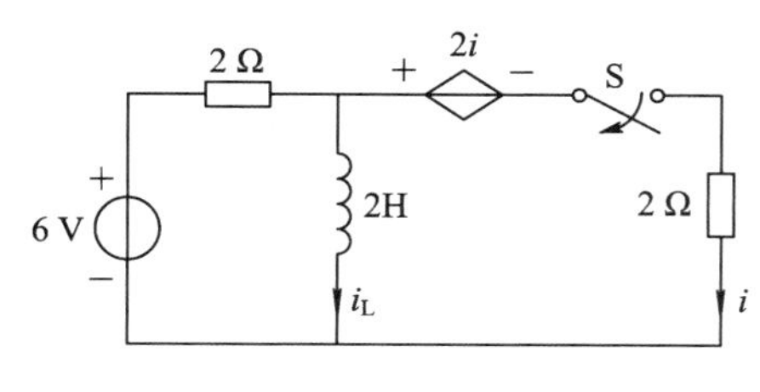

题 5 图

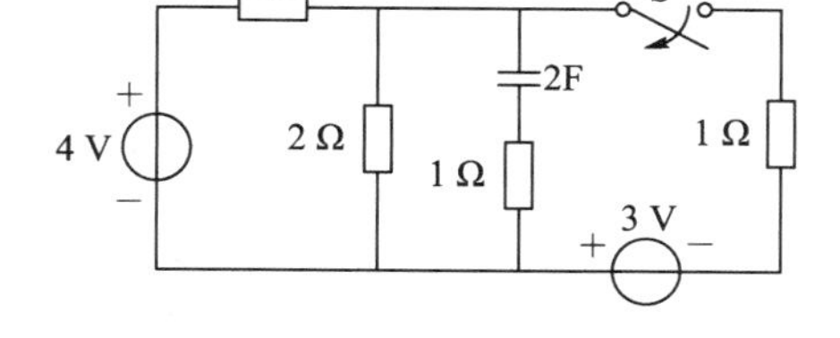

题 6 图

7. 题 7 图所示电路，电压源 $U_S=$__________。

8. 题 8 图所示电路，已知电容 $C=4\text{F}$，则 ab 端的等效电容 $C_{ab}=$__________。

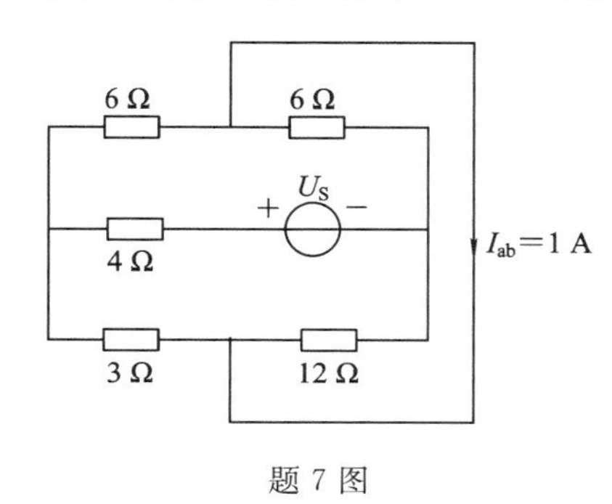

题 7 图

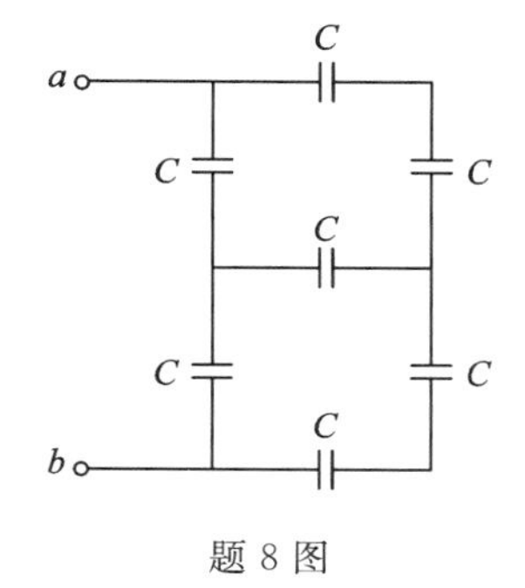

题 8 图

9. 题 9 图所示电路，求电流源发出的功率 $P=$__________。

10. 题 10 图所示电路，$t<0$ 时电路处于稳态。$t=0$ 时开关 S 打开，则初始值 $i(0_+)=$__________，$u(0_+)=$__________。

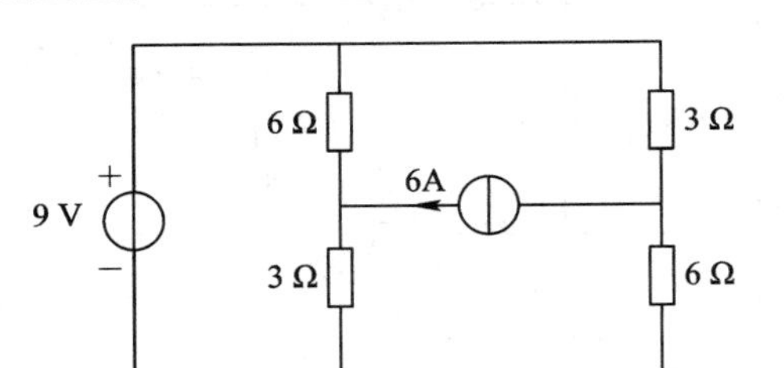

题 9 图

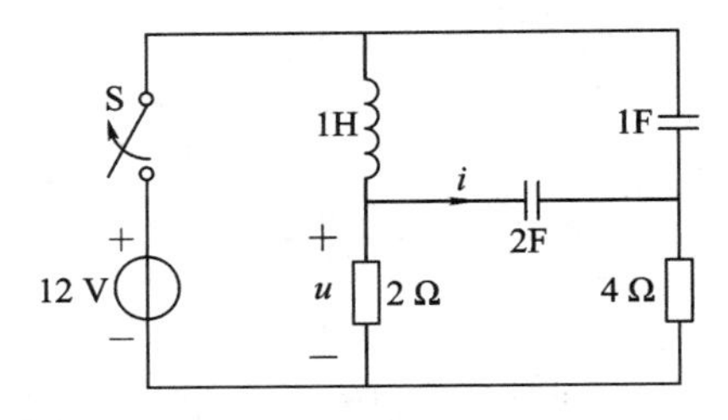

题 10 图

11. 有一电容 $C=0.5\text{F}$，其电流电压为非关联参考方向。如其端电压 $u(t)=2\cos(2t)$ V，$-\infty<t<\infty$，则其电流 $i(t)=$__________，该电容的最大储能 $w_{\max}=$__________。

Ⅱ. 计算题(下列各题必须写出计算步骤，只有答案不得分。6 小题，共 58 分。)

12. (8 分)题 12 图所示电路，已知当 10 V 电压源单独作用时，$i=2$ A，$u=2$ V。求 10 A 电流源和 10 V 电压源共同作用时电流 i 的大小。

13. (10 分)题 13 图所示电路，求电压 u、电流 i 和电压源产生的功率 P_S。

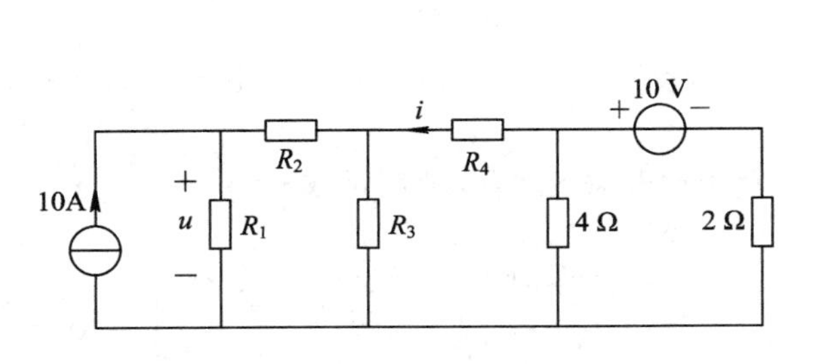

题 12 图

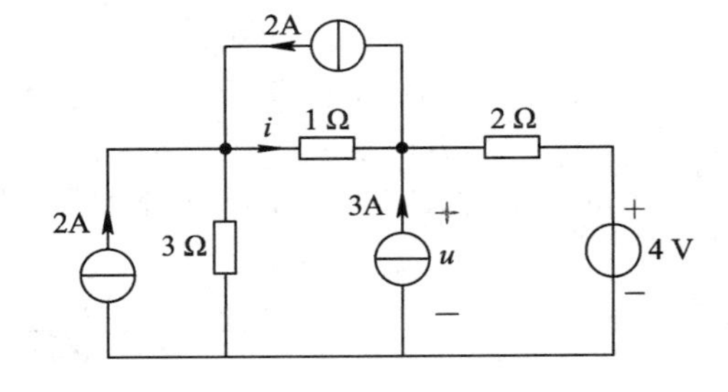

题 13 图

14. (10 分)题 14 图所示电路，N_a 为线性含有独立电源的电阻网络，开关 S 断开时测得电压 $u=4$ V，开关 S 闭合时测得电流 $i=2$ A。求 N_a 最简等效电路。

15. (10 分)题 15 图所示电路，负载 R_L 为多大时能获得最大功率，此时最大功率是多少？

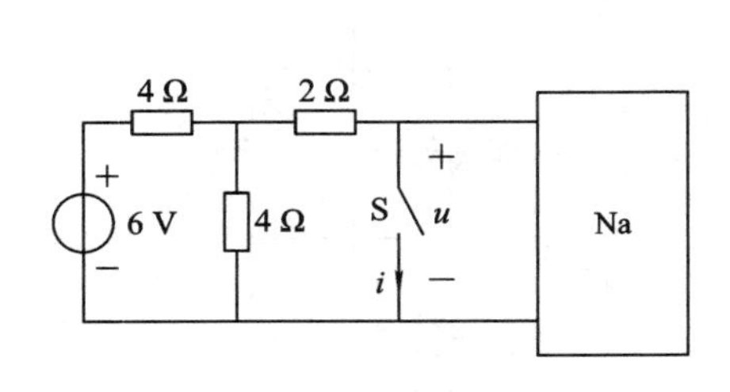

题 14 图

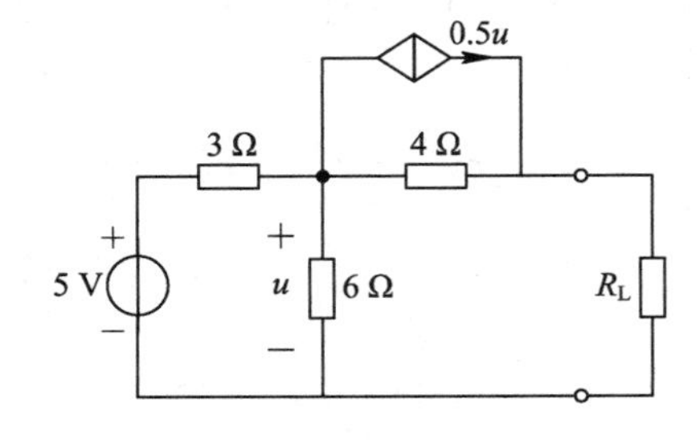

题 15 图

16. (10 分)题 16 图所示电路，N 为线性含有独立电源的电阻电路，当改变电阻 R 时，电路中各处电流、电压都将发生变化。当 $R=R_1$ 时，测得 $u=10$ V，$i_2=4$ A；当 $R=R_2$ 时，测得 $i_1=3$ A，$i_2=2$ A。问当 $R=R_3$ 时，测得 $u=-14$ V，$i_2=1$ A，此时的电流 i_1 为多少？

17. (10 分)题 17 图所示电路，$t<0$ 时开关 S 位于位置“1”，电路处于稳态，$t=0$ 时开关 S 由“1”闭合到“2”。求 $t\geqslant 0$ 时电压 $u(t)$ 的零输入响应和零状态响应。

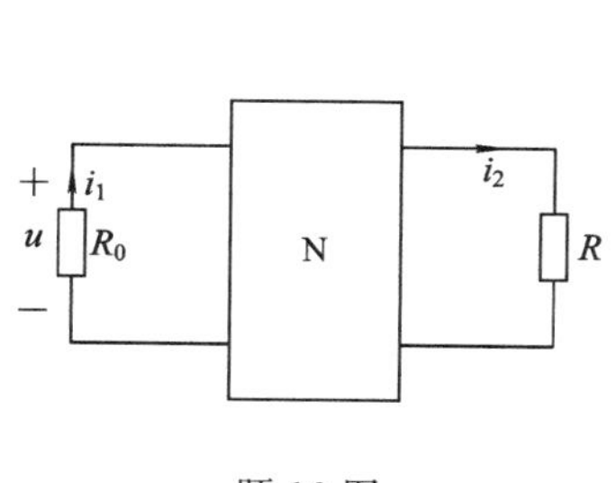

题 16 图

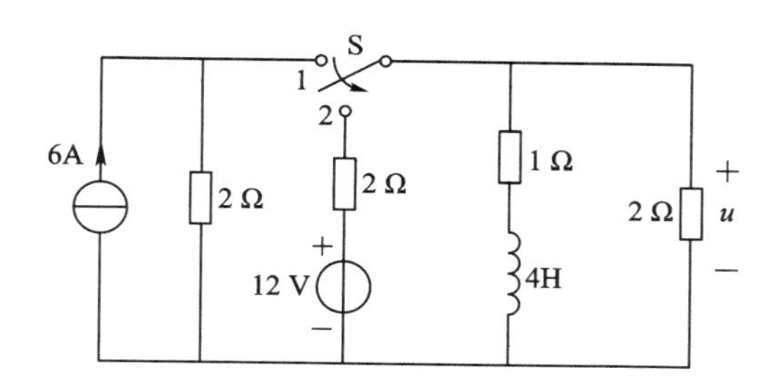

题 17 图

8.1.12　电路阶段考试模拟题六参考答案

1. 0A
2. −5 V
3. 1 Ω
4. −1 W
5. 3 A，0 A
6. 3 S
7. −30 W
8. 3F
9. 126 W
10. 4 A，4 V
11. 2sin2t，1 J
12. −1 A
13. −8 W
14.

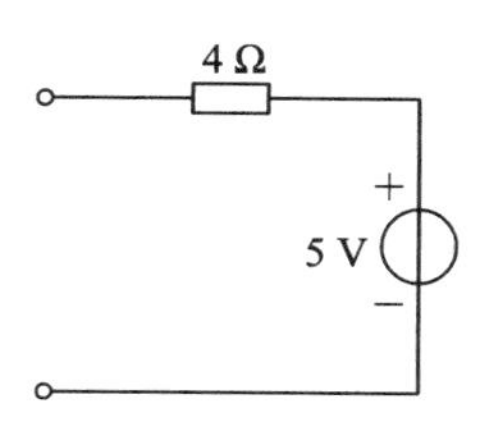

题 14 解图

15. $R_O=10\ \Omega$ 时，$P_L=P_{Lmax}=2.5$ W
16. 7 A

17. $u_{zi}(t)=-3e^{-0.5t}$ V，$u_{zs}(t)=3+3e^{-0.5t}$ $t\geqslant 0$

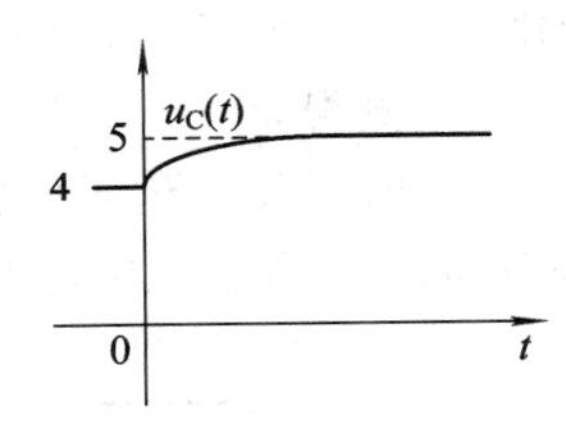

8.2 期末考试模拟试题

8.2.1 电路期末考试模拟题一

考试时间为 120 分钟，满分 100 分。

Ⅰ. **单项选择题**(每小题 3 分，共 30 分。本题请将答案前的字母填写在下列表格中。)

题号	1	2	3	4	5	6	7	8	9	10
答案										

1. 基尔霍夫定律的适用范围是(　　)。

(A) 集中参数电路　　(B) 线性非时变电路

(C) 分布参数电路　　(D) 任意电路

2. 题 2 图所示二端电路的电压-电流关系为(　　)。

(A) $U=25+I$　　(B) $U=25-I$

(C) $U=-25-I$　　(D) $U=-25+I$

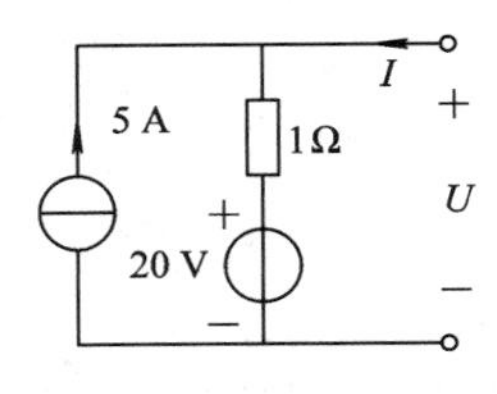

题 2 图

3. 题 3 图所示电路，独立电压源产生的功率为(　　)。

(A) 0 W　　(B) 12 W

(C) 4 W　　(D) −4 W

4. 题 4 图所示正弦稳态电路，负载阻抗 Z_L 吸收最大功率时的 Z_L 值应为(　　)。

(A) 3+j2 Ω　　(B) 3−j2 Ω

(C) 8−j2 Ω　　(D) 8+j2 Ω

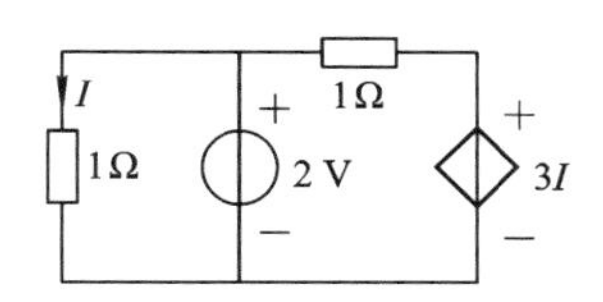

题 3 图

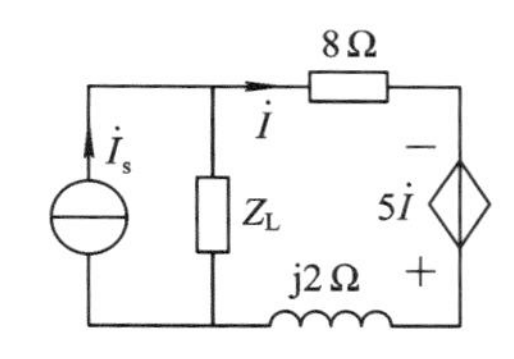

题 4 图

5. 题 5 图所示电路中，若 $R_1 \geqslant 0$，若 ab 端的等效电阻为 R_{ab}，则(　　)。

(A) $R_{ab} \geqslant 4\ \Omega$　　(B) $R_{ab} \geqslant 6\ \Omega$

(C) $R_{ab} \leqslant 6\ \Omega$　　(D) $4\ \Omega \leqslant R_{ab} \leqslant 6\ \Omega$

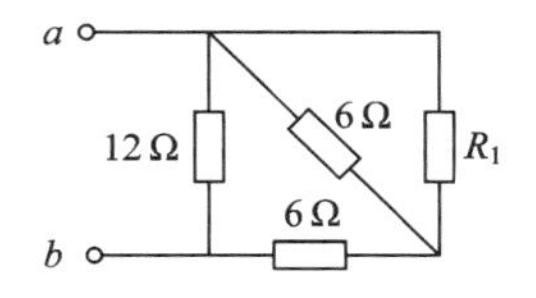

题 5 图

6. 题 6 图所示电路已达稳态，当 $t=0$ 时，开关 S 突然闭合，此时 $i(0_+)$ 等于(　　)。

(A) 3 A　　(B) 0.75 A

(C) 0 A　　(D) 1.5 A

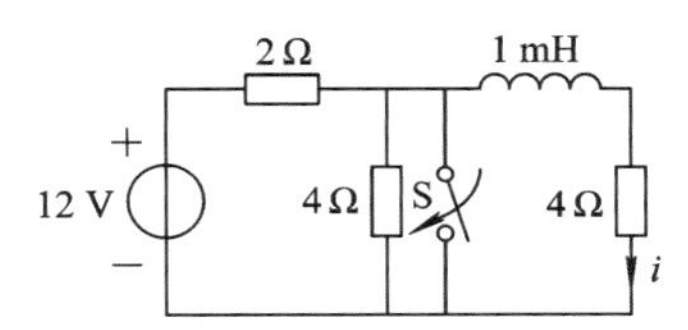

题 6 图

7. 题 7 图所示正弦稳态电路中，$\dot U_{s1}=10\angle^{\circ}$ V，$\dot U_{s2}=-\mathrm{j}10$ V，则电压源 $\dot U_{s1}$ 提供的有功功率为(　　)。

(A) 0 W　　(B) 20 W

(C) 50 W　　(D) 100 W

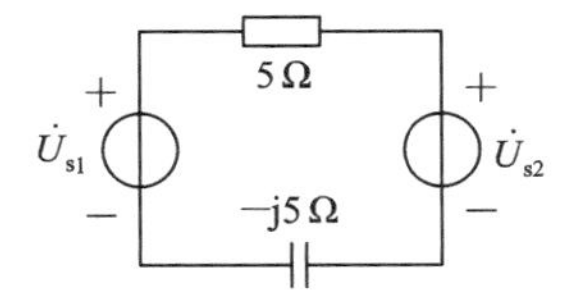

题 7 图

8. 题 8 图所示含理想变压器的相量模型，$\dot U_2$ 等于(　　)。

(A) $9\angle 0^{\circ}$ V　　(B) $9\angle 180^{\circ}$ V

(C) $8\angle 180^{\circ}$ V　　(D) $4\angle 0^{\circ}$ V

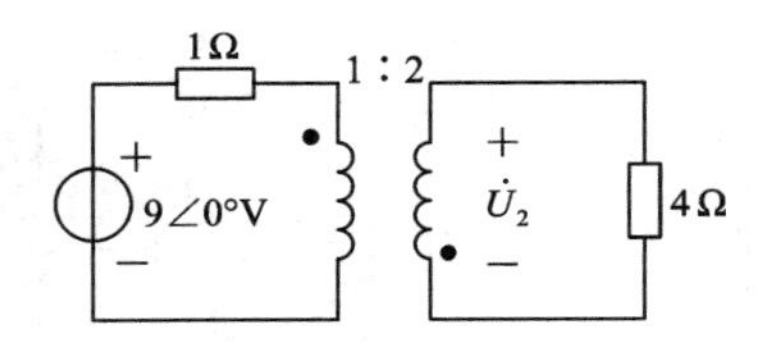

题 8 图

9. 题 9 图所示正弦稳态电路，为使 $\dot{U}_{ab}$ 超前于 $\dot{U}_s$，则阻抗 Z 应为(　　)。

(A) 电阻性　　(B) 电容性

(C) 电感性　　(D) 感性和容性均可

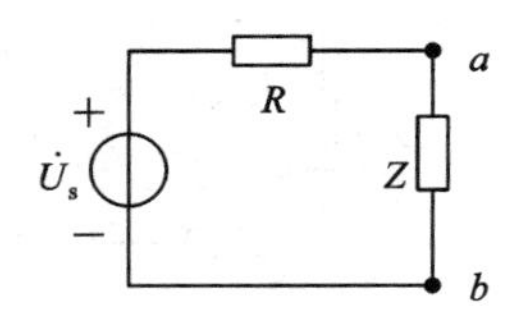

题 9 图

10. 题 10 图所示正弦稳态电路中，如果在电感 L 两端并联上电容 C，则电流表Ⓐ的读数应(　　)。

(A) 增大　　(B) 减小

(C) 不一定　　(D) 不变

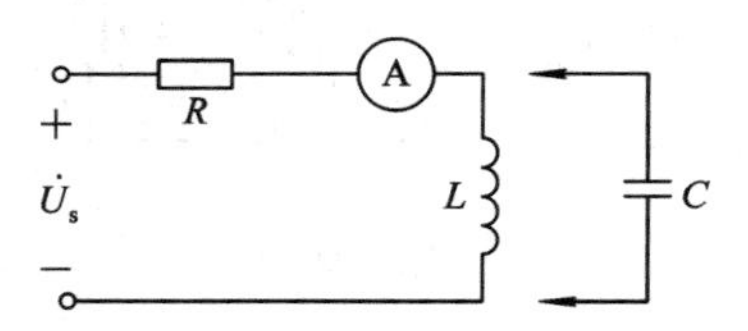

题 10 图

Ⅱ. **填空题**(每小题 4 分，共 20 分。)

11. 题 11 图所示电路，电压 U 等于________ V。

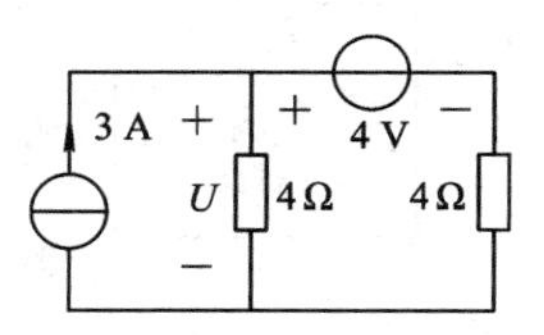

题 11 图

12. 题 12 图所示谐振电路中，若 $R=1\ \Omega$，$L_1=0.54\ \text{H}$，$L_2=0.46\ \text{H}$，$M=0.3\ \text{H}$，$C=40\ \mu\text{F}$，则该电路的谐振角频率 $\omega_0=$________ rad/s。

13. 题 13 图所示正弦稳态电路中，已知理想电流表$Ⓐ_1$和$Ⓐ_2$的读数分别为 4 A 和 3 A，则电流表Ⓐ的读数为________ A。

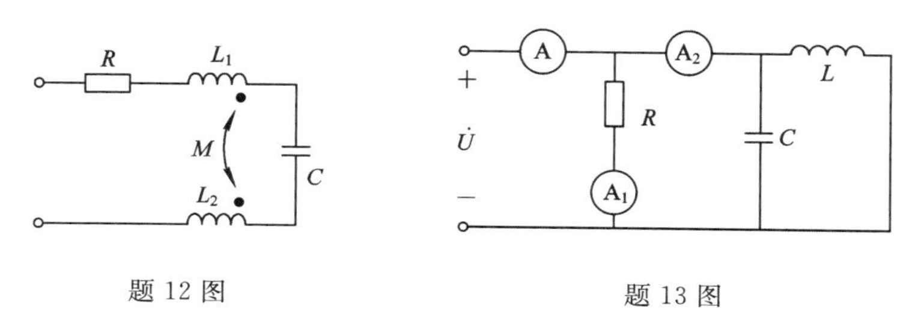

题 12 图　　　　题 13 图

14. 题 14 图所示含理想运放的电路，则 ab 端的开路电压 $U_{OC}=$________ V 和 ab 端的戴维南等效内阻 $R_0=$________ Ω。

15. 题 15 图所示二端口电路，则 z 参数中 $z_{11}=$________ Ω；输出端口 2－2′的特性阻抗 $z_{c2}=$________ Ω。

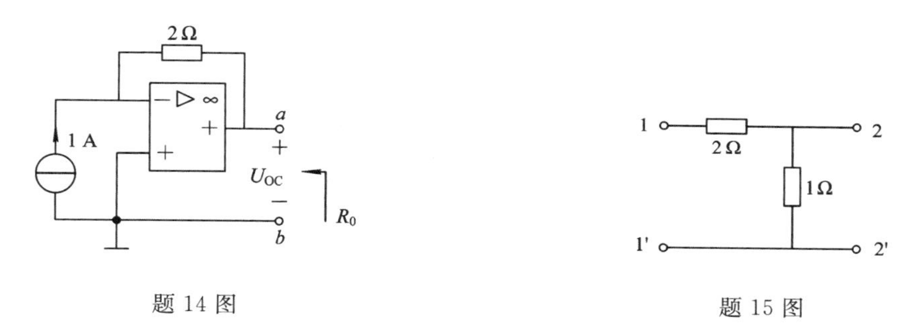

题 14 图　　　　题 15 图

Ⅲ. **计算题**(5 小题，共 50 分。须知：下面各小题必须写出简要步骤，只有答案不得分。)

16. (12 分)题 16 图所示电路，设 $U_s=20$ V，$R_1=4$ kΩ，$R_2=20$ kΩ，试求：

(1) 在要求 $U_{ab}=10$ V 时，R_x 应为多少？

(2) 若要求 $I_1=1$ mA 时，R_x 应为多少？并求出此时 R_x 消耗的功率 P_x。

17. (12 分)题 17 图所示电路，已知：$U_s=6$ V，$I_s=40$ mA，$R_1=300$ Ω，$R_2=150$ Ω，$R_4=450$ Ω，

(1) 当 $R_3=400$ Ω 时，求通过 R_3 的电流 I_3；

(2) R_3 为多少时，才能使 R_3 获得最大功率？并求出该最大功率。

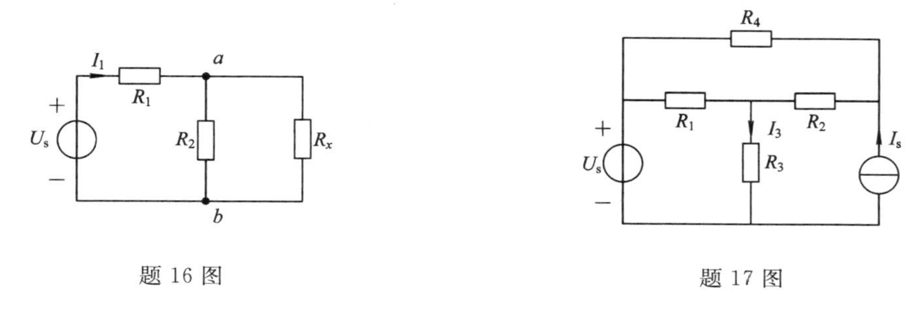

题 16 图　　　　题 17 图

18. (12 分)题 18 图所示电路，已达稳态。$t=0$ 时开关 S 闭合，求 $t\geqslant 0$ 时的电流 $i(t)$。

19. (9分)题19图所示正弦稳态电路，电路工作角频率 $\omega=2$ rad/s，$L=2$ H，C 可变，

(1) 写出 ab 端等效阻抗的表达式(用 X_L、X_C 和 R 表示)；

(2) 改变电容 C 使电路的功率因数为1，问对电阻 R 的取值有什么要求。

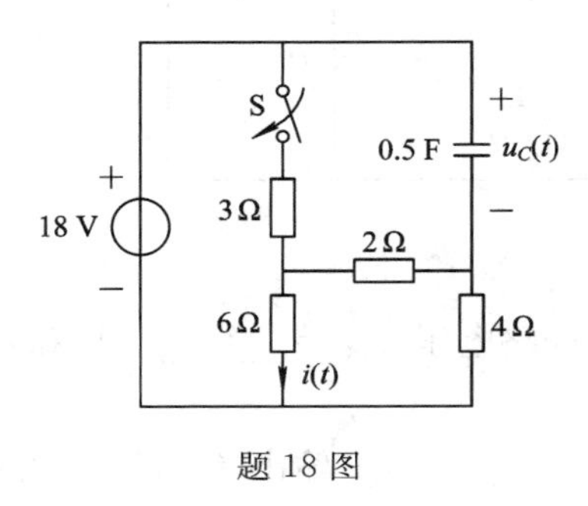

题18图

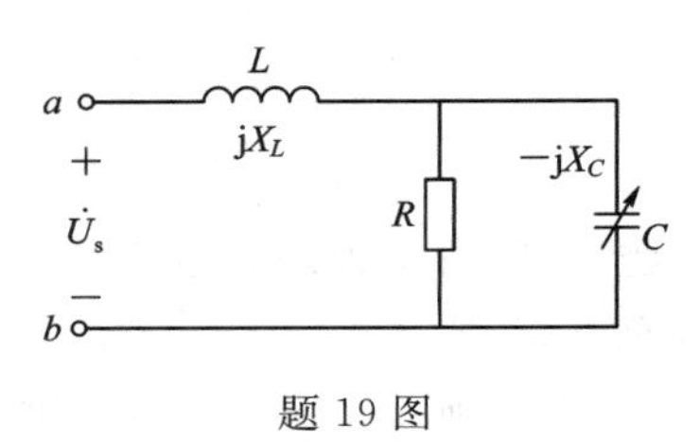

题19图

20. (5分)题20图所示电路，N为含源二端电路，已知 $U_x=\dfrac{U}{9}$，试求 R_x。

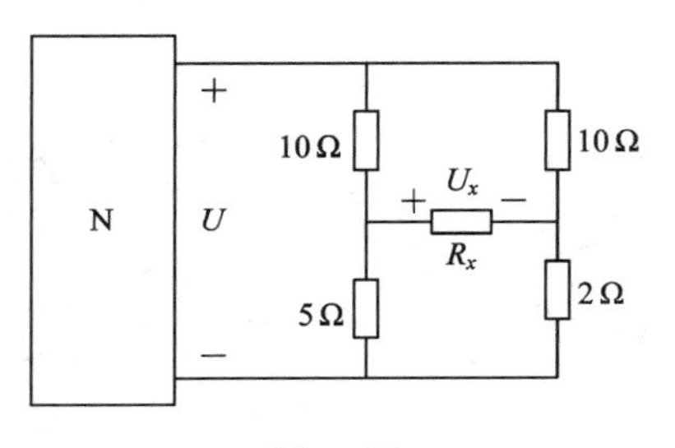

题20图

8.2.2 电路期末考试模拟题一参考答案

Ⅰ. 单项选择题

1. (A)　2. (A)　3. (D)　4. (B)　5. (D)

6. (D)　7. (A)　8. (B)　9. (C)　10. (C)

Ⅱ. 填空题

11. 8 V

12. $\omega_0=250$ rad/s

13. 5 A

14. $U_{OC}=-2$ V，$R_0=0$

15. $z_{11}=3$ Ω；$z_{c2}=\sqrt{\dfrac{2}{3}}$ Ω

Ⅲ. 计算题

16. (1) $R_x=5$ kΩ；(2) $R_x=80$ kΩ，$P_x=3.2$ mW

17. $U_{OC}=12$ V，$R_0=200$ Ω

(1) $I_3=20$ mA；

(2) $R_3=200$ Ω，$P_{3\max}=0.18$ W

18. $u_C(0_+)=18$ V；

$i(0_+)=1$ A；$i(\infty)=1.5$ A；$\tau=1$ s

$i(t)=1.5-0.5e^{-t}$ A

19. (1) $Z_{ab}=jX_L+\dfrac{-jRX_C}{R-jX_C}$；

(2) $R\geqslant 2\omega L=8\ \Omega$

20. $R_x=10\ \Omega$

8.2.3　电路期末考试模拟题二

考试时间为 120 分钟，满分 100 分。

Ⅰ. **单项选择题**(每小题 3 分，共 30 分。本题请将答案前的字母填写在下列表格中。)

题号	1	2	3	4	5	6	7	8	9	10
答案										

1. 题 1 图所示电路，电流 I 等于(　　)。

(A) 0 A　(B) −1 A　(C) 0.5 A　(D) 1.5 A

2. 题 2 图所示电路，则 1 A 电流源产生功率 P_s 等于(　　)。

(A) −1 W　(B) 1 W　(C) 0 W　(D) 5 W

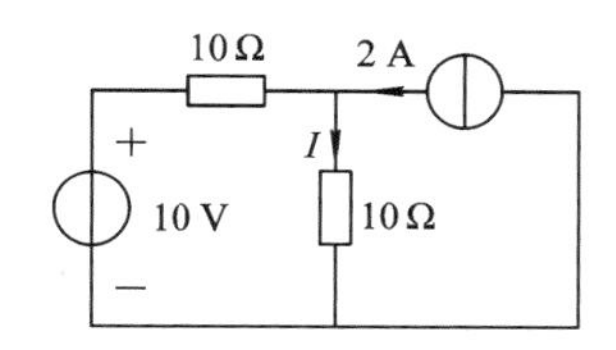

题 1 图

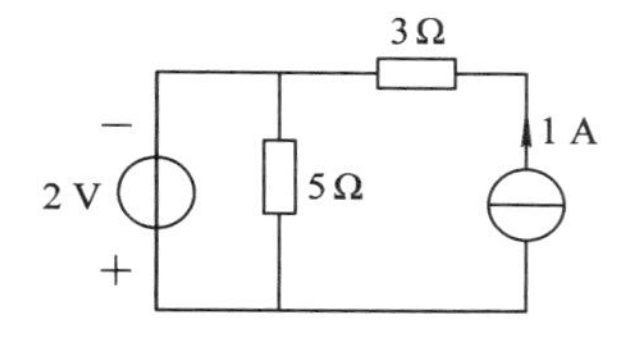

题 2 图

3. 题 3 图所示电路，则电压 U 等于(　　)。

(A) 24 V　(B) −12 V　(C) 6 V　(D) −24 V

4. 题 4 所示电路，已知 $U_s=9$ V，$I_s=6$ A，则电流 I 等于(　　)。

(A) 5 A　(B) −1 A　(C) −3 A　(D) 3 A

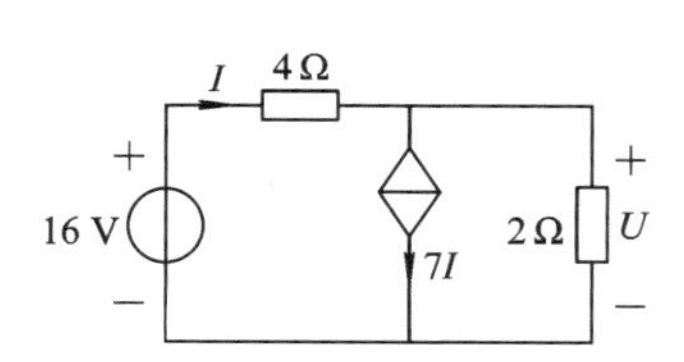

题 3 图

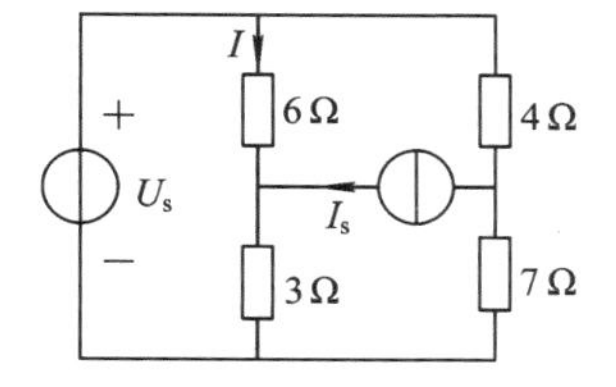

题 4 图

5. 题 5 图所示电路，已知有效值 $U_R=6$ V，$U_C=4$ V，$U_L=12$ V，则 U 等于(　　)。

(A) 8 V　(B) 22 V

(C) 10 V　(D) 14 V

6. 题6图所示电路，则 ab 端的等效电感 L_{ab} 等于(　　)。

(A) 3 H　　　　(B) 4 H

(C) 5 H　　　　(D) 6 H

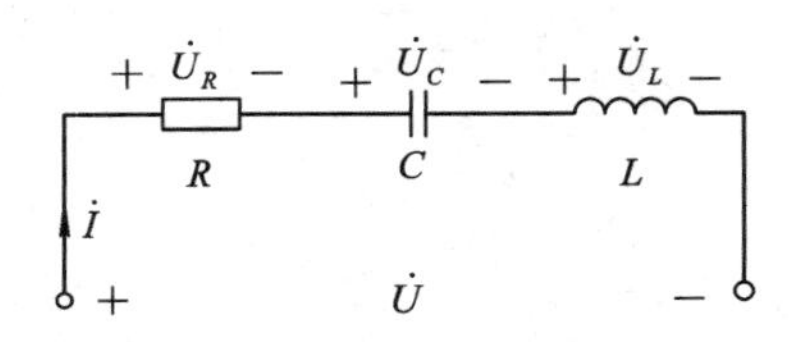

题5图

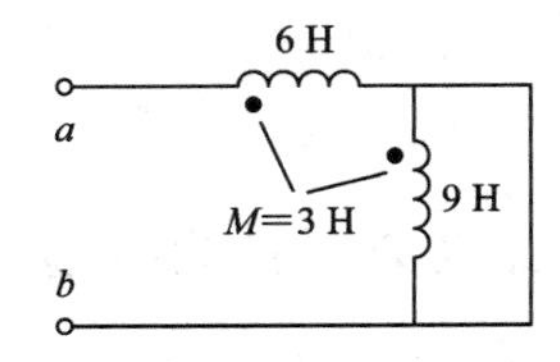

题6图

7. 题7图所示理想变压器电路，如果 $\dot{I}_s=6e^{j0°}$ A，则开路电压 U 等于(　　)。

(A) 8/3 V　　(B) 3 V　　(C) 8 V　　(D) 4 V

8. 题8图所示正弦稳态电路，$\dot{U}=10e^{j0°}$ V，功率因数为0.6，电路吸收的平均功率 $P=12$ W，则 R 等于(　　)。

(A) 1 Ω　　(B) 2 Ω　　(C) 3 Ω　　(D) 4 Ω

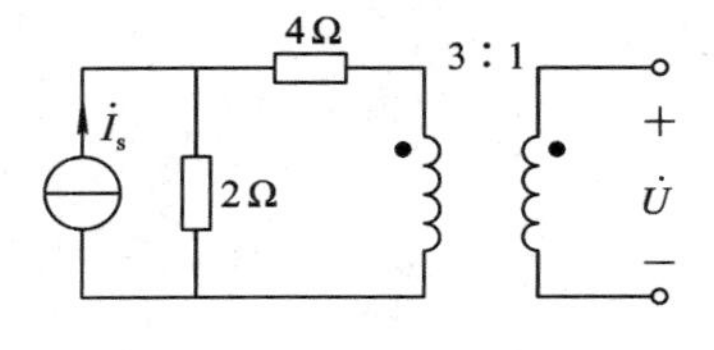

题7图

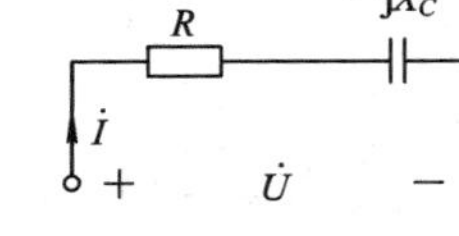

题8图

9. 题9图所示正弦稳态电路，已知 $u_s(t)=220\sqrt{2}\cos10^3t$ V，为使电流 i 为0，则 L 等于(　　)。

(A) 0.1 H　　(B) 0.5 H　　(C) 1 H　　(D) 1.5 H

10. 题10图所示电路，当 $R=12$ Ω 时，其上电流为 I，若要求 I 增至原来的3倍，而电路中除 R 以外的其它部分均不变，则此时电阻 R 等于(　　)。

(A) 1 Ω　　(B) 2 Ω　　(C) 3 Ω　　(D) 4 Ω

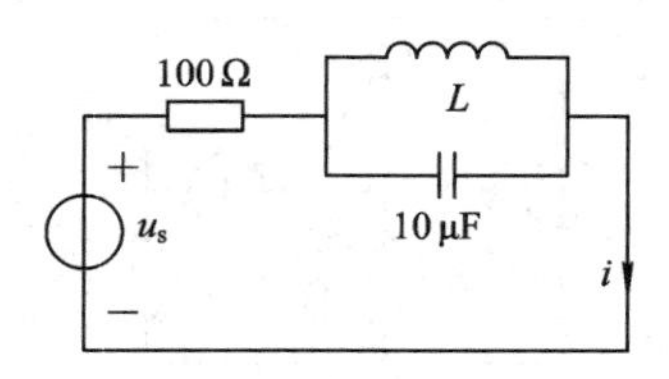

题9图

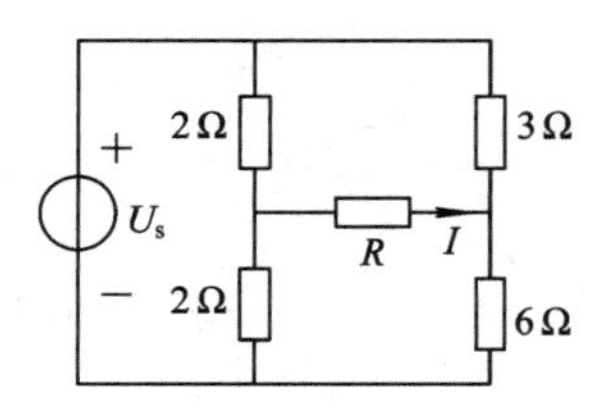

题10图

Ⅱ. 填空题(每小题4分，共20分。)

11. 题11图所示电路，已知 $I_s=3$ A，$U_{AB}=6$ V，且 R_1 与 R_2 消耗功率之比为1∶2，则 $R_1=$________；$R_2=$________。

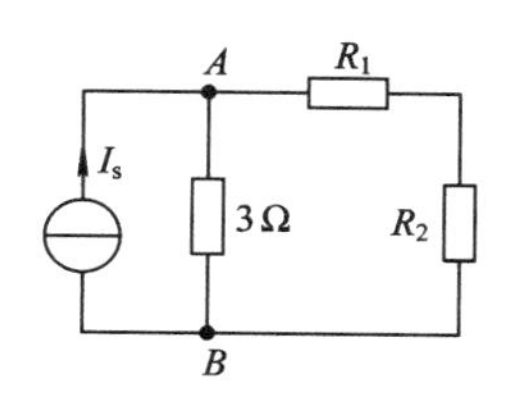

题 11 图

12. 如题 12 图所示电路(开关 S 位于 1)，已处于稳态，$t=0$ 时，开关 S 闭合到 2，则 $i_C(0_+)=$________。

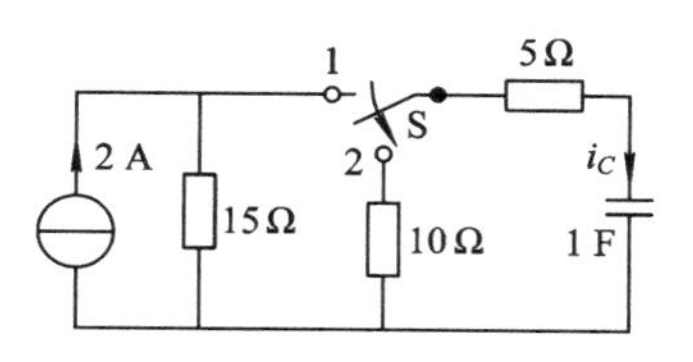

题 12 图

13. 如题 13 图所示电路，若 $\dot{U}=10-\mathrm{j}5$ V，$\dot{I}=2+\mathrm{j}1$ A，则电路 N 吸收的功率 $P_N=$________。

14. 如题 14 图所示电路 ab 端的等效电阻 $R_{ab}=$________。

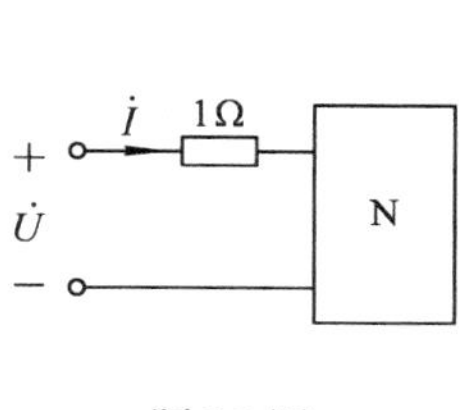

题 13 图

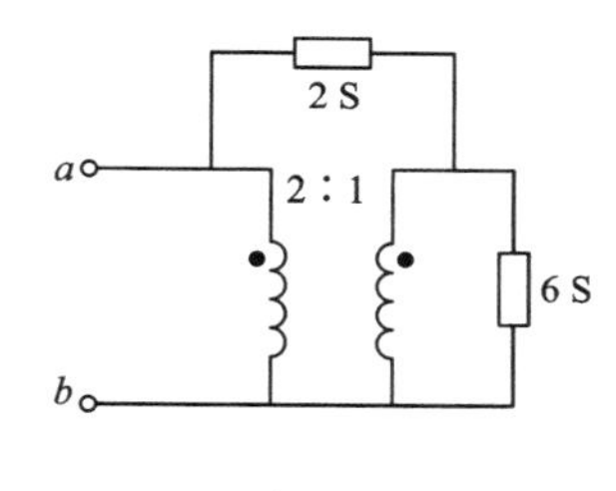

题 14 图

15. 题 15 图所示电路，设角频率为 ω，则其 A 参数矩阵中，$a_{11}=$________；$a_{22}=$______。

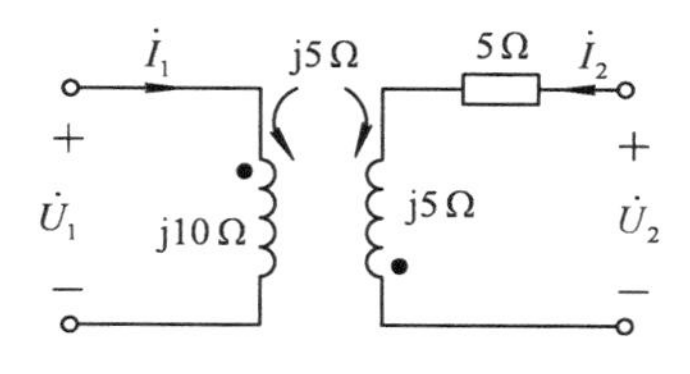

题 15

Ⅲ. **计算题**(5 小题，共 50 分。须知：下面各小题必须写出简要步骤，只有答案不得分。)

16. (12 分)如题 16 图所示电路，已知三个电阻 R_1、R_2 和 R_3 消耗的功率分别为 10 W、

15 W、20 W，求电流 I 和三个电阻的值。

17. (10 分)如题 17 图所示电路，已知 $R=4\ \Omega$，求 R 吸收的功率 P_R。

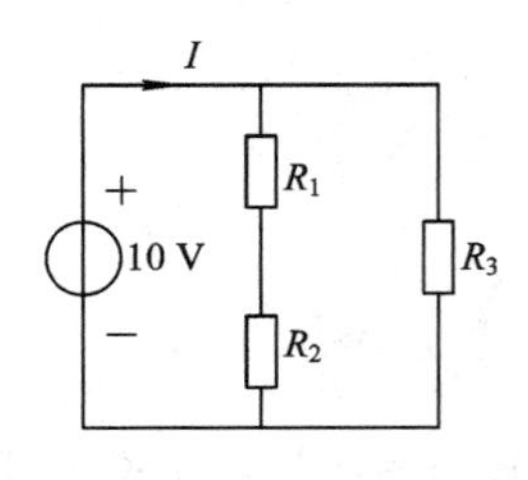

题 16 图

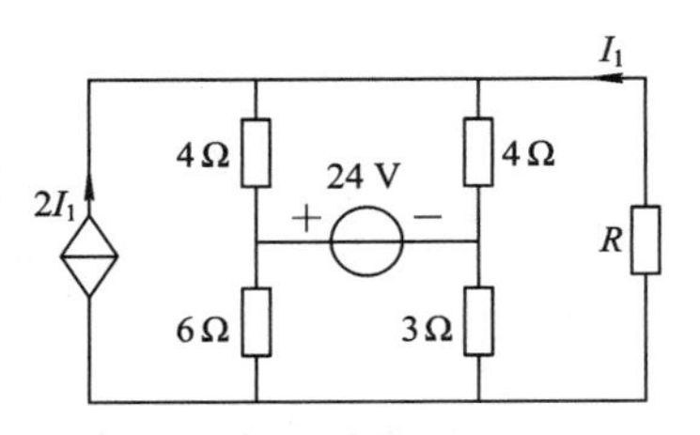

题 17 图

18. (12 分)题 18 图所示正弦稳态电路，已知 $\dot{U}$ 与 $\dot{I}$ 同相，$I=3$ A，电路吸收的平均功率 $P=36$ W，求：

(1) I_1，I_2；

(2) R_2 与 L 串联支路的功率因数 $\cos\theta_L$。

19. (8 分)题 19 图所示(开关 S 位于 1)，已处于稳态，$t=0$ 时，开关 S 闭合到 2，求 $t>0$ 时的电压 $u_C(t)$。

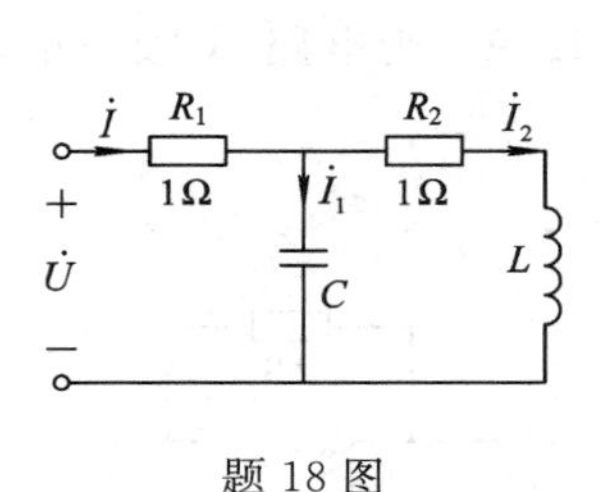

题 18 图

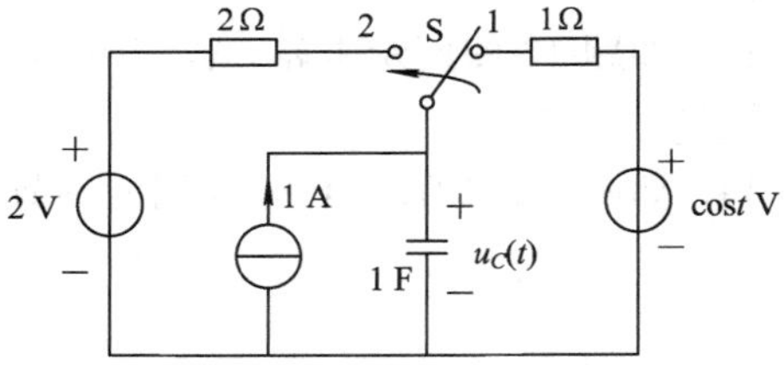

题 19 图

20. (8 分)如题 20 图所示电路，已知：$\dot{U}_s=6e^{j0°}$ V。

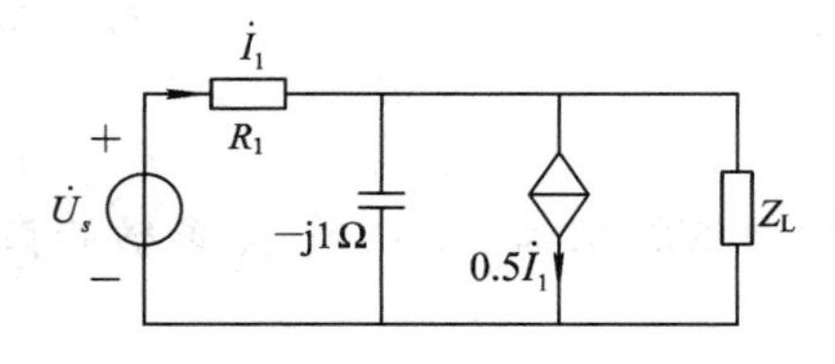

题 20 图

(1) 当 $R_1=0.5\ \Omega$，负载 Z_L 可变，则 Z_L 为多大时其上可获得最大功率？并求出最大功率 P_{Lmax}；

(2) 当 $Z_L=0.5+j0.5\ \Omega$，仅电阻 R_1 可变，则 R_1 为多大时 Z_L 上可获得最大功率？并求出最大功率 P_{Lmax}。

8.2.4 电路期末考试模拟题二参考答案

Ⅰ. 单项选择题

1. (D) 2. (B) 3. (A) 4. (B) 5. (C) 6. (C)

7.（D）　8.（C）　9.（A）　10.（B）

Ⅱ. **填空题**

11. $R_1 = 2\ \Omega$，$R_2 = 4\ \Omega$

12. $i_C(0_+) = -2$ A

13. $P_N = 10$ W

14. $R_{ab} = 0.5\ \Omega$

15. $a_{11} = -2$；$a_{22} = -1 + \mathrm{j}1$

Ⅲ. **计算题**

16. $I = 4.5$ A，$R_1 = 1.6\ \Omega$，$R_2 = 2.4\ \Omega$，$R_3 = 5\ \Omega$

17. $P_R = \frac{1}{4}$ W(解法较多)

18. (1) $I_1 = 3\sqrt{2}$ A，$I_2 = 3\sqrt{3}$ A；

(2) $\cos\theta_L = \sqrt{3}/3$

19. $t<0$ 时，$u_C(t) = 1 + \frac{\sqrt{2}}{2}\cos(t - 45°)$ V

$$u_C(0_+) = 1.5\ \text{V},\ \tau = 2\ \text{s}$$

$$u_C(\infty) = 4\ \text{V}$$

$$u_C(t) = 4 - 2.5\mathrm{e}^{-t/2}\ \text{V} \qquad t>0$$

20. (1) $\dot{U}_{OC} = 3 - \mathrm{j}3$ V，$Z_0 = 0.5 - \mathrm{j}0.5\ \Omega$，$Z_L = 0.5 + \mathrm{j}0.5\ \Omega$ 时，$P_{Lmax} = 9$ W；

(2) $R_1 = 0\ \Omega$ 时，$P_{Lmax} = 36$ W

8.2.5 电路期末考试模拟题三

考试时间为120分钟，满分100分。

Ⅰ. **单项选择题**(每小题3分，共计30分。请将答案前的字母填写在下列表格中。)

题号	1	2	3	4	5	6	7	8	9	10
答案										

1. 题1图所示电路由 A 和 B 两个元件构成，已知电流 $I=1$ A，电压 $U=-6$ V，则(　　)。

(A) A 吸收功率，B 发出功率　　(B) A 发出功率，B 吸收功率

(C) A 发出功率，B 发出功率　　(D) A 吸收功率，B 吸收功率

2. 如题2图所示电路，则电压 U 等于(　　)。

(A) 2 V　　(B) −2 V　　(C) 4 V　　(D) −4 V

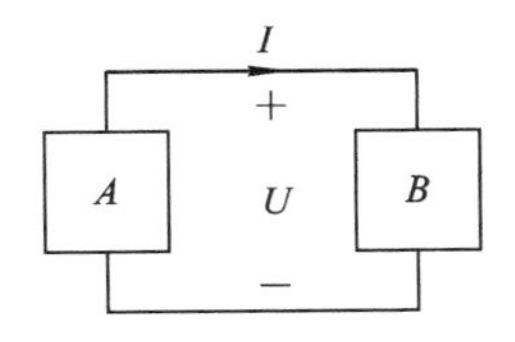

题1图

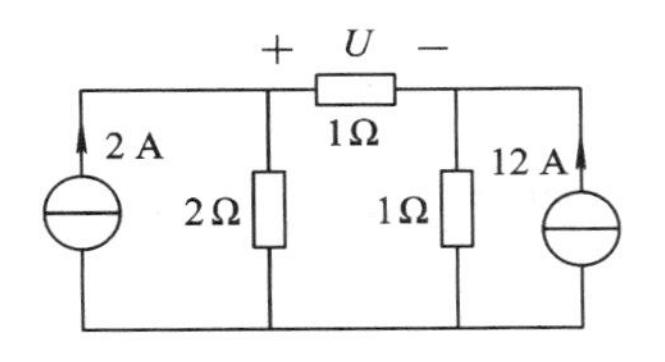

题2图

3. 题3图所示电路，则电流 I 等于(　　)。

(A) 2 A　　(B) 4 A　　(C) 6 A　　(D) 8 A

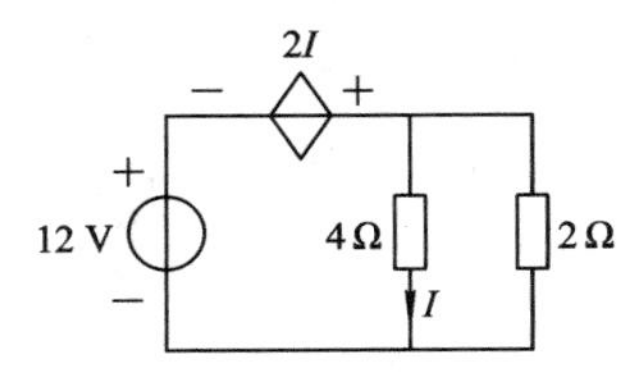

题3图

4. 对于具有 b 条支路，n 个节点的连通电路来说，可以列出线性无关的KCL方程的最大数目是(　　)。

(A) $b-1$　　(B) $b-n+1$　　(C) $n-1$　　(D) $b-n-1$

5. 如题5图所示正弦稳态电路，已知 $i_s(t)=10\cos t$ A，则电流 $i_R(t)$ 的有效值 I_R 为(　　)。

(A) $\sqrt{10}$ A　　(B) $\sqrt{5}$ A　　(C) 1 A　　(D) $3\sqrt{5}$ A

6. 题6图所示含理想变压器的电路，已知 $\dot{I}_s=4\angle 0°$ A，则有效值 I 等于(　　)。

(A) 0.5 A　　(B) 1 A　　(C) 2 A　　(D) 8 A

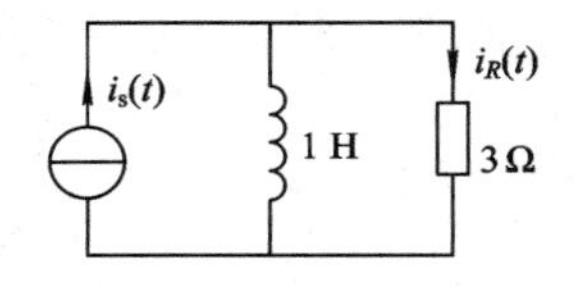

题5图

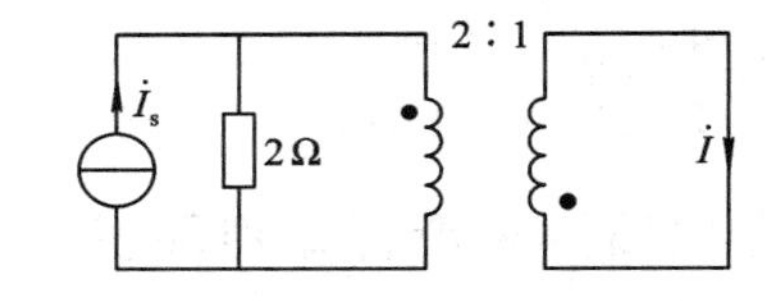

题6图

7. 如题7图所示互感电路，已知 $i_{s1}(t)=e^t$ A，$i_{s2}(t)=2e^t$ A，则电压 $u(t)$ 等于(　　)。

(A) $4e^t$ V　　(B) $5e^t$ V　　(C) $6e^t$ V　　(D) $8e^t$ V

8. 如题8图所示二端口网络 N 的 Y 参数矩阵为：$\boldsymbol{Y}=\begin{bmatrix} j0.5 & j0.5 \\ j0.5 & j0.5 \end{bmatrix}$S，$U_s=10$ V，$R_L=4$ Ω，则负载 R_L 吸收的功率 P_L 为(　　)。

(A) 4 W　　(B) 8 W　　(C) 12 W　　(D) 20 W

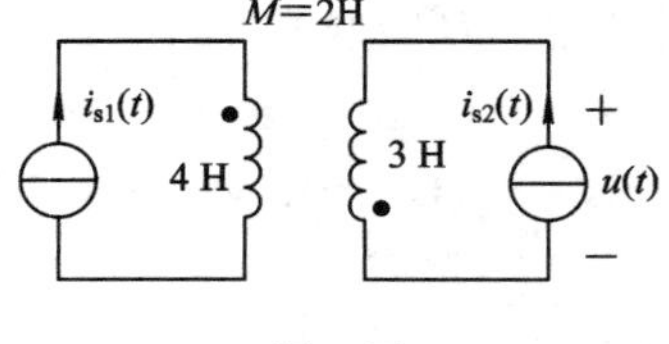

题7图

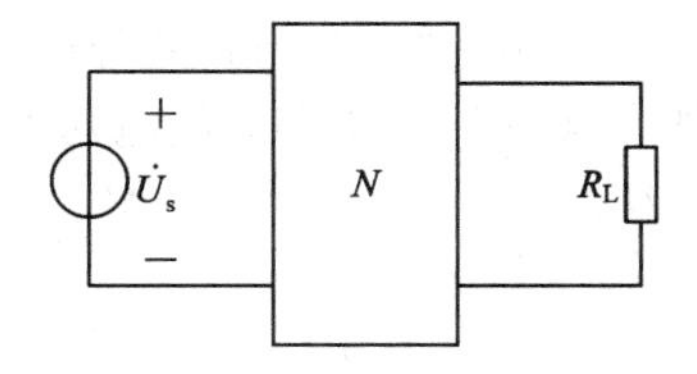

题8图

9. 题9图所示电路已处于稳态，$t=0$ 时开关打开，则 $i(0_+)$ 等于(　　)。

(A) −1 A　　(B) −2 A　　(C) 1 A　　(D) 2 A

10. 如题10图所示谐振电路，已知 $U_s=100$ mV，则谐振时电压 U_C 等于(　　)。

(A) 2 V　　(B) 4 V　　(C) 6 V　　(D) 8 V

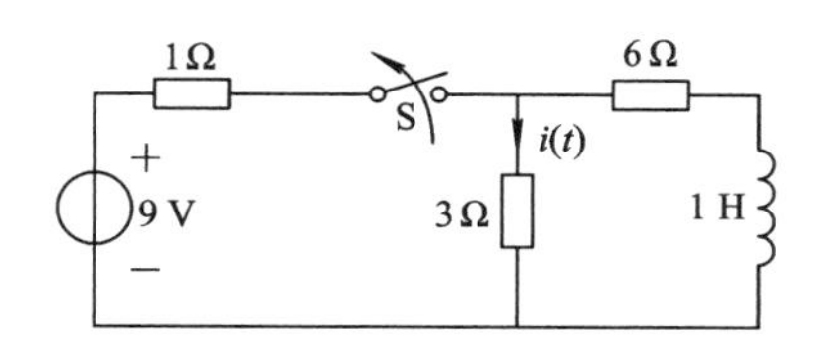

题 9 图

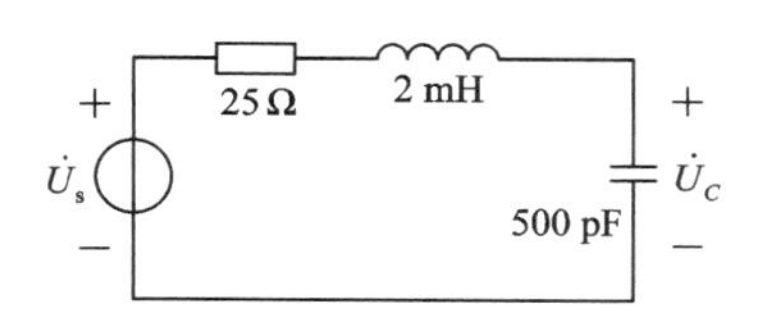

题 10 图

Ⅱ. **填空题**(每小题 4 分，共 20 分。)

11. 题 11 图中，两个串联电容在 $t=0$ 时连接到一个黑盒子两端。已知 $t\geqslant 0$ 时的电流 $i(t)=20\mathrm{e}^{-t}$ A，并且已知 $u_1(0)=4$ V，$u_2(0)=6$ V，则 $t\geqslant 0$ 时的电压 $u(t)=$________ V；存储在串联电容中的初始能量为________ J。

12. 如题 12 图所示电路，若 $\dot{U}_s=5\angle 0°$ V，则两电阻吸收的总功率 P 为________ W。

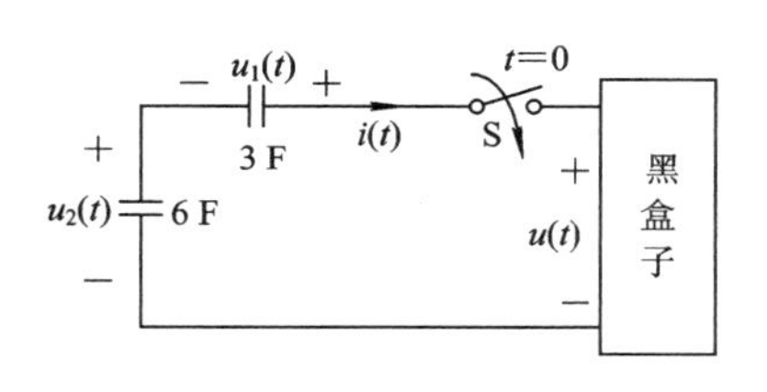

题 11 图

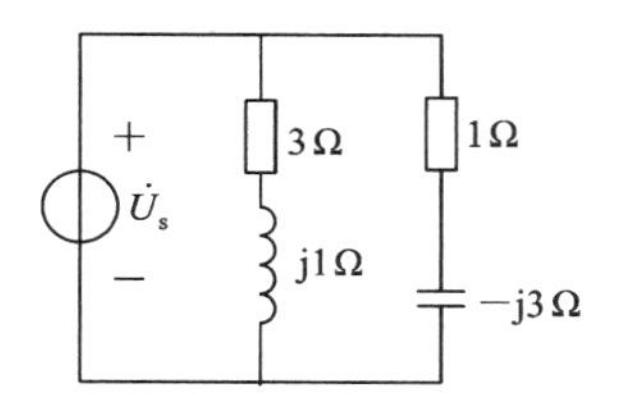

题 12 图

13. 题 13 图所示正弦稳态电路，已知有效值 $I=10$ A，$I_L=8$ A，$I_C=2$ A，则 $I_R=$________ A。

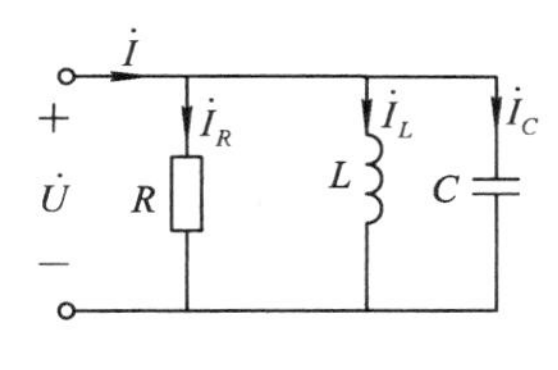

题 13 图

14. 题 14 图所示电路，设节点 a、b、c 的电位分别为 U_a、U_b、U_c，则节点 a 的节点电位方程为________________________。

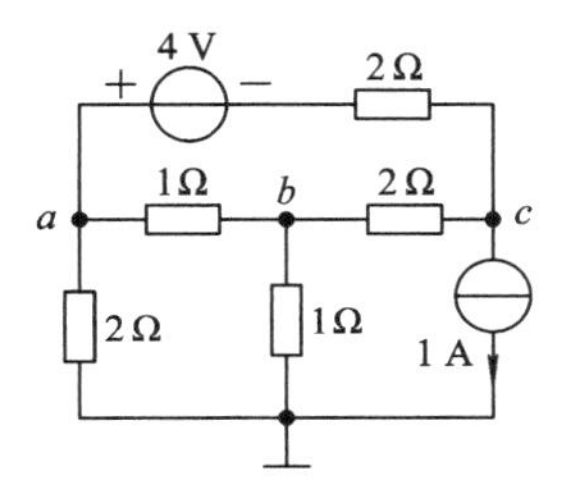

题 14 图

15. 如题 15 图所示二端口电路，其 Z 参数矩阵为__________ Ω。

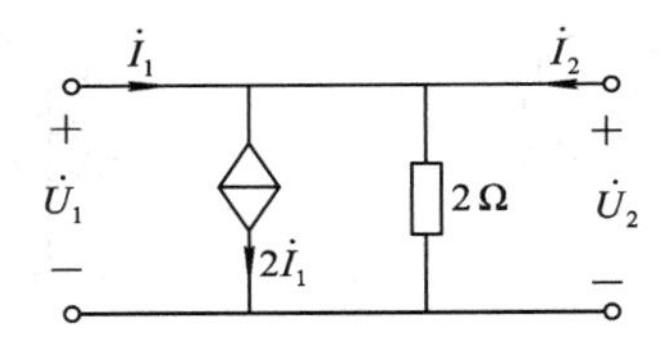

题 15 图

Ⅲ. **计算题**(下面各小题必须写出简要步骤，只有答案不得分。5 小题，共 50 分。)

16. (12 分)调节题 16 图所示电路中的可变电阻 R，使 $I=1$ A。求电阻 R 的值。

17. (12 分)如题 17 图所示电路已处于稳态，$t=0$ 时开关 S 由 a 打向 b，求：

(1) $t \geqslant 0$ 时的电容电压 $u_C(t)$；

(2) 开关 S 在位置 b 后多长时间电容电压等于零？

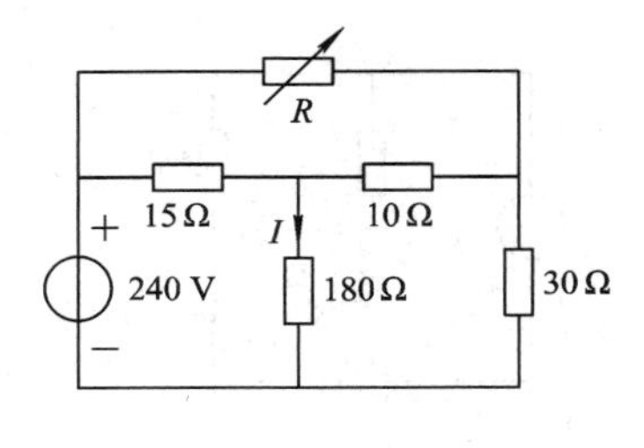

题 16 图

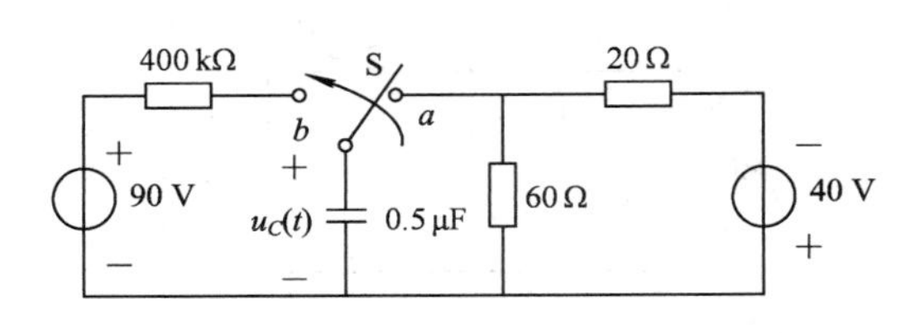

题 17 图

18. (10 分)如题 18 图所示电路，电阻 R_L 可变，R_L 为多大时，其上获得最大功率？此时最大功率 P_{Lmax} 为多少？

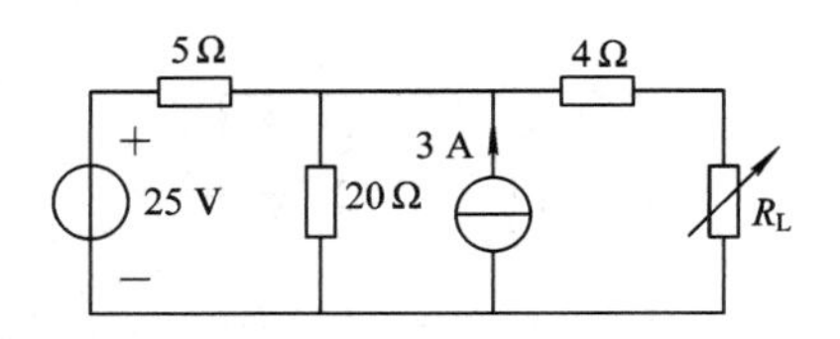

题 18 图

19. (8 分)如题 19 图所示电路，当电阻 $R=2$ Ω 时，$I=4$ A，$I_2=3$ A；问当电阻 $R=5$ Ω 时，$I=?$，$I_2=?$

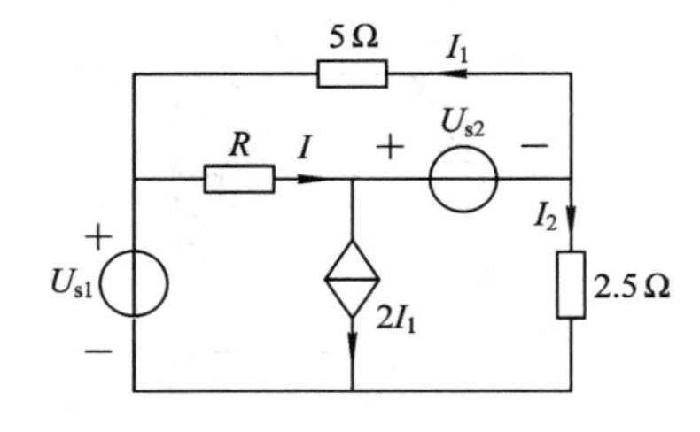

题 19 图

20.（8 分）如题 20 图所示正弦稳态电路中，已知 $U=200$ V，$I=1$ A，电路吸收的平均功率为 $P=120$ W，且 $X_L=250\ \Omega$，$X_C=150\ \Omega$，整个电路呈现电感性，求：

（1）电路的功率因数 $\cos\theta$；

（2）电路的等效阻抗 Z_{ab}；

（3）电路中的阻抗 Z_1。

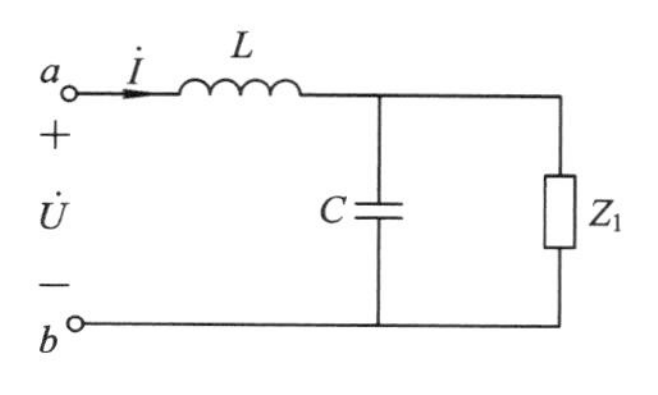

题 20 图

8.2.6　电路期末考试模拟题三参考答案

Ⅰ. 单项选择题

1.（A）　2.（B）　3.（C）　4.（C）　5.（B）

6.（D）　7.（A）　8.（D）　9.（A）　10.（D）

Ⅱ. 填空题

11. $u(t)=10e^{-t}$ V，132 J

12. 10 W

13. 8 A

14. $2U_a-U_b-0.5U_c=2$

15. $\begin{bmatrix}-2 & 2\\-2 & 2\end{bmatrix}\Omega$

Ⅲ. 计算题

16. $R=45\ \Omega$，注意求解方法比较多。

17. （1）$u_C(0_+)=u_C(0_-)=-30$ V，$u_C(\infty)=90$ V，$\tau=R_0C=0.2$ s，

$u_C(t)=90-120e^{-5t}$ V

（2）$t=\frac{1}{5}\ln\frac{4}{3}=57.54$ ms

18. $U_{OC}=32$ V，$R_0=8\ \Omega$，$P_{Lmax}=32$ W

19. 戴维宁等效：$U_{OC}=12$ V，$R_0=1\ \Omega$；$I=2$ A；$I_2=\frac{11}{5}$ A

20. （1）$\cos\theta=\frac{3}{5}$；（2）$Z_{ab}=120+j160\ \Omega$

（3）$Z_1=150+j75\ \Omega$

8.2.7　电路期末考试模拟题四

考试时间为 120 分钟，满分 100 分。

Ⅰ. **单项选择题**(每小题 3 分，共 30 分。请将答案前的字母填写在表格中。)

题号	1	2	3	4	5	6	7	8	9	10
答案										

1. 题 1 图所示电路，电压 u_{ad} 为(　　)。

(A) 2 V　　(B) 5 V　　(C) 10 V　　(D) 15 V

2. 题 2 图所示电路，电压 u 等于(　　)。

(A) −2 V　　(B) 2 V　　(C) −4 V　　(D) 4 V

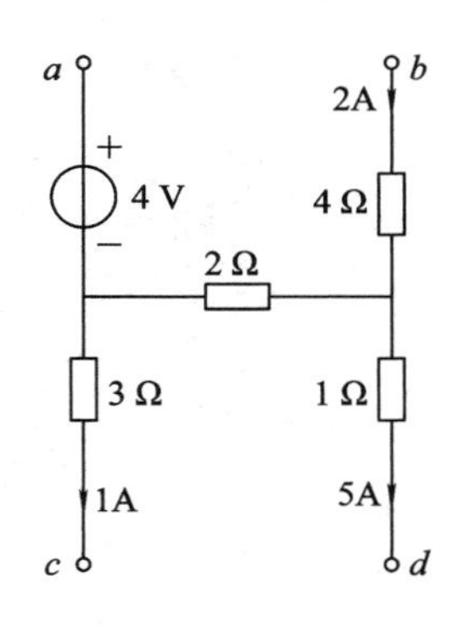

题 1 图

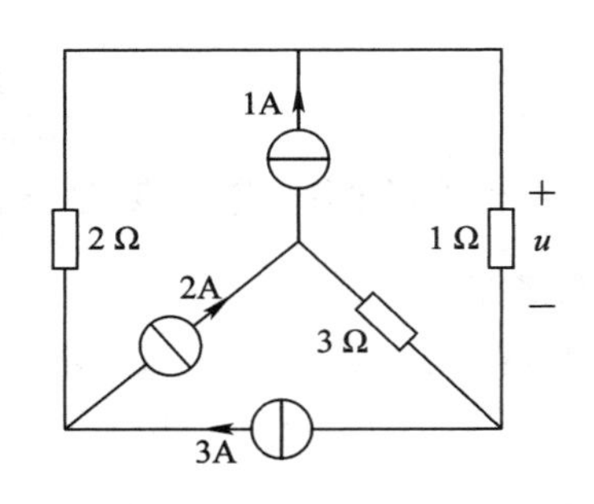

题 2 图

3. 题 3 图中，ab 端的等效电阻 R 等于(　　)。

(A) 1 Ω　　(B) 2 Ω　　(C) 3 Ω　　(D) 4 Ω

4. 题 4 图所示电路，电流 i 等于(　　)。

(A) −2 A　　(B) −1 A　　(C) 1 A　　(D) 2 A

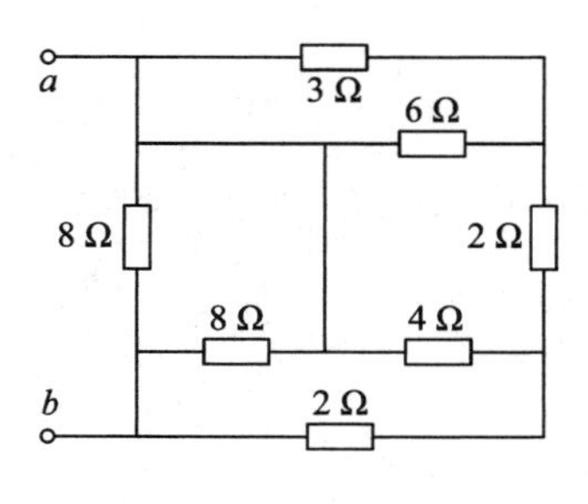

题 3 图

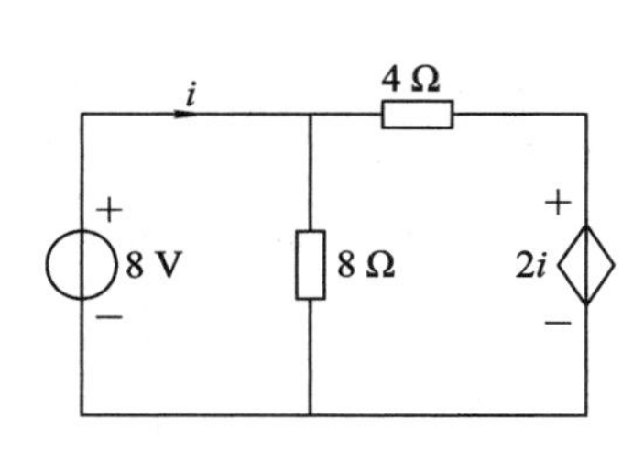

题 4 图

5. 题 5 图所示电路，其时常数 τ 等于(　　)。

(A) 5 s　　(B) 2 s　　(C) 1 s　　(D) 0.5 s

6. 题 6 图所示电路，$R=10\ \Omega$，$X_L=5\ \Omega$，$X_C=5\ \Omega$，若 $\dot{U}_s$ 的初相为零，则 $\dot{I}_R$ 的初相角为(　　)。

(A) 90°　　(B) −90°　　(C) −45°　　(D) 45°

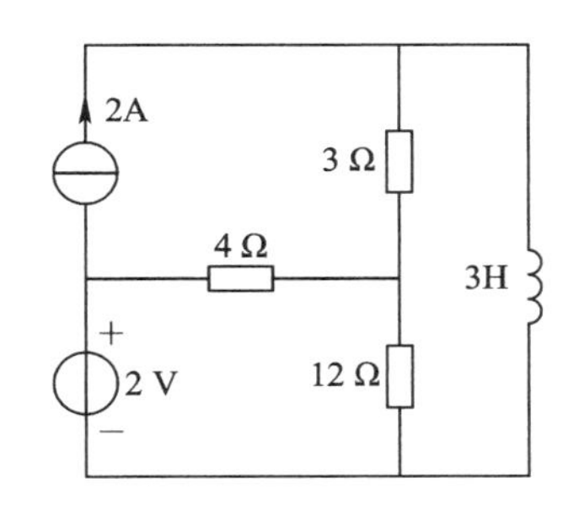

题 5 图

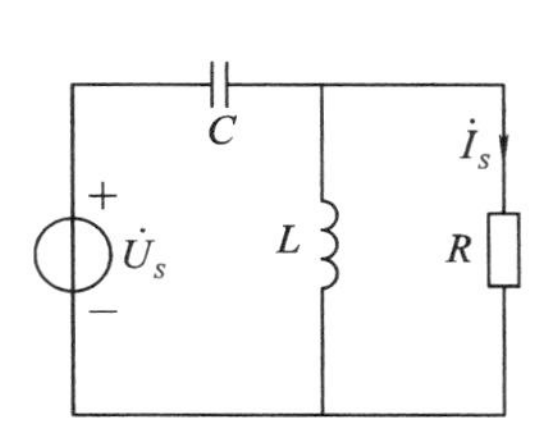

题 6 图

7. 题 7 图所示电路，若 $u(t)=10\cos(\omega t-15^\circ)$V，$i(t)=2\cos(\omega t+45^\circ)$A，则电路 N 吸收的平均功率为(　　)。

(A) 3 W　　(B) 5 W　　(C) 6 W　　(D) 10 W

8. 题 8 图所示电路中，伏特计内阻为无穷大，已知伏特计的读数依次为 15 V、80 V、100 V，则电源 $u_S(t)$的振幅为(　　)。

(A) 20 V　　(B) 25 V　　(C) $20\sqrt{2}$ V　　(D) $25\sqrt{2}$ V

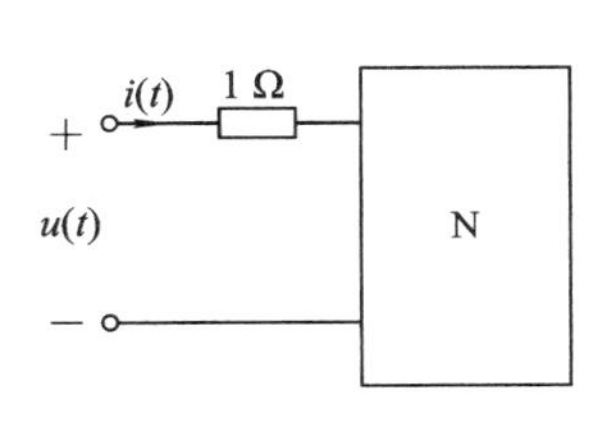

题 7 图

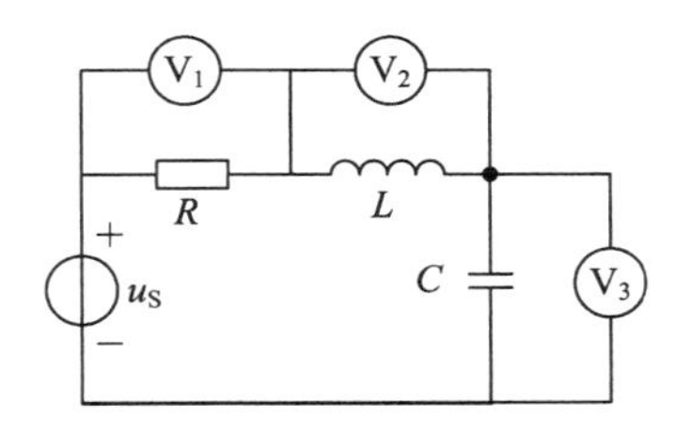

题 8 图

9. 题 9 图电路中，互感 $M=50\ \mu$H，其并联谐振角频率 ω_0 等于(　　)。

(A) 10^6 rad/s　　(B) 2×10^6 rad/s　　(C) 4×10^6 rad/s　　(D) 5×10^6 rad/s

10. 题 10 图所示理想变压器，其 A 参数矩阵为(　　)。

(A) $\begin{bmatrix}-n & 0\\ 0 & -\dfrac{1}{n}\end{bmatrix}$　(B) $\begin{bmatrix}n & 0\\ 0 & \dfrac{1}{n}\end{bmatrix}$　(C) $\begin{bmatrix}-\dfrac{1}{n} & 0\\ 0 & -n\end{bmatrix}$　(D) $\begin{bmatrix}\dfrac{1}{n} & 0\\ 0 & n\end{bmatrix}$

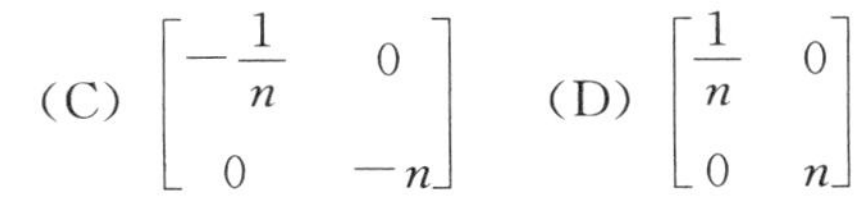

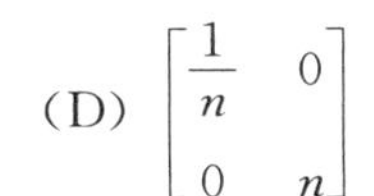

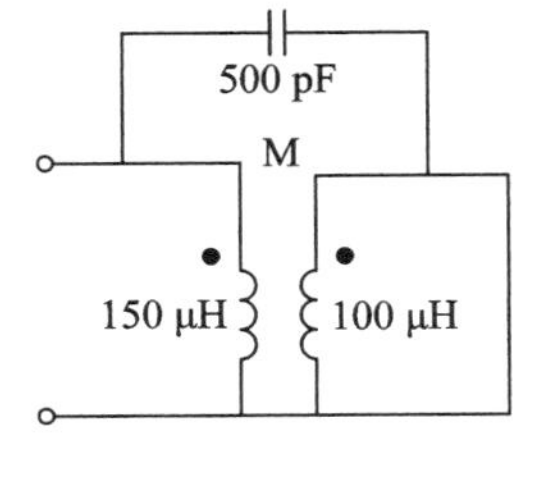

题 9 图

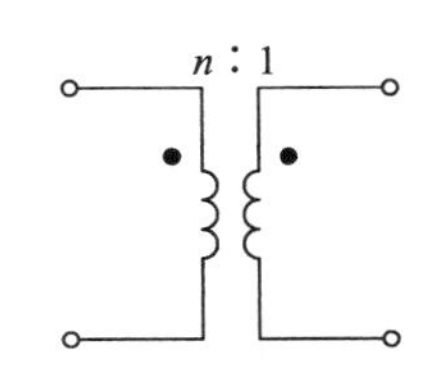

题 10 图

Ⅱ. **填空题**(每小题 4 分，共 20 分。)

11. 题 11 图所示电路，电阻 R 吸收的功率 $P=$________ W。

12. 题 12 图所示电路，原已处于稳态，在 $t=0$ 时开关 S 断开，则 $i_C(0_+)=$______ A。

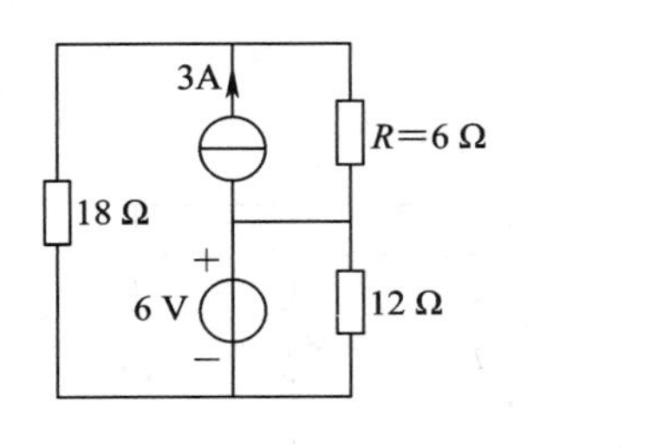

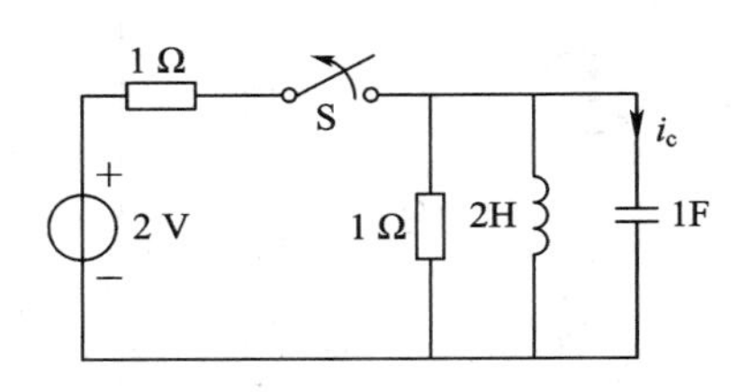

题 11 图　　　　题 12 图

13. 题 13 图所示电路，在其戴维南等效电路中，开路电压 u_{oc}＝________ V；戴维南等效电阻 R_o＝________ Ω。

14. 题 14 图所示电路中，$U=10$ V，$I=5$ A，且 $\dot{I}$ 与 $\dot{U}$ 同相，电源角频率 $\omega=1000$ rad/s，则 R＝________，C＝________。

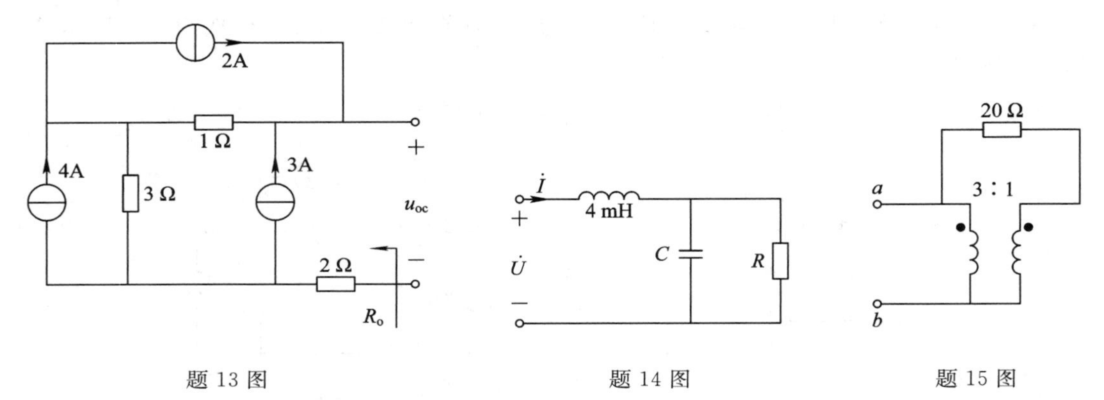

题 13 图　　　　题 14 图　　　　题 15 图

15. 题 15 图所示理想变压器电路，其端口的等效电阻 R_{ab}＝________。

三、计算题(下列各题必须写出简要步骤，只有答案不得分，共 50 分)

16. (10 分)题 16 图所示电路，已知 $U_{ab}=6$ V，求 U_s。

17. (10 分)题 17 图所示电路，$t<0$ 时，电路处于稳态，$t=0$ 时，开关 S 闭合，求 $t>0$ 时，电流 $i(t)$的零状态响应。

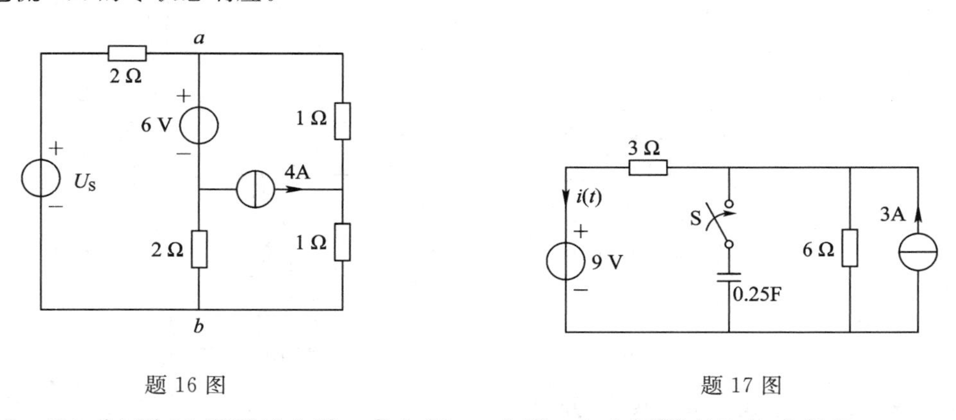

题 16 图　　　　题 17 图

18. (10 分)题 18 图所示电路，求电压 u、电流 i 和电压源产生的功率 P_S。

19. (10 分)题 19 图所示电路中，求电流 $\dot{I}$。

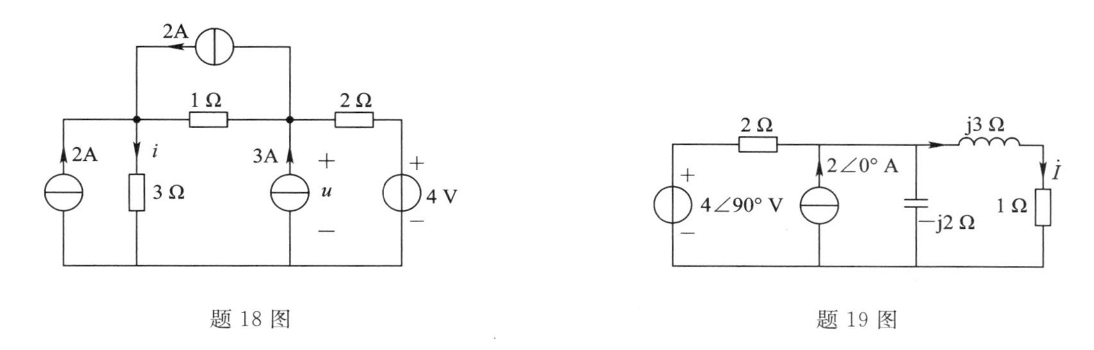

题 18 图　　　　题 19 图

20. (10 分)题 20 图电路中，正弦电压源 $\dot{U}_S=10\angle 0°$ V，试问负载 Z_L 为何值时其上能获得最大功率，最大功率是多少？

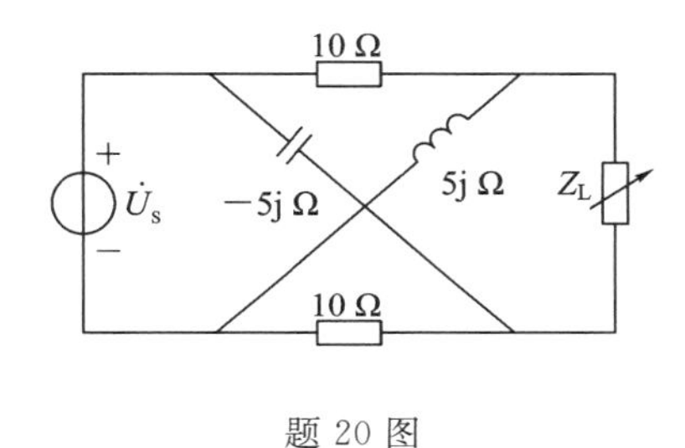

题 20 图

8.2.8　电路期末考试模拟题四参考答案

Ⅰ. 单项选择题

1. (D)　2. (B)　3. (B)　4. (D)　5. (D)

6. (A)　7. (A)　8. (D)　9. (C)　10. (B)

Ⅱ. 填空题

11. 24 W

12. −2 A

13. 26 V，6 Ω

14. 10 Ω，0.2 mF

15. 45 Ω

Ⅲ. 计算题

16. $U_s=16$ V

17. $i_{ZS}(t)=1-4e^{-2t}$ A，$t\geqslant 0$

18. $u=8$ V，$i=3$ A，$P_S=-8$ W

19. $\dot{I}=1-jA$

20. $Z_L=4$ Ω 时，$P_L=P_{Lmax}=9/4$ W

8.2.9　电路期末考试模拟题五

考试时间为 120 分钟，满分 100 分。

Ⅰ. **单项选择题**(请将答案前的字母填写在下例表格中，每小题 3 分，共 30 分。)

题号	1	2	3	4	5	6	7	8	9	10
答案										

1. 题 1 图所示电路，则电流 i 等于(　　)。

(A) 2 A　　(B) −2 A　　(C) −1 A　　(D) 1 A

2. 题 2 图所示电路，则电压 u 等于(　　)。

(A) 8 V　　(B) 6 V　　(C) 4 V　　(D) 2 V

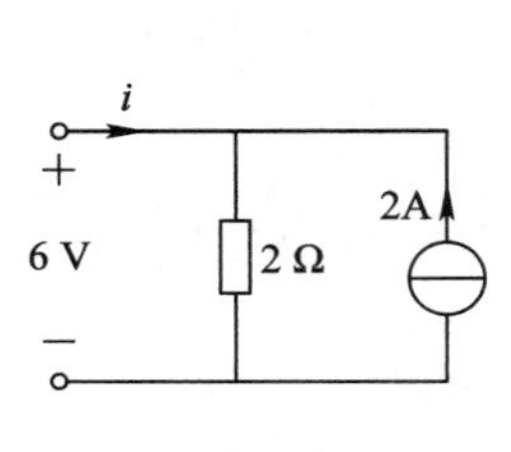

题 1 图

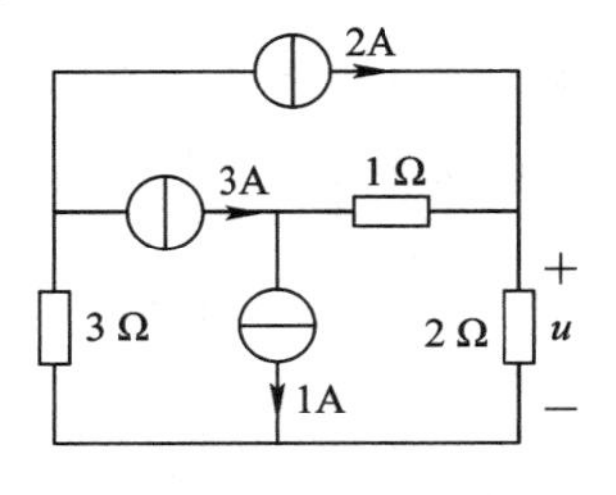

题 2 图

3. 题 3 图所示电路，3 Ω 电阻吸收的功率等于(　　)。

(A) 108 W　　(B) 54 W　　(C) 18 W　　(D) 12 W

4. 题 4 图所示电路，电流源产生的功率等于(　　)。

(A) −9 W　　(B) −6 W　　(C) 9 W　　(D) 6 W

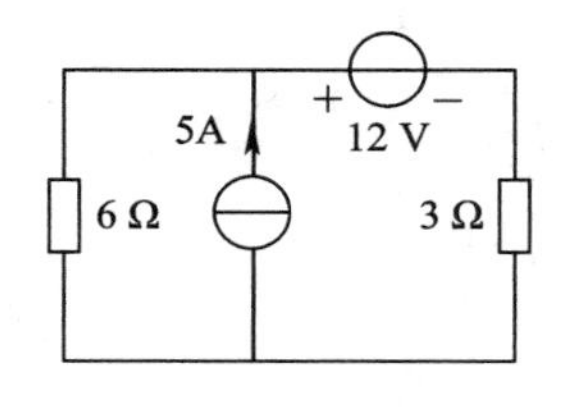

题 3 图

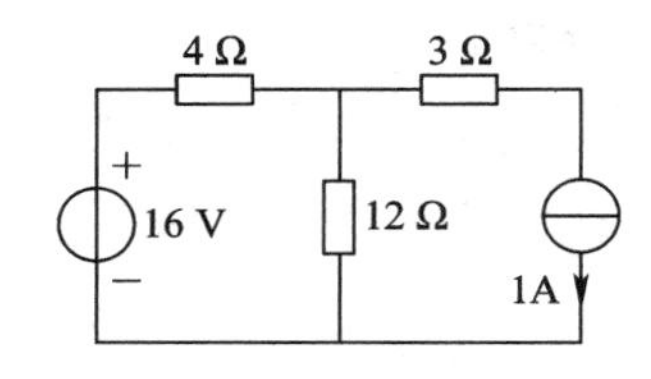

题 4 图

5. 题 5 图所示电路，电压 u 等于(　　)。

(A) 8 V　　(B) 12 V　　(C) 16 V　　(D) 20 V

6. 题 6 图所示电路，其时常数 τ 等于(　　)。

(A) 0.2 s　　(B) 0.5 s　　(C) 1 s　　(D) 2 s

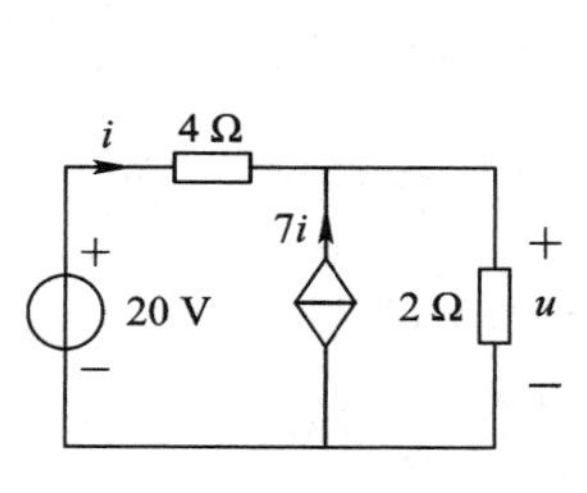

题 5 图

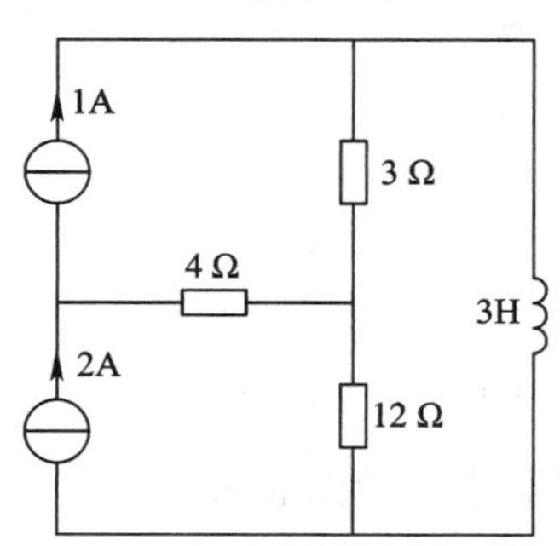

题 6 图

7. 题7图所示正弦稳态电路中，L_1 接通频率为500 Hz的正弦电源时，电流表 A 的读数为1 A，电压表V的读数为31.4 V，则两线圈的互感 M 为(　　)。

(A) 0.1H　　(B) 0.2H　　(C) 0.01H　　(D) 0.02H

8. 题8图所示理想变压器电路，$\dot{I}_S=6\angle 0°$A，则 I 等于(　　)。

(A) 2 A　　(B) 3 A　　(C) 6 A　　(D) 12 A

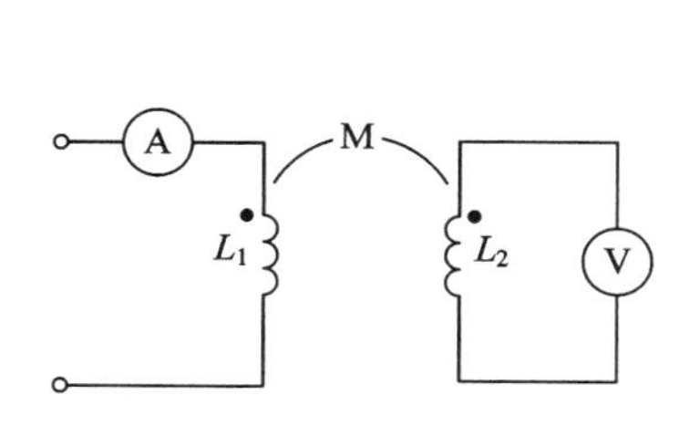

题7图

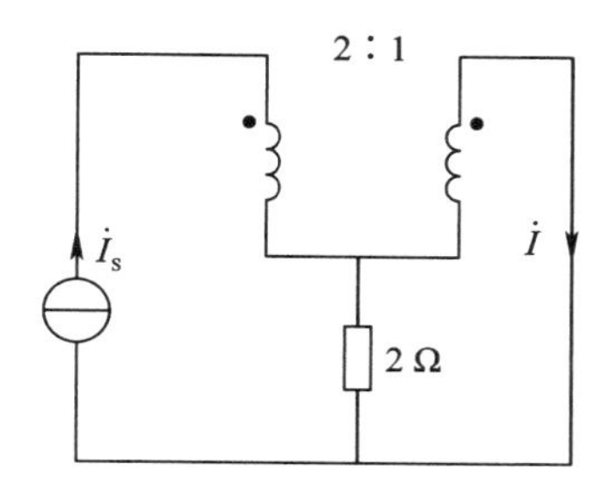

题8图

9. 题9图电路中，其谐振频率为 f_0，如果电源频率 $f>f_0$，则电流 $\dot{I}$(　　)。

(A) 超前 $\dot{U}_S$　　(B) 滞后 $\dot{U}_S$　　(C) 不变　　(D) 无法判断

10. 题10图所示电路，$U=10$ V，则电路吸收的平均功率 P 等于(　　)。

(A) 20 W　　(B) 16 W　　(C) 10 W　　(D) 8 W

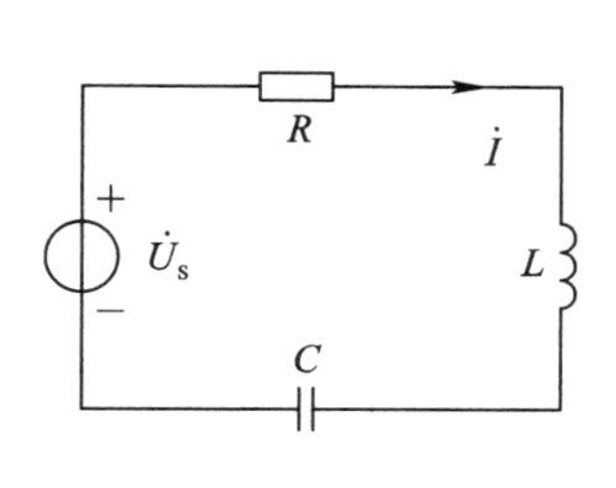

题9图

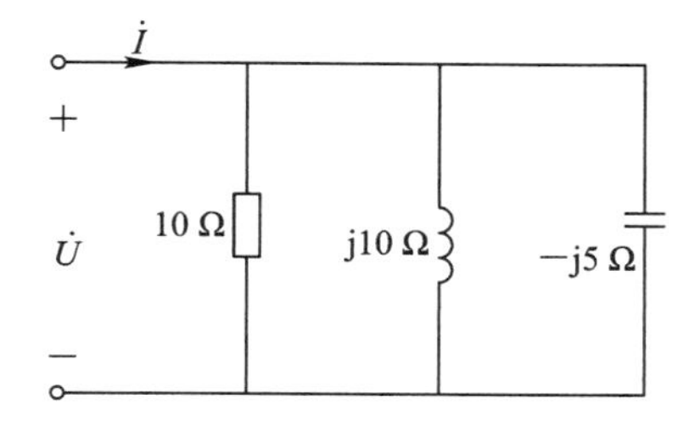

题10图

Ⅱ. **填空题**(每小题4分，共20分。)

11. 题11图所示电路，电流 $i=$______ A。

12. 题12图所示电路，已知 $u_C(t)=4-e^{-2t}$V，$t\geqslant 0$，则 $t\geqslant 0$ 时 $i(t)=$________ A。

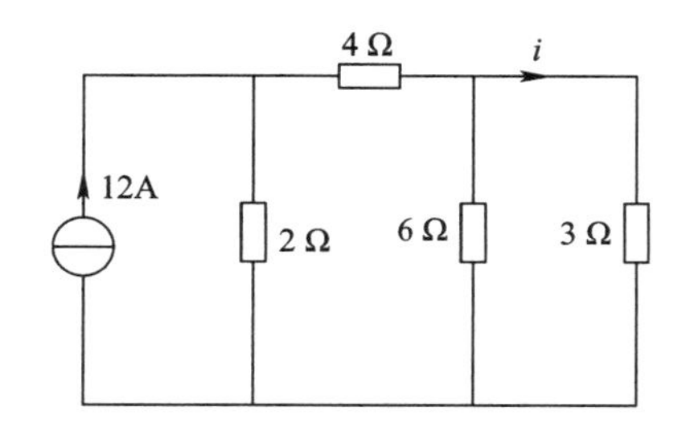

题11图

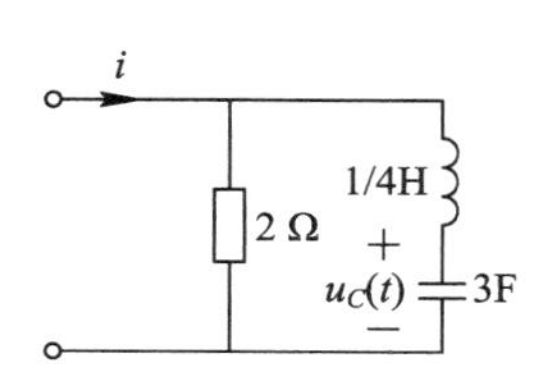

题12图

13. 题 13 图所示电路，已知 $\dot{U}_S=10\angle0°$V，在其 ab 端的戴维南等效电路中，开路电压 $\dot{U}_{OC}=$________ V，和戴维南等效阻抗 $Z_o=$________ Ω。

14. 题 14 图所示电路，$U=50$ V，$I=4$ A，且 $\dot{U}$ 与 $\dot{I}$ 同相，角频率 $\omega=2000$ rad/s，则 $R=$________ Ω；$L=$________ H。

15. 题 15 图所示二端口电路，N_a 的 Z 参数矩阵 $Z_{Na}=\begin{bmatrix}4 & 2\\2 & 3\end{bmatrix}$Ω，则复合网络 Z 参数矩阵=________ Ω。

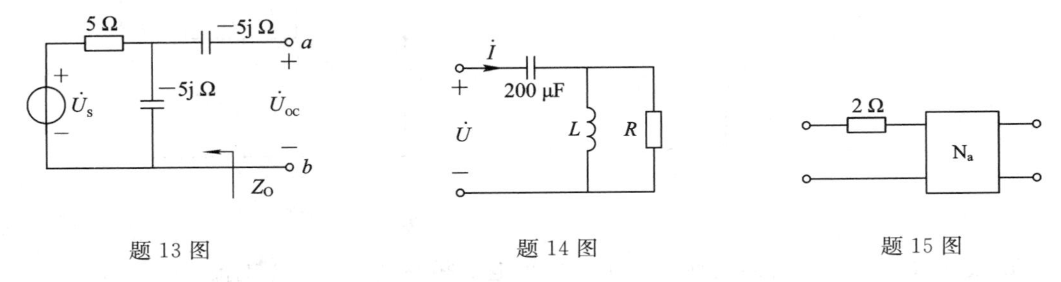

题 13 图　　题 14 图　　题 15 图

Ⅲ. **计算题**(下列各题必须写出简要步骤，只有答案不得分，5 小题，共 50 分。)

16. (10 分)题 16 图所示电路，求图中电阻 R 和电流 I。

17. (10 分)题 17 图所示电路，$t<0$ 时，电路处于稳态。$t=0$ 时，开关 S 闭合，求 $t>0$ 时，电感电流 $i_L(t)$。

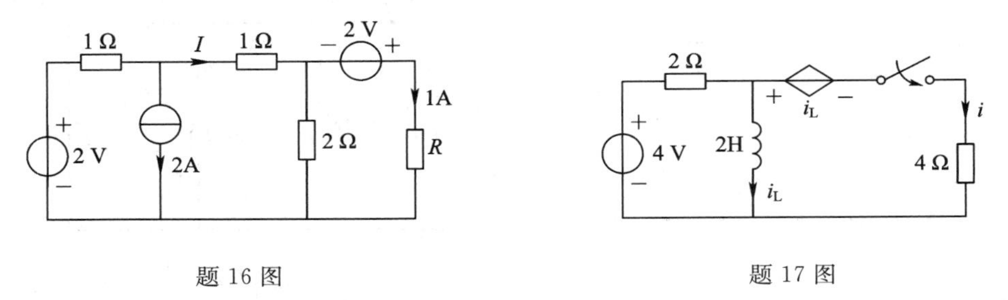

题 16 图　　题 17 图

18. (10 分)题 18 图所示正弦稳态电路中，$R=10$ Ω，$X_L=8$ Ω，且 $U_S=U_R$。求 X_C 的值。

19. (10 分)题 19 图所示正弦稳态电路中，电压源 $\dot{I}_S=4\angle0°$ A，负载 Z_L 可变，求当 Z_L 为多大时，其上能获最大功率，该最大功率是多少？

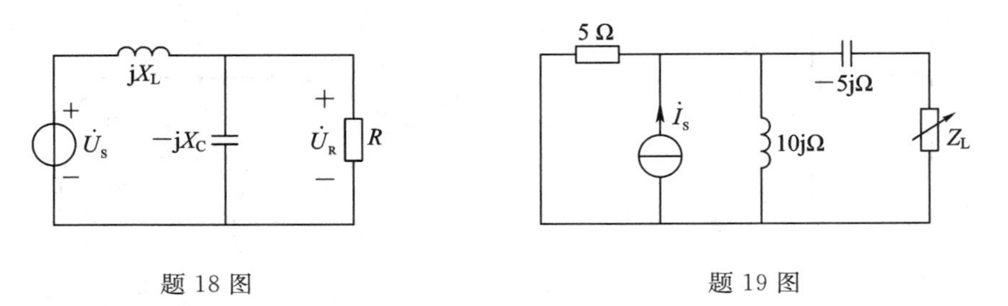

题 18 图　　题 19 图

20.（10 分）题 20 图所示电路中，N_S 为含源线性电阻电路。开关 S_1、S_2 均断开时，电压表的读数为 6 V；当开关 S_1 闭合 S_2 打开时，电压表读数为 4 V。求当开关 S_1 打开 S_2 闭合时电压表的读数。

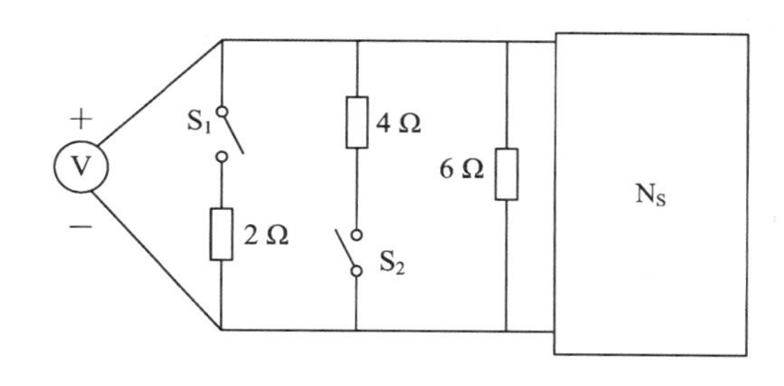

题 20 图

8.2.10　电路期末考试模拟题五参考答案

Ⅰ. **单项选择题**

1.（D）　2.（A）　3.（D）　4.（B）　5.（C）

6.（A）　7.（C）　8.（D）　9.（B）　10.（C）

Ⅱ. **填空题**

11. 2

12. $2+4e^{-2t}$

13. $5\sqrt{2}\angle -45°$，$2.5-7.5j$

14. 13 Ω；3250 mH

15. $\begin{bmatrix} 6 & 2 \\ 2 & 3 \end{bmatrix}$

Ⅲ. **计算题**

16. 1 Ω，0.5 A

17. $i_L(t)=\dfrac{8}{3}-\dfrac{2}{3}e^{-0.5t}$，$t\geqslant 0$

18. 5 Ω 或 20 Ω

19. $Z_L=4+3j\Omega$ 时，$P_L=P_{Lmax}=20$ W

20. 4.8 V

8.2.11　电路期末考试模拟题六

考试时间为 120 分钟，满分 100 分。

Ⅰ. **单项选择题**(每小题 3 分，共 30 分。请将答案前的字母填写在表格中。)

题号	1	2	3	4	5	6	7	8	9	10
答案										

1. 如题 1 图所示电路，电流 I 等于(　　)。

(A) 1 A (B) 2 A (C) 3 A (D) 4 A

2. 如题 2 图所示电路，电压 U 等于(　　)。

(A) 2 V (B) 4 V (C) 6 V (D) −6 V

3. 如题 3 图所示电路，为使 R_L 获得最大功率，则 R_L 等于(　　)。

(A) 4 Ω (B) 5 Ω (C) 6 Ω (D) 16/3 Ω

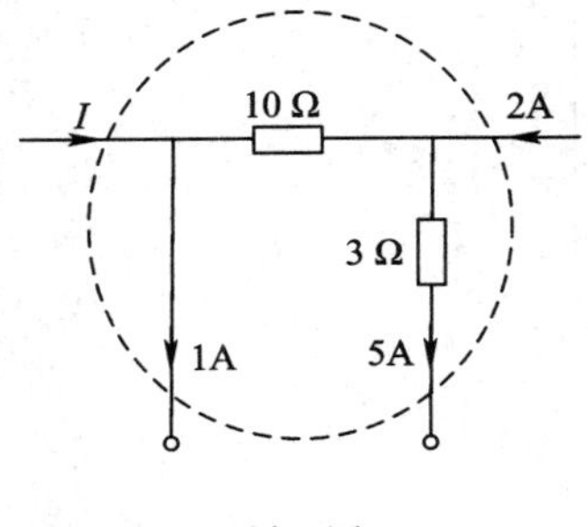

题 1 图

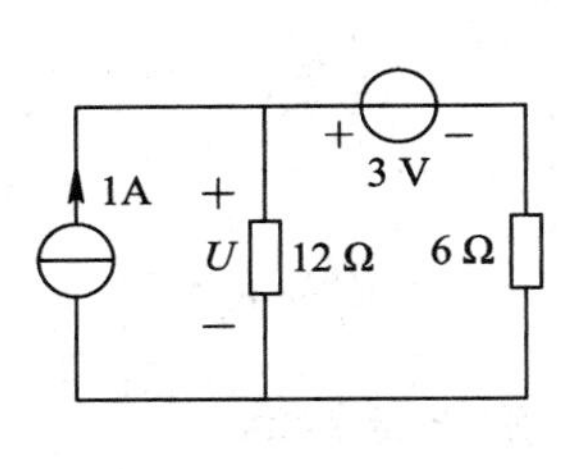

题 2 图

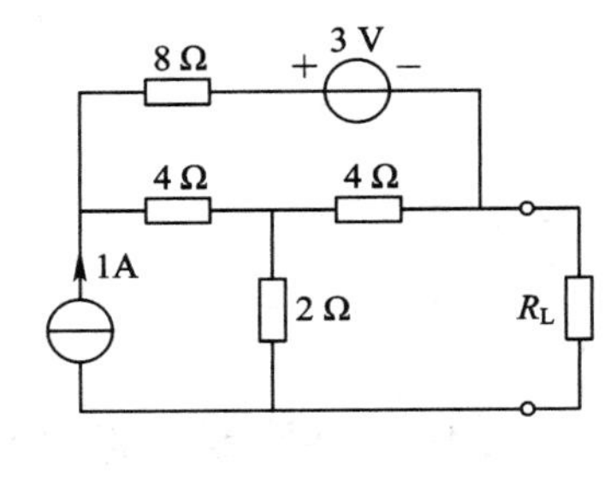

题 3 图

4. 工程上认为，$R=25\ \Omega$、$L=50$ mH 的串联 RL 电路中，发生暂态过程时将持续(　　)。

(A) 30～50 ms (B) 3.75～6.25 s (C) 6～10 ms (D) ∞

5. 功率为 40 W，功率因数为 0.5 的日光灯(感性负载)和功率为 60 W 的白炽灯(纯阻性负载)各 1 只，并联于 220 V、50 Hz 的正弦交流电源上，总功率因数(　　)。

(A) 大于 0.5 (B) 等于 0.5 (C) 小于 0.5 (D) 不确定

6. 如题 6 图所示电路，开路电压 U_{OC} 等于(　　)。

(A) −3 V (B) 3 V (C) 2 V (D) −1 V

7. 如题 7 图所示电路，$t<0$ 开关 S 打开，电路已处于稳态；$t=0$ 时，开关 S 闭合，则 $i_C(0_+)$ 等于(　　)。

(A) −2 A (B) 2 A (C)0 A (D) 1 A

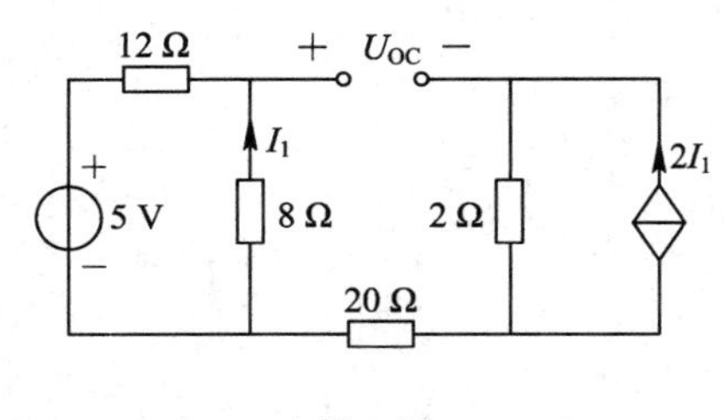

题 6 图

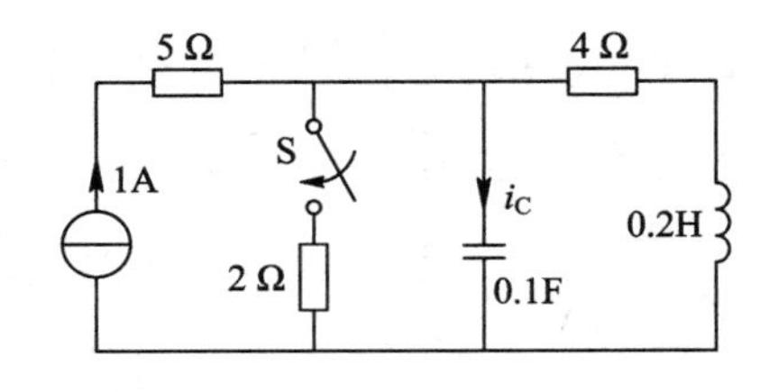

题 7 图

8. 两个互感线圈顺、反向串联时等效电感分别为 $L_{顺}$ 和 $L_{反}$，则互感 M 可表示为(　　)。

(A) $\dfrac{L_{顺}-L_{反}}{4}$ (B) $\dfrac{L_{顺}+L_{反}}{4}$ (C) $\dfrac{L_{顺}-L_{反}}{2}$ (D) $\dfrac{L_{顺}+L_{反}}{2}$

9. RLC 串联电路处于谐振状态，当电源频率升高时，电路将呈现出(　　)。

(A) 电阻性 (B) 电感性 (C) 电容性 (D) 无法预测

10. 如题 10 图所示电路中，放大器的输出电阻为 800 Ω，为了给一个 8 Ω 的扬声器提供最大功率，匹配的理想变压器的匝数比应为(　　)。

(A) 100∶1　　(B) 1∶100　　(C) 10∶1　　(D) 1∶10

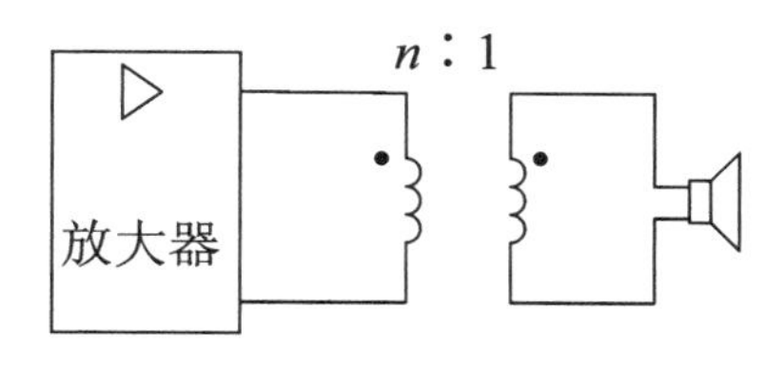

题10图

Ⅱ. **填空题**(每题4分，共20分。)

11. 在电路中有许多电路元件成对偶关系，例如电阻 R 与电导 G，那么对于电容 C 的对偶元件是________；KCL的对偶定律是________。

12. 已知某一电容 $C=4$ F，端电压 $u_C=3$ V，该电容此刻所储存的电场能为______ J。

13. 如题13图所示电路中，$R=X_L=X_C$，并已知安培表 A_1 的读数为3 A，则安培表 A_2 的读数为________ A，安培表 A_3 的读数为________ A。

14. 如题14图所示谐振电路，谐振频率 $\omega_0=$______ rad/s，特性阻抗 $\rho=$______ Ω。

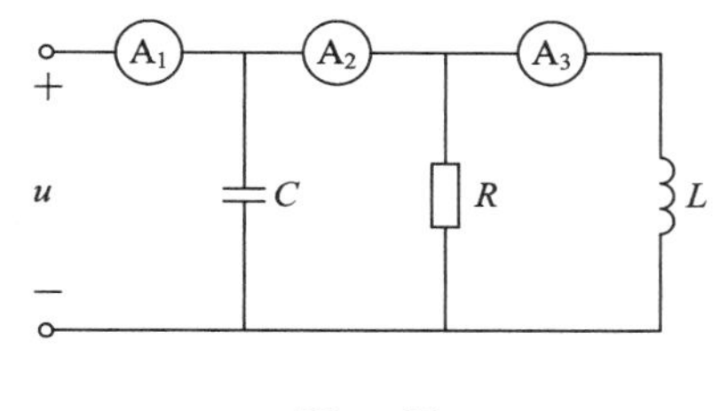

题13图

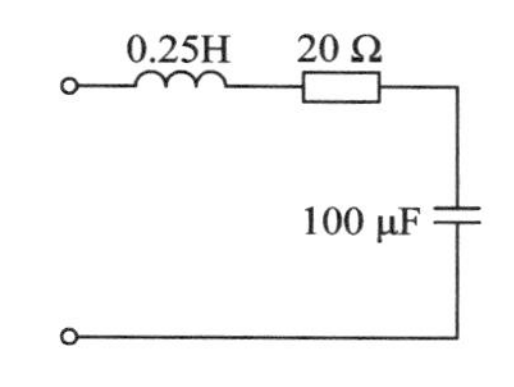

题14图

15. 已知 RL 并联电路在 $f_1=50$ Hz时，等效导纳 $Y_1=(1-j8)$S；当外加输入电源频率变为 $f_2=200$ Hz时，该 RL 并联电路的等效阻抗 $Z_2=$________ Ω。

Ⅲ. **计算题**(共5小题，每小题10分，共50分)

16. 已知某单口网络的端口 $u-i$ 特性曲线如题16图所示，请分别画出该单口网络的戴维南等效电路和诺顿等效电路。

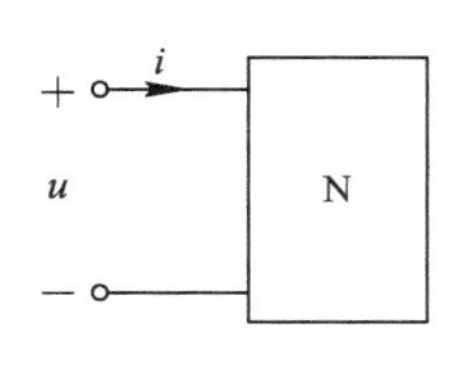

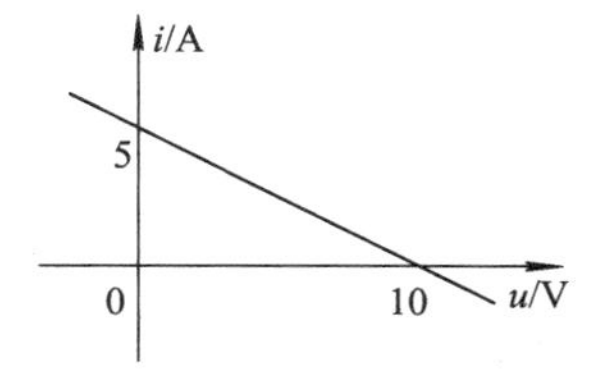

题16图

17. 如题17图所示电路，原已处于稳态。在 $t=0$ 时，受控源控制系数 r 突然由10 Ω变为5 Ω，求 $t\geqslant 0$ 时的电压 $u_C(t)$，并绘制其波形。

18. 如题18图所示电路，已知 $u_S(t)=10+10\cos t$ V，$i_S(t)=5+5\cos 2t$ A，求 $u(t)$。

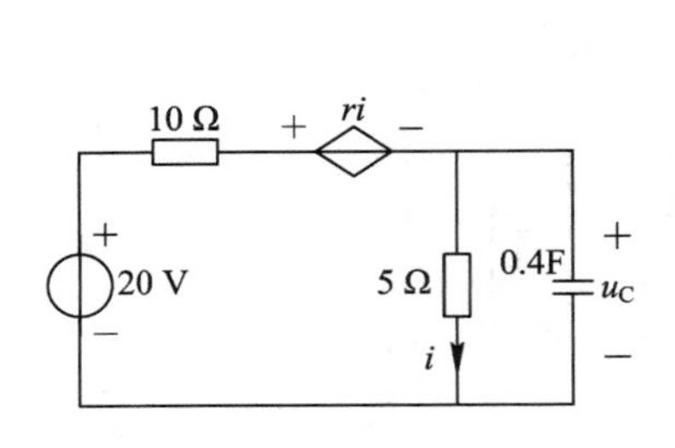

题 17 图

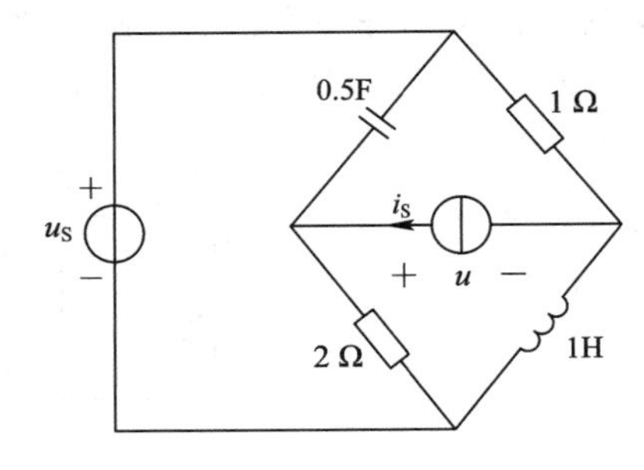

题 18 图

19. 如题 19 图所示正弦稳态电路相量模型，已知 $\dot{I}_S=2\angle 0°$A，试分别计算以下两种情况下，负载 Z_L 获得最大功率时的阻抗值及负载吸收的功率。

(1) 负载 $Z_L=R_L+jX_L$ 可任意调整；

(2) 负载 $Z_L=R_L$ 为纯电阻。

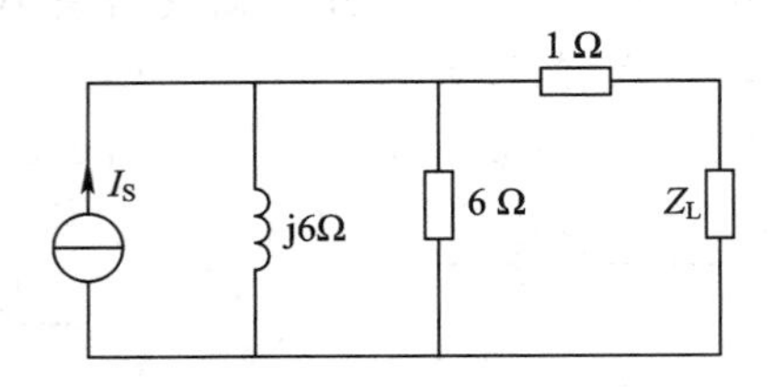

题 19 图

20. 如题 20 图所示二端口电路，试计算：

(1) 图(a)所示双口网络的 Z 参数矩阵；

(2) 图(b)所示双口网络的 Y 参数矩阵；

(3) 图(c)所示双口网络的 A 参数矩阵。

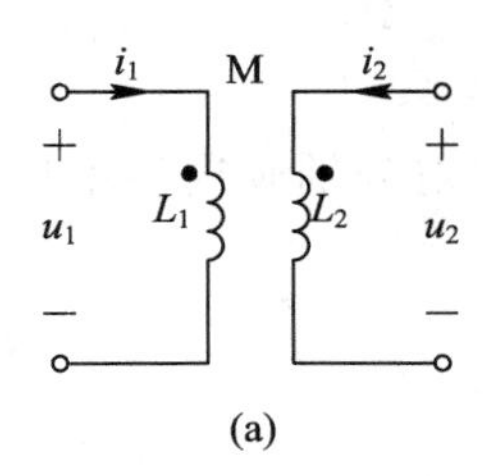

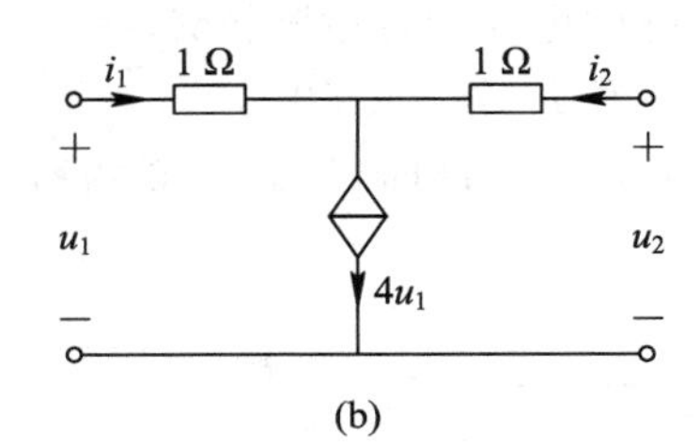

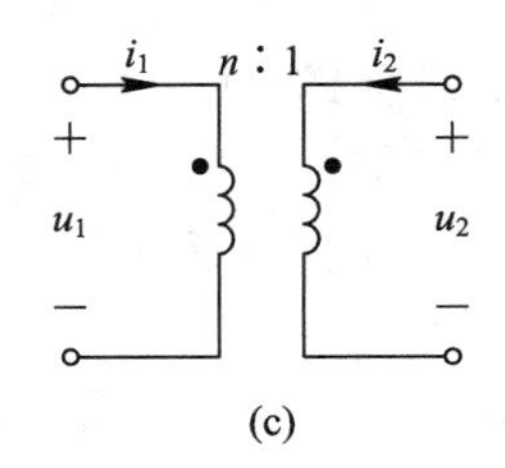

题 20 图

8.2.12 电路期末考试模拟题六参考答案

Ⅰ. 单项选择题

1. (D)　2. (C)　3. (B)　4. (C)　5. (A)

6. (B)　7. (A)　8. (A)　9. (B)　10. (C)

Ⅱ. 填空题

11. 电感，KVL

12. 18

13. $3\sqrt{2}$，3

14. 200；50 mH

15. 0.2+0.4j

Ⅲ. **计算题**

16.

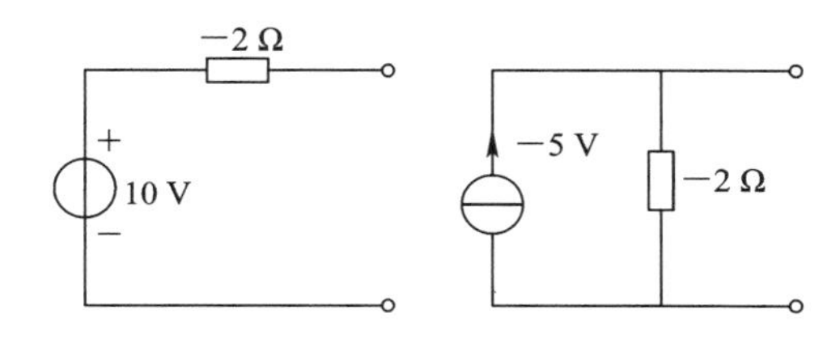

题 16 解图

17. $u_C(t)=5-e^{-t}$ V，$t\geqslant 0$

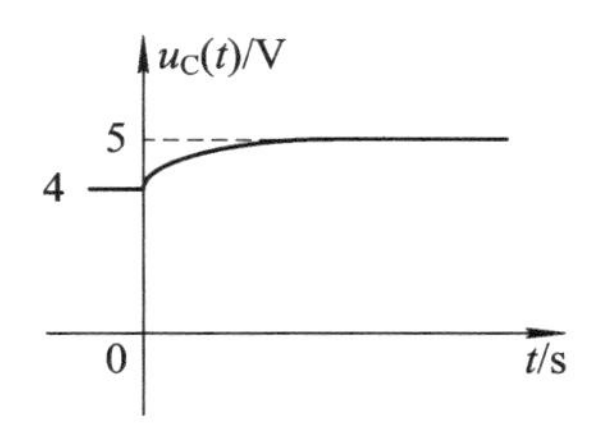

题 17 解图

18. $u(t)=10+2\sqrt{10}\cos(2t-\arctan\frac{1}{3})$

19. $Z_L=4-3j\Omega$ 时，$P_L=P_{Lmax}=4.5$ W

20. $\boldsymbol{Z}=\begin{bmatrix} j\omega L_1 & j\omega M \\ j\omega M & j\omega L_2 \end{bmatrix}$；$\boldsymbol{Y}=\begin{bmatrix} 2.5 & -0.5 \\ 1.5 & 0.5 \end{bmatrix}$；$\boldsymbol{A}=\begin{bmatrix} n & 0 \\ 0 & \frac{1}{n} \end{bmatrix}$

8.3　硕士研究生入学考试模拟题

8.3.1　硕士研究生入学考试电路部分模拟题一

满分 75 分。

Ⅰ. **选择题**(共 4 小题，每小题 4 分，共 16 分。说明：每小题给出四个答案，其中只有一个是正确的，请将正确答案的标号(A 或 B 或 C 或 D)选择出写在答题纸上。例如，Ⅰ. 选择题：1. <u>…</u>，2. <u>…</u>，…)

1. 如题 1 图所示电路，10 V 电压源产生功率等于(　　)。

(A) 1 W　　(B) 3 W　　(C) 4 W　　(D) 6 W

2. 题 2 图所示电路，$t<0$ 时已处于稳态，$t=0$ 时开关 S 打开，则 $i_C(0_+)$为(　　)。

(A) −2 A　　(B) −1 A　　(C) 1 A　　(D) 2 A

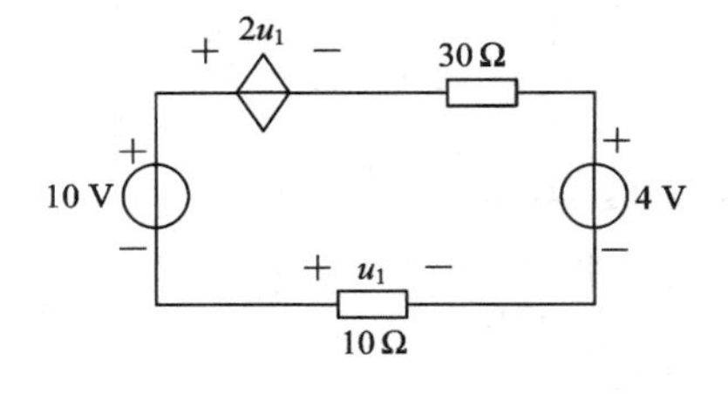

题 1 图

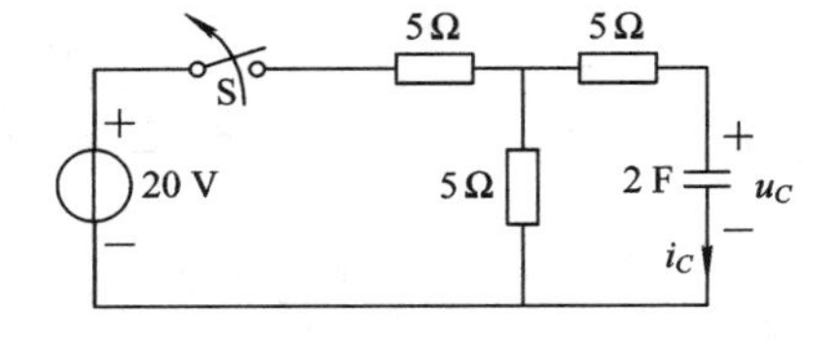

题 2 图

3. 如题 3 图所示含理想变压器电路，求 ab 端的等效电阻为(　　)。

(A) 0.5 Ω　　(B) 2/3 Ω　　(C) 1/8 Ω　　(D) 1 Ω

4. 题 4 图所示电路，开关 S 在 $t=0$ 时合上，电路具有初始状态，则响应 $u_C(t)$属于(　　)。

(A) 非振荡情况　(B) 等幅振荡　　(C) 衰减振荡　　(D) 发散振荡

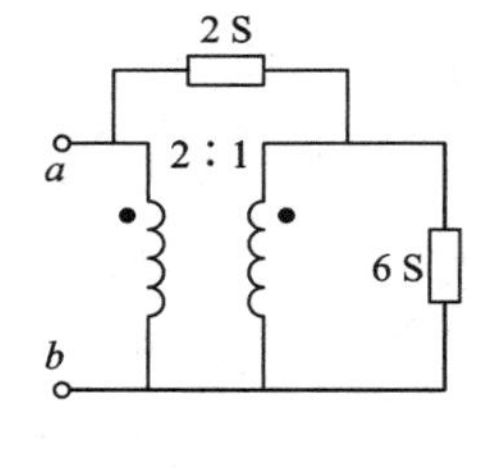

题 3 图

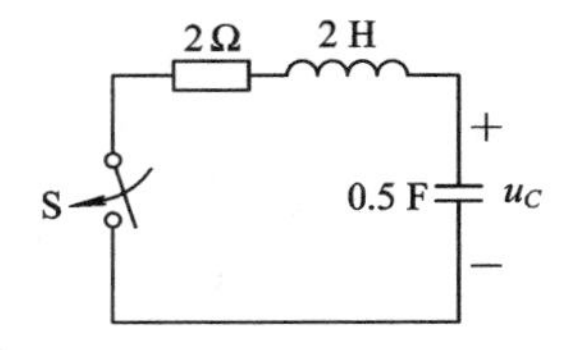

题 4 图

Ⅱ. **填空题**(共 4 小题，每小题 5 分，共 20 分。说明：解答本大题中各小题不要求写出解答过程，只将算得的正确答案写在答题纸上。例如，Ⅱ、填空题：5. …，6. …，…)

5. 如题 5 图所示电路，求电压 U 和电流 I。

6. 题 6 图所示二端电路，已知 $u(t)=10\cos(2t+30°)$ V，$i(t)=2\cos(2t-30°)$ A，求 N 的阻抗和消耗的平均功率。

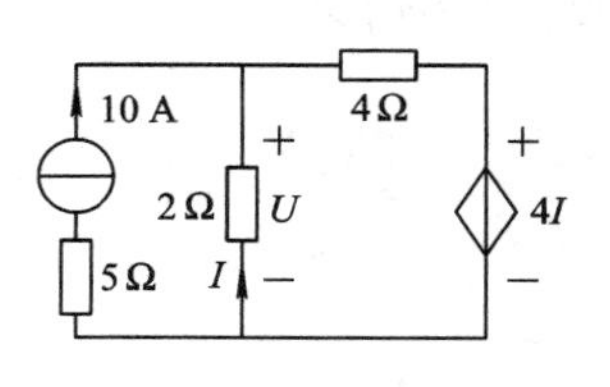

题 5 图

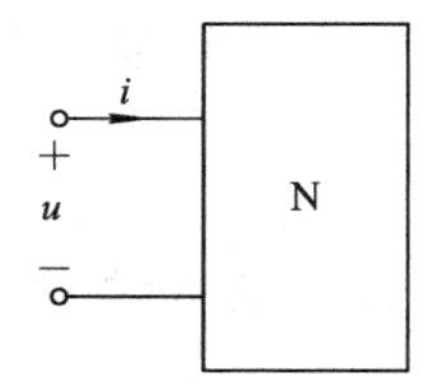

题 6 图

7. 题 7 图所示电路为两个充电电路，C_1 和 C_2 原来没有储能，充电完毕后，R_1 和 R_2 吸收的能量相等，则 C_1 和 C_2 满足什么关系？

8. 二端口电路如题 8 图所示，求其 Z 参数。

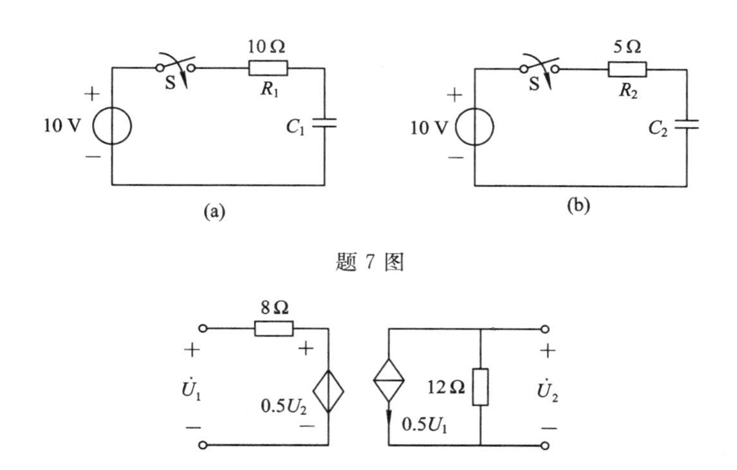

题 7 图

题 8 图

Ⅲ. **计算题**(共 4 小题，共 39 分。说明：解答本大题中各小题，请写在答题纸上，并写清楚概念性步骤，只有答案得 0 分，非通用符号请注明含义。)

9. (8 分)题 9 图所示电阻电路，已知二端电路 N 吸收的功率为 2 W，求电压 u。

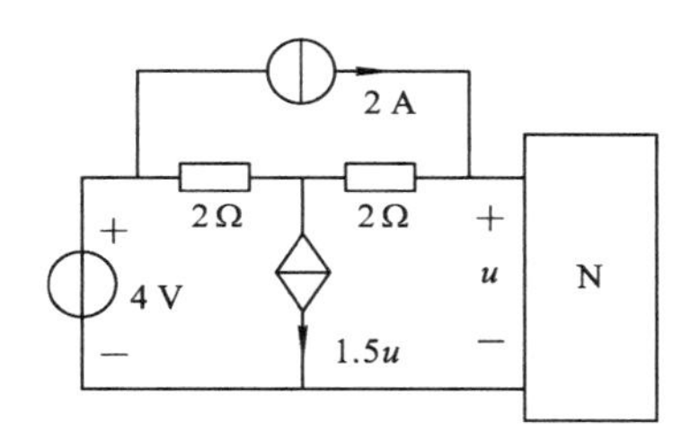

题 9 图

10. (10 分)题 10 图所示电路，当 $t<0$ 时已处于稳态，$t=0$ 时开关闭合，求 $t\geqslant 0$ 时电压的零输入响应、零状态响应和全响应，并画出波形。

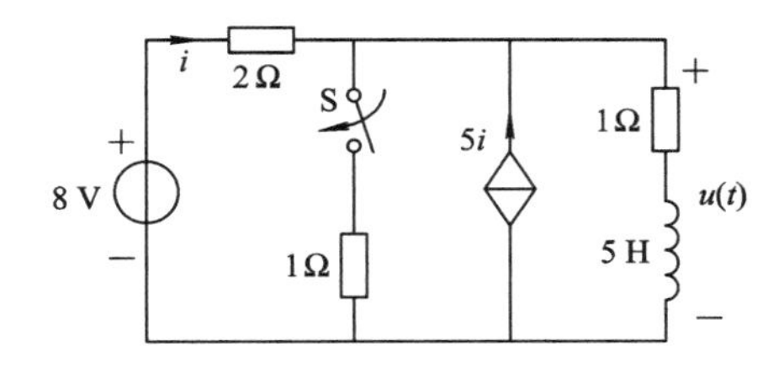

题 10 图

11. (12 分)如题 11 图所示正弦稳态电路，耦合系数 $k=1$。Z 为何值时可获得最大功率？并求获得的最大功率。

12. (9 分)如题 12 图所示一阶电路，N_0 为无源电路，若电路的某响应为

$$y(t)=0.5\mathrm{e}^{-2t}-\sqrt{2}\cos\left(2t+\frac{\pi}{4}\right)\qquad t\geqslant 0$$

试绘出电路的一种可能结构，并求出元件参数和激励函数。

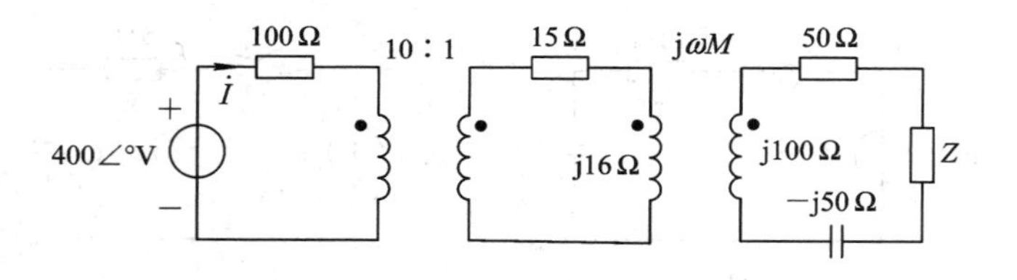

题 11 图

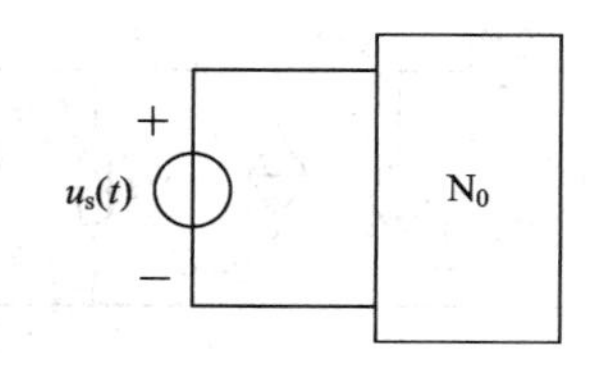

题 12 图

8.3.2 硕士研究生入学考试电路部分模拟题一参考答案

Ⅰ. 选择题

1. (B)　　2. (B)　　3. (A)　　4. (C)

Ⅱ. 填空题

5. $U=20$ V，$I=-10$ A
6. $Z=5\angle 60°$ Ω，$P=5$ W
7. $C_1=C_2$
8. $\boldsymbol{Z}=\begin{bmatrix}-4 & 1.5\\ -1 & 3\end{bmatrix}$ Ω

Ⅲ. 计算题

9. $u=2$ V 或 $u=1$ V
10. $u_{zi}(t)=-1.5e^{-t/20}$ V　$t\geqslant 0$；$u_{ZS}(t)=4.8+1.2e^{-t/20}$ V　$t\geqslant 0$
11. $Z=100$ Ω，$P_{max}=12.5$ W
12. 本题属于设计题，故答案并不唯一。下面仅给出两种可能答案。
    RC 电路(题解图(a))：$u_S(t)=2\cos(2t-90°)$ V，初始状态为零，以 u_C 为响应；
    RL 电路(题解图(b))：$i_S(t)=2\cos(2t-90°)$ A，初始状态为零，以 i_L 为响应。

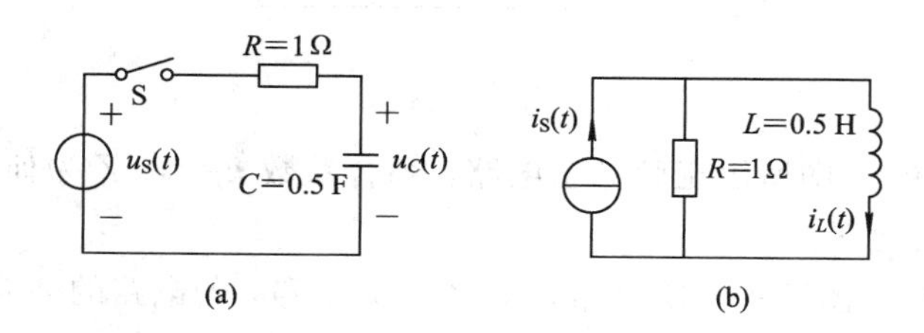

题解图

8.3.3　硕士研究生入学考试电路部分模拟题二

满分 75 分。

Ⅰ. **选择题**(共 4 小题，每小题 4 分，共 16 分。说明：每小题给出四个答案，其中只有一个是正确的，请将正确答案的标号(A 或 B 或 C 或 D)选择出写在答题纸上。例如，Ⅰ、选择题：1. …，2. …，…)

1. 如题 1 图所示电路，端口等效阻抗等于(　　)。

(A) −6 Ω　　(B) −3 Ω　　(C) 3 Ω　　(D) 6 Ω

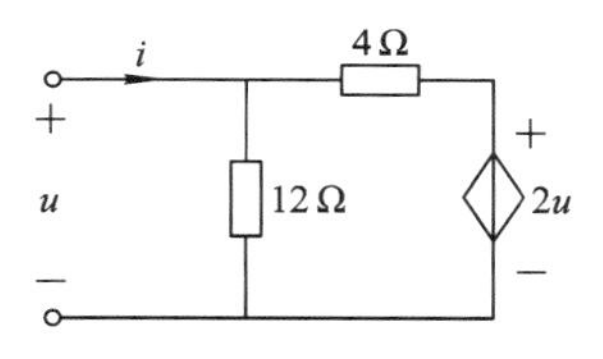

题 1 图

2. 题 2 图所示电路，若 $\dot{U}_s=5\angle 0°$ V，则两电阻吸收的总功率等于(　　)。

(A) 10 W　　(B) 15 W　　(C) 20 W　　(D) 25 W

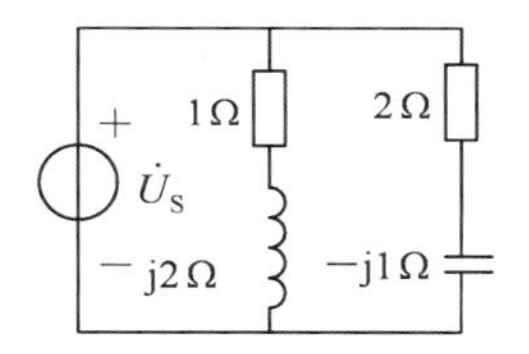

题 2 图

3. 如题 3 图所示含理想变压器电路，$\dot{U}_s=6\angle 0°$ V，则开路电压 U 等于(　　)。

(A) 2 V　　(B) 3 V　　(C) 6 V　　(D) 12 V

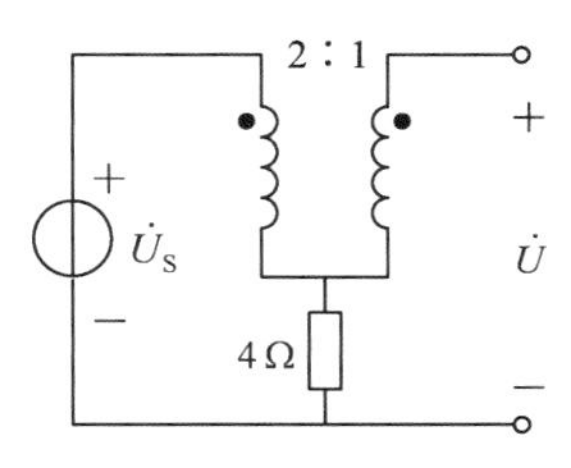

题 3 图

4. 某一 RLC 并联电路，$L=10$ mH，$C=100$ μF，当电阻 $R=4$ Ω 时，电路处于(　　)状态。

(A) 欠阻尼　　(B) 临界阻尼　　(C) 过阻尼　　(D) 不能确定

Ⅱ. **填空题**(共 4 小题，每小题 5 分，共 20 分。说明：解答本大题中各小题不要求写出解答过程，只将算得的正确答案写在答题纸上。例如，Ⅱ、填空题：5. …，6. …，…)

5. 如题 5 图所示电路中，已知 $i_L(0)=10$ A，求 $i_L(t)$，$t\geqslant 0$。

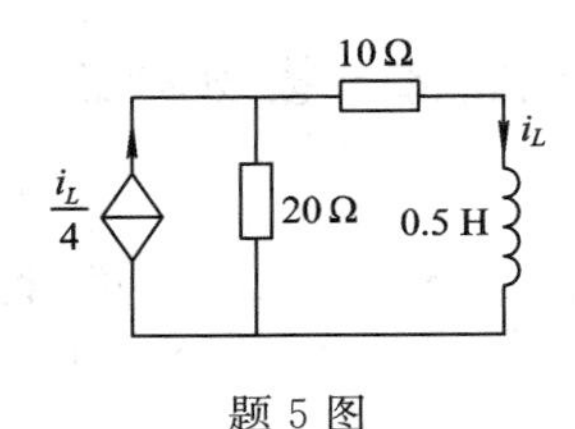

题 5 图

6. 如题 6 图所示正弦稳态电路，已知 $M=1$ H，$\omega=10^3$ rad/s，问电容 C 为何值时，电流 $\dot{I}=0$。

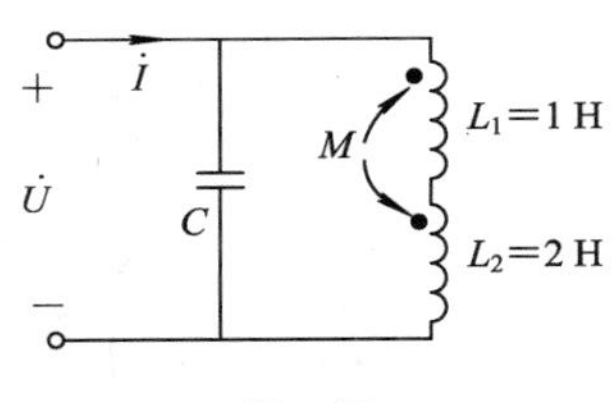

题 6 图

7. 某 RC 一阶电路在直流激励下的全响应为 $u_C(t)=8-4e^{-5t}$ V，$t\geqslant 0$。若输入不变，初始状态减少为原来的一半，求这时的全响应。

8. 某二端口电路的导纳参数 $\boldsymbol{Y}=\begin{bmatrix}10 & -5\\ -20 & 2\end{bmatrix}$S，将一个 0.1 Ω 的电阻串联在输入端的一个端子，求连接后的新导纳参数。

Ⅲ. **计算题**(共 4 小题，共 39 分。说明：解答本大题中各小题，请写在答题纸上，并写清楚概念性步骤，只有答案得 0 分，非通用符号请注明含义。)

9. (8 分)电路如题 9 图所示，求使电阻 R_L 获得最大功率时的 R_L 和 P_{Lmax}。

10. (10 分)如题 10 图所示正弦稳态电路，已知 $i(t)=4\cos(t+30°)$ A，2 Ω 电阻消耗的平均功率为 4 W，求：

(1) 电路的功率因数；

(2) 电压 $u(t)$；

(3) 电容 C。

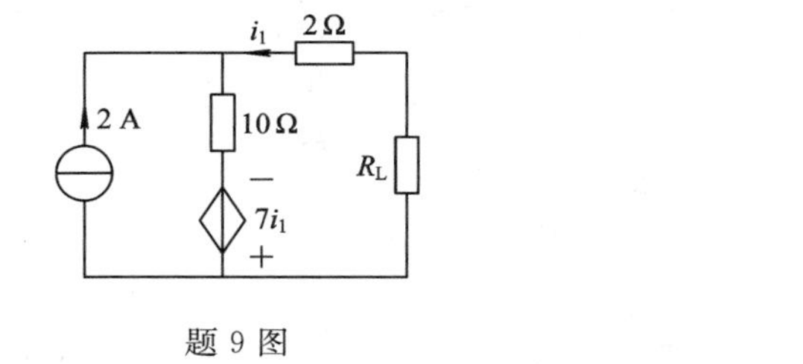

题 9 图

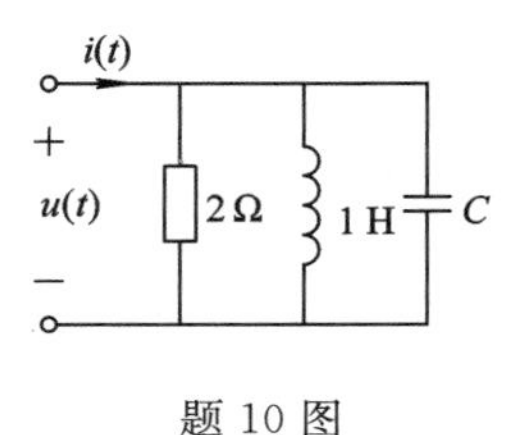

题 10 图

11. (12 分)如题 11 图所示电路中 N 仅由线性电阻组成，开关位于"1"时电路已达稳态，电压 $u_C(0_-)=10$ V，电流 $i(0_-)=1$ A，$t=0$ 时开关由"1"打向"2"，求 $t\geqslant 0$ 时的电容电压 $u_C(t)$。

12. (9 分)如题 12 图所示方框为含受控源的线性电阻电路，方框内 3、4 为电路中的其中两个节点，已知电路的节点电压方程为

$$\begin{bmatrix} 3 & -2 & -1 \\ -2 & 6 & -4 \\ -1 & -3 & 3 \end{bmatrix} \cdot \begin{bmatrix} u_1 \\ u_2 \\ u_3 \end{bmatrix} = \begin{bmatrix} 2 \\ 8 \\ 0 \end{bmatrix}$$

现在在节点 3 和 4 之间接入一个含受控源支路，试求接入支路中受控源产生的功率。

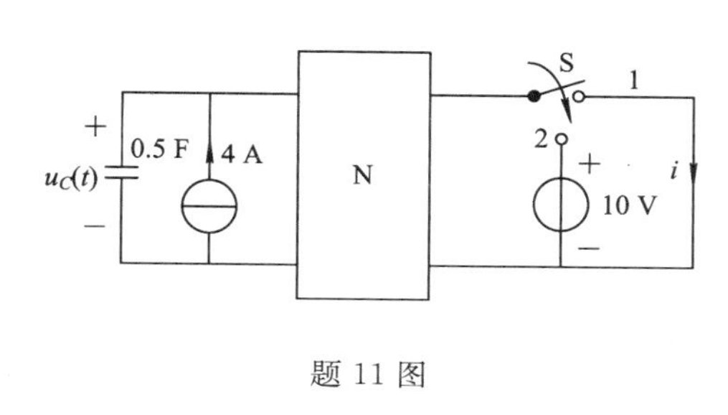

题 11 图

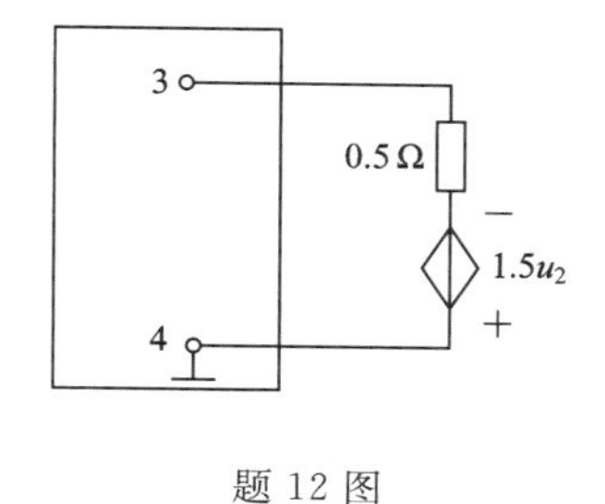

题 12 图

8.3.4 硕士研究生入学考试电路部分模拟题二参考答案

Ⅰ. 选择题

1.（A）　2.（B）　3.（B）　4.（C）

Ⅱ. 填空题

5. $i_L(t)=10e^{-50t}$ A　$t \geqslant 0$

6. $C=0.2\ \mu$F

7. $u_C(t)=8-6e^{-5t}$ V　$t \geqslant 0$

8. $\boldsymbol{Y}=\begin{bmatrix} 5 & -2.5 \\ -10 & -3 \end{bmatrix}$S

Ⅲ. 计算题

9. $u_{OC}=20$ V，$R_0=5\ \Omega$；$R_L=R_0=5\ \Omega$，$P_{Lmax}=20$ W

10. (1) $\cos\theta=0.5$；(2) $u(t)=4\cos(t+90°)$V 或 $u(t)=4\cos(t-30°)$V；
(3) 电容$C=0.54$ F 或 $C=7.46$ F

11. $u_C(t)=12.5-2.5e^{-t/1.25}$ V　$t \geqslant 0$

12. 接入支路中受控源产生的功率为 12.75 W

8.3.5 硕士研究生入学考试电路部分模拟题三

满分 75 分。

Ⅰ. 选择题(共 5 小题，每小题 4 分，共 20 分 说明：每小题给出四个答案，其中只有一个是正确的，请将正确答案的标号(A 或 B 或 C 或 D)选择出写在答题纸上。例如，Ⅰ、选择题：1. <u>…</u>，2. <u>…</u>，…)

1. 题 1 图所示电路，电流 i 等于(　　)。

(A) 4 A　(B) −2 A　(C) 2 A　(D) 6 A

2. 题 2 图所示动态电路已处于稳态，$t=0$ 时开关 S 打开，则 $u(0_+)$等于(　　)。

(A) 6 V　(B) 12 V　(C) 0 V　(D) 6 A

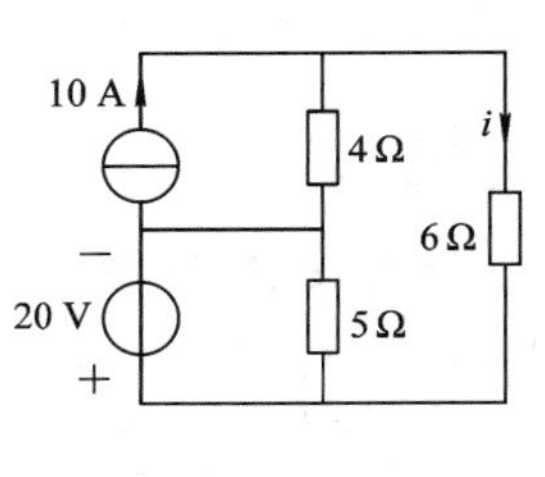

题 1 图

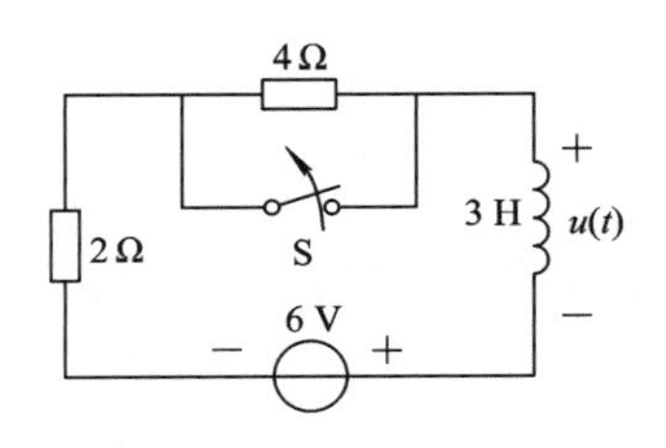

题 2 图

3. 题 3 图所示正弦稳态电路，电压表ⓥ₁，ⓥ₂，ⓥ₃的读数分别为 3 V，4 V，6 V，则ⓥ的读数是(　　)。

(A) 5 V　　(B) 13 V　　(C) 10 V　　(D) 7 V

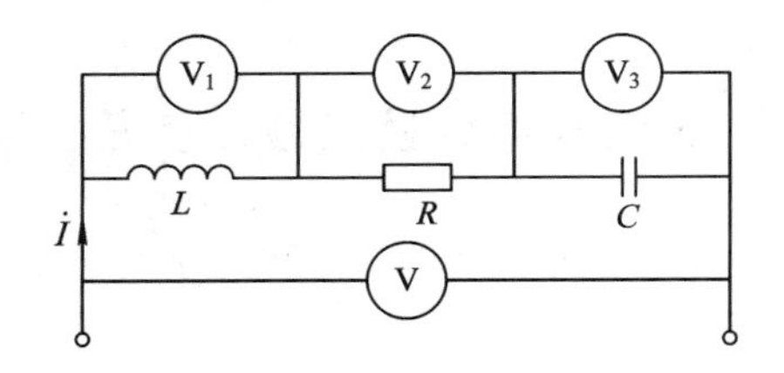

题 3 图

4. 题 4 图所示正弦稳态电路，虚线所围部分为理想变压器，已知 $u_s(t)=6\sqrt{2}\cos(2t+45°)$ V，则电流表的读数为(　　)。

(A) 4 A　　(B) 2 A　　(C) 1 A　　(D) 0 A

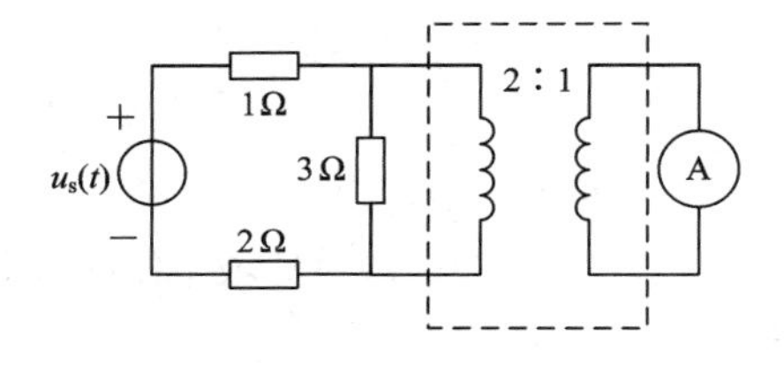

题 4 图

5. 题 5 图所示电路，受控源吸收功率 P 等于(　　)。

(A) 100 W　　(B) −100 W　　(C) 300 W　　(D) −300 W

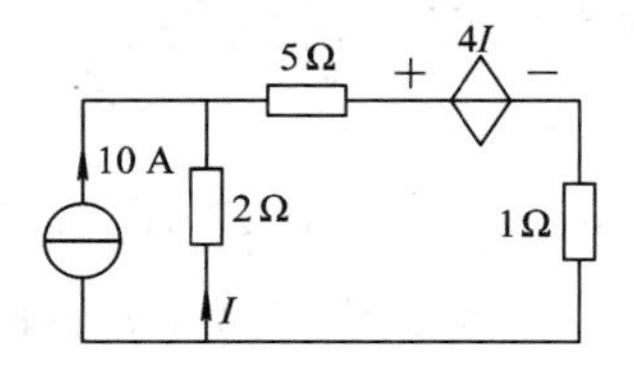

题 5 图

Ⅱ. **填空题**(共 4 小题，每小题 5 分，共 20 分。说明：解答本大题中各小题不要求写出解答过程，只将算得的正确答案写在答题纸上。例如，Ⅱ、填空题：6. ___…___，…。)

6. 题 6 图所示电路，已知 $i_L(t)=3-e^{-t}$ A，$t\geqslant 0_+$，则 $t\geqslant 0_+$ 时，电压 $u(t)$ 等于

______。

7. 题 7 图所示电路，从 ab 端看的等效电感 L_{ab} 等于______。

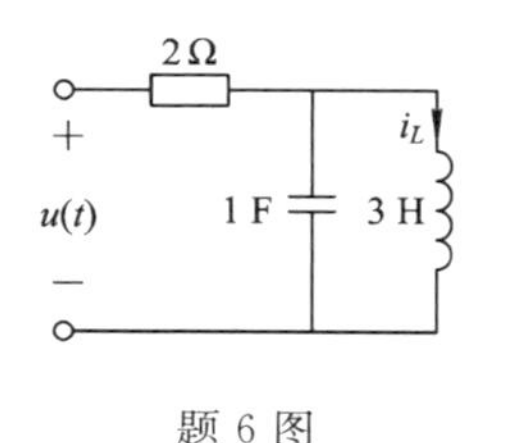

题 6 图

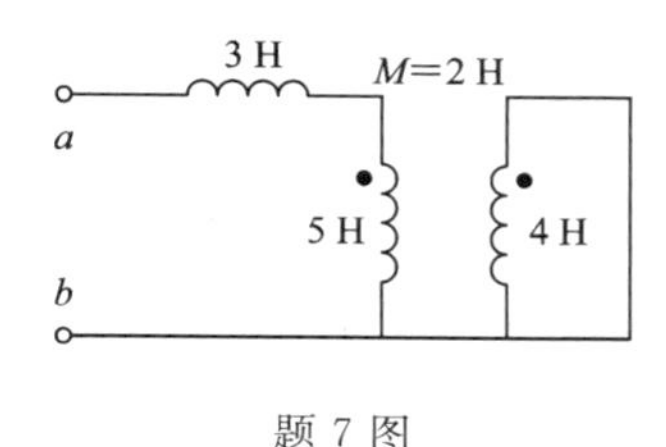

题 7 图

8. 题 8 图所示二端口电路的 Y 参数中的 y_{21} 等于______。

9. 题 9 图所示正弦稳态电路，已知 $U=100$ V 且 $\dot{U}$ 与 $\dot{I}$ 同相，该电路吸收平均功率 $P=300$ W，则阻抗 Z 等于______。

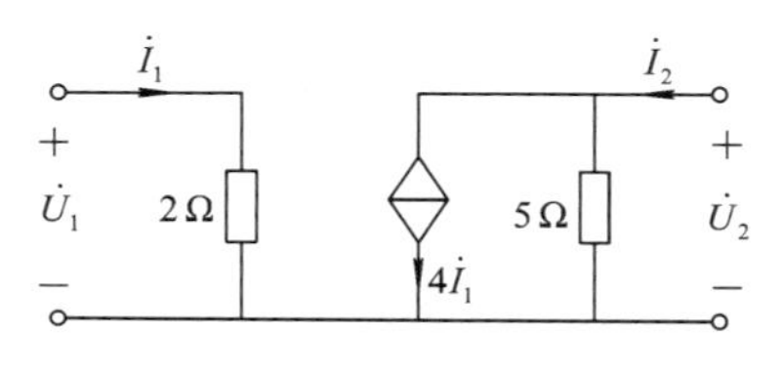

题 8 图

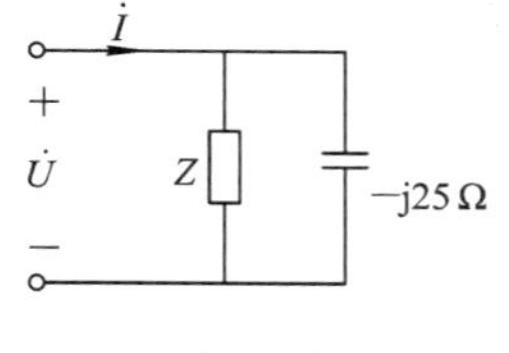

题 9 图

Ⅲ. **计算题**(共 3 小题，共 35 分。说明：解答本大题中各小题，请写在答题纸上，并写清楚概念性步骤，只有答案得 0 分，非通用符号请注明含义。)

10. (14 分)题 10 图所示电路，已知 $i_1=1$ A，求电压 u_1，电流 i 及电压源 u_s 产生的功率。

11. (13 分)题 11 图所示正弦稳态相量模型电路，

(1) 求 a、b 端开路时电压 $\dot{U}_{ab}$；

(2) 求 a、b 端短路时电流 $\dot{I}_{ab}$；

(3) 若 a、b 端接可任意改变的负载阻抗 Z_L，问 Z_L 等于多少时其上可获最大功率，并求出该最大功率 P_{Lmax}。

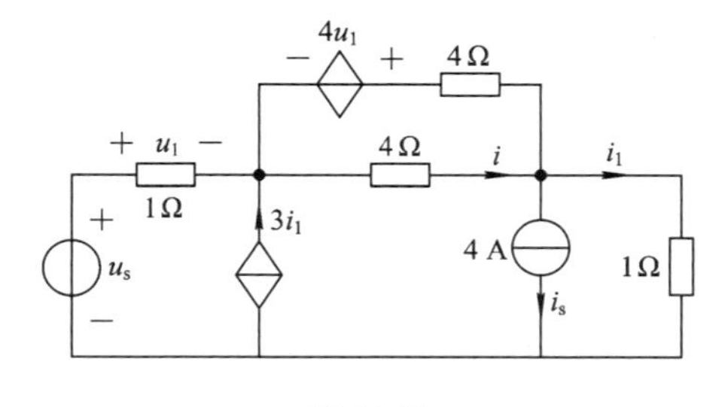

题 10 图

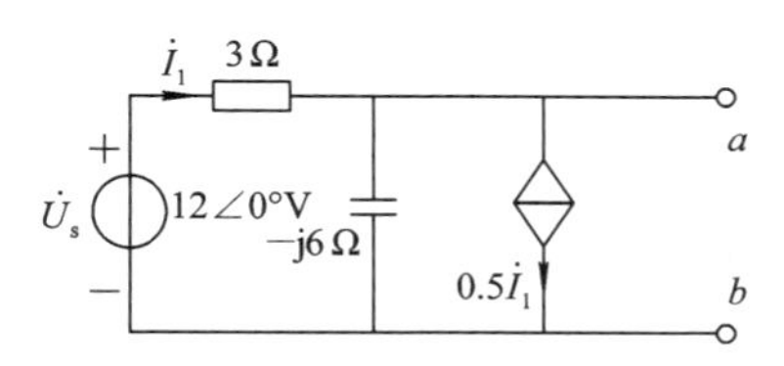

题 11 图

12. (8 分)题 12 图所示电路中，N 为不含独立源的线性网络，直流电源 U_s 与 N 中的各元件参数均为定值，在 $t=0$ 时开关 S 闭合。已知当 a、b 端接电阻 $R=2$ Ω 时，如图(a)所示，其零状态响应 $u_{f1}(t)=2e^{-t/3}$ V，$t\geqslant 0$；当 a、b 端接电感 L 时，如图(b)所示，其零状态响应 $u_{f2}(t)=4e^{-t}$ V，$t\geqslant 0$。

(1) 试分析讨论网络 N 的一种最简结构形式，并确定该结构中的各元件参数值；

(2) 确定电压源 U_s 及电感 L 之值；

(3) 求如图(c)所示 a、b 端接电阻 $R=2\ \Omega$ 与 L 并联时的零状态响应 $u_{f3}(t)$。

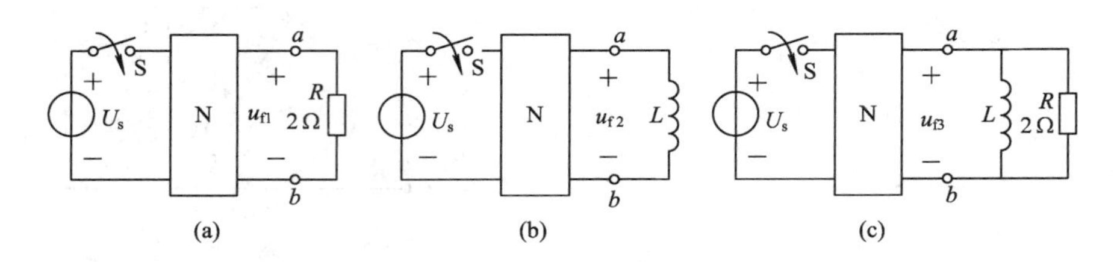

题 12 图

8.3.6　硕士研究生入学考试电路部分模拟题三参考答案

Ⅰ. 选择题

1. (C)　　2. (B)　　3. (A)　　4. (A)　　5. (B)

Ⅱ. 填空题

6. $u(t)=6-5e^{-t}$ V　　$t\geqslant 0$

7. $L_{ab}=7$ H

8. $y_{21}=2$ S

9. $Z=12+j16\ \Omega$

Ⅲ. 计算题

10. $u_1=2$ V，$i=1.5$ A，$P_s=18$ W

11. (1) $\dot{U}_{ab}=6\sqrt{2}\angle-45°$ V；(2) $\dot{I}_{ab}=2\angle 0°$ A；(3) $Z_L=3+j3\ \Omega$，$P_{Lmax}=6$ W。

12. (1) 电路结构如题解图所示，$R_1=2\ \Omega$，$L_1=3$ H；(2) $U_s=4$ V，$L=6$ H；
(3) $u_{f3}(t)=2e^{-0.5t}$ V　　$t\geqslant 0$。注：本题解法并不唯一。

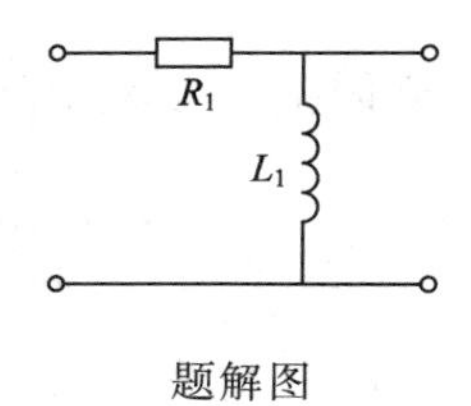

题解图

8.3.7　硕士研究生入学考试电路部分模拟题四

满分 50 分。

Ⅰ. 单选题(共 5 小题，每小题 2 分，共 10 分。说明：每小题给出四个答案，其中只有一个是正确的，请将正确答案的标号((A)或(B)或(C)或(D))选择出写在答题纸上。例如，Ⅰ、选择题：1. …，2. …，…)

1. 题 1 图所示电路由 A 和 B 两个元件构成，已知电流 $I=1$ A，电压 $U=-6$ V，则(　　)。

(A) A 吸收功率，B 发出功率　　(B) A 发出功率，B 吸收功率

(C) A 发出功率，B 发出功率　　(D) A 吸收功率，B 吸收功率

2. 题 2 图所示电路中，电压 U 等于(　　)。

(A) -2 V　　(B) 2 V　　(C) 4 V　　(D) 6 V

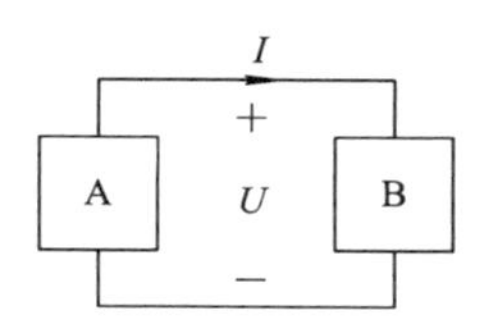

题 1 图

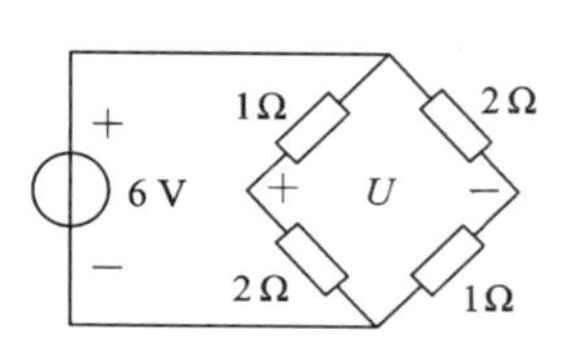

题 2 图

3. 题 3 图所示电路，则电流 I 等于(　　)。

(A) 2 A　　(B) 4 A　　(C) 6 A　　(D) 8 A

4. 题 4 图所示含理想变压器的电路，已知 $\dot{I}_s=4\angle 0°$ A，则有效值 I 等于(　　)。

(A) 0.5 A　　(B) 1 A　　(C) 2 A　　(D) 8 A

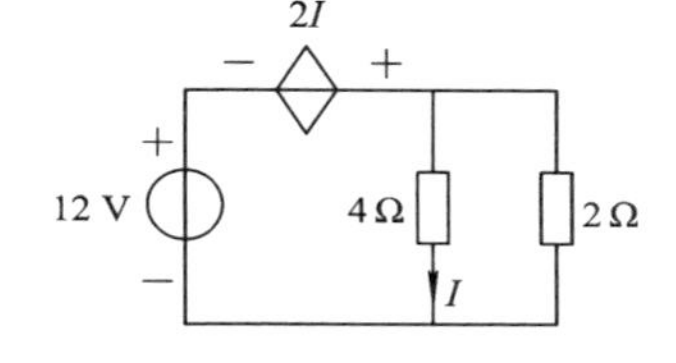

题 3 图

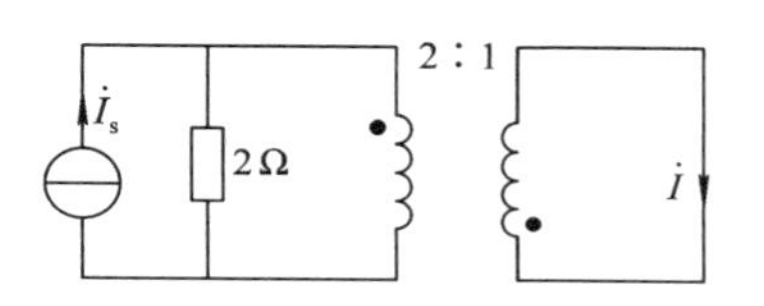

题 4 图

5. 题 5 图所示电路已处于稳态，$t=0$ 时开关打开，则 $i(0_+)$ 等于(　　)。

(A) -1 A　　(B) -2 A　　(C) 1 A　　(D) 2 A

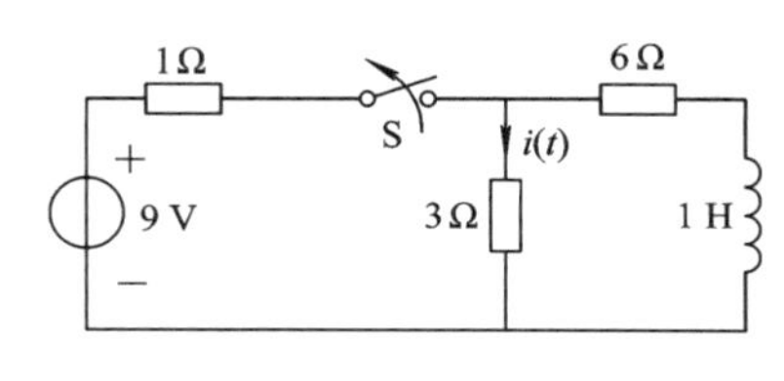

题 5 图

Ⅱ. **填空题**(共 5 小题，每小题 2 分，共 10 分。说明：解答本大题中各小题不要求写出解答过程，只将算得的正确答案写在答题纸上。例如，Ⅱ、填空题：6. …，7. …，…)

6. 电路如题 6 图所示，已知电流 $I=4$ A，则电压 U 等于______。

7. 如题 7 图所示二端电路，则 ab 端的等效电阻 R_{ab} 等于______。

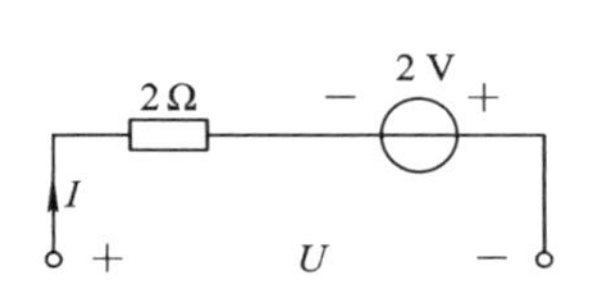

题 6 图

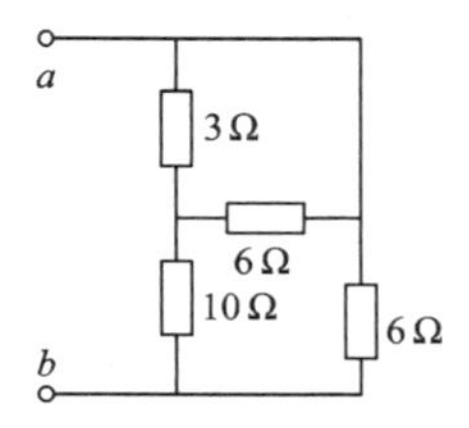

题 7 图

8. 题 8 图所示正弦稳态电路，已知 $u(t)=5\ \sin 2t$ V，$i(t)=\sqrt{2}\cos(2t-45°)$ A 则电路中的电阻 R 和电容 C 的值分别为______。

9. 题 9 图所示二端电路 N，已知 $\dot{U}=10\angle 30°$ V，$\dot{I}=5\angle 30°$ A，则此二端电路 N 吸收的有功功率 P 等于______。

10. 题 10 图所示电路，设节点 a、b、c 的电位分别为 U_a、U_b、U_c，则节点 a 的节点电位方程为______。

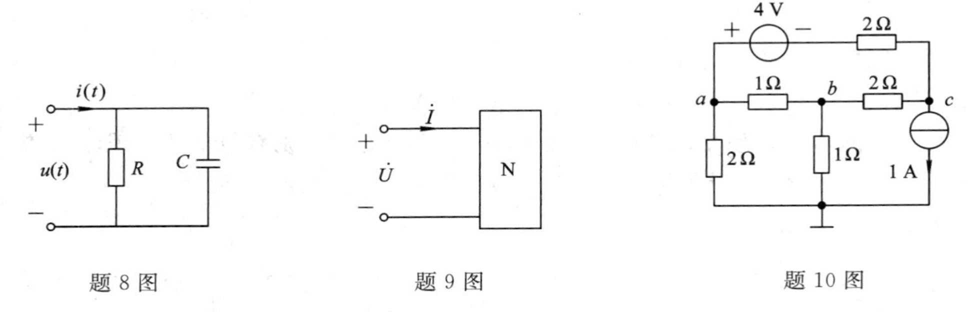

题 8 图　　题 9 图　　题 10 图

Ⅲ. **计算题**(共 3 小题，每小题 10 分，共 30 分。说明：解答本大题中各小题，请写在答题纸上，并写清楚概念性步骤，只有答案得 0 分，非通用符号请注明含义。)

11. 如题 11 图所示电路，电阻 R_L 可变，R_L 为多大时，其上获得最大功率？此时最大功率 P_{Lmax} 为多少？

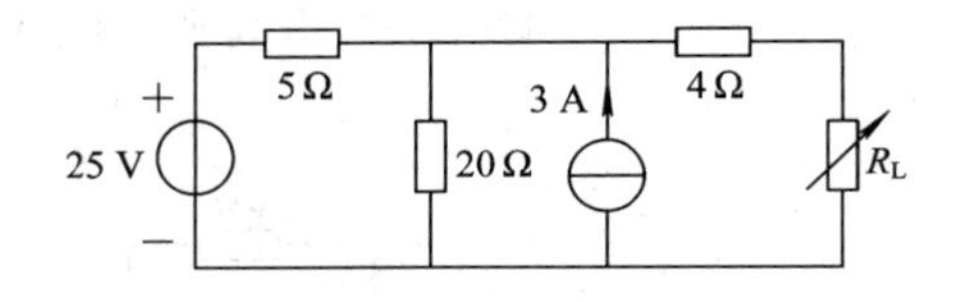

题 11 图

12. 如题 12 图所示电路已处于稳态，$t=0$ 时开关 S 由 a 打向 b，求：

(1) $t\geqslant 0$ 时的电容电压 $u_C(t)$；

(2) 开关 S 在位置 b 后多长时间电容电压等于零？

13. 如题 13 图所示正弦稳态电路中，已知 $U=200$ V，$I=1$ A，电路吸收的平均功率为 $P=120$ W，且 $X_L=250\ \Omega$，$X_C=150\ \Omega$，整个电路呈现电感性，求：

(1) 电路的功率因数 $\cos\theta$；

(2) 电路的等效阻抗 Z_{ab}；

(3) 电路中的阻抗 Z_1。

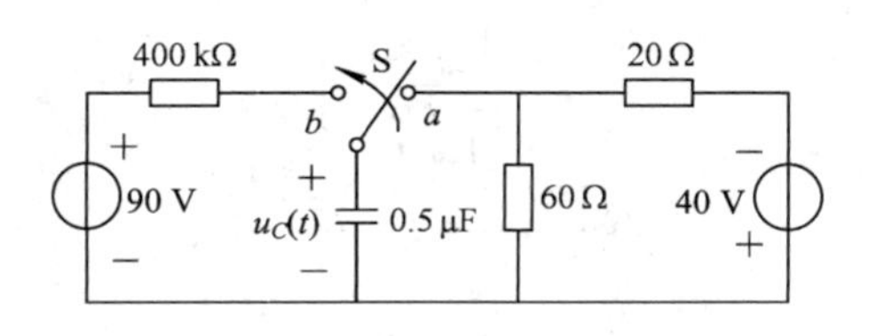

题 12 图

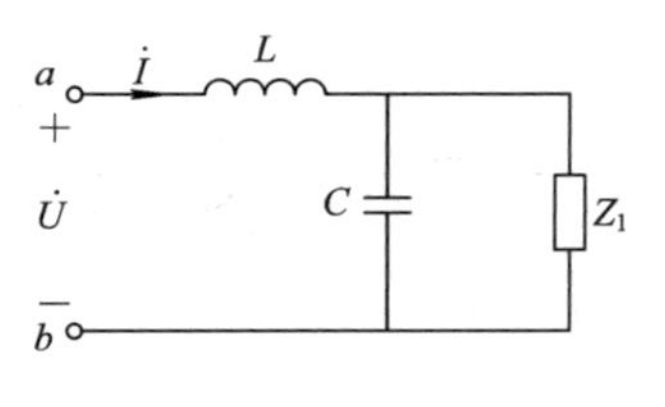

题 13 图

8.3.8　硕士研究生入学考试电路部分模拟题四参考答案

Ⅰ．单选题

1．(A)　2．(B)　3．(C)　4．(D)　5．(A)

Ⅱ．填空题

6．$U=6\ \text{V}$

7．$R_{ab}=4\ \Omega$

8．$R=5\ \Omega$，$C=0.1\ \text{F}$

9．$P=25\ \text{W}$

10．$2U_a-U_b-0.5U_c=2$

Ⅲ．计算题

11．$U_{\text{OC}}=32\ \text{V}$，$R_0=8\ \Omega$，$P_{\text{Lmax}}=32\ \text{W}$

12．(1) $u_C(0_+)=u_C(0_-)=-30\ \text{V}$，$u_C(\infty)=90\ \text{V}$，$\tau=R_0C=0.2\ \text{s}$，

$u_C(t)=90-120\text{e}^{-5t}\ \text{V}$

(2) $t=\dfrac{1}{5}\ln\dfrac{4}{3}=57.54\ \text{ms}$

13．(1) $\cos\theta=\dfrac{3}{5}$；(2) $Z_{ab}=120+\text{j}160\ \Omega$；(3) $Z_1=150+\text{j}75\ \Omega$

8.3.9　硕士研究生入学考试电路部分模拟题五

1．(9 分)求如题 1 图所示电路，已知 $U_{\text{S}}=21\ \text{V}$，求电流 I_{ab}。

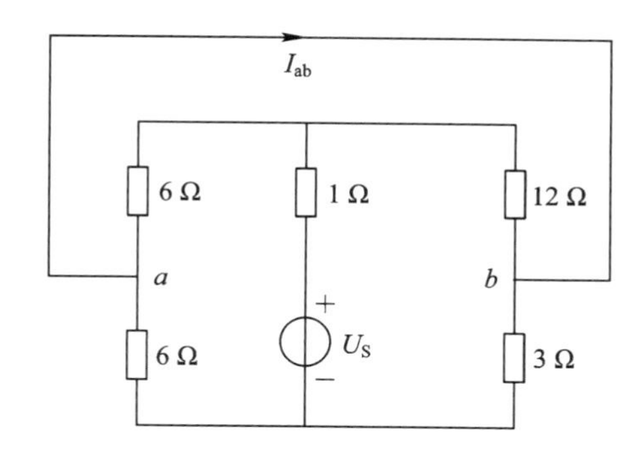

题 1 图

2．(10 分)如题 2 图所示电路，求电流 I。

3．(10 分)如题 3 图所示电路，$t<0$ 时，电路处于稳态。$t=0$ 时，开关 S 突然闭合。求 $t\geqslant 0$ 以后的电压 $u(t)$。

4．(8 分)如题 4 图所示正弦稳态电路，已知负载 Z_{L} 可任意改变，则 Z_{L} 为多少时可获得最大功率 P_{Lmax}，并求出该最大值。

5．(8 分)如题 5 图所示二端口电路中，已知电源的角频率 $\omega=2\ \text{rad/s}$，请写出其 $\boldsymbol{Z}$ 参数矩阵。

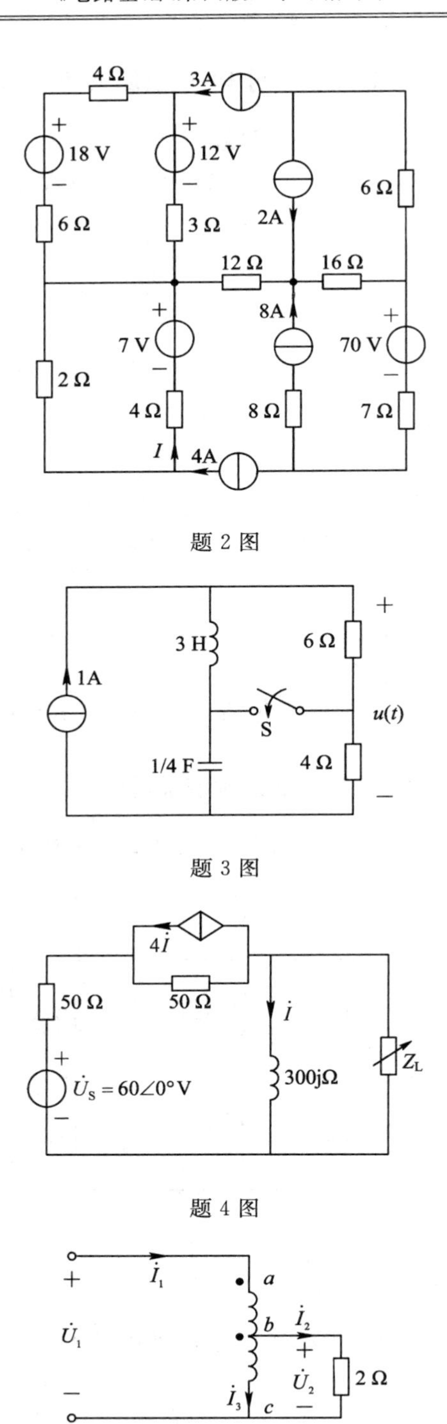

题 2 图

题 3 图

题 4 图

题 5 图

6．(10 分)如题 6 图所示正弦稳态电路，已知 $\dot{U}_S = 10\sqrt{2}\angle 0°$V 为频率可变正弦交流电源。求

(1) 当电源角频率 $\omega = 20$ rad/s 时，电流的有效值 I 为多少?

（2）当电源角频率 ω 为多少时，电流的有效值 I 为零？

（3）当电源角频率 ω 为多少时，电流的有效值 I 为最大？并求其最大值。

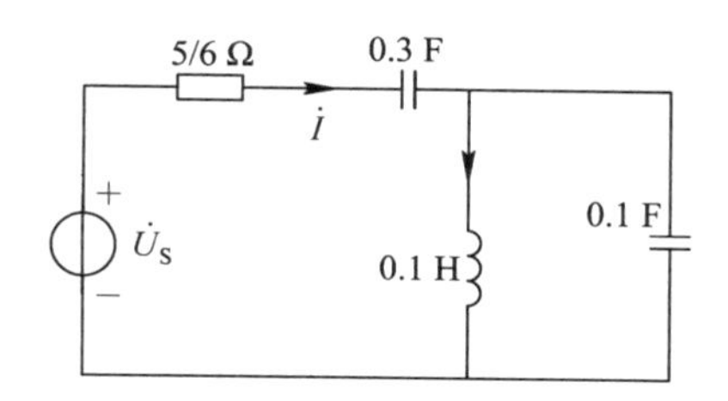

题 6 图

7.（8 分）如题 7 图所示电路，已知题 7(a)图中 $U_1=10$ V，$U_2=5$ V，求题 7 图(b)中电流 I。

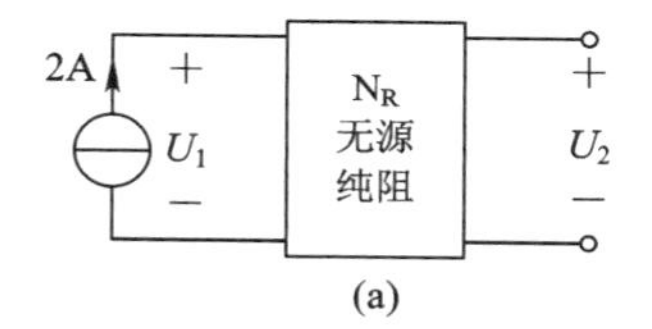

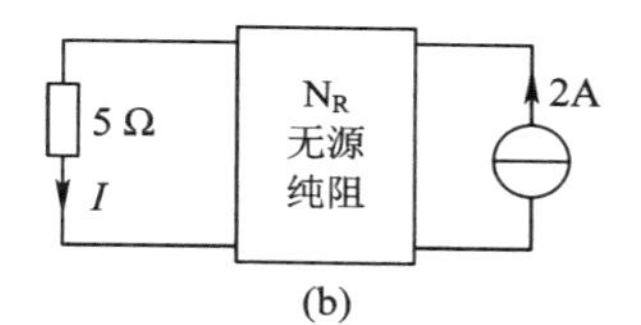

题 7 图

8.（12 分）如题 8 图所示正弦稳态电路，已知 $I_1=I_2=10$ A，$U=100$ V，且 $\dot{U}$、$\dot{I}$ 同相，求 R，X_C，X_L。

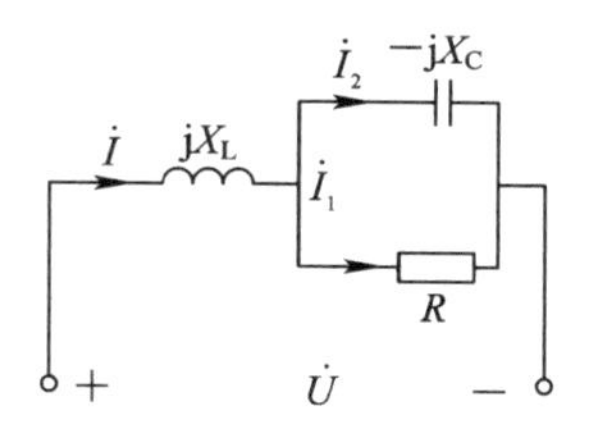

题 8 图

8.3.10　硕士研究生入学考试电路部分模拟题五参考答案

1. $I_{ab}=1$ A；

2. $I=2.5$ A；

3. $u(t)=4+6e^{-t}-6e^{-2t}$ A，$t\geqslant 0$；

4. $Z_L=25-25j\Omega$ 时，$P_L=P_{Lmax}=18$ W；

5. $I_1=1000/11$，$I_3=100/11$；

6.（1）$I=12$ A；（2）$\omega=10$ rad/s 时，$I=1$ A；（3）$\omega=5$ rad/s 时，I 最大，$I_{MAX}=12\sqrt{2}$ A；

7. $I=0.5$ A；

8. $R=10\sqrt{2}\,\Omega$，$X_C=10\sqrt{2}\,\Omega$，$X_L=5\sqrt{2}\,\Omega$

8.3.11　硕士研究生入学考试电路部分模拟题六

1. (5 分)如题 1 图所示电路，求 a、b 两端的电压及电阻吸收的功率。

2. (5 分)如题 2 图所示电路，求 a、b 端的等效电阻 R_{ab}。

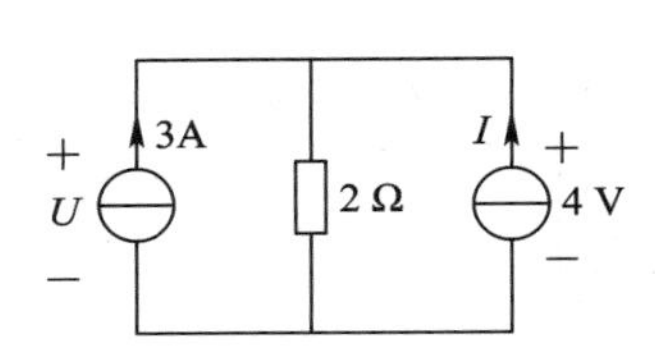

题 1 图

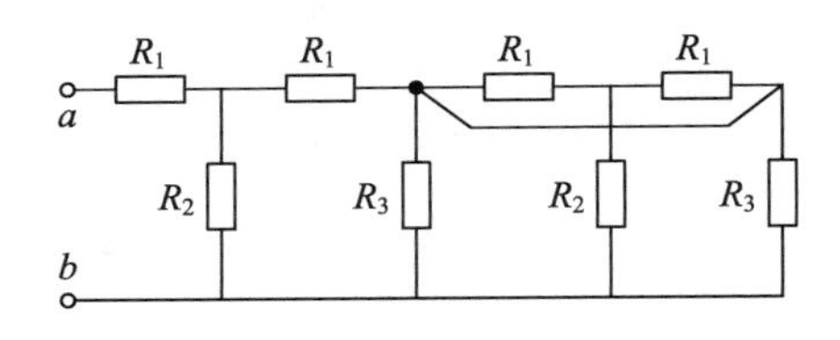

题 2 图

3. (5 分)如题 3 图所示电路，试列写出各节点的节点电压方程。

4. (5 分)如题 4 图所示电路正弦稳态，已知 $R=\omega L=5\ \Omega$，$1/(\omega C)=10\ \Omega$，电压表 V_2 的读数为 100 V，电流表 A2 的读数为 10 A。试求：

(1) 电流表 A_1，电压表 V_1 的读数(各表读数均为有效值)；

(2) 电路以 $\dot{U}_2$ 为参考相量的相量图，以及电路的有功功率，无功功率和视在功率。

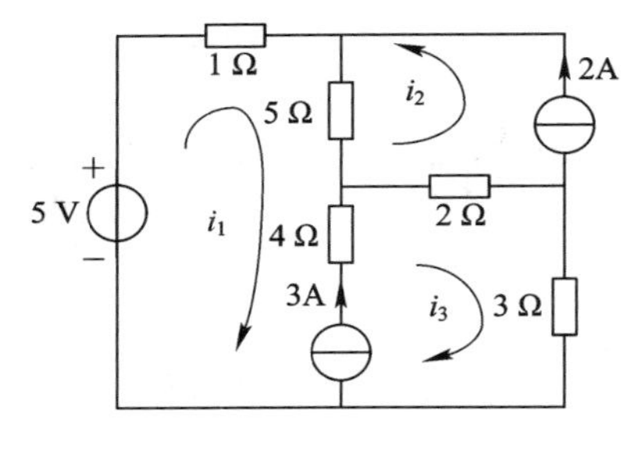

题 3 图

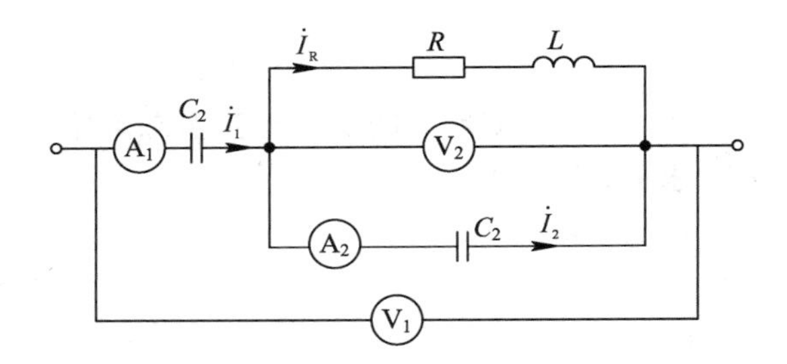

题 4 图

5. (5 分)用戴维南定理求题 5 图所示电路中电流 i。

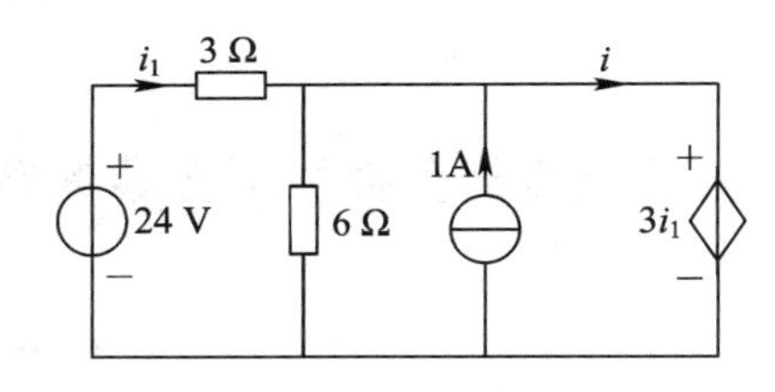

题 5 图

6. (5 分)RLC 串联电路中，已知 $u_S(t)=\sqrt{2}\cos(10^6 t+40°)$ V，电路谐振时电流 $I=0.1$ A，$U_C=100$ V。求 R，L，C，Q。

7. (5 分)已知如题 7 图所示双口网络的 Z 参数为 $\boldsymbol{Z}=\begin{bmatrix}5 & 4\\3 & 5\end{bmatrix}\ \Omega$，求 R_1，R_2，R_3，r。

8. (15 分)如题 8 图所示电路已处于稳态，$t=0$ 时，开关 S 闭合，求 $t\geqslant 0$ 时，电压 $u(t)$ 的零输入响应、零状态响应及全响应，指出其稳态响应和暂态响应，并画出以上各响应的波形图。

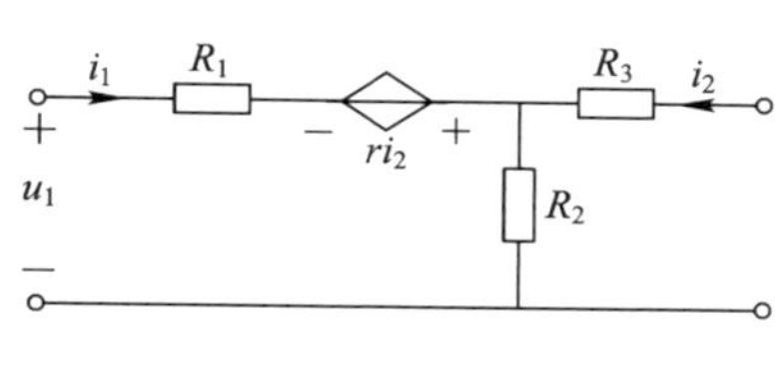
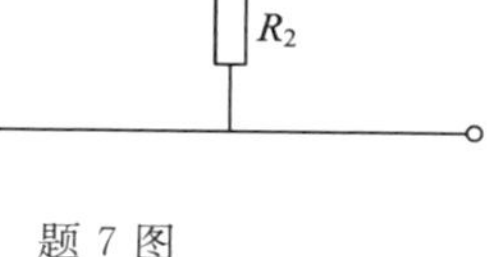

题 7 图

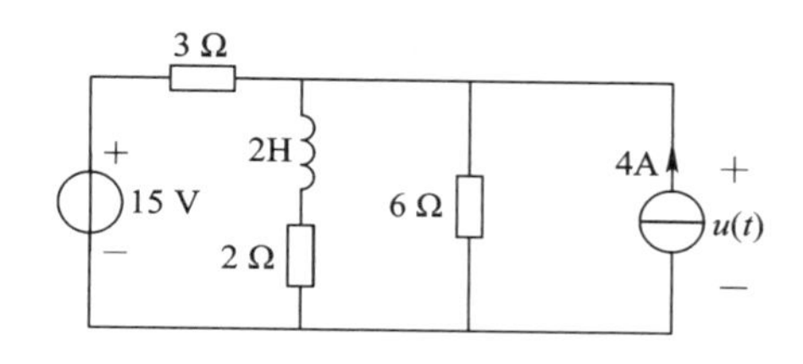

题 8 图

9.（15 分）如题 9 图所示电路，N 为线性含源线性电路，电阻 R 可调。当 $R=12\ \Omega$ 时，$I_1=4/3$ A；当 $R=6\ \Omega$ 时，$I_1=1.2$ A；当 $R=3\ \Omega$ 时，$I_1=1$ A；当 $R=30\ \Omega$ 时，I_1 为多少？

10.（10 分）如题 10 图所示的正弦稳态电路，已知 $u_S(t)=100\sqrt{2}\cos(\omega t)$ V，$\omega L_2=120\ \Omega$，$\omega M=1/\omega C=20\ \Omega$，$R=100\ \Omega$。问 Z_L 为何值时其上可获得最大功率？最大功率是多少？

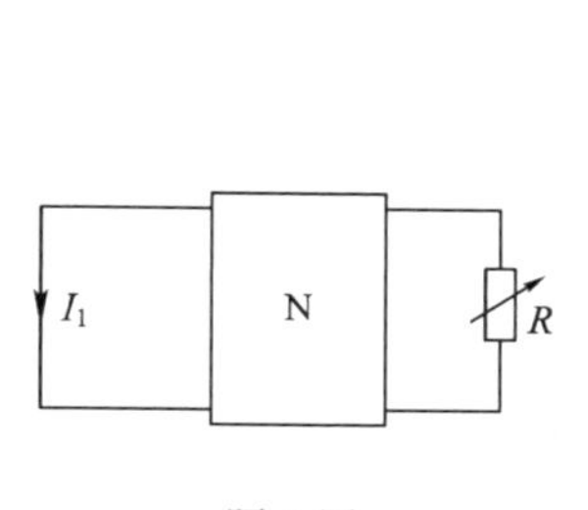

题 9 图

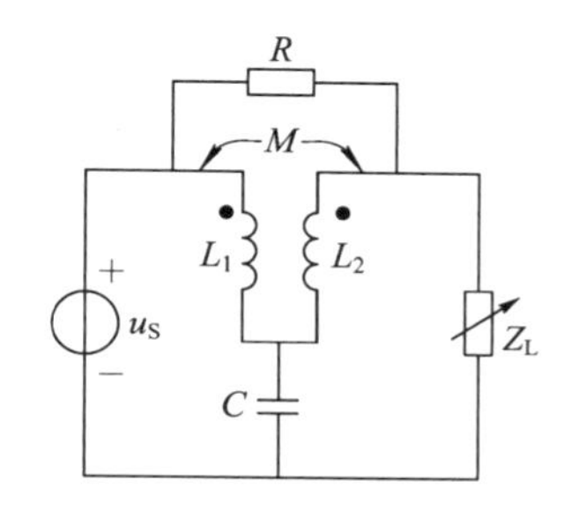

题 10 图

8.3.12　硕士研究生入学考试电路部分模拟题六参考答案

1. $U=4$ V，$I=-1$ A，$P_{3A吸收}=12$ W，$P_{4V吸收}=-4$ W；

2. $R_{ab}=14\ \Omega$；

3. 回路 1：$10i_1+5i_2-4i_3=5-u$

   回路 2：$i_2=2A$

   回路 3：$-4i_1+2i_2+9i_3=u$

4. (1) A_1 的读数 10 A，V_1 的读数 $100\sqrt{2}$ V

   (2) $P=1000$ W，$Q=1000$Var，$S=1000\sqrt{2}$ VA；

5. $i=3$ A；

6. $R=10\ \Omega$，$L=1$ mH，$C=10^{-9}$ F，$Q=100$；

7. $R_1=2\ \Omega$，$R_2=3\ \Omega$，$R_3=2\ \Omega$，$r=-1$；

8. $u_{zi}(t)=6e^{-2t}$ V；$u_{zs}(t)=9+9e^{-2t}$ V，

   全响应：$u(t)=9+3e^{-2t}$ V，$t\geqslant 0$，$u_{暂态响应}(t)=3e^{-2t}$ V，$u_{稳态响应}(t)=9$ V；

9. $I_1=10/7$ A；

10. $Z_L=50-50j\Omega$，$P_L=P_{Lmax}=25$ W

8.3.13　硕士研究生入学考试电路部分模拟题七

满分 75 分。

Ⅰ. **简答题**(共 5 小题，共 33 分)

1. (7 分)如题 1 图所示电路，求 a、b 两端的电压及电阻吸收的功率。

2. (6 分)如题 2 图所示电路，求 a、b 端的等效电阻 R_{ab}。

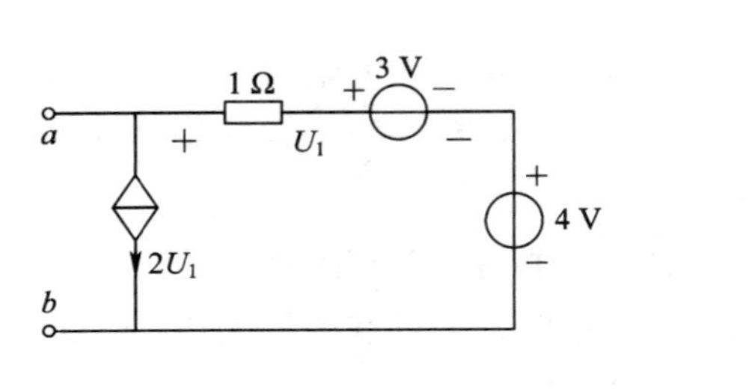

题 1 图

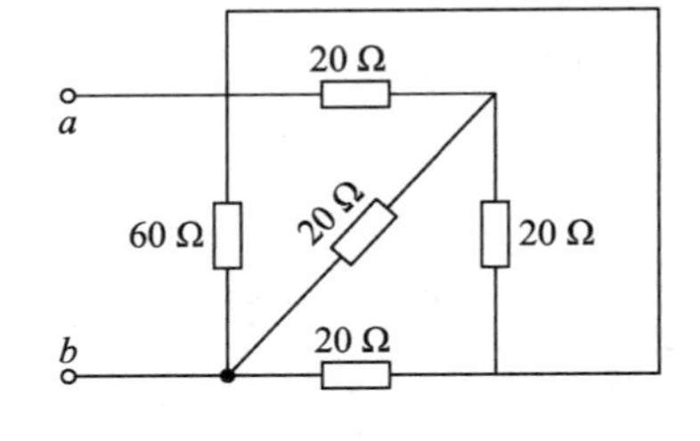

题 2 图

3. (6 分)如题 3 图所示电路，试列写出各节点的节点电压方程。

4. (6 分)如题 4 图所示电路，电源 $u_s(t)=10\cos\omega t$ V，若电源的角频率 ω 可任意改变，求当角频率 ω 等于多少时，电流表的读数最大，并求出该最大值。

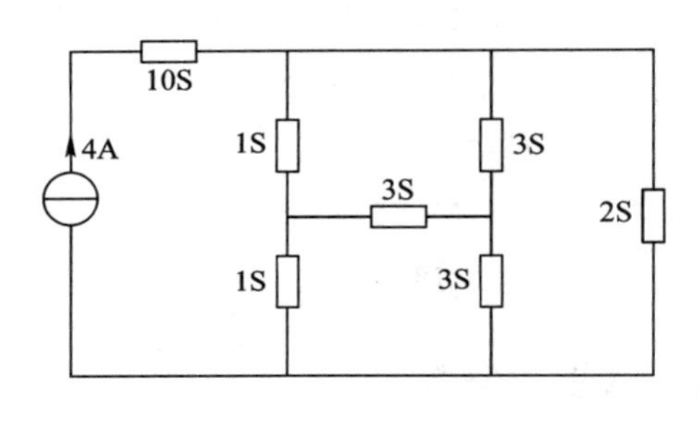

题 3 图

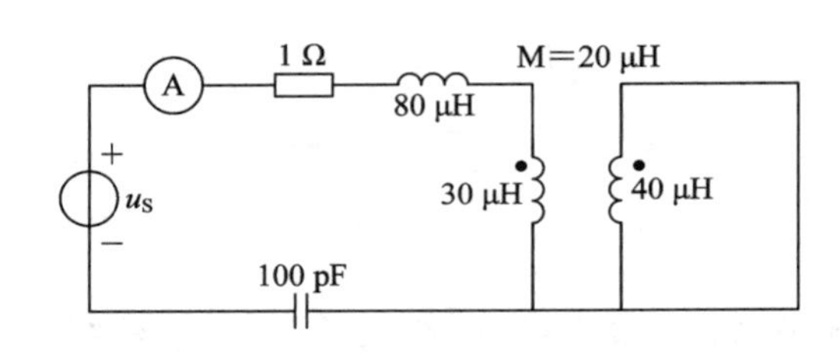

题 4 图

5. (8 分)如题 5 图所示二端口电路中，已知电源的角频率 $\omega=2$rad/s，请写出其 $\mathbf{Z}$ 参数矩阵。

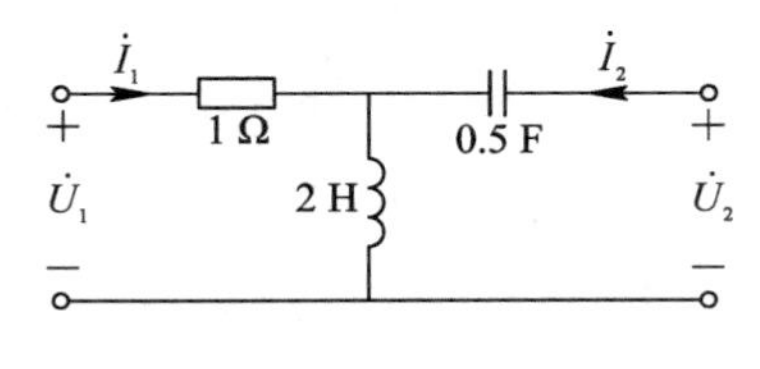

题 5 图

Ⅱ. **计算题**(共 3 小题，共 42 分)

6. (15 分)如题 6 图所示电路，已知(1) a、b 开路时，$u_O=6$ V；(2) a、b 短路时，$u_O=8$ V；问在 a、b 端接可变电阻 R，u_O 为多少时可获得最大功率？

7. (15 分)如题 7 图所示电路，$t<0$ 时开关 S 断开，电路已处于稳态。$t=0$ 时，开关 S 闭合，求 $t\geqslant 0$ 时的电流 $i(t)$。

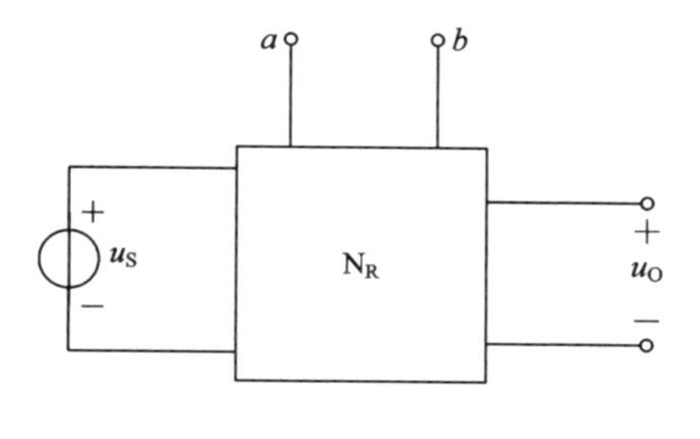

题 6 图

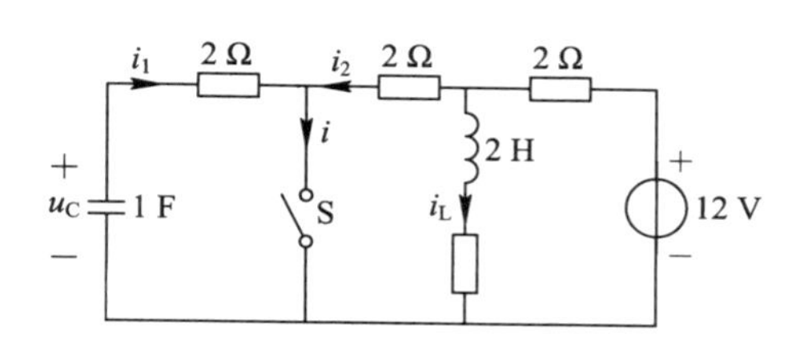

题 7 图

8. (12 分)如题 8 图所示正弦稳态电路，已知 $u(t)=100\cos(10^3t+75°)$ V，$i(t)=10\sqrt{2}\cos(10^3t+30°)$ A，$L=5$ mH。求电流 $i_c(t)$。

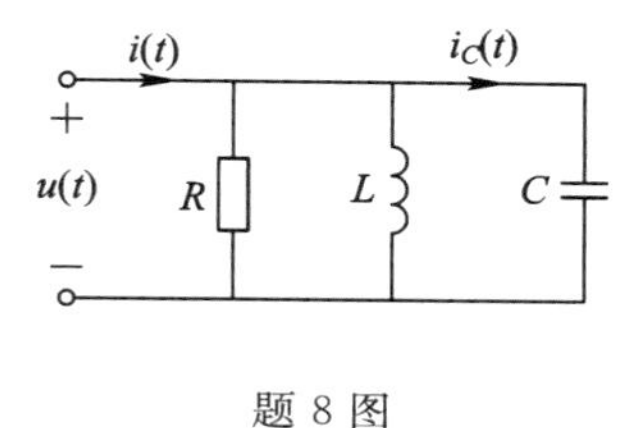

题 8 图

8.3.14　硕士研究生入学考试电路部分模拟题七参考答案

Ⅰ. **简答题**

1. $u_{ab}=5$ V，$P_{R吸收}=4$ W；
2. $R_{ab}=10$ Ω；
3. u_a：$6u_a-u_b-3u_c=4$；
   u_b：$-u_a+5u_b-3u_c=0$
   u_c：$-3u_a-3u_b+9u_c=0$
4. $\omega=10^7$ rad/s；
5. $\boldsymbol{Z}=\begin{bmatrix}1+4j & 4j\\ 4j & 3j\end{bmatrix}$；

Ⅱ. **计算题**

6. $u_o=7$ V；
7. $i(t)=1.5-0.5e^{-t}+2e^{-0.5t}$ A，$t\geqslant0$；
8. $i_C(t)=10\cos(10^3t+165°)$ A。

8.3.15　硕士研究生入学考试电路部分模拟题八

满分 75 分。

Ⅰ. **填空题**(共 9 小题，每小题题 5 分，共 45 分)

1. 如题 1 图所示电路，电流 I 的值是________。
2. 如题 2 图所示电路，网络 N 发出的功率是________。

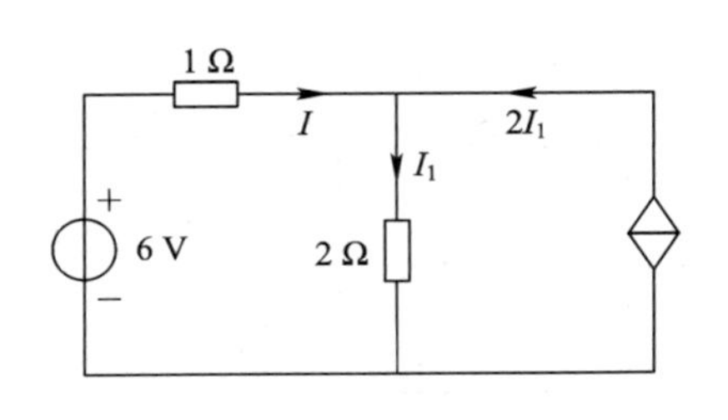

题 1 图

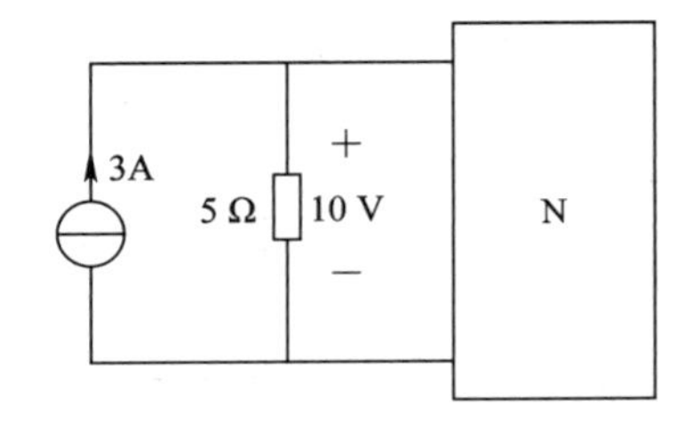

题 2 图

3. 如题 3 图所示电路，则电压 $U=$________。

4. 如题 4 图所示电路，$t<0$ 时，电路处于稳态，当 $t=0$ 时开关 S 打开，求 $i(0_+)=$________，$u_L(0_+)=$________。

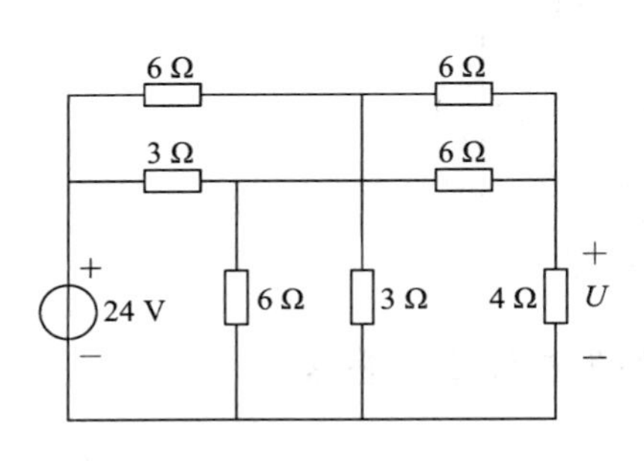

题 3 图

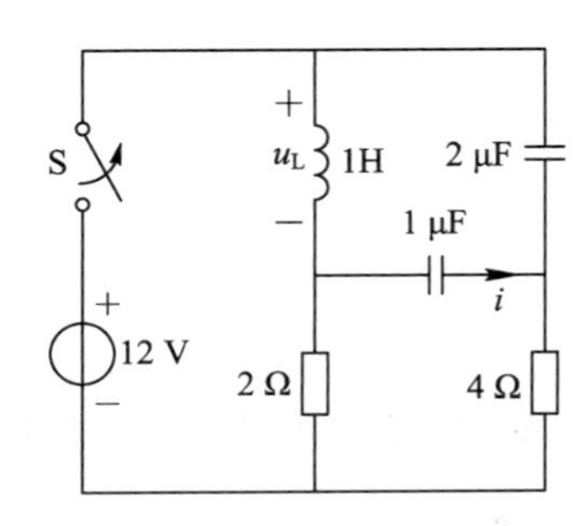

题 4 图

5. 如题 5 图所示谐振电路，已知 $R=1\ \Omega$，$L_1=0.54\text{H}$，$L_2=0.46\text{H}$，$M=0.25\text{H}$，$C=50\ \mu\text{F}$，则电路的谐振角频率 ω_0 等于________。

6. 如题 6 图所示电路，当 Z_L 等于________时，其吸收的功率最大。

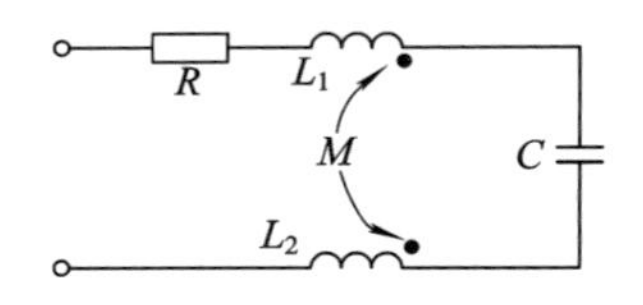

题 5 图

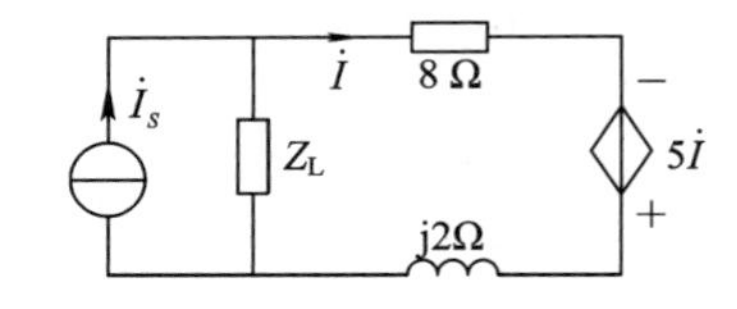

题 6 图

7. 已知题 7 图所示二端口电路，其 **Z** 参数矩阵为__________。

8. 如题 8 图所示电路，已知 $t<0$ 时电路处于稳态，且 $u_C(0_-)=0$，$t=0$ 时开关 S 闭合，则 $t\geqslant 0$ 时电流 i 的零状态响应 $i_{ZS}(t)=$__________。

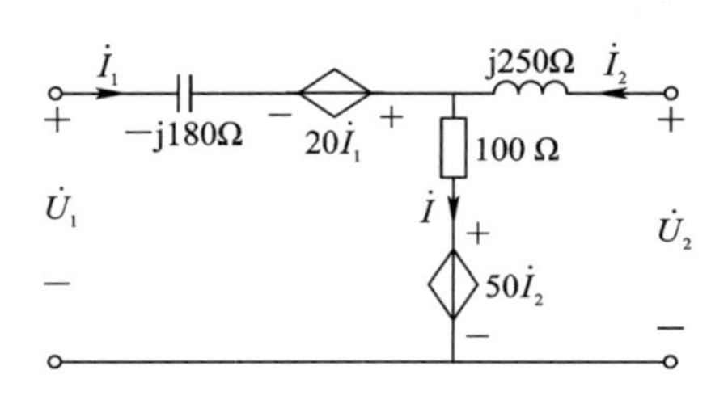

题 7 图

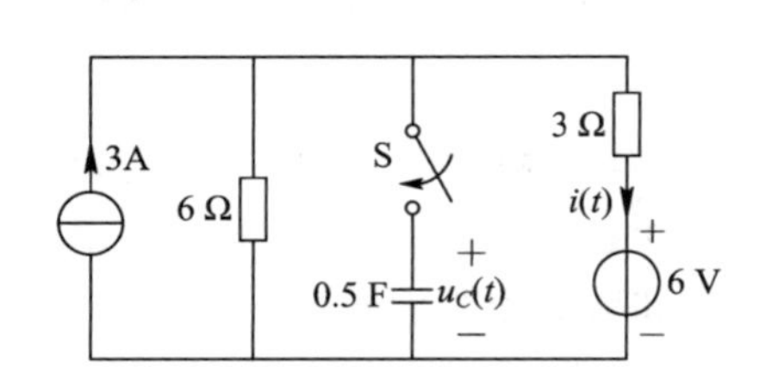

题 8 图

9. 如题 9 图所示电路，N 为不含独立源的线性网络，已知当 $U_S=12$ V，$I_S=4$ A 时，$U=0$ V；当 $U_S=-4$ V，$I_S=-1$ A 时，$U=2$ V；则当 $U_S=9$ V，$I_S=-1$ A 时，U 的值为____________。

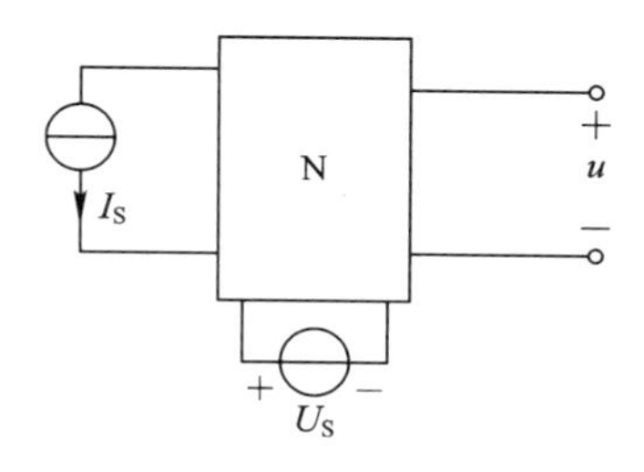

题 9 图

Ⅱ. **计算题**(共 4 小题，共 30 分)

10. (7 分) 如题 10 图所示电路，$u_C(2_-)=4$ V。$i_L(2_-)=1$ A，当 $t=2$ s 时开关闭合，求 $t\geqslant 2$ 时的电压 $u(t)$ 和电流 $i(t)$。

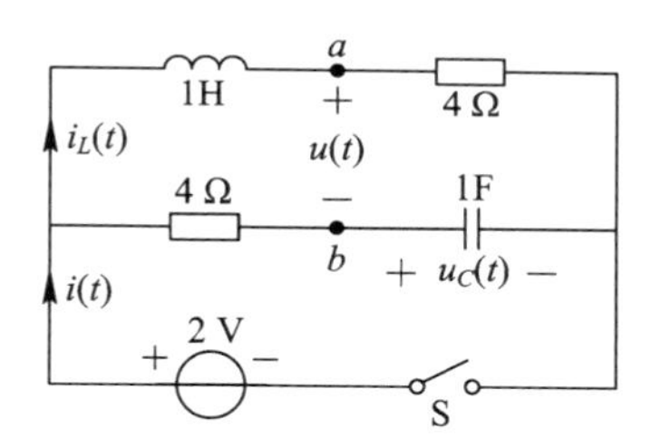

题 10 图

11. (7 分)如题 11 图所示正弦稳态电路，电源频率 $f=50$ Hz，$R_1=X_{L1}=4$ Ω，$R_2=X_{L2}=6$ Ω，电源的有效值 $U=24\sqrt{2}$ V。求：

(1) 电路的等效阻抗；

(2) 电路的有功功率和功率因数；

(3) 若将线路功率因数提高至 0.8，则需要并联约多大电容？

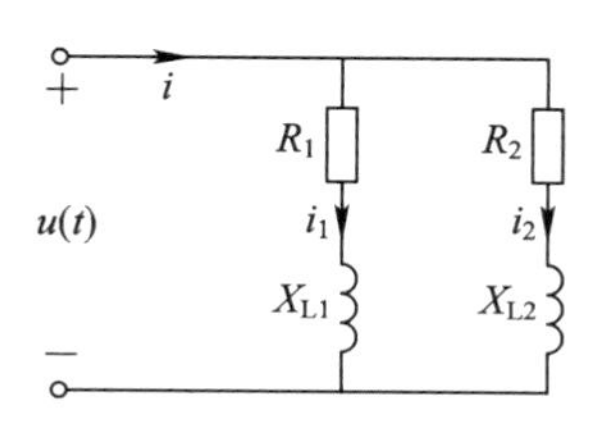

题 11 图

12. (8 分)如题 12 图(a)、(b)所示电路，$L=125$ μH，$r=10$ Ω，且已知(a)图中 $C=80$ pF；(b)图中 $C_1=100$ pF，$C_2=400$ pF。分别分析题 12 图(a)、(b)的并联谐振频率、品质因数、带宽及谐振时的阻抗。

13. (8 分)如题 13 图所示电路，N 中不含储能元件。$t=0$ 时开关 S 闭合，输出电压 u_O 的零状态响应 $u_O(t)=2-e^{-\frac{t}{4}}$V，$t\geqslant 0$。如果将 2 H 的电感换为 2 F 的电容，求此时输出电

压 $u_O(t)$的零状态响应。

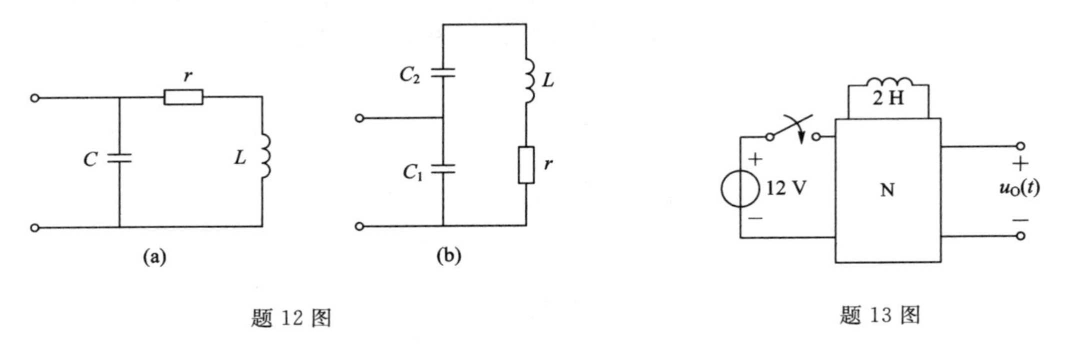

题 12 图　　　　题 13 图

8.3.16 硕士研究生入学考试电路部分模拟题八参考答案

Ⅰ. **填空题**

1. $I=-6$ A； 2. $P_{N发出}=-10$ W； 3. $U=6$ V； 4. $i(0_+)=4$ A，$u_L(0_+)=0$ V；

5. $\omega_0=200$ rad/s； 6. $Z_L=3-2j$； 7. $\boldsymbol{Z}=\begin{bmatrix}80-180j & 130\\ 100 & 150+250j\end{bmatrix}\Omega$；

8. $i_{zs}(t)=\frac{4}{3}-\frac{10}{3}e^{-t}$A ； 9. $U=24$ V

Ⅱ. **计算题**

10. $i(t)=\frac{1}{2}+\frac{1}{2}e^{-4(t-2)}-\frac{1}{2}e^{-\frac{t-2}{4}}$ A；$u(t)=2e^{-4(t-2)}-2e^{-\frac{t-2}{4}}$V，$t>2$；

11. ① $Z=2.4+2.4j$；② $P=240$ W，$\lambda=\frac{\sqrt{2}}{2}$；③ $C=1/(1920\ \pi)$

12. 图(a)：$f_0=10^7/(2\pi)$ rad/s，$Q=125$，$B=80$ krad/s，$R_0=5/32$ MΩ；
    图(b)：$f_0=10^7/(2\pi)$ rad/s，$Q=125$，$B=80$ krad/s，$R_0=10^5$ Ω；

13. $u_0(t)=1+e^{-t}$V，$t\geqslant 0$。

8.3.17 硕士研究生入学考试电路部分模拟题九

Ⅰ. **填空题**(共 9 小题，每小题 5 分，共 45 分)

1. 如题 1 图所示电路，则 1 A 电流源产生的功率等于________。

2. 如题 2 图所示电路，参考节点如图所示，则 U_3 的节点电压等于________。

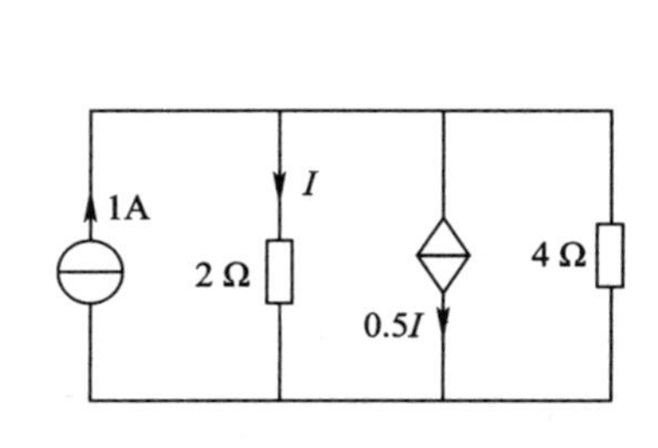

题 1 图

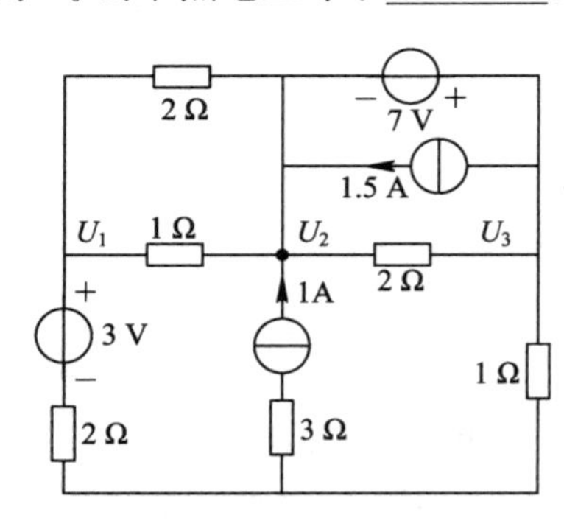

题 2 图

3. 某电容 $C=6$ F，其上电压与电流为非关联参考方向，已知电压 $u(t)=1-\mathrm{e}^{-t}$V，$t\geqslant 0$，则 $t\geqslant 0$ 时电容电流 $i(t)=$________。

4. 如题 4 图所示，其中网络 N 的伏安关系如图(b)所示，则电路 $i=$________。

5. 如题 5 图所示电路，已知 $i(t)=100\sqrt{2}\cos(10^3 t+30°)$mA，电路吸收的功率 $P=10$ W，功率因数为$\frac{\sqrt{2}}{2}$，则电压 $u(t)$等于________。

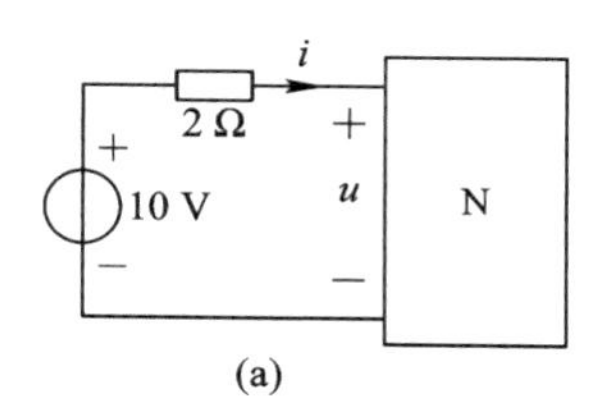

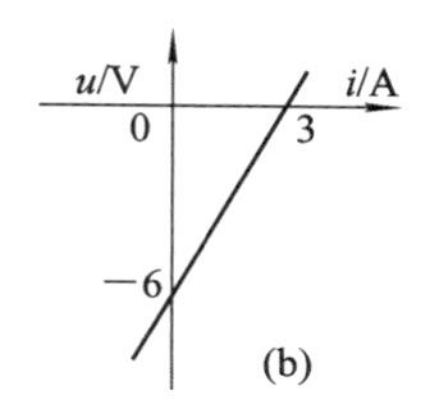

题 4 图

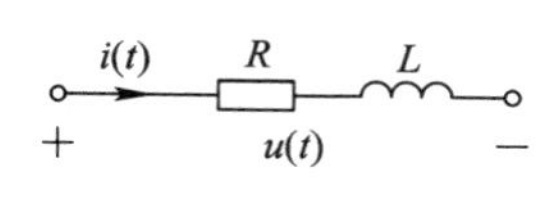

题 5 图

6. 如题 6 图所示电路，已知 $t<0$ 时电路处于稳态，$t=0$ 时开关 S 闭合，则 $t\geqslant 0$ 时电流 i_L 的零输入响应 $i_{Lzi}(t)=$________。

7. 如题 7 图所示电路，电流源 $\dot{I}_S=2\angle 0°$A，当 Z_L 等于________时，其获得的最大功率等于________。

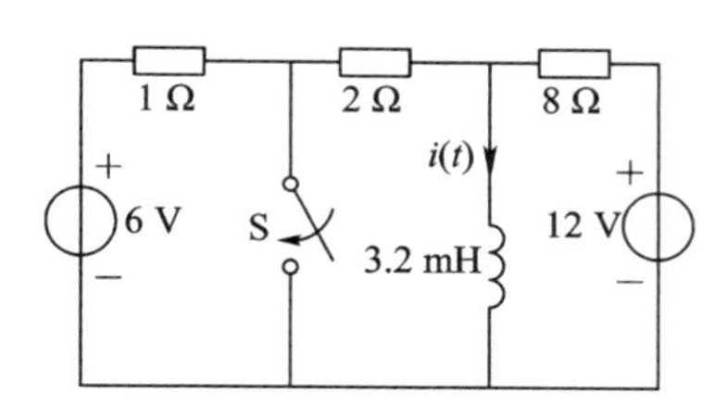

题 6 图

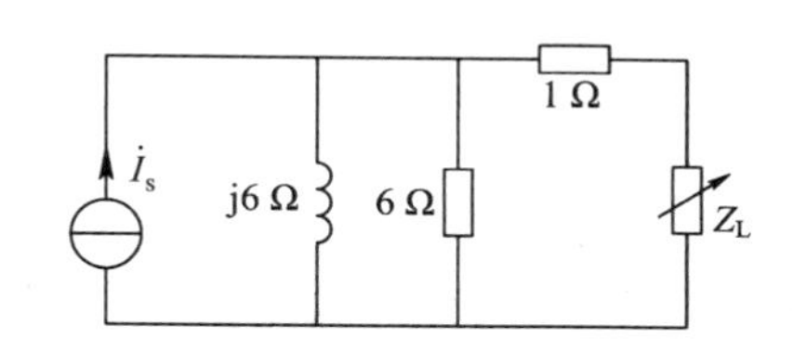

题 7 图

8. 如题 8 图所示电路，N 为无源的线性网络，已知当 $U_S=8$ V，$R=3$ Ω 时，$I=0.5$ A；当 $U_S=18$ V，$R=4$ Ω 时，$I=1$ A；则当 $U_S=30$ V，$R=10$ Ω 时，I 的值为________。

9. 如题 9 图所示二端口电路，其 **Z** 参数矩阵为________。

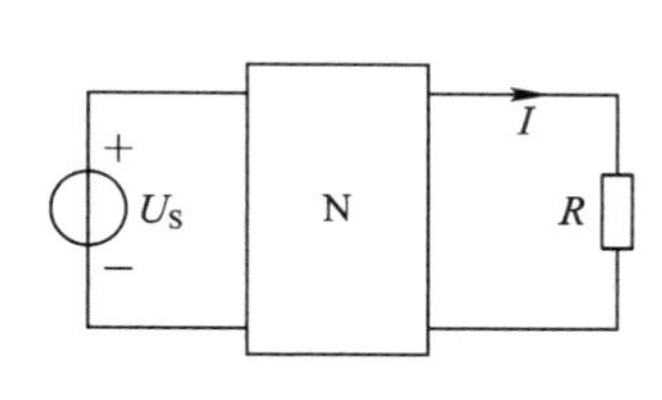

题 8 图

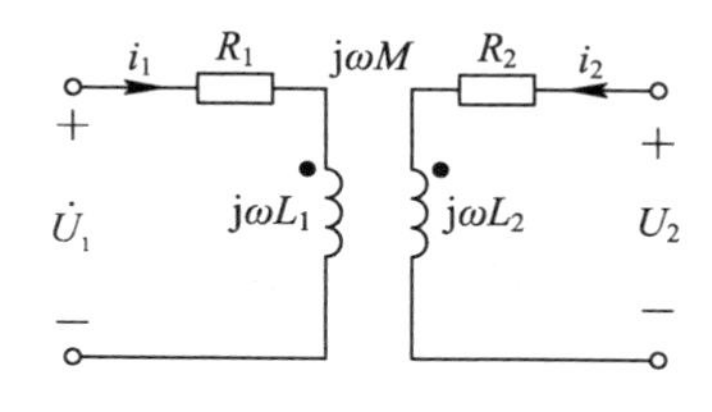

题 9 图

Ⅱ. **计算题**(共 4 小题，共 30 分)

10. (7 分) 如题 10 图所示电路，$t<0$ 时开关 S 打开，$u_C(0_-)=0$ V；当 $t=0$ 时开关 S 闭合；当 $t=2$ s 时开关 S 又打开，求 $t\geqslant 0$ 时 $u_C(t)$的响应。

11. (7 分)如题 11 图所示电路，电源 $u_S(t)=10\cos\omega t$ V。若电源角频率 ω 可变，ω 等于多少时电流表的读数最大？并求出该最大值，此时电路的品质因数是多少？频率 $f=50$ Hz，$R_1=X_{L1}=4\ \Omega$，$R_2=X_{L2}=6\ \Omega$，电源的有效值 $U=24\sqrt{2}$ V。

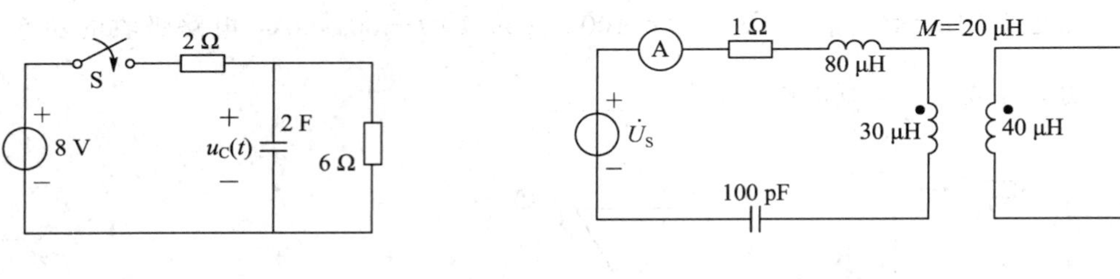

题 10 图　　　　题 11 图

12. (8 分)如题 12 图所示并联谐振电路：

(1) 已知 $L=200\ \mu$H，$r=100$ kΩ，带宽 $B=5\times10^4$ rad/s，求电容 C，谐振角频率 ω_0，以及电路的品质因数；

(2) 为使(1)中带宽 $B=10^5$ rad/s，需要在回路两端并联一个电阻 R，求此电阻 R 的阻值为多少？

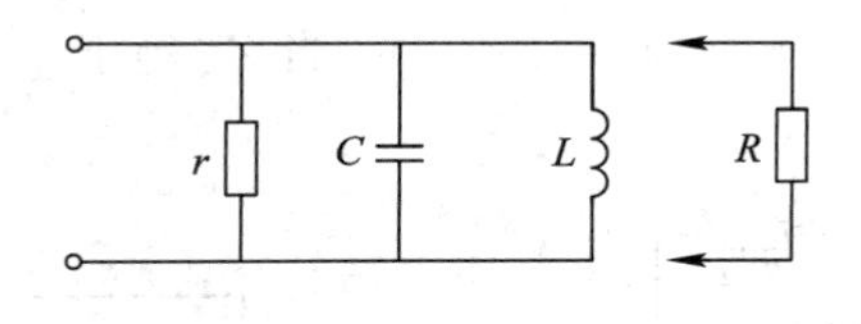

题 12 图

13. (8 分)如题 13 图(a)、(b)、(c)所示电路，N 为线性含源网络，根据题 13 图(a)、(b)中给出电压电流数据，确定题 13(c)中电压 U 的值。

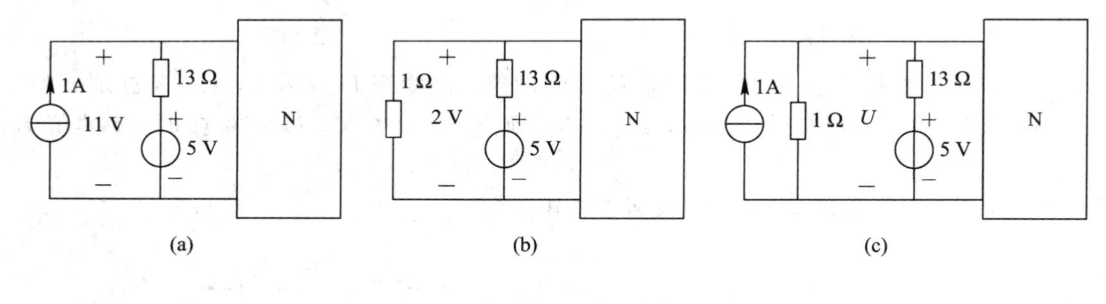

题 13 图

8.3.18 硕士研究生入学考试电路部分模拟题九参考答案

Ⅰ. 填空题

1. $P_{1A发出}=1$ W；　2. $U_3=2$ V；　3. $i(t)=-6e^{-t}$ A；4. $i=4$ A；

5. $u(t)=200\cos(10^3t+75°)$kV；　6. $i_L(t)=4.5e^{-500t}$ A；　7. $Z_L=4-3j$；

8. $I=1$ A；　9. $\boldsymbol{Z}=\begin{bmatrix} R+j\omega L_1 & j\omega M \\ j\omega M & R+j\omega L_2 \end{bmatrix}\Omega$

Ⅱ. **计算题**

10. $u_C(t)=\begin{cases}6(1-e^{-\frac{t}{3}})\text{V}; & 0<t<2\\ 6(1-e^{-\frac{2}{3}})e^{-\frac{t-2}{12}}\text{V}; & t>2\end{cases}$

11. 电流表读数 $5\sqrt{2}$ A，$\omega=10^7$ rad/s，$Q=1000$；

12. (1) $C=200$ pF，$\omega=5$ Mrad/s，$Q=100$；(2) $R=100$ kΩ

13. $U=2.75$ V

8.3.19　硕士研究生入学考试电路部分模拟题十

满分 75 分。

Ⅰ. **填空题**(共 9 小题，每小题 5 分，共 45 分)

1. 如题 1 图所示电路，求电流 I 的值是________。

2. 如题 2 图所示电路，求 10 V 电压源发出的功率是________。

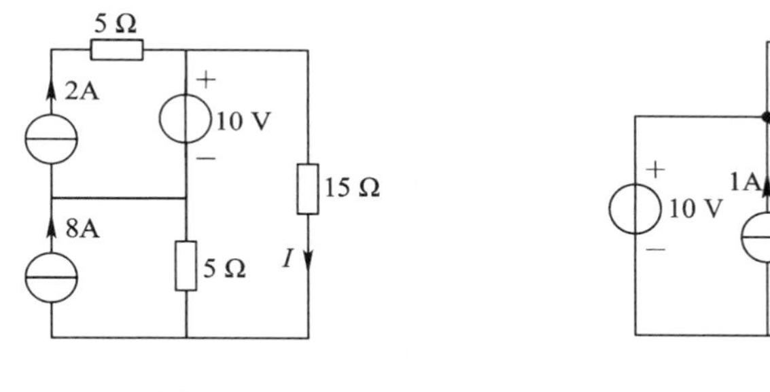

题 1 图　　　　题 2 图

3. 如题 3 图所示电路，已知 $u_s(t)=9e^{-t}$V，$i_s(t)=6\cos 2t$A，求 $i(t)=$________。

4. 如题 4 图所示电路，已知 $\omega=10^3$ rad/s，电流 $\dot{I}=4\angle 0°$A，电压 $\dot{U}=80+200\text{j}$V，求电容 C 的值是________。

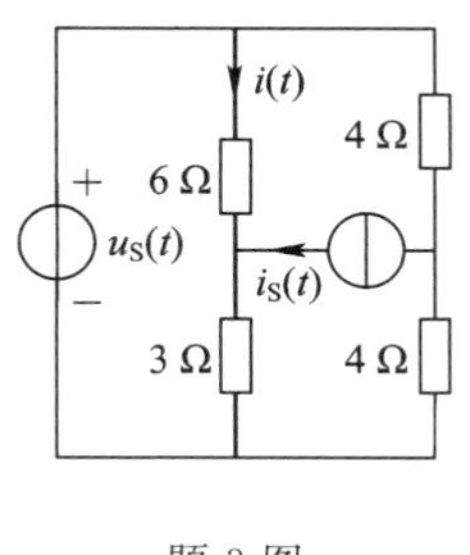

题 3 图

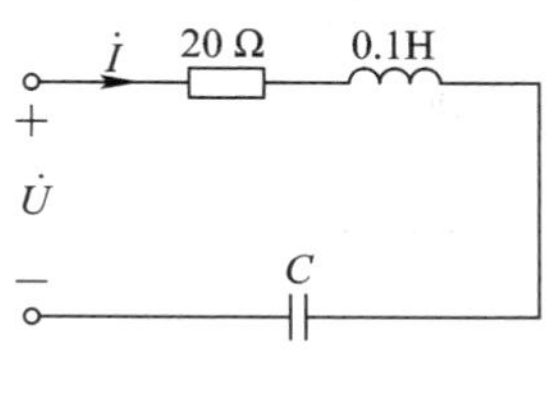

题 4 图

5. 如题 5 图所示电路，已知 $R=10^4$ Ω，$R_L=1$ Ω，电压源 $\dot{U}_S=100\angle 0°$V，则 n 等于________时负载 R_L 的功率达到最大。

6. 如题 6 图所示电路，已知 $\dot{U}_{ab}=4\angle 0°$V，则该电路的性质为________(容性，感性)。

7. 如题 7 图所示电路，若以 u_C 为输出，则该电路是______(低通，高通，带通)电路。

8. 题 8 图所示电路为一电容抽头的并联谐振电路，已知谐振频率为 62.8 Hz，$C_1=400$ pF，$C_2=100$ pF，求电路中的电感 $L=$________。

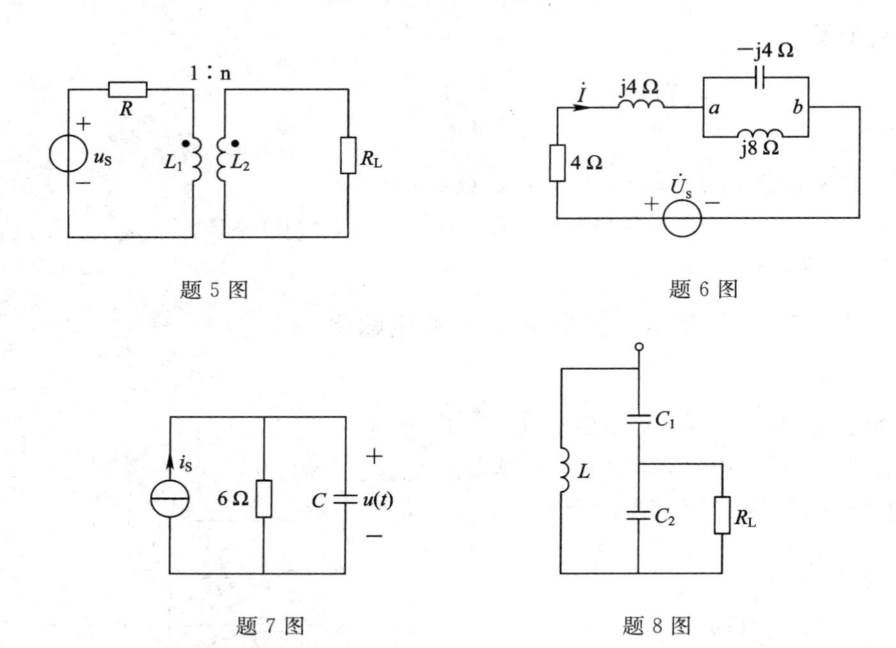

题 5 图　　　　题 6 图

题 7 图　　　　题 8 图

9．如题 9 图所示二端口电路，则该二端口的 **Z** 参数矩阵为________。

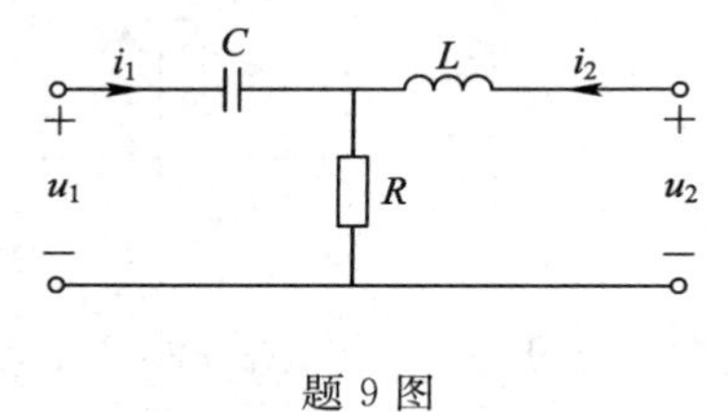

题 9 图

Ⅱ．**计算题**(共 4 小题，共 30 分)

10．如题 10 图所示电路，试用节点法求图中受控源的电压 U_X。

11．如题 11 图所示电路，$t<0$ 时，开关 S_1 处于闭合状态，开关 S_2 处于断开状态，电路处于稳态；当 $t=0$ 时，断开开关 S_1；当 $t=0.1$ s 时，闭合开关 S_2。求 $t\geqslant 0$ 以后的电压 $u_C(t)$和电流 $i_C(t)$。(注：e=2.72)

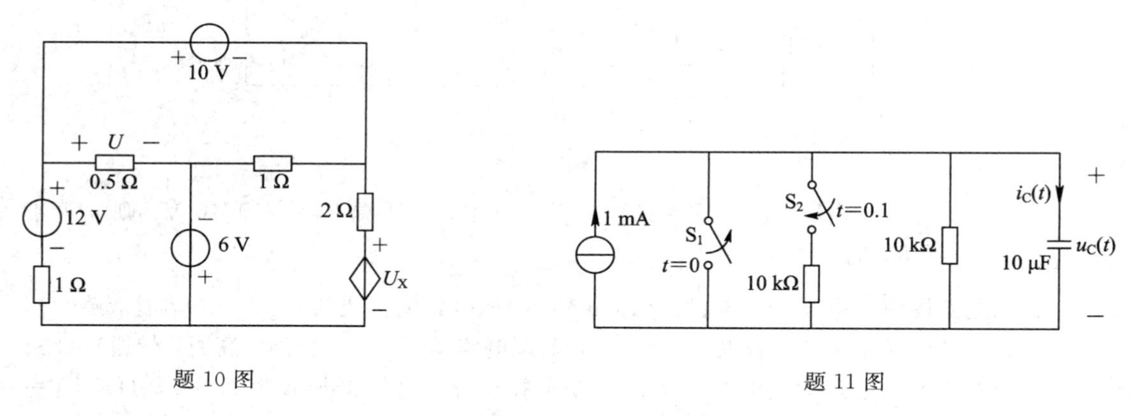

题 10 图　　　　题 11 图

12．如题 12 图所示电路，已知 $L=10$ mH，输入电压 u 的频率可变，当 $u(t)$频率为

$\omega=10^3$ rad/s 时，$i(t)$的值最大；当 $u(t)$频率为 $\omega=10^4$ rad/s 时，$i(t)$的值为 0。求电路中两个电容的值是多少？

13. 如题 13 图所示电路，N 为不含独立源的线性电阻网络。已知输出电压 $u=0.5u_S$；若在输出端口接上 5 Ω 的电阻，则输出电压 $u=0.1u_S$。问在输出端接上 20 Ω 的电阻时，输出电压与激励 u_S 的关系是什么？

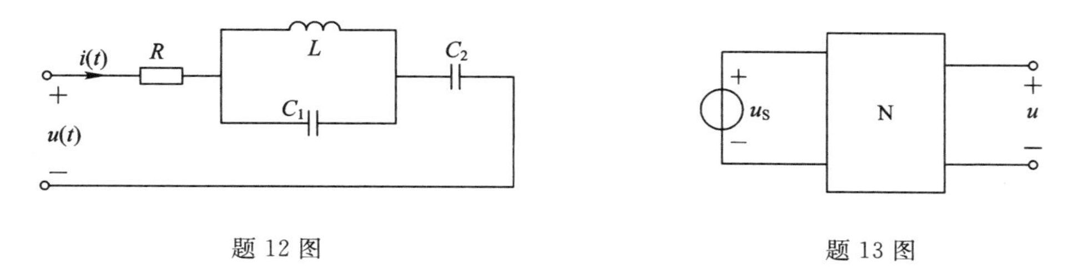

题 12 图　　　　题 13 图

8.3.20　硕士研究生入学考试电路部分模拟题十参考答案

Ⅰ. 填空题

1. $I=2.5$ A；　2. $P_{10\text{ V发出}}=-45/2$ W；　3. $i(t)=e^{-t}-2\cos 2t$ A；

4. $C=20\ \mu$F；　5. $n=0.01$；　6. 容性；　7. 低通；

8. $L=8\times10^{-8}$ H；　9. $\boldsymbol{Z}=\begin{bmatrix} R+\dfrac{1}{j\omega C} & R \\ R & R+j\omega L \end{bmatrix}\Omega$

Ⅱ. 计算题

10. $U_X=36$ V；

11. $u_C(t)=\begin{cases} 10(1-e^{-10t})\text{V} & 0<t<0.1 \\ \dfrac{45}{34}e^{-20(t-0.1)}+5\text{ V} & t>0.1 \end{cases}$

$i_C(t)=\begin{cases} e^{-10t}\text{mA} & 0<t<0.1 \\ -\dfrac{45}{17}e^{-20(t-0.1)}\text{ mA} & t>0.1 \end{cases}$

12. $C_1=1\ \mu$F，$C_2=99\ \mu$F；　13. $u=0.25u_S$

参 考 文 献

[1] 王松林，王辉，李小平. 电路基础. 4版. 西安：西安电子科技大学出版社，2021.
[2] 张永瑞，王松林，李小平. 电路基础典型题解析及自测试题. 西安：西北工业大学出版社，2002.
[3] 张永瑞. 电路、信号与系统辅导. 西安：西安电子科技大学出版社，2002.
[4] 陈洪亮，赵艾萍，田社平. 电路基础教学指导书. 北京：高等教育出版社，2008.
[5] 张永瑞，王松林，李小平. 电路分析. 北京：高等教育出版社，2004.
[6] 张永瑞，王松林. 电路基础教程. 北京：科学出版社，2005.